# 线性代数

陈　仲　王　培　林小围　编著

东南大学出版社
·南京·

# 内 容 提 要

本书是普通高校“独立学院”文、理科线性代数课程的教材，内容包含行列式、矩阵、向量空间、线性方程组、特征值问题、欧氏空间、二次型、线性空间与线性变换简介等八章.

本书在深度和广度上符合教育部审定的“高等院校非数学专业线性代数课程教学基本要求”，并参照教育部考试中心颁发的《全国硕士研究生招生考试数学考试大纲》数学一与数学三中线性代数的知识范围，编写的立足点是基础与应用并重，注重数学的思想和方法，并适当地渗透现代数学思想及对部分内容进行更新与优化，适合独立学院培养高素质的具有创新精神的应用型人才的目标.

本书结构严谨，难易适度，语言简洁，既可作为独立学院等高校文、理科学生学习线性代数课程的教材，也可作为科技工作者自学线性代数的参考书.

图书在版编目(CIP)数据

线性代数 / 陈仲，王培，林小围编著. —南京：东南大学出版社，2018. 4

ISBN 978-7-5641-7697-6

Ⅰ. ①线… Ⅱ. ①陈…②王…③林… Ⅲ. ①线性代数-高等学校-教材 Ⅳ. ①O151. 2

中国版本图书馆 CIP 数据核字(2018)第 060355 号

线性代数

| | |
|---|---|
| 出版发行 | 东南大学出版社 |
| 社　　址 | 南京市四牌楼 2 号(邮编：210096) |
| 出 版 人 | 江建中 |
| 责任编辑 | 吉雄飞(联系电话：025-83793169) |
| 经　　销 | 全国各地新华书店 |
| 印　　刷 | 南京京新印刷厂 |
| 开　　本 | 700mm×1000mm　1/16 |
| 印　　张 | 13. 75 |
| 字　　数 | 270 千字 |
| 版　　次 | 2018 年 4 月第 1 版 |
| 印　　次 | 2018 年 4 月第 1 次印刷 |
| 书　　号 | ISBN 978-7-5641-7697-6 |
| 定　　价 | 33. 00 元 |

本社图书若有印装质量问题，请直接与营销部联系，电话：025-83791830。

# 前 言

著名的德国数学家高斯曾说:"数学是科学的皇后".人类的实践也已证明数学是所有科学的共同"语言",是学习所有自然科学的"钥匙",而数学素养更是成为衡量一个国家科技水平的重要标志.独立学院文、理科线性代数课程是培养高素质应用型人才的重要的必修课,我们编写该课程教材的立足点就是基础与应用并重,以提高学生数学素养为根本目标.

在基础与应用并重的思想指导下,我们编写了线性代数课程的教学大纲,设计了课时安排,教材编写与教学实践密切结合,并多次修改力求完善.在编写过程中,我们努力做到:

(1) 在深度和广度上符合教育部审定的"高等院校非数学专业线性代数课程教学基本要求",并参照教育部考试中心颁发的《全国硕士研究生招生考试数学考试大纲》数学一与数学三中线性代数的知识范围.在独立学院中,有不少学生是因为高考发挥失常而没有考上理想的高校,进入独立学院后,他们发奋努力,立志考研.我们编写教材时,在广度上尽可能达到考研的知识范围.

(2) 注重数学的思想和方法,适当地渗透现代数学思想,并运用部分近代数学的术语与符号,以求符合独立学院培养高素质的具有创新精神的应用型人才的目标.教材除了要使学生获得线性代数的基本概念、基本理论和基本方法,还要让学生受到一定的科学训练,学到数学思想方法,为其学习后继课程提供必要的数学基础,并为其毕业后胜任工作或继续深造积累潜在的能力.

(3) 通过教学研究,将一些经典定理、公式的结论或证明加以更新与优化.如此,既改革了教学内容,又丰富了线性代数的内涵.

我们的目标是全书结构严谨,难易适度,语言简洁,既适合培养目标,又贴近教学实际,便于教与学.

本书包含行列式、矩阵、向量空间、线性方程组、特征值问题、欧氏空间、二次型、线性空间与线性变换简介等八章.对数学要求较高的理工类、经管类专业,如电子、电气、计算机、经管、金融等,本书可用一个学期讲授,每周 4 学时;其他专业,如土木、地质、化工等,可依实际安排的学时数选讲线性代数的基本内容(如略去基变换与坐标变换、二次型等).本书在附录部分提供了线性代数课程的教学课时安排建议,供授课老师参考.

书中用 * 标出的部分为较难内容，供任课教师选用（一般留给学生课外自学）. 书中习题分 A,B 两组，A 组为基本要求，B 组为较高要求；除第 8 章外，每一章末有复习题，供学有余力的学生练习. 书末附有习题答案与提示.

本书由陈仲、王培、林小围编著，陈仲写第 1,4,8 章，王培写第 3,5,6 章，林小围写第 2,7 章.

感谢金陵学院教务处和基础教学部对编者的关心，感谢钱钟教授、王均义教授、黄卫华教授和王建民主任对编者的支持，感谢范克新、邓建平、袁明霞、马荣、章丽霞、魏云峰、邵宝刚等老师使用本书讲授线性代数课程，并给编者提供宝贵的修改建议. 感谢东南大学出版社吉雄飞编辑的认真负责和悉心编校，使本书质量大有提高.

书中不足与错误难免，敬请智者不吝赐教.

**陈　仲**
**2018 年 1 月于南京大学**

# 目　　录

# 1 行列式

在微积分课程的"空间解析几何"一章中我们已介绍过2阶与3阶行列式的计算,这一章将系统介绍 $n$ 阶行列式的定义、性质和计算.

## 1.1 行列式基本概念

### 1.1.1 $n$ 阶行列式的定义

**定义 1.1.1(行列式)** 设 $F$ 为一数域,$a_{ij} \in F(i,j=1,2,\cdots,n)$,将这 $n^2$ 个数 $a_{ij}$ 排成 $n$ 行、$n$ 列的方形阵列,左右两边各画一条竖线得

$$\begin{vmatrix} a_{11} & a_{12} & \cdots & a_{1n} \\ a_{21} & a_{22} & \cdots & a_{2n} \\ \vdots & \vdots & & \vdots \\ a_{n1} & a_{n2} & \cdots & a_{nn} \end{vmatrix} \tag{1.1.1}$$

称式(1.1.1)为数域 $F$ 上的 $n$ **阶行列式**(横排称为**行**,纵排称为**列**),记为 $D_n$ 或 $\det(a_{ij})$. 其中,数 $a_{ij}$ 称为行列式 $D_n$ 的**元素**或 **$(i,j)$ 元**. 特别的,$D_1 = \det(a_{11})$.

**定义 1.1.2(余子式、代数余子式)** 设行列式 $D_n$ 如式(1.1.1)所示,在行列式 $D_n$ 中划去元素 $a_{ij}$ 所在的第 $i$ 行与第 $j$ 列的所有元素,余下的 $(n-1)^2$ 个元素按原顺序构成的 $n-1$ 阶行列式称为元素 $a_{ij}$ 的**余子式**,记为 $M_{ij}(i,j=1,2,\cdots,n)$,即

$$M_{ij} = \begin{vmatrix} a_{11} & \cdots & a_{1,j-1} & a_{1,j+1} & \cdots & a_{1n} \\ \vdots & & \vdots & \vdots & & \vdots \\ a_{i-1,1} & \cdots & a_{i-1,j-1} & a_{i-1,j+1} & \cdots & a_{i-1,n} \\ a_{i+1,1} & \cdots & a_{i+1,j-1} & a_{i+1,j+1} & \cdots & a_{i+1,n} \\ \vdots & & \vdots & \vdots & & \vdots \\ a_{n1} & \cdots & a_{n,j-1} & a_{n,j+1} & \cdots & a_{nn} \end{vmatrix}$$

称 $A_{ij} \xlongequal{\text{def}} (-1)^{i+j}M_{ij}$ 为元素 $a_{ij}$ 的**代数余子式**.

下面我们用数域 $F$ 中的数来定义行列式 $D_n$ 的值.

**定义 1.1.3(行列式的值)** 设行列式 $D_n$ 如式(1.1.1)所示,则**行列式 $D_n$ 的值**

定义为

$$D_1 = \det(a_{11}) \xlongequal{\text{def}} a_{11}, \quad D_n \xlongequal{\text{def}} \sum_{j=1}^{n} a_{1j}A_{1j} \quad (n \geqslant 2) \tag{1.1.2}$$

其中，$A_{1j}$ 为 $D_n$ 中 $a_{1j}$ 的代数余子式.（注：行列式的值常简称为行列式）

此定义称为**行列式按第一行展开**. 它是递推式定义，由此定义 2 阶行列式可得

$$D_2 = \begin{vmatrix} a_{11} & a_{12} \\ a_{21} & a_{22} \end{vmatrix} = a_{11}A_{11} + a_{12}A_{12} = a_{11}a_{22} - a_{12}a_{21}$$

再用 2 阶行列式定义 3 阶行列式，可得

$$D_3 = \begin{vmatrix} a_{11} & a_{12} & a_{13} \\ a_{21} & a_{22} & a_{23} \\ a_{31} & a_{32} & a_{33} \end{vmatrix} = a_{11}A_{11} + a_{12}A_{12} + a_{13}A_{13}$$

$$= a_{11}a_{22}a_{33} + a_{12}a_{23}a_{31} + a_{13}a_{21}a_{32} - a_{13}a_{22}a_{31} - a_{12}a_{21}a_{33} - a_{11}a_{23}a_{32}$$

依此类推，可用 $n-1$ 阶行列式定义 $n$ 阶行列式.

下面的**对角线法则**提供了计算 3 阶行列式的技巧，即 $D_3$ 等于图 1.1(a) 中实线连接的 3 个数乘积之和减去图 1.1(b) 中虚线连接的 3 个数乘积之和，其结果与上式相同.

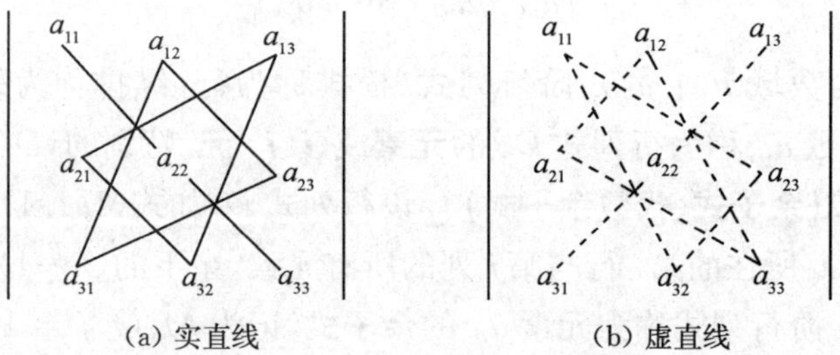


(a) 实直线　　(b) 虚直线

**图 1.1　对角线法则示意图**

**例 1**　求行列式：(1) $D_3 = \begin{vmatrix} \mathrm{i} & 0 & 1 \\ 2 & \mathrm{i} & 3 \\ \mathrm{i} & \mathrm{i} & 1 \end{vmatrix}$；(2) $D_4 = \begin{vmatrix} 2 & 3 & 2 & 0 \\ 3 & 4 & 4 & -1 \\ 5 & 3 & -2 & 6 \\ 2 & -1 & 2 & 2 \end{vmatrix}$.

**解**　(1) 应用行列式的定义，有

$$D_3 = \mathrm{i}\begin{vmatrix} \mathrm{i} & 3 \\ \mathrm{i} & 1 \end{vmatrix} - 0 + \begin{vmatrix} 2 & \mathrm{i} \\ \mathrm{i} & \mathrm{i} \end{vmatrix} = 2 + 2\mathrm{i} + 1 = 3 + 2\mathrm{i}$$

(2) 应用行列式的定义，有

$$D_4 = 2 \cdot \begin{vmatrix} 4 & 4 & -1 \\ 3 & -2 & 6 \\ -1 & 2 & 2 \end{vmatrix} - 3 \cdot \begin{vmatrix} 3 & 4 & -1 \\ 5 & -2 & 6 \\ 2 & 2 & 2 \end{vmatrix} + 2 \cdot \begin{vmatrix} 3 & 4 & -1 \\ 5 & 3 & 6 \\ 2 & -1 & 2 \end{vmatrix} - 0 \cdot \begin{vmatrix} 3 & 4 & 4 \\ 5 & 3 & -2 \\ 2 & -1 & 2 \end{vmatrix}$$

容易求得

$$\begin{vmatrix} 4 & 4 & -1 \\ 3 & -2 & 6 \\ -1 & 2 & 2 \end{vmatrix} = -116, \quad \begin{vmatrix} 3 & 4 & -1 \\ 5 & -2 & 6 \\ 2 & 2 & 2 \end{vmatrix} = -54, \quad \begin{vmatrix} 3 & 4 & -1 \\ 5 & 3 & 6 \\ 2 & -1 & 2 \end{vmatrix} = 55$$

于是

$$D_4 = 2 \times (-116) - 3 \times (-54) + 2 \times 55 - 0 = 40$$

**例 2　求下三角行列式**

$$D_n = \begin{vmatrix} \lambda_1 & & & O \\ & \lambda_2 & & \\ & & \ddots & \\ * & & & \lambda_n \end{vmatrix}$$

这里$\lambda_1, \lambda_2, \cdots, \lambda_n$称为**主对角元**，$O$表示主对角元上方的所有元素皆为 0，$*$ 表示主对角元下方的元素不全为 0.

**解**　将行列式逐次按第一行展开得

$$D_n = \lambda_1 \begin{vmatrix} \lambda_2 & & O \\ & \ddots & \\ * & & \lambda_n \end{vmatrix} + 0 = \lambda_1 \left( \lambda_2 \begin{vmatrix} \lambda_3 & & O \\ & \ddots & \\ * & & \lambda_n \end{vmatrix} + 0 \right)$$

$$= \cdots = \lambda_1 \lambda_2 \lambda_3 \cdots \lambda_{n-1} \lambda_n$$

即下三角行列式等于主对角元的乘积.

**例 3　求拟下三角行列式**

$$D_n = \begin{vmatrix} O & & & \mu_1 \\ & & \mu_2 & \\ & \iddots & & \\ \mu_n & & & * \end{vmatrix}$$

这里 $\mu_1, \mu_2, \cdots, \mu_n$ 称为**次对角元**，$O$ 表示次对角元上方的所有元素皆为 0，$*$ 表示次对角元下方的元素不全为 0.

**解** 应用行列式的定义,有

$$D_n=(-1)^{1+n}\mu_1\begin{vmatrix} O & & \mu_2 \\ & \iddots & \\ \mu_n & & * \end{vmatrix}=(-1)^{(1+n)+n}\mu_1\mu_2\begin{vmatrix} O & & \mu_3 \\ & \iddots & \\ \mu_n & & * \end{vmatrix}$$

$$=\cdots=(-1)^{(1+n)+n+(n-1)+\cdots+4}\mu_1\mu_2\cdots\mu_{n-2}\begin{vmatrix} 0 & \mu_{n-1} \\ \mu_n & a_{n2} \end{vmatrix}$$

$$=(-1)^{\frac{1}{2}n(n-1)}\mu_1\mu_2\mu_3\cdots\mu_{n-1}\mu_n$$

即拟下三角行列式 $=\pm$ 次对角元的乘积,这里"$\pm$" 号由 $\dfrac{1}{2}n(n-1)$ 为偶数或奇数决定.

下面应用行列式的定义证明行列式也可按第一列展开.

**定理 1.1.1** 设行列式 $D_n$ 如式(1.1.1) 所示,则行列式 $D_n$ 可按第一列展开,即

$$D_n=\sum_{i=1}^{n}a_{i1}A_{i1} \tag{1.1.3$_n$}$$

***证** 由于 $D_2=a_{11}a_{22}-a_{12}a_{21}=a_{11}A_{11}+a_{21}A_{21}$,所以 $n=2$ 时结论成立. 归纳假设 $n-1$ 阶行列式也可按第一列展开. 首先将 $D_n$ 按第一行展开得

$$D_n=a_{11}A_{11}+\sum_{j=2}^{n}a_{1j}A_{1j}=a_{11}A_{11}+\sum_{j=2}^{n}(-1)^{1+j}a_{1j}M_{1j} \tag{1.1.4}$$

由于 $M_{1j}(j=2,3,\cdots,n)$ 是 $n-1$ 阶行列式,将 $M_{1j}$ 按第一列展开得

$$M_{1j}=\sum_{i=2}^{n}(-1)^{(i-1)+1}a_{i1}(M_{1j})_{i1} \tag{1.1.5}$$

由于$(M_{1j})_{i1}=(M_{11})_{ij}$,将其代入式(1.1.5),再将式(1.1.5) 代入式(1.1.4) 得

$$D_n=a_{11}A_{11}+\sum_{j=2}^{n}\sum_{i=2}^{n}(-1)^{1+i+j}a_{1j}a_{i1}(M_{11})_{ij} \tag{1.1.6}$$

另一方面,将 $D_n$ 按第一列展开,其值记为 $D_n'$,则

$$D_n'=\sum_{i=1}^{n}a_{i1}A_{i1}=a_{11}A_{11}+\sum_{i=2}^{n}a_{i1}A_{i1}=a_{11}A_{11}+\sum_{i=2}^{n}(-1)^{i+1}a_{i1}M_{i1} \tag{1.1.7}$$

其中 $M_{i1}(i=2,3,\cdots,n)$ 是 $n-1$ 阶行列式. 将 $M_{i1}$ 按第一行展开得

$$M_{i1}=\sum_{j=2}^{n}(-1)^{1+(j-1)}a_{1j}(M_{i1})_{1j} \tag{1.1.8}$$

由于$(M_{i1})_{1j}=(M_{11})_{ij}$，将其代入式(1.1.8)，再将式(1.1.8)代入式(1.1.7)得

$$D_n'=a_{11}A_{11}+\sum_{i=2}^{n}\sum_{j=2}^{n}(-1)^{1+i+j}a_{i1}a_{1j}(M_{11})_{ij} \tag{1.1.9}$$

由式(1.1.6)和式(1.1.9)得$D_n=D_n'$，即式$(1.1.3)_n$成立. 于是，$\forall n\in\mathbf{N}^*$，原式均成立. □

**例 4**　求上三角行列式

$$D_n=\begin{vmatrix}\lambda_1 & & & * \\ & \lambda_2 & & \\ & & \ddots & \\ O & & & \lambda_n\end{vmatrix}$$

这里$\lambda_1,\lambda_2,\cdots,\lambda_n$为主对角元，$O$表示主对角元下方的所有元素皆为0，$*$表示主对角元上方的元素不全为0.

**解**　将行列式逐次按第一列展开得

$$D_n=\lambda_1\begin{vmatrix}\lambda_2 & & * \\ & \ddots & \\ O & & \lambda_n\end{vmatrix}+0=\lambda_1\left(\lambda_2\begin{vmatrix}\lambda_3 & & * \\ & \ddots & \\ O & & \lambda_n\end{vmatrix}+0\right)$$
$$=\cdots=\lambda_1\lambda_2\lambda_3\cdots\lambda_{n-1}\lambda_n$$

即上三角行列式等于主对角元的乘积.

### 1.1.2　行列式的性质

按行列式的定义计算4阶以上的行列式，在一般情况下是相当繁琐的. 本小节研究行列式的性质，利用这些性质可将行列式化简，譬如化为上三角行列式或下三角行列式，然后再求值就比较简单了.

**定理 1.1.2(性质 1)**　将行列式转置，其值不变.

所谓行列式转置，就是主对角元不动，非主对角元$a_{ij}$与$a_{ji}$对换$(i\neq j)$. 应用行列式可以按第一行展开，又可以按第一列展开的结论，再利用数学归纳法即可证明该定理，这里不赘.

行列式$D$转置后的行列式称为$D$的**转置行列式**，记为$D^{\mathrm{T}}$，则$D^{\mathrm{T}}=D$.

由性质1可知，行列式对“行”所具有的性质换为“列”也成立(反之亦然). 基于此，下面对行列式的其他性质只就“行”给出.

**定理 1.1.3(性质 2)**　将行列式两行对换，其值反号.

*证　分三种情况证明.

(1) 先证:将第一行与第二行对换,其值反号.即证

$$D_n' = \begin{vmatrix} a_{21} & a_{22} & \cdots & a_{2n} \\ a_{11} & a_{12} & \cdots & a_{1n} \\ a_{31} & a_{32} & \cdots & a_{3n} \\ \vdots & \vdots & & \vdots \\ a_{n1} & a_{n2} & \cdots & a_{nn} \end{vmatrix} = -\begin{vmatrix} a_{11} & a_{12} & \cdots & a_{1n} \\ a_{21} & a_{22} & \cdots & a_{2n} \\ a_{31} & a_{32} & \cdots & a_{3n} \\ \vdots & \vdots & & \vdots \\ a_{n1} & a_{n2} & \cdots & a_{nn} \end{vmatrix} = -D_n \qquad (1.1.10)_n$$

应用数学归纳法,$n=2$ 时,因为

$$D_2' = \begin{vmatrix} a_{21} & a_{22} \\ a_{11} & a_{12} \end{vmatrix} = a_{21}a_{12} - a_{22}a_{11} = -(a_{11}a_{22} - a_{12}a_{21}) = -D_2$$

所以式$(1.1.10)_2$ 成立.假设式$(1.1.10)_{n-1}$ 成立,设行列式 $D_n'$ 中$(i,j)$ 元的余子式为 $M_{ij}'$,行列式 $D_n$ 中$(i,j)$ 元的余子式为 $M_{ij}$,显然 $M_{11}'=M_{21}$,$M_{21}'=M_{11}$,又因$M_{ij}'$ 是 $n-1$ 阶行列式,由假设有

$$M_{i1}' = -M_{i1} \quad (i=3,4,\cdots,n)$$

将行列式 $D_n'$ 按第一列展开得

$$\begin{aligned} D_n' &= (-1)^{1+1}a_{21}M_{11}' + (-1)^{2+1}a_{11}M_{21}' + (-1)^{3+1}a_{31}M_{31}' + \cdots + (-1)^{n+1}a_{n1}M_{n1}' \\ &= (-1)^{1+1}a_{21}M_{21} + (-1)^{2+1}a_{11}M_{11} - (-1)^{3+1}a_{31}M_{31} - \cdots - (-1)^{n+1}a_{n1}M_{n1} \\ &= -(-1)^{1+1}a_{11}M_{11} - (-1)^{2+1}a_{21}M_{21} - (-1)^{3+1}a_{31}M_{31} - \cdots - (-1)^{n+1}a_{n1}M_{n1} \end{aligned}$$

将行列式 $D_n$ 按第一列展开得

$$D_n = (-1)^{1+1}a_{11}M_{11} + (-1)^{2+1}a_{21}M_{21} + (-1)^{3+1}a_{31}M_{31} + \cdots + (-1)^{n+1}a_{n1}M_{n1}$$

所以 $D_n' = -D_n$,即式$(1.1.10)_n$ 成立.

(2) 再证:将相邻的第 $i$($i=2,3,\cdots,n-1$) 行与第 $i+1$ 行对换,其值反号.证明方法与上述(1) 完全相同,不赘述.

(3) 最后证明:将不相邻的第 $i$ 行与第 $j$ 行对换,其值反号.这里不妨设 $i<j$,令 $j-i=k$($2\leqslant k\leqslant n-1$).采用相邻两行对换的方法,即将第 $i$ 行逐次与它的下一行对换 $k$ 次,则第 $i$ 行调到第 $j$ 行,再将原第 $j$ 行从第 $j-1$ 行逐次与它的上一行对换 $k-1$ 次调至原第 $i$ 行位置,这样经过 $2k-1$(奇数) 次相邻两行对换,将 $D_n$ 的第 $i$ 行与第 $j$ 行实现对换.因为$(-1)^{2k-1}=-1$,所以将不相邻的第 $i$ 行与第 $j$ 行对换,行列式的值反号. □

**推论 1.1.4**　行列式一行元素全为 0,其值为 0.(证明留作习题)

**推论 1.1.5**　行列式两行相同,其值为 0.(证明留作习题)

**定理 1.1.6(性质 3)**　将行列式一行 $k$ 倍,其值 $k$ 倍. 即

$$\begin{vmatrix} a_{11} & a_{12} & \cdots & a_{1n} \\ \vdots & \vdots & & \vdots \\ ka_{i1} & ka_{i2} & \cdots & ka_{in} \\ \vdots & \vdots & & \vdots \\ a_{n1} & a_{n2} & \cdots & a_{nn} \end{vmatrix} = k \begin{vmatrix} a_{11} & a_{12} & \cdots & a_{1n} \\ \vdots & \vdots & & \vdots \\ a_{i1} & a_{i2} & \cdots & a_{in} \\ \vdots & \vdots & & \vdots \\ a_{n1} & a_{n2} & \cdots & a_{nn} \end{vmatrix}$$

**证**　当 $i=1$ 时,将上式两边按第一行展开即得结论成立. 当 $i>1$ 时,将上式两边的第 $i$ 行与第一行对换,由性质 2 得两边皆变号,然后两边再按第一行展开即得结论成立. □

**推论 1.1.7**　行列式中两行成比例,其值为 0.

**证**　设行列式的第 $j$ 行是第 $i$ 行的 $k$ 倍,将比例常数 $k$ 提出去后,则行列式的第 $i$ 行与第 $j$ 行变为相同,应用推论 1.1.5 即得其值为 0. □

**定理 1.1.8(性质 4)**　只有第 $i$ 行($1\leqslant i\leqslant n$)不同的两个行列式相加,其值等于这一行对应元素相加而其他元素不变的行列式的值. 即

$$\begin{vmatrix} a_{11} & a_{12} & \cdots & a_{1n} \\ \vdots & \vdots & & \vdots \\ a_{i-1,1} & a_{i-1,2} & \cdots & a_{i-1,n} \\ b_{i1} & b_{i2} & \cdots & b_{in} \\ a_{i+1,1} & a_{i+1,2} & \cdots & a_{i+1,n} \\ \vdots & \vdots & & \vdots \\ a_{n1} & a_{n2} & \cdots & a_{nn} \end{vmatrix} + \begin{vmatrix} a_{11} & a_{12} & \cdots & a_{1n} \\ \vdots & \vdots & & \vdots \\ a_{i-1,1} & a_{i-1,2} & \cdots & a_{i-1,n} \\ c_{i1} & c_{i2} & \cdots & c_{in} \\ a_{i+1,1} & a_{i+1,2} & \cdots & a_{i+1,n} \\ \vdots & \vdots & & \vdots \\ a_{n1} & a_{n2} & \cdots & a_{nn} \end{vmatrix}$$

$$= \begin{vmatrix} a_{11} & a_{12} & \cdots & a_{1n} \\ \vdots & \vdots & & \vdots \\ a_{i-1,1} & a_{i-1,2} & \cdots & a_{i-1,n} \\ b_{i1}+c_{i1} & b_{i2}+c_{i2} & \cdots & b_{in}+c_{in} \\ a_{i+1,1} & a_{i+1,2} & \cdots & a_{i+1,n} \\ \vdots & \vdots & & \vdots \\ a_{n1} & a_{n2} & \cdots & a_{nn} \end{vmatrix}$$

**证**　当 $i=1$ 时,将上式中的 3 个行列式按第一行展开即得结论成立. 当 $i>1$ 时,将上式中的 3 个行列式的第 $i$ 行与第一行对换,由性质 2 得两边皆变号,然后两边再按第一行展开即得结论成立.(注:此性质常常逆向使用) □

**定理 1.1.9(性质 5)**　将行列式第 $j$ 行的 $k$ 倍加到第 $i$ 行上,其值不变. 即

$$D_n' = \begin{vmatrix} a_{11} & a_{12} & \cdots & a_{1n} \\ \vdots & \vdots & & \vdots \\ a_{i1}+ka_{j1} & a_{i2}+ka_{j2} & \cdots & a_{in}+ka_{jn} \\ \vdots & \vdots & & \vdots \\ a_{j1} & a_{j2} & \cdots & a_{jn} \\ \vdots & \vdots & & \vdots \\ a_{n1} & a_{n2} & \cdots & a_{nn} \end{vmatrix} = \begin{vmatrix} a_{11} & a_{12} & \cdots & a_{1n} \\ \vdots & \vdots & & \vdots \\ a_{i1} & a_{i2} & \cdots & a_{in} \\ \vdots & \vdots & & \vdots \\ a_{j1} & a_{j2} & \cdots & a_{jn} \\ \vdots & \vdots & & \vdots \\ a_{n1} & a_{n2} & \cdots & a_{nn} \end{vmatrix} = D_n$$

**证** 应用性质4将行列式 $D_n'$ 化为两个行列式相加，其中第一个行列式是原行列式 $D_n$，第二个行列式的第 $j$ 行与第 $i$ 行成比例. 由推论 1.1.7 可知第二个行列式为 0，故上式成立. □

在应用行列式的上述性质化简行列式时，主要是应用性质 2、性质 3 和性质 5，称为**行列式的初等变换**. 为简化叙述，引进下列记号：

(1) **对换变换**：$(i)\leftrightarrow(j)$ 表示对换第 $i$ 行与第 $j$ 行，或对换第 $i$ 列与第 $j$ 列；

(2) **倍乘变换**：$k(i)$ 表示将第 $i$ 行 $k$ 倍或将第 $i$ 列 $k$ 倍，这里 $k\neq 0$；

(3) **倍加变换**：$(i)+k(j)$ 表示将第 $j$ 行 $k$ 倍加到第 $i$ 行，或将第 $j$ 列 $k$ 倍加到第 $i$ 列.

在对行列式作初等变换时，我们约定：**将变换写在等号上方表示行变换，将变换写在等号下方表示列变换**. 在作初等变换时，注意行列式要保值.

**例 5**(同例 1(2)) 计算行列式 $D_4 = \begin{vmatrix} 2 & 3 & 2 & 0 \\ 3 & 4 & 4 & -1 \\ 5 & 3 & -2 & 6 \\ 2 & -1 & 2 & 2 \end{vmatrix}$.

**解** 应用行列式的初等变换，这里将行列式化为上三角行列式.

第一步：将(1,1) 元化为 1，再利用(1,1) 元将第 1 列的其他元素化为 0，即

$$D_4 \underset{\substack{\frac{1}{2}(3) \\ (1)\leftrightarrow(3)}}{=\!=\!=} -2\begin{vmatrix} 1 & 3 & 2 & 0 \\ 2 & 4 & 3 & -1 \\ -1 & 3 & 5 & 6 \\ 1 & -1 & 2 & 2 \end{vmatrix} \overset{\substack{(2)-2(1) \\ (3)+(1) \\ (4)-(1)}}{=\!=\!=} -2\begin{vmatrix} 1 & 3 & 2 & 0 \\ 0 & -2 & -1 & -1 \\ 0 & 6 & 7 & 6 \\ 0 & -4 & 0 & 2 \end{vmatrix}$$

第二步：将(2,2) 元化为 1，再利用(2,2) 元将第 2 列(2,2) 元下方的元素化为 0，即

$$D_4 \underset{\substack{-(3) \\ (2)\leftrightarrow(3)}}{=\!=\!=} -2\begin{vmatrix} 1 & -2 & 3 & 0 \\ 0 & 1 & -2 & -1 \\ 0 & -7 & 6 & 6 \\ 0 & 0 & -4 & 2 \end{vmatrix} \overset{(3)+7(2)}{=\!=\!=} -2\begin{vmatrix} 1 & -2 & 3 & 0 \\ 0 & 1 & -2 & -1 \\ 0 & 0 & -8 & -1 \\ 0 & 0 & -4 & 2 \end{vmatrix}$$

第三步:将(3,3)元化为1,再利用(3,3)元将第3列(3,3)元下方的元素化为0,则

$$D_4 \xlongequal[-(3)]{(3)\leftrightarrow(4)} -2\begin{vmatrix} 1 & -2 & 0 & 3 \\ 0 & 1 & 1 & -2 \\ 0 & 0 & 1 & -8 \\ 0 & 0 & -2 & -4 \end{vmatrix} \xlongequal{(4)+2(3)} -2\begin{vmatrix} 1 & -2 & 0 & 3 \\ 0 & 1 & 1 & -2 \\ 0 & 0 & 1 & -8 \\ 0 & 0 & 0 & -20 \end{vmatrix} = 40$$

**习题 1.1**

**A 组**

1. 证明:行列式一行元素全为0,其值为0.
2. 证明:行列式两行相同,其值为0.
3. 求下列行列式:

(1) $D_4 = \begin{vmatrix} 2 & 0 & 0 & 0 \\ 3 & 4 & 0 & 0 \\ 5 & 3 & -2 & 0 \\ 2 & -1 & 2 & 2 \end{vmatrix}$; (2) $D_4 = \begin{vmatrix} 0 & 0 & 0 & 2 \\ 0 & 0 & 4 & -1 \\ 0 & 3 & -2 & 6 \\ 2 & -1 & 2 & 2 \end{vmatrix}$;

(3) $D_4 = \begin{vmatrix} 2 & 3 & 2 & 2 \\ 3 & 4 & 4 & -1 \\ 5 & 3 & -2 & 6 \\ 2 & -1 & 2 & 2 \end{vmatrix}$.

4. 已知 $D_4 = \begin{vmatrix} 2 & 3 & 2 & 0 \\ 3 & 4 & 4 & -1 \\ 5 & 3 & -2 & 6 \\ 2 & -1 & 2 & 2 \end{vmatrix}$,求:

(1) $A_{31}+A_{32}+A_{33}+A_{34}$; (2) $A_{41}+A_{42}+A_{43}+A_{44}$.

## 1.2 行列式的计算

这一节我们先介绍行列式可按任一行或任一列展开的拉普拉斯展开定理,然后举例介绍计算行列式的多种方法.

### 1.2.1 拉普拉斯展开定理

**定理 1.2.1(拉普拉斯展开定理)** 设 $D_n$ 为式(1.1.1)所示的行列式,则

$$\sum_{j=1}^{n} a_{ij}A_{kj} = \begin{cases} D_n & (k = i) \\ 0 & (k \neq i) \end{cases} \quad \text{(按 } i \text{ 行展开)},$$

$$\sum_{i=1}^{n} a_{ij}A_{ik} = \begin{cases} D_n & (k = j) \\ 0 & (k \neq j) \end{cases} \quad \text{(按 } j \text{ 列展开)},$$

这里 $A_{ij}$ 为行列式 $D_n$ 中元素 $a_{ij}$ 的代数余子式.

**证**　由行列式的性质 1,只要证明按行展开的公式成立就行.

(1) 将行列式 $D_n$ 的第 $i$ 行依次与其上一行对换 $i-1$ 次后调至第一行,得到行列式 $D_n'$. 因 $D_n'$ 中第一行的元素 $a_{ij}$ 的余子式与行列式 $D_n$ 中第 $i$ 行的元素 $a_{ij}$ 的余子式 $M_{ij}$ 相等,故将 $D_n'$ 按第一行展开得 $D_n' = \sum_{j=1}^{n}(-1)^{1+j}a_{ij}M_{ij}$,可得

$$D_n = (-1)^{i-1}D_n' = (-1)^{i-1}\sum_{j=1}^{n}(-1)^{1+j}a_{ij}M_{ij} = \sum_{j=1}^{n}(-1)^{i+j}a_{ij}M_{ij} = \sum_{j=1}^{n}a_{ij}A_{ij}$$

(2) 将行列式 $D_n$ 的第 $i$ 行加到第 $k$ 行上,然后按第 $k$ 行展开并应用(1)的结论,可得

$$D_n = \sum_{j=1}^{n}(a_{kj} + a_{ij})A_{kj} = \sum_{j=1}^{n}a_{kj}A_{kj} + \sum_{j=1}^{n}a_{ij}A_{kj} = D_n + \sum_{j=1}^{n}a_{ij}A_{kj}$$

由此即得

$$\sum_{j=1}^{n}a_{ij}A_{kj} = 0 \quad (k \neq i)$$

□

### 1.2.2　行列式计算举例

**例 1**　设行列式 $D_4 = \begin{vmatrix} 2 & 3 & 2 & 0 \\ 3 & 4 & 4 & -1 \\ 5 & 3 & -2 & 6 \\ 2 & -1 & 2 & 2 \end{vmatrix}$,求:

(1) $A_{21} + A_{22} + A_{23} + A_{24}$;　　(2) $M_{21} + M_{22} + M_{23} + M_{24}$.

**解**　将行列式 $D_4$ 的第二行元素分别改为 1,1,1,1 与 −1,1,−1,1,其他元素不变,并记这两个行列式分别为 $D_4'$ 与 $D_4''$. 将它们分别按第二行展开得

$$D_4' = \begin{vmatrix} 2 & 3 & 2 & 0 \\ 1 & 1 & 1 & 1 \\ 5 & 3 & -2 & 6 \\ 2 & -1 & 2 & 2 \end{vmatrix} = A_{21} + A_{22} + A_{23} + A_{24}$$

$$D_4''=\begin{vmatrix}2&3&2&0\\-1&1&-1&1\\5&3&-2&6\\2&-1&2&2\end{vmatrix}=-(-M_{21})+M_{22}-(-M_{23})+M_{24}$$

$$=M_{21}+M_{22}+M_{23}+M_{24}$$

另一方面，有

$$D_4'=\begin{vmatrix}2&3&2&0\\1&1&1&1\\5&3&-2&6\\2&-1&2&2\end{vmatrix}\xlongequal[\substack{(2)-(1)\\(3)-(1)\\(4)-(1)}]{}\begin{vmatrix}2&1&0&-2\\1&0&0&0\\5&-2&-7&1\\2&-3&0&0\end{vmatrix}$$

$$=-\begin{vmatrix}1&0&-2\\-2&-7&1\\-3&0&0\end{vmatrix}=-42$$

$$D_4''=\begin{vmatrix}2&3&2&0\\-1&1&-1&1\\5&3&-2&6\\2&-1&2&2\end{vmatrix}\xlongequal[\substack{(2)+(1)\\(3)-(1)\\(4)+(1)}]{}\begin{vmatrix}2&5&0&2\\-1&0&0&0\\5&8&-7&11\\2&1&0&4\end{vmatrix}$$

$$=\begin{vmatrix}5&0&2\\8&-7&11\\1&0&4\end{vmatrix}=-126$$

即

$$A_{21}+A_{22}+A_{23}+A_{24}=-42,\quad M_{21}+M_{22}+M_{23}+M_{24}=-126$$

**例 2** 计算 $2n$ 阶行列式

$$D_{2n}=\begin{vmatrix}a&&&&&b\\&\ddots&&&\iddots&\\&&a&b&&\\&&b&a&&\\&\iddots&&&\ddots&\\b&&&&&a\end{vmatrix}$$

其中 $ab\neq 0$，其他的非主对角元与非次对角元皆为 0，

**解** 对 $D_{2n}$ 依次作 $n$ 次初等行变换化为上三角行列式，可得

$$D_{2n} \xlongequal[]{\substack{(2n)-\frac{b}{a}(1)\\(2n-1)-\frac{b}{a}(2)\\ \vdots \\ (n+1)-\frac{b}{a}(n)}} \begin{vmatrix} a & & & & & b \\ & \ddots & & & \iddots & \\ & & a & b & & \\ & & 0 & a-\frac{b^2}{a} & & \\ & \iddots & & & \ddots & \\ 0 & & & & & a-\frac{b^2}{a} \end{vmatrix}$$

$$= a^n\left(a-\frac{b^2}{a}\right)^n = (a^2-b^2)^n$$

**例 3**　计算 $n$ 阶行列式

$$D_n = \begin{vmatrix} x & \alpha & \cdots & \alpha & \alpha \\ \alpha & x & \cdots & \alpha & \alpha \\ \vdots & \vdots & & \vdots & \vdots \\ \alpha & \alpha & \cdots & x & \alpha \\ \alpha & \alpha & \cdots & \alpha & x \end{vmatrix}$$

**解**　此行列式的特点是每一行的所有元素之和相同,可用“**加边后化零**”的方法求解.“**加边**”就是将行列式 $D_n$ 的各列(行)加到第一列(行)上去.本题加边到第一列后,提取第一列的公因子得

$$D_n \xlongequal[\substack{(1)+(2)\\(1)+(3)\\ \vdots \\ (1)+(n)}]{} (x+(n-1)\alpha) \begin{vmatrix} 1 & \alpha & \cdots & \alpha & \alpha \\ 1 & x & \cdots & \alpha & \alpha \\ \vdots & \vdots & & \vdots & \vdots \\ 1 & \alpha & \cdots & x & \alpha \\ 1 & \alpha & \cdots & \alpha & x \end{vmatrix}$$

“**化零**”就是第一列(行)只留下一个非零元素,将其他元素皆化为零.本题将各行减去第一行,得

$$D_n \xlongequal{\substack{(2)-(1)\\(3)-(1)\\ \vdots \\ (n)-(1)}} (x+(n-1)\alpha) \begin{vmatrix} 1 & \alpha & \cdots & \alpha & \alpha \\ 0 & x-\alpha & & & O \\ \cdot & & \ddots & & \\ & & & x-\alpha & \\ O & & & & x-\alpha \end{vmatrix}$$

$$= (x+(n-1)\alpha)(x-\alpha)^{n-1}$$

**例 4(范德蒙德(Vandermonde)行列式)**　证明:

$$V_n=\begin{vmatrix}1&1&\cdots&1&1\\a_1&a_2&\cdots&a_{n-1}&a_n\\a_1^2&a_2^2&\cdots&a_{n-1}^2&a_n^2\\\vdots&\vdots&&\vdots&\vdots\\a_1^{n-1}&a_2^{n-1}&\cdots&a_{n-1}^{n-1}&a_n^{n-1}\end{vmatrix}=\prod_{1\leqslant i<j\leqslant n}(a_j-a_i)\qquad(1.2.1)_n$$

**证** 采用数学归纳法证明.

当 $n=2$ 时,因

$$V_2=\begin{vmatrix}1&1\\a_1&a_2\end{vmatrix}=a_2-a_1$$

故式$(1.2.1)_2$ 成立.

归纳假设式$(1.2.1)_{n-1}$ 成立,对 $V_n$ 依次作下列初等行变换,得

$$V_n\xlongequal[(2)-a_1(1)]{\substack{(n)-a_1(n-1)\\(n-1)-a_1(n-2)\\\vdots}}\begin{vmatrix}1&1&\cdots&1&1\\0&a_2-a_1&\cdots&a_{n-1}-a_1&a_n-a_1\\0&a_2(a_2-a_1)&\cdots&a_{n-1}(a_{n-1}-a_1)&a_n(a_n-a_1)\\\vdots&\vdots&&\vdots&\vdots\\0&a_2^{n-2}(a_2-a_1)&\cdots&a_{n-1}^{n-2}(a_{n-1}-a_1)&a_n^{n-2}(a_n-a_1)\end{vmatrix}\qquad(1.2.2)$$

将式(1.2.2) 按第一列展开,然后提取各列的公因子,得

$$V_n=(a_n-a_1)(a_{n-1}-a_1)\cdots(a_2-a_1)\begin{vmatrix}1&1&\cdots&1&1\\a_2&a_3&\cdots&a_{n-1}&a_n\\a_2^2&a_3^2&\cdots&a_{n-1}^2&a_n^2\\\vdots&\vdots&&\vdots&\vdots\\a_2^{n-2}&a_3^{n-2}&\cdots&a_{n-1}^{n-2}&a_n^{n-2}\end{vmatrix}\qquad(1.2.3)$$

式(1.2.3) 中的行列式是 $n-1$ 阶范德蒙德行列式,由归纳假设有

$$V_{n-1}=\begin{vmatrix}1&1&\cdots&1&1\\a_2&a_3&\cdots&a_{n-1}&a_n\\a_2^2&a_3^2&\cdots&a_{n-1}^2&a_n^2\\\vdots&\vdots&&\vdots&\vdots\\a_2^{n-2}&a_3^{n-2}&\cdots&a_{n-1}^{n-2}&a_n^{n-2}\end{vmatrix}=\prod_{2\leqslant i<j\leqslant n}(a_j-a_i)$$

将此式代入式(1.2.3) 即得

$$V_n=(a_n-a_1)(a_{n-1}-a_1)\cdots(a_2-a_1)\prod_{2\leqslant i<j\leqslant n}(a_j-a_i)=\prod_{1\leqslant i<j\leqslant n}(a_j-a_i)$$

故式$(1.2.1)_n$成立.

于是,式$(1.2.1)_n$对一切$n\in\mathbf{N}^*(n\geqslant 2)$均成立.

**例 5** 计算$n$阶行列式

$$D_n=\begin{vmatrix}1-a & a & & & O\\ -1 & 1-a & a & & \\ & \ddots & \ddots & \ddots & \\ & & -1 & 1-a & a\\ O & & & -1 & 1-a\end{vmatrix}$$

**解法 1** 将行列式按第一列展开得

$$D_n=(1-a)D_{n-1}+\begin{vmatrix}a & 0 & & & O\\ -1 & 1-a & a & & \\ & \ddots & \ddots & \ddots & \\ & & -1 & 1-a & a\\ O & & & -1 & 1-a\end{vmatrix}=(1-a)D_{n-1}+aD_{n-2}$$

移项得递推公式

$$D_n+aD_{n-1}=D_{n-1}+aD_{n-2}=\cdots=D_2+aD_1=\begin{vmatrix}1-a & a\\ -1 & 1-a\end{vmatrix}+a(1-a)=1$$

于是

$$\begin{aligned}D_n&=1-aD_{n-1}=1-a(1-aD_{n-2})=1+(-a)+(-a)^2D_{n-2}=\cdots\\&=1+(-a)+(-a)^2+\cdots+(-a)^{n-1}D_1\\&=1+(-a)+(-a)^2+\cdots+(-a)^{n-1}(1-a)\\&=1-a+a^2-\cdots+(-1)^na^n\end{aligned}$$

**解法 2** 本题不具备加边后化零的条件,下面只"加边".将行列式的各列加到第一列上去,然后按第一列展开,得

$$D_n\xlongequal[\substack{(1)+(2)\\(1)+(3)\\\vdots\\(1)+(n)}]{}\begin{vmatrix}1 & a & & & & O\\ 0 & 1-a & a & & & \\ 0 & -1 & 1-a & a & & \\ \vdots & & \ddots & \ddots & \ddots & \\ 0 & & & -1 & 1-a & a\\ -a & O & & & -1 & 1-a\end{vmatrix}$$

$$=D_{n-1}+(-a)(-1)^{n+1}a^{n-1}=D_{n-1}+(-a)^n$$

由该公式递推可得

$$\begin{aligned} D_n &= D_{n-1} + (-a)^n = D_{n-2} + (-a)^{n-1} + (-a)^n \\ &= D_1 + (-a)^2 + \cdots + (-a)^n \\ &= 1 - a + a^2 - \cdots + (-1)^n a^n \end{aligned}$$

## 习题 1.2

### A 组

1. 利用行列式的性质计算：

(1) $\begin{vmatrix} 1 & 2 & 3 & 4 \\ 2 & 3 & 4 & 1 \\ 3 & 4 & 1 & 2 \\ 4 & 1 & 2 & 3 \end{vmatrix}$；　　(2) $\begin{vmatrix} 0 & q & r & s \\ p & 0 & r & s \\ p & q & 0 & s \\ p & q & r & 0 \end{vmatrix}$；

(3) $\begin{vmatrix} 1 & a_1 & 0 & 0 \\ -1 & 1-a_1 & a_2 & 0 \\ 0 & -1 & 1-a_2 & a_3 \\ 0 & 0 & -1 & 1-a_3 \end{vmatrix}$.

2. 求证：

$$\begin{vmatrix} a_1+b_1 & b_1+c_1 & c_1+a_1 \\ a_2+b_2 & b_2+c_2 & c_2+a_2 \\ a_3+b_3 & b_3+c_3 & c_3+a_3 \end{vmatrix} = 2\begin{vmatrix} a_1 & b_1 & c_1 \\ a_2 & b_2 & c_2 \\ a_3 & b_3 & c_3 \end{vmatrix}$$

3. 计算下列各题：

(1) 求 $D_5 = \begin{vmatrix} 1 & 2 & 3 & 4 & 5 \\ 1 & 2^2 & 3^2 & 4^2 & 5^2 \\ 1 & 2^3 & 3^3 & 4^3 & 5^3 \\ 1 & 2^4 & 3^4 & 4^4 & 5^4 \\ 1 & 2^5 & 3^5 & 4^5 & 5^5 \end{vmatrix}$；

(2) 已知 $f(x) = \begin{vmatrix} a_1 & a_2 & a_3 & a_4 & x \\ a_1^2 & a_2^2 & a_3^2 & a_4^2 & x^2 \\ a_1^3 & a_2^3 & a_3^3 & a_4^3 & x^3 \\ a_1^4 & a_2^4 & a_3^4 & a_4^4 & x^4 \\ a_1^5 & a_2^5 & a_3^5 & a_4^5 & x^5 \end{vmatrix}$，其中 $a_i(i=1,2,3,4)$ 是互不相等的非零实数，求方程 $f(x)=0$ 的根.

4. 计算下列 $n$ 阶($n \geqslant 2$) 行列式：

(1) $$\begin{vmatrix} a & b & & O \\ 0 & a & b & \\ \vdots & & \ddots & \ddots \\ 0 & & & a & b \\ b & O & & & a \end{vmatrix};$$

(2) $$\begin{vmatrix} a_1-b & a_2 & \cdots & a_{n-1} & a_n \\ a_1 & a_2-b & \cdots & a_{n-1} & a_n \\ \vdots & \vdots & & \vdots & \vdots \\ a_1 & a_2 & \cdots & a_{n-1}-b & a_n \\ a_1 & a_2 & \cdots & a_{n-1} & a_n-b \end{vmatrix};$$

(3) $$\begin{vmatrix} 1 & 2 & 3 & \cdots & (n-1) & n \\ 1 & 2^2 & 3^2 & \cdots & (n-1)^2 & n^2 \\ \vdots & \vdots & \vdots & & \vdots & \vdots \\ 1 & 2^{n-1} & 3^{n-1} & \cdots & (n-1)^{n-1} & n^{n-1} \\ 1 & 2^n & 3^n & \cdots & (n-1)^n & n^n \end{vmatrix};$$

(4) $$\begin{vmatrix} O & & & & 1 & 0 \\ & & & 2 & 0 & 0 \\ & & \iddots & \iddots & & \vdots \\ & n-2 & 0 & & & 0 \\ n-1 & 0 & & & & 0 \\ 0 & & & & O & n \end{vmatrix}.$$

**B 组**

5. 计算下列 $n$ 阶($n \geqslant 2$) 行列式：

(1) $$\begin{vmatrix} 2 & 1 & & & O \\ 1 & 2 & 1 & & \\ & \ddots & \ddots & \ddots & \\ & & 1 & 2 & 1 \\ O & & & 1 & 2 \end{vmatrix};$$

(2) $\begin{vmatrix} 3 & 0 & & & O & 3 \\ -1 & 3 & 0 & & & 3 \\ & \ddots & \ddots & \ddots & & \vdots \\ & & -1 & 3 & 0 & 3 \\ & & & -1 & 3 & 3 \\ O & & & & -1 & 3 \end{vmatrix}$.

## 复习题 1

1. 已知 $D_4 = \begin{vmatrix} 2 & 3 & 2 & 0 \\ 3 & 4 & 4 & -1 \\ 5 & 3 & -2 & 6 \\ 2 & -1 & 2 & 2 \end{vmatrix}$,求:

(1) $M_{31} + M_{32} + M_{33} + M_{34}$;

(2) $M_{41} + M_{42} + M_{43} + M_{44}$.

2. 计算 $n+1$ 阶行列式

$$\begin{vmatrix} a_0 & -1 & & & & O \\ a_1 & x & -1 & & & \\ a_2 & 0 & x & -1 & & \\ \vdots & & \ddots & \ddots & \ddots & \\ a_{n-1} & & & 0 & x & -1 \\ a_n & O & & & 0 & x \end{vmatrix} \quad (n \geqslant 2)$$

3. 计算 $n$ 阶行列式

$$\begin{vmatrix} \alpha+\beta & \alpha\beta & & & & O \\ 1 & \alpha+\beta & \alpha\beta & & & \\ & 1 & \alpha+\beta & \alpha\beta & & \\ & & \ddots & \ddots & \ddots & \\ & & & 1 & \alpha+\beta & \alpha\beta \\ O & & & & 1 & \alpha+\beta \end{vmatrix} \quad (\alpha \neq \beta)$$

# 2 矩　阵

## 2.1 矩阵基本概念

### 2.1.1 矩阵的定义

**定义 2.1.1(矩阵)**　设$F$为一数域，$a_{ij}\in F(i=1,2,\cdots,m;j=1,2,\cdots,n)$，将这$m\times n$个数$a_{ij}$排成$m$行、$n$列的矩形阵列，再在左右两边画上括号得

$$\begin{bmatrix} a_{11} & a_{12} & \cdots & a_{1n} \\ a_{21} & a_{22} & \cdots & a_{2n} \\ \vdots & \vdots & & \vdots \\ a_{m1} & a_{m2} & \cdots & a_{mn} \end{bmatrix} \tag{2.1.1}$$

称式(2.1.1)为数域$F$上的$m\times n$**矩阵**，简称为**矩阵**，记为$\boldsymbol{A}$，$\boldsymbol{A}_{m\times n}$或$(a_{ij})_{m\times n}$，其中数$a_{ij}$称为矩阵$\boldsymbol{A}$的**元素**或$(i,j)$**元**. 特别的，当$m=n$时，称$\boldsymbol{A}_n=\boldsymbol{A}_{n\times n}$为$n$**阶矩阵**或$n$**阶方阵**.

本书下面讨论的矩阵，除特别说明外，都是数域$F$上的矩阵.

**定义 2.1.2(相等矩阵)**　设有两个矩阵

$$\boldsymbol{A}=(a_{ij})_{m\times n},\quad \boldsymbol{B}=(b_{ij})_{m\times n}$$

若$\forall i=1,2,\cdots,m$和$j=1,2,\cdots,n$，有$a_{ij}=b_{ij}$，则称$\boldsymbol{A}$与$\boldsymbol{B}$**相等**，记为$\boldsymbol{A}=\boldsymbol{B}$.

**定义 2.1.3(转置矩阵)**　设有矩阵$\boldsymbol{A}=(a_{ij})_{m\times n}$，称矩阵

$$\boldsymbol{B}=\begin{bmatrix} a_{11} & a_{21} & \cdots & a_{m1} \\ a_{12} & a_{22} & \cdots & a_{m2} \\ \vdots & \vdots & & \vdots \\ a_{1n} & a_{2n} & \cdots & a_{mn} \end{bmatrix}$$

为矩阵$\boldsymbol{A}$的**转置矩阵**. 它是一个$n\times m$矩阵，记为$\boldsymbol{B}=\boldsymbol{A}^{\mathrm{T}}$.

显见，有$(\boldsymbol{A}^{\mathrm{T}})^{\mathrm{T}}=\boldsymbol{A}$.

### 2.1.2 常用的特殊矩阵

(1) **零矩阵**与**非零矩阵**：所有元素都是0的矩阵称为**零矩阵**，记为$\boldsymbol{O}$或$\boldsymbol{O}_{m\times n}$；至

少有一个元素不为 0 的矩阵称为**非零矩阵**.

(2) **单位矩阵**:主对角元全为 1,非主对角元全为 0 的 $n$ 阶矩阵称为**单位矩阵**,记为

$$\boldsymbol{E}=\boldsymbol{E}_n=\begin{bmatrix}1&0&\cdots&0\\0&1&\cdots&0\\\vdots&\vdots&&\vdots\\0&0&\cdots&1\end{bmatrix}=\begin{bmatrix}1&&&O\\&1&&\\&&\ddots&\\O&&&1\end{bmatrix}$$

**注** 在有些教材中,单位矩阵记为 $\boldsymbol{I}$ 或 $\boldsymbol{I}_n$.

(3) **对角矩阵与数量矩阵**:主对角元不全为 0 且不全为 1,非主对角元全为 0 的 $n$ 阶矩阵

$$\mathrm{diag}(\lambda_1,\lambda_2,\cdots,\lambda_n)=\begin{bmatrix}\lambda_1&&&O\\&\lambda_2&&\\&&\ddots&\\O&&&\lambda_n\end{bmatrix}\text{ 与 }\mathrm{diag}(\lambda,\lambda,\cdots,\lambda)=\begin{bmatrix}\lambda&&&O\\&\lambda&&\\&&\ddots&\\O&&&\lambda\end{bmatrix}$$

分别称为**对角矩阵与数量矩阵**(其中 $\lambda_1,\lambda_2,\cdots,\lambda_n$ 不全相等,$\lambda\neq 0,1$).

(4) **上三角矩阵与下三角矩阵**:主对角元上方不全为 0,主对角元下方全为 0 的 $n$ 阶矩阵称为**上三角矩阵**;主对角元下方不全为 0,主对角元上方全为 0 的 $n$ 阶矩阵称为**下三角矩阵**. 它们分别记为

$$\begin{bmatrix}\lambda_1&&&*\\&\lambda_2&&\\&&\ddots&\\O&&&\lambda_n\end{bmatrix},\quad\begin{bmatrix}\lambda_1&&&O\\&\lambda_2&&\\&&\ddots&\\ *&&&\lambda_n\end{bmatrix}$$

(5) **对称矩阵与反对称矩阵**:满足 $a_{ij}=a_{ji}(i,j=1,2,\cdots,n)$ 的 $n$ 阶矩阵称为**对称矩阵**;满足 $a_{ij}=-a_{ji}(i,j=1,2,\cdots,n)$ 的 $n$ 阶矩阵称为**反对称矩阵**. 例如

$$\begin{bmatrix}1&2&3\\2&4&5\\3&5&6\end{bmatrix},\quad\begin{bmatrix}2&\mathrm{i}&0\\\mathrm{i}&1+2\mathrm{i}&2\mathrm{i}\\0&2\mathrm{i}&-1\end{bmatrix},\quad\begin{bmatrix}0&2&-5\\-2&0&1\\5&-1&0\end{bmatrix},\quad\begin{bmatrix}0&2\mathrm{i}&1-\mathrm{i}\\-2\mathrm{i}&0&-3\\-1+\mathrm{i}&3&0\end{bmatrix}$$

前两个是 3 阶对称矩阵,后两个是 3 阶反对称矩阵(其中 $\mathrm{i}=\sqrt{-1}$).

(6) **行向量与列向量**:只有一行的 $1\times n$ 矩阵称为 $n$ 维行向量,简称**行向量**,记为 $\boldsymbol{\beta}=(b_1,b_2,\cdots,b_n)$;只有一列的 $n\times 1$ 矩阵称为 $n$ 维列向量,简称**列向量**,记为 $\boldsymbol{\alpha}=(a_1,a_2,\cdots,a_n)^{\mathrm{T}}$.

对于对称矩阵与反对称矩阵,应用转置矩阵的定义可得下面的定理.

**定理 2.1.1** $n$阶矩阵$\boldsymbol{A}$为对称矩阵的充要条件是$\boldsymbol{A}^{\mathrm{T}}=\boldsymbol{A}$;$n$阶矩阵$\boldsymbol{A}$为反对称矩阵的充要条件是$\boldsymbol{A}^{\mathrm{T}}=-\boldsymbol{A}$.

### 2.1.3 矩阵的线性运算

**定义 2.1.4(矩阵的加法与数乘)** 设有两个矩阵

$$\boldsymbol{A}=(a_{ij})_{m\times n},\quad \boldsymbol{B}=(b_{ij})_{m\times n}$$

及数$k\in F$,则矩阵$\boldsymbol{A}$与$\boldsymbol{B}$的加法、数$k$与矩阵$\boldsymbol{A}$的数乘分别定义为

$$\boldsymbol{A}+\boldsymbol{B}\xlongequal{\text{def}}(a_{ij}+b_{ij})_{m\times n},\quad k\boldsymbol{A}\xlongequal{\text{def}}(ka_{ij})_{m\times n}$$

利用矩阵的加法与数乘,可得矩阵的减法为

$$\boldsymbol{A}-\boldsymbol{B}\xlongequal{\text{def}}\boldsymbol{A}+(-\boldsymbol{B})=(a_{ij}-b_{ij})_{m\times n}$$

对于矩阵的加法与数乘运算,有下列性质.

**定理 2.1.2** 设有$m\times n$矩阵$\boldsymbol{A},\boldsymbol{B},\boldsymbol{C}$,数$k,l\in F$,则

(1) $\boldsymbol{A}+\boldsymbol{B}=\boldsymbol{B}+\boldsymbol{A}$; **(加法交换律)**

(2) $(\boldsymbol{A}+\boldsymbol{B})+\boldsymbol{C}=\boldsymbol{A}+(\boldsymbol{B}+\boldsymbol{C})$; **(加法结合律)**

(3) $\boldsymbol{A}+\boldsymbol{O}=\boldsymbol{A}$ (称零矩阵$\boldsymbol{O}$为零元素); **(存在零元素)**

(4) $\boldsymbol{A}+(-\boldsymbol{A})=\boldsymbol{O}$ (称$-\boldsymbol{A}$为$\boldsymbol{A}$的负元素); **(存在负元素)**

(5) 对$1\in F$,有$1\boldsymbol{A}=\boldsymbol{A}$; **(单位律)**

(6) $k(l\boldsymbol{A})=(kl)\boldsymbol{A}$; **(数乘结合律)**

(7) $k(\boldsymbol{A}+\boldsymbol{B})=k\boldsymbol{A}+k\boldsymbol{B}$; **(数乘分配律 Ⅰ)**

(8) $(k+l)\boldsymbol{A}=k\boldsymbol{A}+l\boldsymbol{A}$. **(数乘分配律 Ⅱ)**

**定理 2.1.3** 设有$m\times n$矩阵$\boldsymbol{A},\boldsymbol{B}$,数$k\in F$,则

(1) $(\boldsymbol{A}+\boldsymbol{B})^{\mathrm{T}}=\boldsymbol{A}^{\mathrm{T}}+\boldsymbol{B}^{\mathrm{T}}$;

(2) $(k\boldsymbol{A})^{\mathrm{T}}=k\boldsymbol{A}^{\mathrm{T}}$.

以上两个定理的证明直接由定义可得,这里不赘述.

**例 1** 设$\boldsymbol{A}=\begin{bmatrix}1&3&2\\0&4&-1\\6&1&5\end{bmatrix}$,$\boldsymbol{B}=\begin{bmatrix}2&1&3\\1&-2&0\\0&4&2\end{bmatrix}$,求$\boldsymbol{A}-2\boldsymbol{B}$.

**解** 
$$\boldsymbol{A}-2\boldsymbol{B}=\begin{bmatrix}1-2\times2&3-2\times1&2-2\times3\\0-2\times1&4-2\times(-2)&-1-2\times0\\6-2\times0&1-2\times4&5-2\times2\end{bmatrix}$$
$$=\begin{bmatrix}-3&1&-4\\-2&8&-1\\6&-7&1\end{bmatrix}$$

### 2.1.4 矩阵的乘法

**定义 2.1.5** 若$(a_1,a_2,\cdots,a_n)$是矩阵$\boldsymbol{A}$的第$i$行行向量，$(b_1,b_2,\cdots,b_n)^{\mathrm{T}}$是矩阵$\boldsymbol{B}$的第$j$列列向量，则

$$\text{矩阵}\boldsymbol{A}\text{的第}i\text{行乘矩阵}\boldsymbol{B}\text{的第}j\text{列}=(a_1,a_2,\cdots,a_n)\begin{bmatrix}b_1\\b_2\\\vdots\\b_n\end{bmatrix}\xlongequal{\text{def}}\sum_{k=1}^{n}a_kb_k$$

**定义 2.1.6(矩阵的乘法)** 设有矩阵

$$\boldsymbol{A}_{m\times n}=\begin{bmatrix}a_{11}&a_{12}&\cdots&a_{1n}\\a_{21}&a_{22}&\cdots&a_{2n}\\\vdots&\vdots&&\vdots\\a_{m1}&a_{m2}&\cdots&a_{mn}\end{bmatrix},\quad \boldsymbol{B}_{n\times p}=\begin{bmatrix}b_{11}&b_{12}&\cdots&b_{1p}\\b_{21}&b_{22}&\cdots&b_{2p}\\\vdots&\vdots&&\vdots\\b_{n1}&b_{n2}&\cdots&b_{np}\end{bmatrix}$$

则矩阵$\boldsymbol{A}$与$\boldsymbol{B}$的乘积$\boldsymbol{AB}$定义为

$$\boldsymbol{AB}\xlongequal{\text{def}}\begin{bmatrix}c_{11}&c_{12}&\cdots&c_{1p}\\c_{21}&c_{22}&\cdots&c_{2p}\\\vdots&\vdots&&\vdots\\c_{m1}&c_{m2}&\cdots&c_{mp}\end{bmatrix}$$

其中

$$c_{ij}=(a_{i1},a_{i2},\cdots,a_{in})\begin{bmatrix}b_{1j}\\b_{2j}\\\vdots\\b_{nj}\end{bmatrix}\quad(i=1,2,\cdots,m;j=1,2,\cdots,p)$$

即$\boldsymbol{AB}$的$(i,j)$元等于矩阵$\boldsymbol{A}$的第$i$行乘矩阵$\boldsymbol{B}$的第$j$列.

值得注意的是，两个矩阵$\boldsymbol{A}$与$\boldsymbol{B}$相乘是有规则的，这就是左矩阵$\boldsymbol{A}$的列数等于右矩阵$\boldsymbol{B}$的行数，如此它们的乘积才有意义.

**定理 2.1.4** 设下列矩阵满足矩阵乘法规则，则

(1) $(\boldsymbol{AB})\boldsymbol{C}=\boldsymbol{A}(\boldsymbol{BC})$； **(结合律)**

(2) $\boldsymbol{A}(\boldsymbol{B}+\boldsymbol{C})=\boldsymbol{AB}+\boldsymbol{AC}$； **(左分配律)**

(3) $(\boldsymbol{A}+\boldsymbol{B})\boldsymbol{C}=\boldsymbol{AC}+\boldsymbol{BC}$； **(右分配律)**

(4) $k(\boldsymbol{AB})=(k\boldsymbol{A})\boldsymbol{B}=\boldsymbol{A}(k\boldsymbol{B})$；

(5) $(\boldsymbol{AB})^{\mathrm{T}}=\boldsymbol{B}^{\mathrm{T}}\boldsymbol{A}^{\mathrm{T}}$.

**证** 这5条的证明方法类似，下面只证(1)，(2)，(5).

(1) 设 $\boldsymbol{A}=(a_{ij})_{m\times n}$，$\boldsymbol{B}=(b_{ij})_{n\times p}$，$\boldsymbol{C}=(c_{ij})_{p\times q}$，记 $\boldsymbol{AB}=(d_{ij})_{m\times p}$，$\boldsymbol{BC}=(e_{ij})_{n\times q}$，则

$$d_{ij}=(a_{i1},a_{i2},\cdots,a_{in})\begin{bmatrix}b_{1j}\\b_{2j}\\\vdots\\b_{nj}\end{bmatrix}=\sum_{r=1}^{n}a_{ir}b_{rj},\quad e_{ij}=(b_{i1},b_{i2},\cdots,b_{ip})\begin{bmatrix}c_{1j}\\c_{2j}\\\vdots\\c_{pj}\end{bmatrix}=\sum_{k=1}^{p}b_{ik}c_{kj}$$

$$(\boldsymbol{AB})\boldsymbol{C}\text{ 的}(i,j)\text{ 元}=(d_{i1},d_{i2},\cdots,d_{ip})\begin{bmatrix}c_{1j}\\c_{2j}\\\vdots\\c_{pj}\end{bmatrix}=\sum_{k=1}^{p}d_{ik}c_{kj}=\sum_{k=1}^{p}\sum_{r=1}^{n}a_{ir}b_{rk}c_{kj}\quad(2.1.2)$$

$$\boldsymbol{A}(\boldsymbol{BC})\text{ 的}(i,j)\text{ 元}=(a_{i1},a_{i2},\cdots,a_{in})\begin{bmatrix}e_{1j}\\e_{2j}\\\vdots\\e_{nj}\end{bmatrix}=\sum_{r=1}^{n}a_{ir}e_{rj}=\sum_{r=1}^{n}\sum_{k=1}^{p}a_{ir}b_{rk}c_{kj}\quad(2.1.3)$$

比较(2.1.2)，(2.1.3)两式即得所求结论.

(2) 设 $\boldsymbol{A}=(a_{ij})_{m\times n}$，$\boldsymbol{B}=(b_{ij})_{n\times p}$，$\boldsymbol{C}=(c_{ij})_{n\times p}$，则

$$\begin{aligned}\boldsymbol{A}(\boldsymbol{B}+\boldsymbol{C})\text{ 的}(i,j)\text{ 元}&=(a_{i1},a_{i2},\cdots,a_{in})\begin{bmatrix}b_{1j}+c_{1j}\\b_{2j}+c_{2j}\\\vdots\\b_{nj}+c_{nj}\end{bmatrix}\\&=(a_{i1},a_{i2},\cdots,a_{in})\begin{bmatrix}b_{1j}\\b_{2j}\\\vdots\\b_{nj}\end{bmatrix}+(a_{i1},a_{i2},\cdots,a_{in})\begin{bmatrix}c_{1j}\\c_{2j}\\\vdots\\c_{nj}\end{bmatrix}\\&=\boldsymbol{AB}\text{ 的}(i,j)\text{ 元}+\boldsymbol{AC}\text{ 的}(i,j)\text{ 元}\end{aligned}$$

(5) 设 $\boldsymbol{A}=(a_{ij})_{m\times n}$，$\boldsymbol{B}=(b_{ij})_{n\times p}$，则

$$(\boldsymbol{AB})^{\mathrm{T}}\text{ 的}(i,j)\text{ 元}=\boldsymbol{AB}\text{ 的}(j,i)\text{ 元}=(a_{j1},a_{j2},\cdots,a_{jn})\begin{bmatrix}b_{1i}\\b_{2i}\\\vdots\\b_{ni}\end{bmatrix}=\sum_{r=1}^{n}a_{jr}b_{ri}\quad(2.1.4)$$

$$\boldsymbol{B}^{\mathrm{T}}\boldsymbol{A}^{\mathrm{T}} \text{ 的}(i,j)\text{ 元} = \begin{bmatrix} b_{1i} \\ b_{2i} \\ \vdots \\ b_{ni} \end{bmatrix}^{\mathrm{T}} (a_{j1}, a_{j2}, \cdots, a_{jn})^{\mathrm{T}} = (b_{1i}, b_{2i}, \cdots, b_{ni}) \begin{bmatrix} a_{j1} \\ a_{j2} \\ \vdots \\ a_{jn} \end{bmatrix} = \sum_{r=1}^{n} b_{ri} a_{jr} \tag{2.1.5}$$

比较(2.1.4),(2.1.5)两式即得所求结论. □

**例 2** 设 $\boldsymbol{A} = \begin{bmatrix} 0 & 1 \\ 0 & -1 \end{bmatrix}, \boldsymbol{B} = \begin{bmatrix} 1 & -1 \\ 0 & 0 \end{bmatrix}, \boldsymbol{C} = \begin{bmatrix} 1 & 2 \\ 1 & 0 \end{bmatrix}$,求 $\boldsymbol{AB}, \boldsymbol{BA}, \boldsymbol{BC}$.

**解** 根据矩阵的乘法的定义,有

$$\begin{aligned} \boldsymbol{AB} &= \begin{bmatrix} 0 & 1 \\ 0 & -1 \end{bmatrix}\begin{bmatrix} 1 & -1 \\ 0 & 0 \end{bmatrix} = \begin{bmatrix} 0\times1+1\times0 & 0\times(-1)+1\times0 \\ 0\times1+(-1)\times0 & 0\times(-1)+(-1)\times0 \end{bmatrix} \\ &= \begin{bmatrix} 0 & 0 \\ 0 & 0 \end{bmatrix} \end{aligned}$$

$$\begin{aligned} \boldsymbol{BA} &= \begin{bmatrix} 1 & -1 \\ 0 & 0 \end{bmatrix}\begin{bmatrix} 0 & 1 \\ 0 & -1 \end{bmatrix} = \begin{bmatrix} 1\times0+(-1)\times0 & 1\times1+(-1)\times(-1) \\ 0\times0+0\times0 & 0\times1+0\times(-1) \end{bmatrix} \\ &= \begin{bmatrix} 0 & 2 \\ 0 & 0 \end{bmatrix} \end{aligned}$$

$$\boldsymbol{BC} = \begin{bmatrix} 1 & -1 \\ 0 & 0 \end{bmatrix}\begin{bmatrix} 1 & 2 \\ 1 & 0 \end{bmatrix} = \begin{bmatrix} 1\times1+(-1)\times1 & 1\times2+(-1)\times0 \\ 0\times1+0\times1 & 0\times2+0\times0 \end{bmatrix} = \begin{bmatrix} 0 & 2 \\ 0 & 0 \end{bmatrix}$$

**注** 通过例 2 可以看出三个重要事实:第一,矩阵的乘法不满足交换律(此例中 $\boldsymbol{AB} \neq \boldsymbol{BA}$);第二,两个矩阵的乘积为零矩阵时,不能推出这两个矩阵中至少有一个为零矩阵(此例中 $\boldsymbol{AB} = \boldsymbol{O}$,但 $\boldsymbol{A}$ 与 $\boldsymbol{B}$ 皆是非零矩阵);第三,矩阵的乘法不满足消去律(此例中 $\boldsymbol{BA} = \boldsymbol{BC}$,但 $\boldsymbol{A} \neq \boldsymbol{C}$).

**例 3** 设 $\boldsymbol{A} = \begin{bmatrix} 3 & 0 \\ 1 & 2 \\ 2 & -1 \end{bmatrix}, \boldsymbol{B} = \begin{bmatrix} 1 & 2 & 3 \\ -1 & 1 & 0 \end{bmatrix}$,求 $\boldsymbol{EA}, \boldsymbol{BE}, \boldsymbol{AB}, \boldsymbol{BA}$.

**解** 计算的中间过程从略,有

$$\boldsymbol{EA} = \begin{bmatrix} 1 & 0 & 0 \\ 0 & 1 & 0 \\ 0 & 0 & 1 \end{bmatrix}\begin{bmatrix} 3 & 0 \\ 1 & 2 \\ 2 & -1 \end{bmatrix} = \begin{bmatrix} 3 & 0 \\ 1 & 2 \\ 2 & -1 \end{bmatrix}$$

$$\boldsymbol{BE} = \begin{bmatrix} 1 & 2 & 3 \\ -1 & 1 & 0 \end{bmatrix}\begin{bmatrix} 1 & 0 & 0 \\ 0 & 1 & 0 \\ 0 & 0 & 1 \end{bmatrix} = \begin{bmatrix} 1 & 2 & 3 \\ -1 & 1 & 0 \end{bmatrix}$$

$$\boldsymbol{AB}=\begin{bmatrix}3&0\\1&2\\2&-1\end{bmatrix}\begin{bmatrix}1&2&3\\-1&1&0\end{bmatrix}=\begin{bmatrix}3&6&9\\-1&4&3\\3&3&6\end{bmatrix}$$

$$\boldsymbol{BA}=\begin{bmatrix}1&2&3\\-1&1&0\end{bmatrix}\begin{bmatrix}3&0\\1&2\\2&-1\end{bmatrix}=\begin{bmatrix}11&1\\-2&2\end{bmatrix}$$

此例表明:任意矩阵左乘单位矩阵或右乘单位矩阵都是不变的,因此在矩阵乘法中单位矩阵相当于单位元.

**例 4** 设 $\boldsymbol{A}=(a_{ij})_{m\times n},\boldsymbol{x}=\begin{bmatrix}x_1\\x_2\\\vdots\\x_n\end{bmatrix},\boldsymbol{y}=\begin{bmatrix}y_1\\y_2\\\vdots\\y_n\end{bmatrix}$,求 $\boldsymbol{xy}^{\mathrm{T}},\boldsymbol{x}^{\mathrm{T}}\boldsymbol{y},\boldsymbol{Ax}$.

**解** $\boldsymbol{xy}^{\mathrm{T}}=\begin{bmatrix}x_1\\x_2\\\vdots\\x_n\end{bmatrix}(y_1,y_2,\cdots,y_n)=\begin{bmatrix}x_1y_1&x_1y_2&\cdots&x_1y_n\\x_2y_1&x_2y_2&\cdots&x_2y_n\\\vdots&\vdots&&\vdots\\x_ny_1&x_ny_2&\cdots&x_ny_n\end{bmatrix}$

$$\boldsymbol{x}^{\mathrm{T}}\boldsymbol{y}=(x_1,x_2,\cdots,x_n)\begin{bmatrix}y_1\\y_2\\\vdots\\y_n\end{bmatrix}=x_1y_1+x_2y_2+\cdots+x_ny_n$$

$$\boldsymbol{Ax}=\begin{bmatrix}a_{11}&a_{12}&\cdots&a_{1n}\\a_{21}&a_{22}&\cdots&a_{2n}\\\vdots&\vdots&&\vdots\\a_{m1}&a_{m2}&\cdots&a_{mn}\end{bmatrix}\begin{bmatrix}x_1\\x_2\\\vdots\\x_n\end{bmatrix}=\begin{bmatrix}a_{11}x_1+a_{12}x_2+\cdots+a_{1n}x_n\\a_{21}x_1+a_{22}x_2+\cdots+a_{2n}x_n\\\vdots\\a_{m1}x_1+a_{m2}x_2+\cdots+a_{mn}x_n\end{bmatrix}$$

设 $\boldsymbol{A}$ 为 $n$ 阶矩阵,$k\in\mathbf{N}^*$,由于矩阵的乘法具有结合律,则称 $\boldsymbol{A}^k\xlongequal{\text{def}}\underbrace{\boldsymbol{AA}\cdots\boldsymbol{A}}_{k个}$ 为矩阵 $\boldsymbol{A}$ 的 $k$ 次幂.

### 2.1.5 分块矩阵

1) 矩阵的分块

矩阵的分块是矩阵运算中常用的一种技巧,尤其对阶数较高的矩阵进行运算时,会带来极大的方便. 对于 $m\times n$ 矩阵

$$\boldsymbol{A}=\begin{bmatrix} a_{11} & a_{12} & \cdots & a_{1n} \\ a_{21} & a_{22} & \cdots & a_{2n} \\ \vdots & \vdots & & \vdots \\ a_{m1} & a_{m2} & \cdots & a_{mn} \end{bmatrix}$$

在$\boldsymbol{A}$的行与行之间画$k-1$条水平直线($1\leqslant k\leqslant m$),在$\boldsymbol{A}$的列与列之间画$l-1$条铅直直线($1\leqslant l\leqslant n$),把$\boldsymbol{A}$分为$kl$块得到分块矩阵

$$\boldsymbol{A}=\begin{bmatrix} \boldsymbol{A}_{11} & \boldsymbol{A}_{12} & \cdots & \boldsymbol{A}_{1l} \\ \boldsymbol{A}_{21} & \boldsymbol{A}_{22} & \cdots & \boldsymbol{A}_{2l} \\ \vdots & \vdots & & \vdots \\ \boldsymbol{A}_{k1} & \boldsymbol{A}_{k2} & \cdots & \boldsymbol{A}_{kl} \end{bmatrix} \tag{2.1.6}$$

其中$\boldsymbol{A}_{ij}$ ($i=1,2,\cdots,k;j=1,2,\cdots,l$) 都是矩阵. 我们称式(2.1.6) 为分块矩阵$\boldsymbol{A}$的一个**分法**.

例如,对矩阵$\boldsymbol{A}=\begin{bmatrix} 1 & 0 & 3 & 4 \\ 0 & 1 & 5 & 6 \\ 3 & 4 & 0 & 0 \end{bmatrix}$,在2,3行之间画一条水平直线,在2,3列之间画一条铅直直线,把它分成4块得到分块矩阵

$$\boldsymbol{A}=\begin{bmatrix} \boldsymbol{A}_{11} & \boldsymbol{A}_{12} \\ \boldsymbol{A}_{21} & \boldsymbol{A}_{22} \end{bmatrix}=\left[\begin{array}{cc:cc} 1 & 0 & 3 & 4 \\ 0 & 1 & 5 & 6 \\ \hdashline 3 & 4 & 0 & 0 \end{array}\right]$$

这里$\boldsymbol{A}_{11}=\boldsymbol{E}$是单位矩阵,$\boldsymbol{A}_{22}=\boldsymbol{O}$是零矩阵.

2) 分块矩阵的加法与数乘

设$\boldsymbol{A},\boldsymbol{B}$都是$m\times n$矩阵,用同样的分法将$\boldsymbol{A},\boldsymbol{B}$分块为

$$\boldsymbol{A}=\begin{bmatrix} \boldsymbol{A}_{11} & \boldsymbol{A}_{12} & \cdots & \boldsymbol{A}_{1l} \\ \boldsymbol{A}_{21} & \boldsymbol{A}_{22} & \cdots & \boldsymbol{A}_{2l} \\ \vdots & \vdots & & \vdots \\ \boldsymbol{A}_{k1} & \boldsymbol{A}_{k2} & \cdots & \boldsymbol{A}_{kl} \end{bmatrix},\quad \boldsymbol{B}=\begin{bmatrix} \boldsymbol{B}_{11} & \boldsymbol{B}_{12} & \cdots & \boldsymbol{B}_{1l} \\ \boldsymbol{B}_{21} & \boldsymbol{B}_{22} & \cdots & \boldsymbol{B}_{2l} \\ \vdots & \vdots & & \vdots \\ \boldsymbol{B}_{k1} & \boldsymbol{B}_{k2} & \cdots & \boldsymbol{B}_{kl} \end{bmatrix}$$

应用矩阵的加法与数乘,可得

$$\boldsymbol{A}+\boldsymbol{B}=\begin{bmatrix} \boldsymbol{A}_{11}+\boldsymbol{B}_{11} & \boldsymbol{A}_{12}+\boldsymbol{B}_{12} & \cdots & \boldsymbol{A}_{1l}+\boldsymbol{B}_{1l} \\ \boldsymbol{A}_{21}+\boldsymbol{B}_{21} & \boldsymbol{A}_{22}+\boldsymbol{B}_{22} & \cdots & \boldsymbol{A}_{2l}+\boldsymbol{B}_{2l} \\ \vdots & \vdots & & \vdots \\ \boldsymbol{A}_{k1}+\boldsymbol{B}_{k1} & \boldsymbol{A}_{k2}+\boldsymbol{B}_{k2} & \cdots & \boldsymbol{A}_{kl}+\boldsymbol{B}_{kl} \end{bmatrix}$$

$$aA=\begin{bmatrix}aA_{11} & aA_{12} & \cdots & aA_{1l}\\ aA_{21} & aA_{22} & \cdots & aA_{2l}\\ \vdots & \vdots & & \vdots\\ aA_{k1} & aA_{k2} & \cdots & aA_{kl}\end{bmatrix}\quad (a\in F)$$

3）分块矩阵的乘法

为了理解分块矩阵的乘法，我们先来看一个例子.

**例 5** 设 $\boldsymbol{A}=\begin{bmatrix}1&0&0&0&0\\0&1&0&0&0\\0&0&1&0&0\\1&2&3&1&0\\4&5&6&0&1\end{bmatrix}$，$\boldsymbol{B}=\begin{bmatrix}1&2\\3&4\\5&6\\7&8\\9&0\end{bmatrix}$，求 $\boldsymbol{AB}$.

**解** 为了应用矩阵的分块乘法，我们观察到矩阵 $\boldsymbol{A}$ 的左上角是 3 阶单位矩阵 $\boldsymbol{E}_3$，右下角是 2 阶单位矩阵 $\boldsymbol{E}_2$，右上角是一个零矩阵，所以可将矩阵 $\boldsymbol{A},\boldsymbol{B}$ 如下分块：

$$\boldsymbol{A}=\begin{bmatrix}\boldsymbol{E}_3 & \boldsymbol{O}\\ \boldsymbol{C} & \boldsymbol{E}_2\end{bmatrix},\quad \boldsymbol{B}=\begin{bmatrix}\boldsymbol{B}_{11}\\ \boldsymbol{B}_{21}\end{bmatrix}$$

其中

$$\boldsymbol{C}=\begin{bmatrix}1&2&3\\4&5&6\end{bmatrix},\quad \boldsymbol{B}_{11}=\begin{bmatrix}1&2\\3&4\\5&6\end{bmatrix},\quad \boldsymbol{B}_{21}=\begin{bmatrix}7&8\\9&0\end{bmatrix}$$

将分块矩阵的小块看作矩阵的元素，按照通常矩阵的乘法把 $\boldsymbol{A},\boldsymbol{B}$ 相乘，用式子表出就是

$$\boldsymbol{AB}=\begin{bmatrix}\boldsymbol{E}_3 & \boldsymbol{O}\\ \boldsymbol{C} & \boldsymbol{E}_2\end{bmatrix}\begin{bmatrix}\boldsymbol{B}_{11}\\ \boldsymbol{B}_{21}\end{bmatrix}=\begin{bmatrix}\boldsymbol{E}_3\boldsymbol{B}_{11}+\boldsymbol{O}\boldsymbol{B}_{21}\\ \boldsymbol{C}\boldsymbol{B}_{11}+\boldsymbol{E}_2\boldsymbol{B}_{21}\end{bmatrix}=\begin{bmatrix}\boldsymbol{B}_{11}\\ \boldsymbol{C}\boldsymbol{B}_{11}+\boldsymbol{B}_{21}\end{bmatrix}$$

由于

$$\boldsymbol{C}\boldsymbol{B}_{11}+\boldsymbol{B}_{21}=\begin{bmatrix}1&2&3\\4&5&6\end{bmatrix}\begin{bmatrix}1&2\\3&4\\5&6\end{bmatrix}+\begin{bmatrix}7&8\\9&0\end{bmatrix}=\begin{bmatrix}22&28\\49&64\end{bmatrix}+\begin{bmatrix}7&8\\9&0\end{bmatrix}=\begin{bmatrix}29&36\\58&64\end{bmatrix}$$

于是

$$\boldsymbol{AB}=\begin{bmatrix}\boldsymbol{B}_{11}\\ \boldsymbol{C}\boldsymbol{B}_{11}+\boldsymbol{B}_{21}\end{bmatrix}=\begin{bmatrix}1&2\\3&4\\5&6\\29&36\\58&64\end{bmatrix}$$

下面我们来分析一下例 5 中矩阵分块的规则. 为了矩阵小块相乘满足乘法规则,左矩阵 $\boldsymbol{A}$ 中列的分法是将 5 列分为 3 列 + 2 列,右矩阵 $\boldsymbol{B}$ 中的行的分法是将 5 行分为 3 行 + 2 行,即左矩阵 $\boldsymbol{A}$ 的列的分法与右矩阵 $\boldsymbol{B}$ 的行的分法相同. 对于左矩阵 $\boldsymbol{A}$ 的行如何划分没有要求,对于右矩阵 $\boldsymbol{B}$ 的列如何划分也没有要求.

下面来看一般情况. 设 $\boldsymbol{A}$ 是 $m\times n$ 矩阵,$\boldsymbol{B}$ 是 $n\times p$ 矩阵,将矩阵 $\boldsymbol{A}$ 与 $\boldsymbol{B}$ 按下法分块(其中矩阵 $\boldsymbol{A}$ 的列的分法与矩阵 $\boldsymbol{B}$ 的行的分法相同):

$$\boldsymbol{A}=\begin{array}{c} \begin{matrix} n_1 & n_2 & \cdots & n_l \end{matrix} \\ \begin{bmatrix} \boldsymbol{A}_{11} & \boldsymbol{A}_{12} & \cdots & \boldsymbol{A}_{1l} \\ \boldsymbol{A}_{21} & \boldsymbol{A}_{22} & \cdots & \boldsymbol{A}_{2l} \\ \vdots & \vdots & & \vdots \\ \boldsymbol{A}_{k1} & \boldsymbol{A}_{k2} & \cdots & \boldsymbol{A}_{kl} \end{bmatrix} \end{array} \begin{matrix} m_1 \\ m_2 \\ \vdots \\ m_k \end{matrix},\quad \boldsymbol{B}=\begin{array}{c} \begin{matrix} p_1 & p_2 & \cdots & p_s \end{matrix} \\ \begin{bmatrix} \boldsymbol{B}_{11} & \boldsymbol{B}_{12} & \cdots & \boldsymbol{B}_{1s} \\ \boldsymbol{B}_{21} & \boldsymbol{B}_{22} & \cdots & \boldsymbol{B}_{2s} \\ \vdots & \vdots & & \vdots \\ \boldsymbol{B}_{l1} & \boldsymbol{B}_{l2} & \cdots & \boldsymbol{B}_{ls} \end{bmatrix} \end{array} \begin{matrix} n_1 \\ n_2 \\ \vdots \\ n_l \end{matrix} \qquad (2.1.7)$$

这里矩阵 $\boldsymbol{A},\boldsymbol{B}$ 上面的数 $n_1,n_2,\cdots,n_l$ 与 $p_1,p_2,\cdots,p_s$ 分别表示它们下边的小块矩阵的列数,矩阵 $\boldsymbol{A},\boldsymbol{B}$ 右边的数 $m_1,m_2,\cdots,m_k$ 与 $n_1,n_2,\cdots,n_l$ 分别表示它们左边的小块矩阵的行数,因而

$$m_1+m_2+\cdots+m_k=m,\quad n_1+n_2+\cdots+n_l=n,\quad p_1+p_2+\cdots+p_s=p \qquad (2.1.8)$$

根据式(2.1.7)中矩阵 $\boldsymbol{A}$ 与 $\boldsymbol{B}$ 的分法,乘积 $\boldsymbol{A}_{iq}\boldsymbol{B}_{qj}\ (q=1,2,\cdots,l)$ 都有意义,且为 $m_i\times p_j$ 矩阵,它们的和 $\boldsymbol{C}_{ij}=\sum\limits_{q=1}^{l}\boldsymbol{A}_{iq}\boldsymbol{B}_{qj}$ 也是 $m_i\times p_j$ 矩阵,则计算 $\boldsymbol{AB}$ 的分块矩阵的乘法是

$$\boldsymbol{AB}=\begin{bmatrix} \boldsymbol{A}_{11} & \boldsymbol{A}_{12} & \cdots & \boldsymbol{A}_{1l} \\ \boldsymbol{A}_{21} & \boldsymbol{A}_{22} & \cdots & \boldsymbol{A}_{2l} \\ \vdots & \vdots & & \vdots \\ \boldsymbol{A}_{k1} & \boldsymbol{A}_{k2} & \cdots & \boldsymbol{A}_{kl} \end{bmatrix} \begin{bmatrix} \boldsymbol{B}_{11} & \boldsymbol{B}_{12} & \cdots & \boldsymbol{B}_{1s} \\ \boldsymbol{B}_{21} & \boldsymbol{B}_{22} & \cdots & \boldsymbol{B}_{2s} \\ \vdots & \vdots & & \vdots \\ \boldsymbol{B}_{l1} & \boldsymbol{B}_{l2} & \cdots & \boldsymbol{B}_{ls} \end{bmatrix} = \begin{bmatrix} \boldsymbol{C}_{11} & \boldsymbol{C}_{12} & \cdots & \boldsymbol{C}_{1s} \\ \boldsymbol{C}_{21} & \boldsymbol{C}_{22} & \cdots & \boldsymbol{C}_{2s} \\ \vdots & \vdots & & \vdots \\ \boldsymbol{C}_{k1} & \boldsymbol{C}_{k2} & \cdots & \boldsymbol{C}_{ks} \end{bmatrix} \qquad (2.1.9)$$

其中

$$\boldsymbol{C}_{ij}=(\boldsymbol{A}_{i1},\boldsymbol{A}_{i2},\cdots,\boldsymbol{A}_{il})\begin{bmatrix} \boldsymbol{B}_{1j} \\ \boldsymbol{B}_{2j} \\ \vdots \\ \boldsymbol{B}_{lj} \end{bmatrix}=\sum_{q=1}^{l}\boldsymbol{A}_{iq}\boldsymbol{B}_{qj} \quad (i=1,2,\cdots,k;j=1,2,\cdots,s)$$

由式(2.1.8)可知式(2.1.9)右端的矩阵是 $m\times p$ 矩阵. 可以验证:用分块矩阵的乘法与通常所用矩阵的乘法所得矩阵乘积是相同的(验证过程从略).

**例 6** 设

$$A_{m\times n}=(\boldsymbol{\alpha}_1,\boldsymbol{\alpha}_2,\cdots,\boldsymbol{\alpha}_n)=\begin{bmatrix}\boldsymbol{\gamma}_1\\\boldsymbol{\gamma}_2\\\vdots\\\boldsymbol{\gamma}_m\end{bmatrix},\quad B_{n\times p}=(\boldsymbol{\beta}_1,\boldsymbol{\beta}_2,\cdots,\boldsymbol{\beta}_p)=\begin{bmatrix}\boldsymbol{\eta}_1\\\boldsymbol{\eta}_2\\\vdots\\\boldsymbol{\eta}_n\end{bmatrix}$$

试用分块矩阵将 $\boldsymbol{AB}$ 表示如下:(1) 行向量形式;(2) 列向量形式;(3) $n$ 个矩阵之和形式;(4) $m\times p$ 矩阵形式.

**解** (1) $\boldsymbol{AB}=\boldsymbol{A}(\boldsymbol{\beta}_1,\boldsymbol{\beta}_2,\cdots,\boldsymbol{\beta}_p)=(\boldsymbol{A\beta}_1,\boldsymbol{A\beta}_2,\cdots,\boldsymbol{A\beta}_p)$;

(2) $\boldsymbol{AB}=\begin{bmatrix}\boldsymbol{\gamma}_1\\\boldsymbol{\gamma}_2\\\vdots\\\boldsymbol{\gamma}_m\end{bmatrix}\boldsymbol{B}=\begin{bmatrix}\boldsymbol{\gamma}_1\boldsymbol{B}\\\boldsymbol{\gamma}_2\boldsymbol{B}\\\vdots\\\boldsymbol{\gamma}_m\boldsymbol{B}\end{bmatrix}$;

(3) $\boldsymbol{AB}=(\boldsymbol{\alpha}_1,\boldsymbol{\alpha}_2,\cdots,\boldsymbol{\alpha}_n)\begin{bmatrix}\boldsymbol{\eta}_1\\\boldsymbol{\eta}_2\\\vdots\\\boldsymbol{\eta}_n\end{bmatrix}=\boldsymbol{\alpha}_1\boldsymbol{\eta}_1+\boldsymbol{\alpha}_2\boldsymbol{\eta}_2+\cdots+\boldsymbol{\alpha}_n\boldsymbol{\eta}_n$;

(4) $\boldsymbol{AB}=\begin{bmatrix}\boldsymbol{\gamma}_1\\\boldsymbol{\gamma}_2\\\vdots\\\boldsymbol{\gamma}_m\end{bmatrix}(\boldsymbol{\beta}_1,\boldsymbol{\beta}_2,\cdots,\boldsymbol{\beta}_p)=\begin{bmatrix}\boldsymbol{\gamma}_1\boldsymbol{\beta}_1&\boldsymbol{\gamma}_1\boldsymbol{\beta}_2&\cdots&\boldsymbol{\gamma}_1\boldsymbol{\beta}_p\\\boldsymbol{\gamma}_2\boldsymbol{\beta}_1&\boldsymbol{\gamma}_2\boldsymbol{\beta}_2&\cdots&\boldsymbol{\gamma}_2\boldsymbol{\beta}_p\\\vdots&\vdots&&\vdots\\\boldsymbol{\gamma}_m\boldsymbol{\beta}_1&\boldsymbol{\gamma}_m\boldsymbol{\beta}_2&\cdots&\boldsymbol{\gamma}_m\boldsymbol{\beta}_p\end{bmatrix}$.

4) 对角分块矩阵的加法、数乘与乘法

设 $\boldsymbol{A}_i$ 是 $n_i$ 阶矩阵($i=1,2,\cdots,s$),且 $n_1+n_2+\cdots+n_s=n$,则形如

$$\mathrm{diag}(\boldsymbol{A}_1,\boldsymbol{A}_2,\cdots,\boldsymbol{A}_s)\xlongequal{\text{def}}\begin{bmatrix}\boldsymbol{A}_1&\boldsymbol{O}&\cdots&\boldsymbol{O}&\boldsymbol{O}\\\boldsymbol{O}&\boldsymbol{A}_2&\cdots&\boldsymbol{O}&\boldsymbol{O}\\\vdots&\vdots&&\vdots&\vdots\\\boldsymbol{O}&\boldsymbol{O}&\cdots&\boldsymbol{A}_{s-1}&\boldsymbol{O}\\\boldsymbol{O}&\boldsymbol{O}&\cdots&\boldsymbol{O}&\boldsymbol{A}_s\end{bmatrix}=\begin{bmatrix}\boldsymbol{A}_1&&&&\boldsymbol{O}\\&\boldsymbol{A}_2&&&\\&&\ddots&&\\&&&\boldsymbol{A}_{s-1}&\\\boldsymbol{O}&&&&\boldsymbol{A}_s\end{bmatrix}$$

的分块矩阵称为 $n$ 阶**对角分块矩阵或准对角矩阵**.

设 $\boldsymbol{A}=\mathrm{diag}(\boldsymbol{A}_1,\boldsymbol{A}_2,\cdots,\boldsymbol{A}_s)$,$\boldsymbol{B}=\mathrm{diag}(\boldsymbol{B}_1,\boldsymbol{B}_2,\cdots,\boldsymbol{B}_s)$ 是两个对角分块矩阵,且 $\boldsymbol{A}_i$ 与 $\boldsymbol{B}_i$ 为同阶矩阵($i=1,2,\cdots,s$),应用分块矩阵的加法、数乘与乘法可得

$$\boldsymbol{A}+\boldsymbol{B}=\mathrm{diag}(\boldsymbol{A}_1+\boldsymbol{B}_1,\boldsymbol{A}_2+\boldsymbol{B}_2,\cdots,\boldsymbol{A}_s+\boldsymbol{B}_s)$$

$$kA = \mathrm{diag}(kA_1, kA_2, \cdots, kA_s) \quad (k \in F)$$
$$AB = \mathrm{diag}(A_1B_1, A_2B_2, \cdots, A_sB_s)$$

## 习题 2.1

### A 组

1. 计算下列各式：

(1) $\begin{bmatrix} 1 & 1 \\ -1 & -1 \end{bmatrix} + \begin{bmatrix} 1 & -1 \\ -1 & 1 \end{bmatrix}$； (2) $3\begin{bmatrix} 2 & 1 \\ 3 & 4 \end{bmatrix} - 2\begin{bmatrix} 5 & 0 \\ 0 & 5 \end{bmatrix}$；

(3) $\begin{bmatrix} 2 & 1 & 5 \\ 1 & 3 & 2 \end{bmatrix}\begin{bmatrix} 3 & 4 \\ -1 & 2 \\ 2 & 1 \end{bmatrix}$； (4) $\begin{bmatrix} 3 & 4 \\ -1 & 2 \\ 2 & 1 \end{bmatrix}\begin{bmatrix} 2 & 1 & 5 \\ 1 & 3 & 2 \end{bmatrix}$；

(5) $\begin{bmatrix} x \\ y \\ z \\ u \end{bmatrix}(1,2,3,4)$； (6) $(1,2,3,4)\begin{bmatrix} x \\ y \\ z \\ u \end{bmatrix}$.

2. 设 $A = \begin{bmatrix} \lambda & 1 & 0 \\ 0 & \lambda & 1 \\ 0 & 0 & \lambda \end{bmatrix}$，试求 $A^2, A^3, A^n (n \in \mathbf{N}^* \text{ 且 } n \geqslant 4)$.

3. 试证：任意 $n$ 阶矩阵可写为一个对称矩阵与一个反对称矩阵的和.

4. 判断下列各式是否正确(判错时举出反例，判对时给出证明)：

(1) $(A+B)^2 = A^2 + 2AB + B^2$；

(2) $(A+B)(A-B) = A^2 - B^2$.

5. 设

$$A = \begin{bmatrix} 1 & 0 & 0 & 0 \\ -1 & 0 & 0 & 0 \\ 1 & 2 & 1 & 3 \end{bmatrix}, \quad B = \begin{bmatrix} 1 & 0 & 3 & 2 \\ -1 & 2 & 0 & 1 \\ -2 & 4 & 1 & 1 \\ -1 & 1 & 5 & 3 \end{bmatrix}$$

试将 $A, B$ 适当分块，并按矩阵的分块乘法规则计算 $AB$.

### B 组

6. 设 $A = \begin{bmatrix} 1 & \alpha & \beta \\ 0 & 1 & \alpha \\ 0 & 0 & 1 \end{bmatrix}$，试求 $A^2, A^3$，并求 $A^n (n \in \mathbf{N}^* \text{ 且 } n \geqslant 4)$.

# 2.2 初等变换与初等矩阵

## 2.2.1 矩阵的初等变换

矩阵的初等变换是线性代数中一种非常重要的内容，线性代数的许多核心问题都是采用矩阵的初等变换解决的.

**定义 2.2.1(初等变换)** 矩阵的初等行(列)变换是对矩阵施行下列三类变换：

(1) **对换变换**：$(i)\leftrightarrow(j)$ 表示对换第 $i$ 行与第 $j$ 行(或对换第 $i$ 列与第 $j$ 列)；

(2) **倍乘变换**：$k(i)$ 表示将第 $i$ 行 $k$ 倍(或将第 $i$ 列 $k$ 倍)，这里 $k\neq 0$；

(3) **倍加变换**：$(i)+k(j)$ 表示将第 $j$ 行 $k$ 倍加到第 $i$ 行(或将第 $j$ 列 $k$ 倍加到第 $i$ 列).

矩阵 $\boldsymbol{A}$ 经初等变换化为矩阵 $\boldsymbol{B}$，称矩阵 $\boldsymbol{A}$ 与 $\boldsymbol{B}$ **等价**(或**相抵**)，记为 $\boldsymbol{A}\cong\boldsymbol{B}$. 特别的，若矩阵 $\boldsymbol{A}$ 经初等行变换化为矩阵 $\boldsymbol{B}$，称矩阵 $\boldsymbol{A}$ 与 $\boldsymbol{B}$ **行等价**.

矩阵的等价显然具有自反性、对称性与传递性.

在矩阵的初等变换中，倍乘变换与倍加变换是基本变换，对换变换可通过倍乘变换与倍加变换实现(参见下面例 1)，因此以后我们在证明与矩阵的初等变换有关的性质时，只要对倍乘变换与倍加变换验证成立就行.

在对矩阵作初等变换时，我们约定：**将变换写在"→"上方表示行变换，将变换写在"→"下方表示列变换.** 例如：$\boldsymbol{A}\xrightarrow{(1)-2(3)}\boldsymbol{B}$ 表示将矩阵 $\boldsymbol{A}$ 的第三行 $(-2)$ 倍加到第一行得到 $\boldsymbol{B}$；$\boldsymbol{A}\xrightarrow[(1)\leftrightarrow(3)]{}\boldsymbol{B}$ 表示将矩阵 $\boldsymbol{A}$ 的第一列与第三列对换得到 $\boldsymbol{B}$.

**例 1** 用倍乘变换与倍加变换对换矩阵 $\begin{bmatrix}0&0&0&0\\i&1&2&3\\0&0&0&0\\j&4&5&6\end{bmatrix}$ 的第二行与第四行.

**解** 根据定义 2.2.1，有

$$\begin{bmatrix}0&0&0&0\\i&1&2&3\\0&0&0&0\\j&4&5&6\end{bmatrix}\xrightarrow{(2)+(4)}\begin{bmatrix}0&0&0&0\\i+j&5&7&9\\0&0&0&0\\j&4&5&6\end{bmatrix}\xrightarrow{(4)-(2)}\begin{bmatrix}0&0&0&0\\i+j&5&7&9\\0&0&0&0\\-i&-1&-2&-3\end{bmatrix},$$

$$\xrightarrow{(2)+(4)}\begin{bmatrix}0&0&0&0\\j&4&5&6\\0&0&0&0\\-i&-1&-2&-3\end{bmatrix}\xrightarrow{-(4)}\begin{bmatrix}0&0&0&0\\j&4&5&6\\0&0&0&0\\i&1&2&3\end{bmatrix}$$

### 2.2.2 矩阵的阶梯形

现在我们来研究矩阵经初等行变换化为阶梯形的问题.

当矩阵中某一行的元素全部为0时,我们称这一行为**零行**,否则称为**非零行**.

**定义 2.2.2(阶梯形)** 若矩阵 $\boldsymbol{G}$ 满足下列条件:

(1) 如果有零行且零行下方有元素的话,零行下方元素全为0;

(2) 非零行的首非零元的左方、下方与左下方全为0,

则称 $\boldsymbol{G}$ 为**阶梯形矩阵**.若矩阵 $\boldsymbol{A}$ 经初等行变换化为 $\boldsymbol{G}$,则称 $\boldsymbol{G}$ 为 $\boldsymbol{A}$ 的**阶梯形**.

例如,下列矩阵

$$\begin{bmatrix}0&3&-2&5&0\\0&0&0&2&8\\0&0&0&0&0\\0&0&0&0&0\end{bmatrix},\quad\begin{bmatrix}2&-6&7&9&0\\0&1&4&0&9\\0&0&0&-1&5\\0&0&0&0&0\end{bmatrix},\quad\begin{bmatrix}2&3&2&3&2\\0&1&5&0&0\\0&0&0&4&5\\0&0&0&0&6\end{bmatrix}$$

都是阶梯形矩阵.

**定义 2.2.3(最简阶梯形)** 若矩阵 $\boldsymbol{G}$ 为阶梯形,又非零行的首非零元都是1(简称首1),且首1上方的元素全为0,则称 $\boldsymbol{G}$ 为**最简阶梯形矩阵**.若矩阵 $\boldsymbol{A}$ 经初等行变换化为 $\boldsymbol{G}$,则称 $\boldsymbol{G}$ 为 $\boldsymbol{A}$ 的**最简阶梯形**.

例如,下列矩阵

$$\begin{bmatrix}0&1&3&0&3\\0&0&0&1&2\\0&0&0&0&0\\0&0&0&0&0\end{bmatrix},\quad\begin{bmatrix}1&0&1&0&0\\0&1&4&0&9\\0&0&0&1&5\\0&0&0&0&0\end{bmatrix},\quad\begin{bmatrix}1&0&2&0&0\\0&1&4&0&0\\0&0&0&1&0\\0&0&0&0&1\end{bmatrix}$$

都是最简阶梯形矩阵.

下面举例说明如何用初等行变换将矩阵化为阶梯形与最简阶梯形.

**例 2** 设 $\boldsymbol{A}=\begin{bmatrix}2&8&-6&-5&2&7\\1&6&1&0&2&3\\0&1&2&1&0&-1\\1&4&-3&-2&2&5\end{bmatrix}$,用初等行变换将矩阵 $\boldsymbol{A}$ 化为阶梯形与最简阶梯形.

**解** 当第一列只有一个非零元时,施行初等行变换将其调至(1,1)元;当第一

列有两个以上非零元时,施行初等行变换将(1,1)元化为非零元(最好是1),再将其下方其他元都化为0.这里有

$$\boldsymbol{A}\xrightarrow[\substack{(2)-2(1)\\(4)-(1)}]{(1)\leftrightarrow(2)}\begin{bmatrix}1&6&1&0&2&3\\0&-4&-8&-5&-2&1\\0&1&2&1&0&-1\\0&-2&-4&-2&0&2\end{bmatrix}$$

当(1,2)元下方有非零元时,施行初等行变换将(2,2)元化为非零元(最好是1),再将其下方其他元都化为0.这里接上,有

$$\xrightarrow{(2)\leftrightarrow(3)}\begin{bmatrix}1&6&1&0&2&3\\0&1&2&1&0&-1\\0&-4&-8&-5&-2&1\\0&-2&-4&-2&0&2\end{bmatrix}\xrightarrow[(4)+2(2)]{(3)+4(2)}\begin{bmatrix}1&6&1&0&2&3\\0&1&2&1&0&-1\\0&0&0&-1&-2&-3\\0&0&0&0&0&0\end{bmatrix}$$

上式右端就是所求的阶梯形.

对上述阶梯形继续施行初等行变换,有

$$\begin{bmatrix}1&6&1&0&2&3\\0&1&2&1&0&-1\\0&0&0&-1&-2&-3\\0&0&0&0&0&0\end{bmatrix}\xrightarrow[\substack{(2)-(3)\\(1)-6(2)}]{-(3)}\begin{bmatrix}1&0&-11&0&14&27\\0&1&2&0&-2&-4\\0&0&0&1&2&3\\0&0&0&0&0&0\end{bmatrix}$$

这就是所求的最简阶梯形.

上面将矩阵化为阶梯形与最简阶梯形的方法具有一般性,我们将这一结论写成下面的定理.

**定理 2.2.1** 任一矩阵总可经有限次初等行变换化为阶梯形,也可经有限次初等行变换化为最简阶梯形,且其阶梯形与最简阶梯形中非零行的行数相等.

矩阵$\boldsymbol{A}$经有限次初等行变换化为最简阶梯形后,若继续施行初等列变换,可使零列(意指这一列的元素全为0)右方全是零列(如果有的话),并将首1右方的其他元素也化为0.我们将这一结论写成下面的定理.

**定理 2.2.2** 任一$m\times n$矩阵$\boldsymbol{A}$经有限次初等变换总可化为下列形式:

$$\boldsymbol{G}=\begin{bmatrix}\boldsymbol{E}_r&\boldsymbol{O}_{r\times(n-r)}\\\boldsymbol{O}_{(m-r)\times r}&\boldsymbol{O}_{(m-r)\times(n-r)}\end{bmatrix}$$

并称$\boldsymbol{G}$为$\boldsymbol{A}$的**标准形**.矩阵$\boldsymbol{G}$的左上角是一个$r$阶单位矩阵$\boldsymbol{E}_r$($r$等于矩阵$\boldsymbol{A}$的阶梯形中非零行的行数),其他元素全为0(如果有的话).

**例 3** 设 $A=\begin{bmatrix}2&8&-6&-5&2&7\\1&6&1&0&2&3\\0&1&2&1&0&-1\\1&4&-3&-2&2&5\end{bmatrix}$,用初等变换将其化为标准形.

**解** 在例2中我们已将矩阵 $A$ 化为最简阶梯形,现在继续施行初等列变换,有

$$A\to\begin{bmatrix}1&0&-11&0&14&27\\0&1&2&0&-2&-4\\0&0&0&1&2&3\\0&0&0&0&0&0\end{bmatrix}\xrightarrow[\substack{(3)+11(1)\\(5)-14(1)\\(6)-27(1)\\(3)-2(2)}]{}\begin{bmatrix}1&0&0&0&0&0\\0&1&0&0&-2&-4\\0&0&0&1&2&3\\0&0&0&0&0&0\end{bmatrix}$$

$$\xrightarrow[\substack{(5)+2(2)\\(6)+4(2)\\(5)-2(4)\\(6)-3(4)}]{}\begin{bmatrix}1&0&0&0&0&0\\0&1&0&0&0&0\\0&0&0&1&0&0\\0&0&0&0&0&0\end{bmatrix}\xrightarrow[(3)\leftrightarrow(4)]{}\begin{bmatrix}1&0&0&0&0&0\\0&1&0&0&0&0\\0&0&1&0&0&0\\0&0&0&0&0&0\end{bmatrix}$$

这就是 $A$ 的标准形.

### 2.2.3 初等矩阵

**定义 2.2.4(初等矩阵)** 对单位矩阵施行一次初等变换得到的矩阵称为**初等矩阵**.

与三类初等变换相对应,有三种类型的初等矩阵,分别用下面的名称与记号表示:

(1) **对换阵 $E_{ij}$**:对换单位矩阵的第 $i$ 行与第 $j$ 行,等价于对换此单位矩阵的第 $i$ 列与第 $j$ 列. 记为

$$E\xrightarrow{(i)\leftrightarrow(j)}E_{ij},\quad E\xrightarrow[(i)\leftrightarrow(j)]{}E_{ij}$$

(2) **倍乘阵 $E_i(k)$**:将单位矩阵的第 $i$ 行 $k$ 倍,等价于将此单位矩阵的第 $i$ 列 $k$ 倍($k\neq 0$). 记为

$$E\xrightarrow{k(i)}E_i(k),\quad E\xrightarrow[k(i)]{}E_i(k)$$

(3) **倍加阵 $E_{ij}(k)$**:将单位矩阵的第 $j$ 行 $k$ 倍加到第 $i$ 行,等价于将此单位矩阵的第 $i$ 列 $k$ 倍加到第 $j$ 列($k\neq 0$). 记为

$$E\xrightarrow{(i)+k(j)}E_{ij}(k),\quad E\xrightarrow[(j)+k(i)]{}E_{ij}(k)$$

例如,4 阶对换阵 $\boldsymbol{E}_{24}$、倍乘阵 $\boldsymbol{E}_2(5)$、倍加阵 $\boldsymbol{E}_{24}(5)$ 分别为

$$\boldsymbol{E}_{24}=\begin{bmatrix}1&0&0&0\\0&0&0&1\\0&0&1&0\\0&1&0&0\end{bmatrix},\quad \boldsymbol{E}_2(5)=\begin{bmatrix}1&0&0&0\\0&5&0&0\\0&0&1&0\\0&0&0&1\end{bmatrix},\quad \boldsymbol{E}_{24}(5)=\begin{bmatrix}1&0&0&0\\0&1&0&5\\0&0&1&0\\0&0&0&1\end{bmatrix}$$

### 2.2.4 初等变换与初等矩阵的联系

**定理 2.2.3** 设 $\boldsymbol{A}$ 是 $m\times n$ 矩阵,则

$$\boldsymbol{A}\xrightarrow{(i)\leftrightarrow(j)}\boldsymbol{B}\Leftrightarrow\boldsymbol{E}_{ij}\boldsymbol{A}=\boldsymbol{B},\quad \boldsymbol{A}\xrightarrow{k(i)}\boldsymbol{B}\Leftrightarrow\boldsymbol{E}_i(k)\boldsymbol{A}=\boldsymbol{B}$$

$$\boldsymbol{A}\xrightarrow{(i)+k(j)}\boldsymbol{B}\Leftrightarrow\boldsymbol{E}_{ij}(k)\boldsymbol{A}=\boldsymbol{B}$$

$$\boldsymbol{A}\xrightarrow[(i)\leftrightarrow(j)]{}\boldsymbol{B}\Leftrightarrow\boldsymbol{A}\boldsymbol{E}_{ij}=\boldsymbol{B},\quad \boldsymbol{A}\xrightarrow[k(i)]{}\boldsymbol{B}\Leftrightarrow\boldsymbol{A}\boldsymbol{E}_i(k)=\boldsymbol{B}$$

$$\boldsymbol{A}\xrightarrow[(j)+k(i)]{}\boldsymbol{B}\Leftrightarrow\boldsymbol{A}\boldsymbol{E}_{ij}(k)=\boldsymbol{B}$$

这里矩阵 $\boldsymbol{A}$ 左边乘的是 $m$ 阶初等矩阵,矩阵 $\boldsymbol{A}$ 右边乘的是 $n$ 阶初等矩阵.

此定理的证明从略.下面就倍加变换对矩阵 $\boldsymbol{A}_{3\times4}$ 作一演示,替代一般性证明.

**例 4** 设 $\boldsymbol{A}=\begin{bmatrix}a_{11}&a_{12}&a_{13}&a_{14}\\a_{21}&a_{22}&a_{23}&a_{24}\\a_{31}&a_{32}&a_{33}&a_{34}\end{bmatrix}$,则

$$\boldsymbol{A}\xrightarrow{(1)+k(3)}\begin{bmatrix}a_{11}+ka_{31}&a_{12}+ka_{32}&a_{13}+ka_{33}&a_{14}+ka_{34}\\a_{21}&a_{22}&a_{23}&a_{24}\\a_{31}&a_{32}&a_{33}&a_{34}\end{bmatrix}$$

$$\boldsymbol{A}\xrightarrow[(3)+k(1)]{}\begin{bmatrix}a_{11}&a_{12}&a_{13}+ka_{11}&a_{14}\\a_{21}&a_{22}&a_{23}+ka_{21}&a_{24}\\a_{31}&a_{32}&a_{33}+ka_{31}&a_{34}\end{bmatrix}$$

$$\boldsymbol{E}_{13}(k)\boldsymbol{A}=\begin{bmatrix}1&0&k\\0&1&0\\0&0&1\end{bmatrix}\begin{bmatrix}a_{11}&a_{12}&a_{13}&a_{14}\\a_{21}&a_{22}&a_{23}&a_{24}\\a_{31}&a_{32}&a_{33}&a_{34}\end{bmatrix}$$

$$=\begin{bmatrix}a_{11}+ka_{31}&a_{12}+ka_{32}&a_{13}+ka_{33}&a_{14}+ka_{34}\\a_{21}&a_{22}&a_{23}&a_{24}\\a_{31}&a_{32}&a_{33}&a_{34}\end{bmatrix}$$

$$AE_{13}(k)=\begin{bmatrix}a_{11}&a_{12}&a_{13}&a_{14}\\a_{21}&a_{22}&a_{23}&a_{24}\\a_{31}&a_{32}&a_{33}&a_{34}\end{bmatrix}\begin{bmatrix}1&0&k&0\\0&1&0&0\\0&0&1&0\\0&0&0&1\end{bmatrix}$$

$$=\begin{bmatrix}a_{11}&a_{12}&a_{13}+ka_{11}&a_{14}\\a_{21}&a_{22}&a_{23}+ka_{21}&a_{24}\\a_{31}&a_{32}&a_{33}+ka_{31}&a_{34}\end{bmatrix}$$

从上面两式可看出：用倍加阵 $\boldsymbol{E}_{13}(k)$ 左乘 $\boldsymbol{A}$，等价于将 $\boldsymbol{A}$ 的第三行 $k$ 倍加到第一行；用倍加阵 $\boldsymbol{E}_{13}(k)$ 右乘 $\boldsymbol{A}$，等价于将 $\boldsymbol{A}$ 的第一列 $k$ 倍加到第三列.

**定理 2.2.4** 设 $\boldsymbol{A}$ 是任一非零矩阵，则

(1) 存在有限个 $m$ 阶初等矩阵 $\boldsymbol{T}_1,\boldsymbol{T}_2,\cdots,\boldsymbol{T}_k$ 与阶梯形（或最简阶梯形）矩阵 $\boldsymbol{G}_1$，使得

$$\boldsymbol{T}_k\boldsymbol{T}_{k-1}\cdots\boldsymbol{T}_1\boldsymbol{A}=\boldsymbol{G}_1$$

(2) 存在有限个 $m$ 阶初等矩阵 $\boldsymbol{T}_1,\boldsymbol{T}_2,\cdots,\boldsymbol{T}_k$，有限个 $n$ 阶初等矩阵 $\boldsymbol{T}_{k+1},\boldsymbol{T}_{k+2},\cdots,\boldsymbol{T}_{k+l}$ 以及标准形矩阵 $\boldsymbol{G}$，使得

$$\boldsymbol{T}_k\boldsymbol{T}_{k-1}\cdots\boldsymbol{T}_1\boldsymbol{A}\boldsymbol{T}_{k+1}\boldsymbol{T}_{k+2}\cdots\boldsymbol{T}_{k+l}=\boldsymbol{G}$$

此定理由定理 2.2.1、定理 2.2.2 和定理 2.2.3 即可证明，这里不赘述.

### 2.2.5 矩阵的行列式

比较行列式 $D_n=\begin{vmatrix}a_{11}&a_{12}&\cdots&a_{1n}\\a_{21}&a_{22}&\cdots&a_{2n}\\\vdots&\vdots&&\vdots\\a_{n1}&a_{n2}&\cdots&a_{nn}\end{vmatrix}$ 和矩阵 $\boldsymbol{A}=\begin{bmatrix}a_{11}&a_{12}&\cdots&a_{1n}\\a_{21}&a_{22}&\cdots&a_{2n}\\\vdots&\vdots&&\vdots\\a_{n1}&a_{n2}&\cdots&a_{nn}\end{bmatrix}$，它们所含的元素 $a_{ij}(i,j=1,2,\cdots,n)$ 完全相同，因此行列式 $D_n$ 也称为矩阵 $\boldsymbol{A}$ 的**行列式**，记为 $D_n=|\boldsymbol{A}|$.

**定理 2.2.5** 设矩阵 $\boldsymbol{A}=(a_{ij})_{n\times n}$，$k\in F$，则 $|k\boldsymbol{A}|=k^n|\boldsymbol{A}|$.

**证** 当 $k=0$ 时，结论显然成立；当 $k\neq 0$ 时，行列式 $|k\boldsymbol{A}|$ 的每一行有公因子 $k$，应用行列式的性质 3，将行列式 $|k\boldsymbol{A}|$ 中每一行的公因子 $k$ 都提出去，即得所求结论. □

**定理 2.2.6** 初等矩阵的行列式不等于零，且

$$|\boldsymbol{E}_{ij}|=-1,\quad |\boldsymbol{E}_i(k)|=k,\quad |\boldsymbol{E}_{ij}(k)|=1$$

该定理应用对换阵、倍乘阵、倍加阵的定义与行列式的性质即得，这里不赘述.

**定理 2.2.7** 设 $\boldsymbol{A}$ 是 $n$ 阶矩阵，$\boldsymbol{T}_1,\boldsymbol{T}_2,\cdots,\boldsymbol{T}_k$ 是 $k$ 个 $n$ 阶初等矩阵($k\in\mathbf{N}^*$)，则

$$|\boldsymbol{T}_k\boldsymbol{T}_{k-1}\cdots\boldsymbol{T}_1\boldsymbol{A}|=|\boldsymbol{T}_k||\boldsymbol{T}_{k-1}|\cdots|\boldsymbol{T}_1||\boldsymbol{A}|$$

$$|\boldsymbol{A}\boldsymbol{T}_k\boldsymbol{T}_{k-1}\cdots\boldsymbol{T}_1|=|\boldsymbol{A}||\boldsymbol{T}_k||\boldsymbol{T}_{k-1}|\cdots|\boldsymbol{T}_1|$$

**证** 分别取 $\boldsymbol{T}=\boldsymbol{E}_{ij}$，$\boldsymbol{T}=\boldsymbol{E}_i(k)$，$\boldsymbol{T}=\boldsymbol{E}_{ij}(k)$，应用定理 2.2.3、定理 2.2.6 与行列式的性质得

$$|\boldsymbol{E}_{ij}\boldsymbol{A}|=-|\boldsymbol{A}|=|\boldsymbol{E}_{ij}||\boldsymbol{A}|,\quad |\boldsymbol{E}_i(k)\boldsymbol{A}|=k|\boldsymbol{A}|=|\boldsymbol{E}_i(k)||\boldsymbol{A}|$$

$$|\boldsymbol{E}_{ij}(k)\boldsymbol{A}|=|\boldsymbol{A}|=|\boldsymbol{E}_{ij}(k)||\boldsymbol{A}|$$

逐次应用上述结论得

$$\begin{aligned}|\boldsymbol{T}_k\boldsymbol{T}_{k-1}\cdots\boldsymbol{T}_1\boldsymbol{A}|&=|\boldsymbol{T}_k||\boldsymbol{T}_{k-1}\cdots\boldsymbol{T}_1\boldsymbol{A}|=|\boldsymbol{T}_k||\boldsymbol{T}_{k-1}||\boldsymbol{T}_{k-2}\cdots\boldsymbol{T}_1\boldsymbol{A}|\\&=\cdots=|\boldsymbol{T}_k||\boldsymbol{T}_{k-1}|\cdots|\boldsymbol{T}_1||\boldsymbol{A}|\end{aligned}$$

而 $|\boldsymbol{A}\boldsymbol{T}_k\boldsymbol{T}_{k-1}\cdots\boldsymbol{T}_1|=|\boldsymbol{A}||\boldsymbol{T}_k||\boldsymbol{T}_{k-1}|\cdots|\boldsymbol{T}_1|$ 的证明是类似的，不再赘述. □

**定理 2.2.8** 设 $\boldsymbol{A}$ 是 $n$ 阶矩阵，$\boldsymbol{A}$ 的最简阶梯形记为 $\boldsymbol{G}$.

(1) 若 $|\boldsymbol{A}|\neq 0$，则 $\boldsymbol{G}=\boldsymbol{E}$，且存在初等矩阵 $\boldsymbol{T}_1,\boldsymbol{T}_2,\cdots,\boldsymbol{T}_k$ 使得 $\boldsymbol{A}=\boldsymbol{T}_k\boldsymbol{T}_{k-1}\cdots\boldsymbol{T}_1$；

(2) 若 $|\boldsymbol{A}|=0$，则 $\boldsymbol{G}$ 中至少有一个零行.

**证** 由定理 2.2.1、定理 2.2.3 与定理 2.2.7 可知存在初等矩阵 $\boldsymbol{K}_1,\boldsymbol{K}_2,\cdots,\boldsymbol{K}_l$ 使得 $\boldsymbol{G}=\boldsymbol{K}_l\boldsymbol{K}_{l-1}\cdots\boldsymbol{K}_1\boldsymbol{A}$，且

$$|\boldsymbol{G}|=|\boldsymbol{K}_l\boldsymbol{K}_{l-1}\cdots\boldsymbol{K}_1\boldsymbol{A}|=|\boldsymbol{K}_l||\boldsymbol{K}_{l-1}|\cdots|\boldsymbol{K}_1||\boldsymbol{A}|$$

(1) 当 $|\boldsymbol{A}|\neq 0$ 时，$|\boldsymbol{G}|\neq 0$，所以矩阵 $\boldsymbol{G}$ 中没有零行，因而 $\boldsymbol{G}$ 中有 $n$ 个主 1，故 $\boldsymbol{G}=\boldsymbol{E}$. 又由对称性可知单位矩阵 $\boldsymbol{E}$ 通过初等行变换也可化为矩阵 $\boldsymbol{A}$，因此应用定理 2.2.3，必存在初等矩阵 $\boldsymbol{T}_1,\boldsymbol{T}_2,\cdots,\boldsymbol{T}_k$ 使得 $\boldsymbol{A}=\boldsymbol{T}_k\boldsymbol{T}_{k-1}\cdots\boldsymbol{T}_1\boldsymbol{E}=\boldsymbol{T}_k\boldsymbol{T}_{k-1}\cdots\boldsymbol{T}_1$.

(2) 当 $|\boldsymbol{A}|=0$ 时，$|\boldsymbol{G}|=0$，所以 $\boldsymbol{G}$ 中至少有一个零行. □

**定理 2.2.9(行列式乘法定理)** 设 $\boldsymbol{A},\boldsymbol{B}$ 都是 $n$ 阶矩阵，则 $|\boldsymbol{AB}|=|\boldsymbol{A}||\boldsymbol{B}|$.

**证** 当 $|\boldsymbol{A}|\neq 0$ 时，由定理 2.2.8，必存在初等矩阵 $\boldsymbol{T}_1,\boldsymbol{T}_2,\cdots,\boldsymbol{T}_k$ 使得 $\boldsymbol{A}=\boldsymbol{T}_k\boldsymbol{T}_{k-1}\cdots\boldsymbol{T}_1$，且

$$\begin{aligned}|\boldsymbol{AB}|&=|\boldsymbol{T}_k\boldsymbol{T}_{k-1}\cdots\boldsymbol{T}_1\boldsymbol{B}|=|\boldsymbol{T}_k||\boldsymbol{T}_{k-1}|\cdots|\boldsymbol{T}_1||\boldsymbol{B}|\\&=|\boldsymbol{T}_k\boldsymbol{T}_{k-1}\cdots\boldsymbol{T}_1||\boldsymbol{B}|=|\boldsymbol{A}||\boldsymbol{B}|\end{aligned}$$

当 $|\boldsymbol{A}|=0$ 时，由定理 2.2.8 知 $\boldsymbol{A}$ 的最简阶梯形 $\boldsymbol{G}$ 中至少有一个零行，所以 $\boldsymbol{GB}$ 中至少有一个零行，故 $|\boldsymbol{GB}|=0$. 由于矩阵 $\boldsymbol{G}$ 通过初等行变换也可化为矩阵 $\boldsymbol{A}$，所以必存在初等矩阵 $\boldsymbol{K}_1,\boldsymbol{K}_2,\cdots,\boldsymbol{K}_l$ 使得 $\boldsymbol{A}=\boldsymbol{K}_l\boldsymbol{K}_{l-1}\cdots\boldsymbol{K}_1\boldsymbol{G}$，再应用定理 2.2.7 得

$|\boldsymbol{AB}| = |\boldsymbol{K}_l\boldsymbol{K}_{l-1}\cdots\boldsymbol{K}_1\boldsymbol{GB}| = |\boldsymbol{K}_l||\boldsymbol{K}_{l-1}|\cdots|\boldsymbol{K}_1||\boldsymbol{GB}| = 0 = |\boldsymbol{A}||\boldsymbol{B}|$ □

**定理 2.2.10** 已知 $\boldsymbol{A},\boldsymbol{B}$ 分别是 $m$ 阶矩阵与 $n$ 阶矩阵,则

$$\begin{vmatrix} \boldsymbol{A} & \boldsymbol{O} \\ \boldsymbol{C}_1 & \boldsymbol{B} \end{vmatrix} = |\boldsymbol{A}||\boldsymbol{B}|, \quad \begin{vmatrix} \boldsymbol{A} & \boldsymbol{C}_2 \\ \boldsymbol{O} & \boldsymbol{B} \end{vmatrix} = |\boldsymbol{A}||\boldsymbol{B}| \tag{2.2.1}$$

其中,$\boldsymbol{C}_1$ 是任意的 $n\times m$ 矩阵,$\boldsymbol{C}_2$ 是任意的 $m\times n$ 矩阵.

**证** 由行列式性质,只要证明第一个等式就行. 应用分块矩阵的乘法与行列式乘法定理得

$$\begin{bmatrix} \boldsymbol{A} & \boldsymbol{O} \\ \boldsymbol{O} & \boldsymbol{E} \end{bmatrix}\begin{bmatrix} \boldsymbol{E} & \boldsymbol{O} \\ \boldsymbol{C}_1 & \boldsymbol{B} \end{bmatrix} = \begin{bmatrix} \boldsymbol{A} & \boldsymbol{O} \\ \boldsymbol{C}_1 & \boldsymbol{B} \end{bmatrix} \Rightarrow \begin{vmatrix} \boldsymbol{A} & \boldsymbol{O} \\ \boldsymbol{O} & \boldsymbol{E} \end{vmatrix}\begin{vmatrix} \boldsymbol{E} & \boldsymbol{O} \\ \boldsymbol{C}_1 & \boldsymbol{B} \end{vmatrix} = \begin{vmatrix} \boldsymbol{A} & \boldsymbol{O} \\ \boldsymbol{C}_1 & \boldsymbol{B} \end{vmatrix} \tag{2.2.2}$$

将行列式 $\begin{vmatrix} \boldsymbol{A} & \boldsymbol{O} \\ \boldsymbol{O} & \boldsymbol{E} \end{vmatrix}$ 从第 $m+n$ 行到第 $m+1$ 行逐次展开得 $\begin{vmatrix} \boldsymbol{A} & \boldsymbol{O} \\ \boldsymbol{O} & \boldsymbol{E} \end{vmatrix} = |\boldsymbol{A}|$,将行列式 $\begin{vmatrix} \boldsymbol{E} & \boldsymbol{O} \\ \boldsymbol{C}_1 & \boldsymbol{B} \end{vmatrix}$ 从第一行到第 $m$ 行逐次展开得 $\begin{vmatrix} \boldsymbol{E} & \boldsymbol{O} \\ \boldsymbol{C}_1 & \boldsymbol{B} \end{vmatrix} = |\boldsymbol{B}|$,再代入式(2.2.2)得原式成立. □

## 习题 2.2

### A 组

1. 对下列每一对矩阵 $\boldsymbol{A},\boldsymbol{B}$,求一初等矩阵 $\boldsymbol{T}$,使得 $\boldsymbol{TA} = \boldsymbol{B}$.

(1) $\boldsymbol{A} = \begin{bmatrix} 2 & 1 & 3 \\ -2 & 4 & 5 \\ 3 & 1 & 4 \end{bmatrix}, \boldsymbol{B} = \begin{bmatrix} 2 & 1 & 3 \\ 3 & 1 & 4 \\ -2 & 4 & 5 \end{bmatrix}$;

(2) $\boldsymbol{A} = \begin{bmatrix} 4 & -2 & 1 \\ 1 & 0 & 2 \\ -2 & 3 & 1 \end{bmatrix}, \boldsymbol{B} = \begin{bmatrix} 4 & -2 & 1 \\ 1 & 0 & 2 \\ 0 & 3 & 5 \end{bmatrix}$;

(3) $\boldsymbol{A} = \begin{bmatrix} 4 & 1 & 3 \\ 2 & 1 & 4 \\ 1 & 3 & 2 \end{bmatrix}, \boldsymbol{B} = \begin{bmatrix} 4 & 1 & 3 \\ 4 & 2 & 8 \\ 1 & 3 & 2 \end{bmatrix}$;

(4) $\boldsymbol{A} = \begin{bmatrix} 4 & -2 & 3 \\ -2 & 4 & 2 \\ 6 & 1 & -2 \end{bmatrix}, \boldsymbol{B} = \begin{bmatrix} 4 & -2 & 3 \\ -2 & 4 & 2 \\ 2 & 9 & 2 \end{bmatrix}$.

2. 对下列每一对矩阵 $\boldsymbol{A},\boldsymbol{B}$,求一初等矩阵 $\boldsymbol{K}$,使得 $\boldsymbol{AK} = \boldsymbol{B}$.

(1) $\boldsymbol{A}=\begin{bmatrix}4&1&3\\2&1&4\\1&3&2\end{bmatrix}$，$\boldsymbol{B}=\begin{bmatrix}3&1&4\\4&1&2\\2&3&1\end{bmatrix}$；

(2) $\boldsymbol{A}=\begin{bmatrix}4&-2&3\\-2&4&2\\6&1&-2\end{bmatrix}$，$\boldsymbol{B}=\begin{bmatrix}4&-2&1\\-2&4&6\\6&1&-1\end{bmatrix}$.

3. 应用初等行变换，将矩阵$\begin{bmatrix}0&1&2&1&-1\\1&2&0&3&1\\1&0&-4&3&6\\2&3&-2&9&9\end{bmatrix}$化为阶梯形.

4. 应用初等行变换，将矩阵$\begin{bmatrix}0&0&1&2&0&6\\0&1&0&3&0&3\\0&1&1&5&1&9\\0&2&1&8&1&12\end{bmatrix}$化为最简阶梯形.

5. 应用初等变换，将矩阵$\begin{bmatrix}0&0&1&2&0&6\\0&1&0&3&0&3\\0&1&1&5&1&9\\0&2&1&8&1&12\end{bmatrix}$化为标准形.

6. 设$\boldsymbol{A}=\begin{bmatrix}2&1&0&0\\3&2&0&0\\0&0&1&8\\0&0&-1&-6\end{bmatrix}$，$\boldsymbol{B}=\begin{bmatrix}4&3&1&2\\1&3&3&5\\2&1&0&0\\5&3&0&0\end{bmatrix}$，试求$|\boldsymbol{A}|$，$|\boldsymbol{B}|$，$|\boldsymbol{AB}|$.

7. 求下列行列式：

(1) $\begin{vmatrix}1&3&0&0&0\\2&8&0&0&0\\0&9&1&0&1\\1&3&2&3&2\\4&5&3&1&1\end{vmatrix}$；(2) $\begin{vmatrix}4&3&1&2\\1&3&3&5\\2&1&0&0\\5&3&0&0\end{vmatrix}$；(3) $\begin{vmatrix}a_1&a_2&a_3&a_4&a_5\\b_1&b_2&b_3&b_4&b_5\\c_1&c_2&0&0&0\\d_1&d_2&0&0&0\\e_1&e_2&0&0&0\end{vmatrix}$.

8. 设$\boldsymbol{A}$是$n$阶矩阵且$|\boldsymbol{A}|\neq 0$，$\boldsymbol{\alpha}$是$n$维列向量，$b\in\mathbf{R}$，记

$$\boldsymbol{P}=\begin{bmatrix}\boldsymbol{E}&\boldsymbol{0}\\-\boldsymbol{\alpha}^{\mathrm{T}}&1\end{bmatrix},\quad \boldsymbol{Q}=\begin{bmatrix}\boldsymbol{A}&\boldsymbol{\alpha}\\\boldsymbol{\alpha}^{\mathrm{T}}\boldsymbol{A}&b\end{bmatrix}$$

试求 $PQ$，$|P|$，$|Q|$.

9. 设 $A$ 是 $n$ 阶矩阵，满足 $AA^{T}=E$，$|A|=-1$，试求 $|A+E|$.

**B 组**

10. 设 $A=\begin{bmatrix}1&0&2&-4\\2&1&3&-6\\-1&-1&-1&2\end{bmatrix}$，试求矩阵 $P$，$Q$，使得

$$|P|\neq 0,\quad |Q|\neq 0,\quad PAQ=\begin{bmatrix}1&0&0&0\\0&1&0&0\\0&0&0&0\end{bmatrix}$$

# 2.3 逆矩阵

## 2.3.1 可逆矩阵与逆矩阵

这一节研究矩阵行列式不等于零的矩阵，它在线性代数中有着重要的作用.

**定义 2.3.1(可逆矩阵)** 设 $A$ 是 $n$ 阶矩阵，若存在 $n$ 阶矩阵 $B$，使得

$$AB=BA=E \tag{2.3.1}$$

这里 $E$ 是 $n$ 阶单位矩阵，则称 $A$ 为**可逆矩阵**或**非奇异矩阵**，并称 $B$ 为 $A$ 的**逆矩阵**；否则，称 $A$ 为**不可逆矩阵**或**奇异矩阵**.

由式(2.3.1)可知：当矩阵 $A$ 为可逆矩阵时，矩阵 $B$ 也是可逆矩阵，且 $A$ 为 $B$ 的逆矩阵.

**定理 2.3.1** 若矩阵 $A$ 可逆，则其逆矩阵唯一.

**证** 设 $B$，$C$ 是 $A$ 的两个逆矩阵，则有

$$AB=BA=E,\quad AC=CA=E$$

于是

$$B=BE=B(AC)=(BA)C=EC=C$$ □

基于这一定理，我们将可逆矩阵 $A$ 的逆矩阵记为 $A^{-1}=B$.

**例 1** 复数域上的矩阵 $\begin{bmatrix}\mathrm{i}&0\\\mathrm{i}&1\end{bmatrix}$，$\begin{bmatrix}-\mathrm{i}&0\\-1&1\end{bmatrix}$ 满足

$$\begin{bmatrix}\mathrm{i}&0\\\mathrm{i}&1\end{bmatrix}\begin{bmatrix}-\mathrm{i}&0\\-1&1\end{bmatrix}=\begin{bmatrix}1&0\\0&1\end{bmatrix},\quad \begin{bmatrix}-\mathrm{i}&0\\-1&1\end{bmatrix}\begin{bmatrix}\mathrm{i}&0\\\mathrm{i}&1\end{bmatrix}=\begin{bmatrix}1&0\\0&1\end{bmatrix}$$

所以$\begin{bmatrix} \mathrm{i} & 0 \\ \mathrm{i} & 1 \end{bmatrix}$与$\begin{bmatrix} -\mathrm{i} & 0 \\ -1 & 1 \end{bmatrix}$都是可逆矩阵，且

$$\begin{bmatrix} \mathrm{i} & 0 \\ \mathrm{i} & 1 \end{bmatrix}^{-1} = \begin{bmatrix} -\mathrm{i} & 0 \\ -1 & 1 \end{bmatrix}, \quad \begin{bmatrix} -\mathrm{i} & 0 \\ -1 & 1 \end{bmatrix}^{-1} = \begin{bmatrix} \mathrm{i} & 0 \\ \mathrm{i} & 1 \end{bmatrix}$$

并非所有的矩阵都可逆，为了研究矩阵可逆的条件，下面先介绍伴随矩阵的概念.

**定义 2.3.2(伴随矩阵)**　已知$n$阶矩阵$\boldsymbol{A} = (a_{ij})_{n\times n}$，设$A_{ij}$为$a_{ij}$的代数余子式($i,j = 1,2,\cdots,n$)，则$\boldsymbol{A}$的**伴随矩阵**定义为

$$\boldsymbol{A}^* \xlongequal{\text{def}} \begin{bmatrix} A_{11} & A_{21} & \cdots & A_{n1} \\ A_{12} & A_{22} & \cdots & A_{n2} \\ \vdots & \vdots & \ddots & \vdots \\ A_{1n} & A_{2n} & \cdots & A_{nn} \end{bmatrix} = (A_{ij})_{n\times n}^{\mathrm{T}}$$

**定理 2.3.2**　设$\boldsymbol{A}$是$n$阶矩阵，$\boldsymbol{A}^*$是$\boldsymbol{A}$的伴随矩阵，则

$$\boldsymbol{A}\boldsymbol{A}^* = \boldsymbol{A}^*\boldsymbol{A} = |\boldsymbol{A}|\boldsymbol{E} \tag{2.3.2}$$

**证**　应用拉普拉斯展开定理，有

$$\begin{aligned} \boldsymbol{A}\boldsymbol{A}^* &= \begin{bmatrix} a_{11} & a_{12} & \cdots & a_{1n} \\ a_{21} & a_{22} & \cdots & a_{2n} \\ \vdots & \vdots & & \vdots \\ a_{n1} & a_{n2} & \cdots & a_{nn} \end{bmatrix} \begin{bmatrix} A_{11} & A_{21} & \cdots & A_{n1} \\ A_{12} & A_{22} & \cdots & A_{n2} \\ \vdots & \vdots & & \vdots \\ A_{1n} & A_{2n} & \cdots & A_{nn} \end{bmatrix} \\ &= \begin{bmatrix} |\boldsymbol{A}| & & & \boldsymbol{O} \\ & |\boldsymbol{A}| & & \\ & & \ddots & \\ \boldsymbol{O} & & & |\boldsymbol{A}| \end{bmatrix} = |\boldsymbol{A}|\boldsymbol{E} \end{aligned}$$

$$\begin{aligned} \boldsymbol{A}^*\boldsymbol{A} &= \begin{bmatrix} A_{11} & A_{21} & \cdots & A_{n1} \\ A_{12} & A_{22} & \cdots & A_{n2} \\ \vdots & \vdots & & \vdots \\ A_{1n} & A_{2n} & \cdots & A_{nn} \end{bmatrix} \begin{bmatrix} a_{11} & a_{12} & \cdots & a_{1n} \\ a_{21} & a_{22} & \cdots & a_{2n} \\ \vdots & \vdots & & \vdots \\ a_{n1} & a_{n2} & \cdots & a_{nn} \end{bmatrix} \\ &= \begin{bmatrix} |\boldsymbol{A}| & & & \boldsymbol{O} \\ & |\boldsymbol{A}| & & \\ & & \ddots & \\ \boldsymbol{O} & & & |\boldsymbol{A}| \end{bmatrix} = |\boldsymbol{A}|\boldsymbol{E} \end{aligned}$$ □

**定理 2.3.3**　矩阵$\boldsymbol{A}$是可逆矩阵的充要条件是$|\boldsymbol{A}| \neq 0$，且当$\boldsymbol{A}$可逆时，有

$$A^{-1}=\frac{1}{|A|}A^*$$

**证** (**必要性**)设 $A$ 是可逆矩阵,则存在矩阵 $B$ 使得 $AB=BA=E$,于是

$$|A||B|=|E|=1$$

因此 $|A|\neq 0$.

(**充分性**)设 $|A|\neq 0$,记 $B=\frac{1}{|A|}A^*$,应用式(2.3.2)可得 $AB=BA=E$,所以 $A$ 是可逆矩阵,且 $A^{-1}=\frac{1}{|A|}A^*$. □

**定理 2.3.4** $n$ 阶矩阵 $A$ 可逆的充要条件是存在 $n$ 阶矩阵 $B$,使得 $AB=E$.

**证** 必要性显然,下面证明充分性.因为 $AB=E$,所以 $|A||B|=|E|=1$,因此 $|A|\neq 0$,再应用定理 2.3.3 即得 $A$ 是可逆矩阵. □

**定理 2.3.5** 设 $A,B$ 都是 $n$ 阶可逆矩阵,则

(1) $A^{-1}$ 可逆,且 $(A^{-1})^{-1}=A$;

(2) $A^{\mathrm{T}}$ 可逆,且 $(A^{\mathrm{T}})^{-1}=(A^{-1})^{\mathrm{T}}$;

(3) $A^*$ 可逆,且 $(A^*)^{-1}=\frac{1}{|A|}A$;

(4) $AB$ 可逆,且 $(AB)^{-1}=B^{-1}A^{-1}$.

**证** (1) 由于 $A^{-1}A=E$,所以 $(A^{-1})^{-1}=A$;

(2) 由于 $A^{-1}A=E$,两边取转置得 $(A^{-1}A)^{\mathrm{T}}=A^{\mathrm{T}}(A^{-1})^{\mathrm{T}}=E$,因此

$$(A^{\mathrm{T}})^{-1}=(A^{-1})^{\mathrm{T}}$$

(3) 由于 $A^*\left(\frac{1}{|A|}A\right)=E$,所以 $(A^*)^{-1}=\frac{1}{|A|}A$;

(4) 由于

$$(AB)(B^{-1}A^{-1})=ABB^{-1}A^{-1}=A(BB^{-1})A^{-1}=AA^{-1}=E$$

所以 $(AB)^{-1}=B^{-1}A^{-1}$. □

**例 2** 求对换阵 $E_{ij}$、倍乘阵 $E_i(k)$、倍加阵 $E_{ij}(k)$ 的逆矩阵.

**解** 设 $E$ 是 $n$ 阶单位矩阵,将 $E$ 的第 $i$ 行与第 $j$ 行先对换得 $E_{ij}$,再将 $E_{ij}$ 的第 $i$ 行与第 $j$ 行对换则又回到单位矩阵 $E$,所以

$$E_{ij}E_{ij}=E\Leftrightarrow(E_{ij})^{-1}=E_{ij}$$

将单位矩阵 $E$ 的第 $i$ 行 $k$ 倍($k\neq 0$)得 $E_i(k)$,再将 $E_i(k)$ 的第 $i$ 行 $\frac{1}{k}$ 倍则又回到单位矩阵 $E$,所以

$$\boldsymbol{E}_i\left(\frac{1}{k}\right)\boldsymbol{E}_i(k)=\boldsymbol{E}\Leftrightarrow(\boldsymbol{E}_i(k))^{-1}=\boldsymbol{E}_i\left(\frac{1}{k}\right)$$

将单位矩阵 $\boldsymbol{E}$ 的第 $j$ 行 $k$ 倍加到第 $i$ 行得 $\boldsymbol{E}_{ij}(k)$，再将 $\boldsymbol{E}_{ij}(k)$ 的第 $j$ 行 $-k$ 倍加到第 $i$ 行则又回到单位矩阵 $\boldsymbol{E}$，所以

$$\boldsymbol{E}_{ij}(-k)\boldsymbol{E}_{ij}(k)=\boldsymbol{E}\Leftrightarrow(\boldsymbol{E}_{ij}(k))^{-1}=\boldsymbol{E}_{ij}(-k)$$

很显然，此三类初等矩阵的逆矩阵仍然是初等矩阵.

**例 3** 设 $\boldsymbol{A}=\begin{bmatrix}a & b\\ c & d\end{bmatrix}$，其中 $ad-bc\neq 0$，求 $\boldsymbol{A}^{-1}$.

**解** 因 $|\boldsymbol{A}|=ad-bc\neq 0$，$A_{11}=d$，$A_{12}=-c$，$A_{21}=-b$，$A_{22}=a$，于是

$$\boldsymbol{A}^{-1}=\frac{1}{|\boldsymbol{A}|}\boldsymbol{A}^*=\frac{1}{ad-bc}\begin{bmatrix}A_{11} & A_{21}\\ A_{12} & A_{22}\end{bmatrix}=\frac{1}{ad-bc}\begin{bmatrix}d & -b\\ -c & a\end{bmatrix}$$

**例 4** 求矩阵 $\boldsymbol{A}=\begin{bmatrix}2 & 1 & 0\\ 1 & 1 & 4\\ 2 & 0 & 1\end{bmatrix}$ 的逆矩阵.

**解** 因为

$$|\boldsymbol{A}|=\begin{vmatrix}2 & 1 & 0\\ 1 & 1 & 4\\ 2 & 0 & 1\end{vmatrix}\xlongequal{(1)-(2)}\begin{vmatrix}1 & 0 & -4\\ 1 & 1 & 4\\ 2 & 0 & 1\end{vmatrix}=\begin{vmatrix}1 & -4\\ 2 & 1\end{vmatrix}=9$$

$$A_{11}=1,\quad A_{12}=7,\quad A_{13}=-2,\quad A_{21}=-1,\quad A_{22}=2$$
$$A_{23}=2,\quad A_{31}=4,\quad A_{32}=-8,\quad A_{33}=1$$

于是

$$\boldsymbol{A}^{-1}=\frac{1}{|\boldsymbol{A}|}\begin{bmatrix}A_{11} & A_{21} & A_{31}\\ A_{12} & A_{22} & A_{32}\\ A_{13} & A_{23} & A_{33}\end{bmatrix}=\frac{1}{9}\begin{bmatrix}1 & -1 & 4\\ 7 & 2 & -8\\ -2 & 2 & 1\end{bmatrix}$$

**例 5** 设 $\boldsymbol{A}_1,\boldsymbol{A}_2,\cdots,\boldsymbol{A}_s$ 都是可逆矩阵(矩阵的阶数不一定相同)，求证：

$$\begin{bmatrix}\boldsymbol{A}_1 & & & \boldsymbol{O}\\ & \boldsymbol{A}_2 & & \\ & & \ddots & \\ \boldsymbol{O} & & & \boldsymbol{A}_s\end{bmatrix}^{-1}=\begin{bmatrix}\boldsymbol{A}_1^{-1} & & & \boldsymbol{O}\\ & \boldsymbol{A}_2^{-1} & & \\ & & \ddots & \\ \boldsymbol{O} & & & \boldsymbol{A}_s^{-1}\end{bmatrix}$$

$$\begin{bmatrix} \boldsymbol{O} & & & \boldsymbol{A}_1 \\ & & \boldsymbol{A}_2 & \\ & \iddots & & \\ \boldsymbol{A}_s & & & \boldsymbol{O} \end{bmatrix}^{-1} = \begin{bmatrix} \boldsymbol{O} & & & \boldsymbol{A}_s^{-1} \\ & & \iddots & \\ & \boldsymbol{A}_2^{-1} & & \\ \boldsymbol{A}_1^{-1} & & & \boldsymbol{O} \end{bmatrix}$$

**证** 设矩阵 $\boldsymbol{A}_1,\boldsymbol{A}_2,\cdots,\boldsymbol{A}_s$ 的阶数分别为 $n_1,n_2,\cdots,n_s$，应用分块矩阵的乘法，可得

$$\begin{bmatrix} \boldsymbol{A}_1 & & & \\ & \boldsymbol{A}_2 & & \\ & & \ddots & \\ & & & \boldsymbol{A}_s \end{bmatrix} \begin{bmatrix} \boldsymbol{A}_1^{-1} & & & \\ & \boldsymbol{A}_2^{-1} & & \\ & & \ddots & \\ & & & \boldsymbol{A}_s^{-1} \end{bmatrix} = \begin{bmatrix} \boldsymbol{E}_{n_1} & & & \\ & \boldsymbol{E}_{n_2} & & \\ & & \ddots & \\ & & & \boldsymbol{E}_{n_s} \end{bmatrix} = \boldsymbol{E}$$

$$\begin{bmatrix} \boldsymbol{O} & & & \boldsymbol{A}_1 \\ & & \boldsymbol{A}_2 & \\ & \iddots & & \\ \boldsymbol{A}_s & & & \boldsymbol{O} \end{bmatrix} \begin{bmatrix} \boldsymbol{O} & & & \boldsymbol{A}_s^{-1} \\ & & \iddots & \\ & \boldsymbol{A}_2^{-1} & & \\ \boldsymbol{A}_1^{-1} & & & \boldsymbol{O} \end{bmatrix} = \begin{bmatrix} \boldsymbol{E}_{n_1} & & & \\ & \boldsymbol{E}_{n_2} & & \\ & & \ddots & \\ & & & \boldsymbol{E}_{n_s} \end{bmatrix} = \boldsymbol{E}$$

其中 $\boldsymbol{E}_{n_i}(i=1,2,\cdots,s)$ 是 $n_i$ 阶单位矩阵，由定理 2.3.4 即得结论成立.

**例 6** 设 $\boldsymbol{A}$ 为 3 阶矩阵，将 $\boldsymbol{A}$ 的第二列加到第一列得矩阵 $\boldsymbol{B}$，再交换 $\boldsymbol{B}$ 的第二行与第三行得单位矩阵 $\boldsymbol{E}$，求矩阵 $\boldsymbol{A}$.

**解** 由题意得 $\boldsymbol{E}_{23}\boldsymbol{A}\boldsymbol{E}_{21}(1)=\boldsymbol{E}$，所以

$$\boldsymbol{A}=(\boldsymbol{E}_{23})^{-1}\boldsymbol{E}(\boldsymbol{E}_{21}(1))^{-1}=(\boldsymbol{E}_{23})^{-1}(\boldsymbol{E}_{21}(1))^{-1}$$

由于

$$(\boldsymbol{E}_{23})^{-1}=\boldsymbol{E}_{23}=\begin{bmatrix} 1 & 0 & 0 \\ 0 & 0 & 1 \\ 0 & 1 & 0 \end{bmatrix}, \quad (\boldsymbol{E}_{21}(1))^{-1}=\boldsymbol{E}_{21}(-1)=\begin{bmatrix} 1 & 0 & 0 \\ -1 & 1 & 0 \\ 0 & 0 & 1 \end{bmatrix}$$

于是

$$\boldsymbol{A}=\boldsymbol{E}_{23}\boldsymbol{E}_{21}(-1)=\begin{bmatrix} 1 & 0 & 0 \\ 0 & 0 & 1 \\ 0 & 1 & 0 \end{bmatrix}\begin{bmatrix} 1 & 0 & 0 \\ -1 & 1 & 0 \\ 0 & 0 & 1 \end{bmatrix}=\begin{bmatrix} 1 & 0 & 0 \\ 0 & 0 & 1 \\ -1 & 1 & 0 \end{bmatrix}$$

**例 7** 设 $n$ 阶矩阵 $\boldsymbol{A},\boldsymbol{B}$ 满足条件 $\boldsymbol{AB}-\boldsymbol{A}+2\boldsymbol{E}=\boldsymbol{O}$，求证：$\boldsymbol{AB}=\boldsymbol{BA}$.

**证** 原式化为 $\boldsymbol{A}\left(\frac{1}{2}(\boldsymbol{E}-\boldsymbol{B})\right)=\boldsymbol{E}$，因此 $\boldsymbol{A}$ 可逆. 在 $\boldsymbol{AB}=\boldsymbol{A}-2\boldsymbol{E}$ 两边左乘 $\boldsymbol{A}^{-1}$ 得 $\boldsymbol{B}=\boldsymbol{E}-2\boldsymbol{A}^{-1}$，此式两边右乘 $\boldsymbol{A}$ 得 $\boldsymbol{BA}=\boldsymbol{A}-2\boldsymbol{E}=\boldsymbol{AB}$.

**例 8** 设 $\boldsymbol{A},\boldsymbol{B}$ 分别是 $r$ 阶和 $s$ 阶可逆矩阵，$\boldsymbol{P}=\begin{bmatrix}\boldsymbol{A} & \boldsymbol{O}\\ \boldsymbol{C} & \boldsymbol{B}\end{bmatrix}$，求证矩阵 $\boldsymbol{P}$ 可逆，并求 $\boldsymbol{P}$ 的逆矩阵.

**解** 因 $\boldsymbol{A},\boldsymbol{B}$ 皆可逆，故 $|\boldsymbol{A}|\neq 0$，$|\boldsymbol{B}|\neq 0$，据定理 2.2.10 得

$$|\boldsymbol{P}|=|\boldsymbol{A}||\boldsymbol{B}|\neq 0$$

因此 $\boldsymbol{P}$ 可逆.

设

$$\boldsymbol{Q}=\begin{bmatrix}\boldsymbol{A}^{-1} & \boldsymbol{O}\\ \boldsymbol{X} & \boldsymbol{B}^{-1}\end{bmatrix}$$

应用分块矩阵乘法得

$$\boldsymbol{PQ}=\begin{bmatrix}\boldsymbol{A} & \boldsymbol{O}\\ \boldsymbol{C} & \boldsymbol{B}\end{bmatrix}\begin{bmatrix}\boldsymbol{A}^{-1} & \boldsymbol{O}\\ \boldsymbol{X} & \boldsymbol{B}^{-1}\end{bmatrix}=\begin{bmatrix}\boldsymbol{E}_r & \boldsymbol{O}\\ \boldsymbol{CA}^{-1}+\boldsymbol{BX} & \boldsymbol{E}_s\end{bmatrix}$$

令 $\boldsymbol{CA}^{-1}+\boldsymbol{BX}=\boldsymbol{O}$，解得 $\boldsymbol{X}=-\boldsymbol{B}^{-1}\boldsymbol{CA}^{-1}$，此时 $\boldsymbol{PQ}=\boldsymbol{E}$，所以

$$\boldsymbol{P}^{-1}=\boldsymbol{Q}=\begin{bmatrix}\boldsymbol{A}^{-1} & \boldsymbol{O}\\ -\boldsymbol{B}^{-1}\boldsymbol{CA}^{-1} & \boldsymbol{B}^{-1}\end{bmatrix}$$

### 2.3.2 克莱姆法则

设

$$\boldsymbol{A}=\begin{bmatrix}a_{11} & a_{12} & \cdots & a_{1n}\\ a_{21} & a_{22} & \cdots & a_{2n}\\ \vdots & \vdots & & \vdots\\ a_{m1} & a_{m2} & \cdots & a_{mn}\end{bmatrix},\quad \boldsymbol{x}=\begin{bmatrix}x_1\\ x_2\\ \vdots\\ x_n\end{bmatrix},\quad \boldsymbol{b}=\begin{bmatrix}b_1\\ b_2\\ \vdots\\ b_m\end{bmatrix},\quad \boldsymbol{0}=\begin{bmatrix}0\\ 0\\ \vdots\\ 0\end{bmatrix}$$

其中 $a_{ij}\in F,b_i\in F(i=1,2,\cdots,m;j=1,2,\cdots,n)$，$\boldsymbol{b}\neq\boldsymbol{0}$. 称

$$\boldsymbol{Ax}=\boldsymbol{b}\Leftrightarrow\begin{cases}a_{11}x_1+a_{12}x_2+\cdots+a_{1n}x_n=b_1,\\ a_{21}x_1+a_{22}x_2+\cdots+a_{2n}x_n=b_2,\\ \qquad\vdots\\ a_{m1}x_1+a_{m2}x_2+\cdots+a_{mn}x_n=b_m\end{cases}\tag{2.3.3}$$

为线性非齐次方程组，称

$$\boldsymbol{Ax}=\boldsymbol{0}\Leftrightarrow\begin{cases}a_{11}x_1+a_{12}x_2+\cdots+a_{1n}x_n=0,\\ a_{21}x_1+a_{22}x_2+\cdots+a_{2n}x_n=0,\\ \qquad\vdots\\ a_{m1}x_1+a_{m2}x_2+\cdots+a_{mn}x_n=0\end{cases}\tag{2.3.4}$$

为**线性齐次方程组**，并称(2.3.4)为(2.3.3)的**导出组**. 称 $\boldsymbol{A}$ 为方程组的**系数矩阵**，称 $\boldsymbol{B}=(\boldsymbol{A}\mid\boldsymbol{b})$ 为**增广矩阵**.

**定理 2.3.6** 考虑方程组(2.3.3)与(2.3.4)，设 $\boldsymbol{P}$ 为 $m$ 阶可逆矩阵，则

(1) $\boldsymbol{Ax}=\boldsymbol{b}$ 与 $\boldsymbol{PAx}=\boldsymbol{Pb}$ 为同解方程组；

(2) $\boldsymbol{Ax}=\boldsymbol{0}$ 与 $\boldsymbol{PAx}=\boldsymbol{0}$ 为同解方程组.

**证** (1) 若 $\boldsymbol{x}_0$ 是 $\boldsymbol{Ax}=\boldsymbol{b}$ 的解，则 $\boldsymbol{Ax}_0=\boldsymbol{b}$，两边左乘矩阵 $\boldsymbol{P}$ 得 $\boldsymbol{PAx}_0=\boldsymbol{Pb}$，所以 $\boldsymbol{x}_0$ 也是方程 $\boldsymbol{PAx}=\boldsymbol{Pb}$ 的解；反之，若 $\boldsymbol{x}_1$ 是方程 $\boldsymbol{PAx}=\boldsymbol{Pb}$ 的解，则 $\boldsymbol{PAx}_1=\boldsymbol{Pb}$，两边左乘矩阵 $\boldsymbol{P}^{-1}$ 得 $\boldsymbol{Ax}_1=\boldsymbol{b}$，所以 $\boldsymbol{x}_1$ 也是方程 $\boldsymbol{Ax}=\boldsymbol{b}$ 的解. 由此，可得 $\boldsymbol{Ax}=\boldsymbol{b}$ 与 $\boldsymbol{PAx}=\boldsymbol{Pb}$ 为同解方程组.

(2) 在上述(1)的证明中，将向量 $\boldsymbol{b}$ 改为 $\boldsymbol{0}$，其他叙述完全一样，不赘述. □

有关一般的线性方程组的知识在本书第4章将详细介绍，下面仅讨论系数矩阵的行列式 $|\boldsymbol{A}|\neq 0$ 这一特殊情况.

**定理 2.3.7(克莱姆法则)** 设 $\boldsymbol{A}$ 为 $n$ 阶矩阵，$|\boldsymbol{A}|\neq 0$，则线性方程组 $\boldsymbol{Ax}=\boldsymbol{b}$ 有唯一解

$$(x_1,x_2,\cdots,x_n)^{\mathrm{T}}=\frac{1}{|\boldsymbol{A}|}(\Delta_1,\Delta_2,\cdots,\Delta_n)^{\mathrm{T}}$$

其中 $\Delta_j(j=1,2,\cdots,n)$ 是将行列式 $|\boldsymbol{A}|$ 的第 $j$ 列换为列向量 $\boldsymbol{b}$ 后再按第 $j$ 列展开所得的数. 特别的，当 $\boldsymbol{b}=\boldsymbol{0}$ 时，此唯一解是 $\boldsymbol{x}=\boldsymbol{0}$(常称此解为**零解**).

**证** 因 $|\boldsymbol{A}|\neq 0$，所以 $\boldsymbol{A}^{-1}$ 可逆，用 $\boldsymbol{A}^{-1}$ 左乘方程组 $\boldsymbol{Ax}=\boldsymbol{b}$ 两边得 $\boldsymbol{x}=\boldsymbol{A}^{-1}\boldsymbol{b}$，因方程组 $\boldsymbol{Ax}=\boldsymbol{b}$ 与 $\boldsymbol{x}=\boldsymbol{A}^{-1}\boldsymbol{b}$ 同解，于是 $\boldsymbol{x}=\boldsymbol{A}^{-1}\boldsymbol{b}$ 是 $\boldsymbol{Ax}=\boldsymbol{b}$ 的唯一解，即

$$\boldsymbol{x}=\boldsymbol{A}^{-1}\boldsymbol{b}=\frac{1}{|\boldsymbol{A}|}\boldsymbol{A}^{*}\boldsymbol{b}=\frac{1}{|\boldsymbol{A}|}\begin{bmatrix}A_{11} & A_{21} & \cdots & A_{n1}\\ A_{12} & A_{22} & \cdots & A_{n2}\\ \vdots & \vdots & & \vdots\\ A_{1n} & A_{2n} & \cdots & A_{nn}\end{bmatrix}\begin{bmatrix}b_1\\ b_2\\ \vdots\\ b_n\end{bmatrix}=\frac{1}{|\boldsymbol{A}|}\begin{bmatrix}\Delta_1\\ \Delta_2\\ \vdots\\ \Delta_n\end{bmatrix}$$

其中 $\Delta_1=\sum\limits_{i=1}^{n}b_iA_{i1},\Delta_2=\sum\limits_{i=1}^{n}b_iA_{i2},\cdots,\Delta_n=\sum\limits_{i=1}^{n}b_iA_{in}$. 当 $\boldsymbol{b}=\boldsymbol{0}$ 时，代入上式即得唯一解 $\boldsymbol{x}=\boldsymbol{0}$. □

**定理 2.3.8(线性齐次方程组只有零解的充要条件)** 设 $\boldsymbol{A}$ 为 $n$ 阶矩阵，则线性齐次方程组 $\boldsymbol{Ax}=\boldsymbol{0}$ 只有零解的充要条件是 $|\boldsymbol{A}|\neq 0$.

***证** 充分性由克莱姆法则即得，下面证必要性(用反证法).

若方程组 $\boldsymbol{Ax}=\boldsymbol{0}$ 只有零解，假设 $|\boldsymbol{A}|=0$，由定理2.2.8得矩阵 $\boldsymbol{A}$ 的阶梯形中至少有一个零行，因此矩阵 $\boldsymbol{A}$ 的标准形为 $\boldsymbol{G}=\begin{bmatrix}\boldsymbol{E} & \boldsymbol{O}\\ \boldsymbol{O} & \boldsymbol{O}\end{bmatrix}$ 的形式，其中 $\boldsymbol{G}$ 的最后一列是零向量，即 $\boldsymbol{G}(0,\cdots,0,1)^{\mathrm{T}}=\boldsymbol{0}$. 又由定理2.2.4，必存在初等矩阵 $\boldsymbol{T}_1,\boldsymbol{T}_2,\cdots,\boldsymbol{T}_k$，

$\boldsymbol{T}_{k+1},\boldsymbol{T}_{k+2},\cdots,\boldsymbol{T}_{k+l}$，使得 $\boldsymbol{T}_k\boldsymbol{T}_{k-1}\cdots\boldsymbol{T}_1\boldsymbol{A}\boldsymbol{T}_{k+1}\boldsymbol{T}_{k+2}\cdots\boldsymbol{T}_{k+l}=\boldsymbol{G}$，记 $\boldsymbol{P}=\boldsymbol{T}_k\boldsymbol{T}_{k-1}\cdots\boldsymbol{T}_1$，$\boldsymbol{Q}=\boldsymbol{T}_{k+1}\boldsymbol{T}_{k+2}\cdots\boldsymbol{T}_{k+l}$，则矩阵 $\boldsymbol{P},\boldsymbol{Q}$ 可逆，使得 $\boldsymbol{PAQ}=\boldsymbol{G}\Leftrightarrow\boldsymbol{A}=\boldsymbol{P}^{-1}\boldsymbol{G}\boldsymbol{Q}^{-1}$，则方程组 $\boldsymbol{Ax}=\boldsymbol{0}$ 化为 $\boldsymbol{P}^{-1}\boldsymbol{G}\boldsymbol{Q}^{-1}\boldsymbol{x}=\boldsymbol{0}$. 再应用定理2.3.6，得方程组 $\boldsymbol{P}^{-1}\boldsymbol{G}\boldsymbol{Q}^{-1}\boldsymbol{x}=\boldsymbol{0}$ 与方程组 $\boldsymbol{G}\boldsymbol{Q}^{-1}\boldsymbol{x}=\boldsymbol{0}$ 同解，因此方程组 $\boldsymbol{G}\boldsymbol{Q}^{-1}\boldsymbol{x}=\boldsymbol{0}$ 只有零解. 由于可逆矩阵 $\boldsymbol{Q}$ 的最后一列是非零向量，即 $\boldsymbol{Q}(0,\cdots,0,1)^{\mathrm{T}}\neq\boldsymbol{0}$，取 $\boldsymbol{x}_0=\boldsymbol{Q}(0,\cdots,0,1)^{\mathrm{T}}$，代入方程组 $\boldsymbol{G}\boldsymbol{Q}^{-1}\boldsymbol{x}=\boldsymbol{0}$ 得

$$\boldsymbol{G}\boldsymbol{Q}^{-1}\boldsymbol{x}_0=\boldsymbol{G}\boldsymbol{Q}^{-1}\boldsymbol{Q}(0,\cdots,0,1)^{\mathrm{T}}=\boldsymbol{G}(0,\cdots,0,1)^{\mathrm{T}}=\boldsymbol{0}$$

这表示方程组 $\boldsymbol{G}\boldsymbol{Q}^{-1}\boldsymbol{x}=\boldsymbol{0}$ 有非零解 $\boldsymbol{x}_0$，从而导出矛盾. 因此有 $|\boldsymbol{A}|\neq 0$. □

**例 9** 用克莱姆法则求线性方程组 $\begin{cases}x_1+2x_2+3x_3=1,\\2x_1-x_2-4x_3=2,\\3x_1+x_2+2x_3=6\end{cases}$ 的唯一解.

**解** 系数矩阵记为 $\boldsymbol{A}$，计算可得

$$|\boldsymbol{A}|=\begin{vmatrix}1&2&3\\2&-1&-4\\3&1&2\end{vmatrix}=-15\neq 0,\quad \Delta_1=\begin{vmatrix}1&2&3\\2&-1&-4\\6&1&2\end{vmatrix}=-30$$

$$\Delta_2=\begin{vmatrix}1&1&3\\2&2&-4\\3&6&2\end{vmatrix}=30,\quad \Delta_3=\begin{vmatrix}1&2&1\\2&-1&2\\3&1&6\end{vmatrix}=-15$$

应用克莱姆法则得

$$(x_1,x_2,x_3)^{\mathrm{T}}=\frac{1}{|\boldsymbol{A}|}(\Delta_1,\Delta_2,\Delta_3)^{\mathrm{T}}=(2,-2,1)^{\mathrm{T}}$$

### 2.3.3 用初等行变换求逆矩阵与方程组的唯一解

公式 $\boldsymbol{A}^{-1}=\dfrac{1}{|\boldsymbol{A}|}\boldsymbol{A}^{*}$ 提供了一种求逆矩阵的方法，但此式右边含有 $n^2+1$ 个行列式，当 $n\geqslant 4$ 时计算量很大. 克莱姆法则提供了一种求线性非齐次方程组的唯一解的方法，此公式右边含有 $n+1$ 个行列式，当 $n\geqslant 4$ 时计算量也很大. 下面介绍利用矩阵的初等行变换求逆矩阵与线性方程组的唯一解的方法.

当 $\boldsymbol{A}$ 可逆时，$\boldsymbol{A}^{-1}$ 也是可逆矩阵，则由定理 2.2.8 可知必存在初等矩阵 $\boldsymbol{T}_1,\boldsymbol{T}_2,\cdots,\boldsymbol{T}_k$，使得

$$\boldsymbol{A}^{-1}=\boldsymbol{T}_k\boldsymbol{T}_{k-1}\cdots\boldsymbol{T}_1=\boldsymbol{T}_k\boldsymbol{T}_{k-1}\cdots\boldsymbol{T}_1\boldsymbol{E}$$

此式两边右乘矩阵 $\boldsymbol{A}$ 得 $\boldsymbol{E}=\boldsymbol{T}_k\boldsymbol{T}_{k-1}\cdots\boldsymbol{T}_1\boldsymbol{A}$，因此有

$$\boldsymbol{T}_k\boldsymbol{T}_{k-1}\cdots\boldsymbol{T}_1\boldsymbol{A}=\boldsymbol{E},\quad \boldsymbol{T}_k\boldsymbol{T}_{k-1}\cdots\boldsymbol{T}_1\boldsymbol{E}=\boldsymbol{A}^{-1},\quad \boldsymbol{T}_k\boldsymbol{T}_{k-1}\cdots\boldsymbol{T}_1\boldsymbol{b}=\boldsymbol{A}^{-1}\boldsymbol{b}$$

此式表明：对可逆矩阵$\boldsymbol{A}$施行初等行变换化为单位矩阵$\boldsymbol{E}$，则对单位矩阵$\boldsymbol{E}$施行相同的初等行变换就化为$\boldsymbol{A}^{-1}$，对向量$\boldsymbol{b}$施行相同的初等行变换就化为$\boldsymbol{A}^{-1}\boldsymbol{b}$. 因此，我们得到下面求逆矩阵$\boldsymbol{A}^{-1}$与求方程组$\boldsymbol{Ax}=\boldsymbol{b}$的唯一解$\boldsymbol{x}=\boldsymbol{A}^{-1}\boldsymbol{b}$的方法：

(1) 求$\boldsymbol{A}^{-1}$：$(\boldsymbol{A}\mid\boldsymbol{E})\xrightarrow{\text{初等行变换}}(\boldsymbol{E}\mid\boldsymbol{A}^{-1})$；

(2) 求$\boldsymbol{x}=\boldsymbol{A}^{-1}\boldsymbol{b}$：$(\boldsymbol{A}\mid\boldsymbol{b})\xrightarrow{\text{初等行变换}}(\boldsymbol{E}\mid\boldsymbol{A}^{-1}\boldsymbol{b})$；

(3) 同时求$\boldsymbol{A}^{-1}$与$\boldsymbol{x}=\boldsymbol{A}^{-1}\boldsymbol{b}$：$(\boldsymbol{A}\mid\boldsymbol{E}\mid\boldsymbol{b})\xrightarrow{\text{初等行变换}}(\boldsymbol{E}\mid\boldsymbol{A}^{-1}\mid\boldsymbol{A}^{-1}\boldsymbol{b})$.

**注** 在对$(\boldsymbol{A}\mid\boldsymbol{E})$施行初等行变换时，如果不能将$(\boldsymbol{A}\mid\boldsymbol{E})$中矩阵$\boldsymbol{A}$化为$\boldsymbol{E}$，则表示矩阵$\boldsymbol{A}$不可逆.

**例 10**（同例 4） 求矩阵$\boldsymbol{A}=\begin{bmatrix}2&1&0\\1&1&4\\2&0&1\end{bmatrix}$的逆矩阵.

**解** 作$3\times 6$矩阵$(\boldsymbol{A}\mid\boldsymbol{E})$，对其施行初等行变换，有

$$(\boldsymbol{A}\mid\boldsymbol{E})=\left[\begin{array}{ccc:ccc}2&1&0&1&0&0\\1&1&4&0&1&0\\2&0&1&0&0&1\end{array}\right]\xrightarrow{(1)\leftrightarrow(2)}\begin{bmatrix}1&1&4&0&1&0\\2&1&0&1&0&0\\2&0&1&0&0&1\end{bmatrix}$$

$$\xrightarrow[-(2)]{\substack{(2)-2(1)\\(3)-2(1)}}\left[\begin{array}{ccc:ccc}1&1&4&0&1&0\\0&1&8&-1&2&0\\0&-2&-7&0&-2&1\end{array}\right]$$

$$\xrightarrow[\frac{1}{9}(3)]{(3)+2(2)}\left[\begin{array}{ccc:ccc}1&1&4&0&1&0\\0&1&8&-1&2&0\\0&0&1&-2/9&2/9&1/9\end{array}\right]$$

$$\xrightarrow[(1)-(2)]{\substack{(2)-8(3)\\(1)-4(3)}}\left[\begin{array}{ccc:ccc}1&0&0&1/9&-1/9&4/9\\0&1&0&7/9&2/9&-8/9\\0&0&1&-2/9&2/9&1/9\end{array}\right]$$

所以

$$\begin{bmatrix}2&1&0\\1&1&4\\2&0&1\end{bmatrix}^{-1}=\frac{1}{9}\begin{bmatrix}1&-1&4\\7&2&-8\\-2&2&1\end{bmatrix}$$

**例 11** 已知矩阵$\boldsymbol{A},\boldsymbol{B}$满足关系式$\boldsymbol{AB}+\boldsymbol{A}-2\boldsymbol{B}=\boldsymbol{O}$.

(1) 求证：矩阵$\boldsymbol{A}-2\boldsymbol{E}$可逆；

(2) 若$\boldsymbol{B}=\begin{bmatrix}0&2&1\\1&0&-1\\0&1&0\end{bmatrix}$，求矩阵$\boldsymbol{A}$.

**解** (1) 由原式得$(\boldsymbol{A}-2\boldsymbol{E})(\boldsymbol{B}+\boldsymbol{E})=-2\boldsymbol{E}$,故$\boldsymbol{A}-2\boldsymbol{E}$可逆,且

$$(\boldsymbol{A}-2\boldsymbol{E})^{-1}=-\frac{1}{2}(\boldsymbol{B}+\boldsymbol{E})$$

(2) 由于

$$\boldsymbol{A}=2\boldsymbol{E}-2(\boldsymbol{B}+\boldsymbol{E})^{-1},\quad \boldsymbol{B}+\boldsymbol{E}=\begin{bmatrix}1&2&1\\1&1&-1\\0&1&1\end{bmatrix}$$

下面先求$\boldsymbol{B}+\boldsymbol{E}$的逆矩阵(过程略),有

$$(\boldsymbol{B}+\boldsymbol{E}\mid\boldsymbol{E})=\left[\begin{array}{ccc:ccc}1&2&1&1&0&0\\1&1&-1&0&1&0\\0&1&1&0&0&1\end{array}\right]\longrightarrow\left[\begin{array}{ccc:ccc}1&0&0&2&-1&-3\\0&1&0&-1&1&2\\0&0&1&1&-1&-1\end{array}\right]$$

则

$$(\boldsymbol{B}+\boldsymbol{E})^{-1}=\begin{bmatrix}2&-1&-3\\-1&1&2\\1&-1&-1\end{bmatrix}$$

于是

$$\boldsymbol{A}=2\boldsymbol{E}-2(\boldsymbol{B}+\boldsymbol{E})^{-1}=\begin{bmatrix}2&0&0\\0&2&0\\0&0&2\end{bmatrix}-2\begin{bmatrix}2&-1&-3\\-1&1&2\\1&-1&-1\end{bmatrix}=\begin{bmatrix}-2&2&6\\2&0&-4\\-2&2&4\end{bmatrix}$$

**例 12**(同例 9) 用初等行变换求线性方程组$\begin{cases}x_1+2x_2+3x_3=1,\\2x_1-x_2-4x_3=2,\\3x_1+x_2+2x_3=6\end{cases}$的解.

**解** 记

$$\boldsymbol{A}=\begin{bmatrix}1&2&3\\2&-1&-4\\3&1&2\end{bmatrix},\quad \boldsymbol{b}=\begin{bmatrix}1\\2\\6\end{bmatrix}$$

对$(\boldsymbol{A}\mid\boldsymbol{b})$施行初等行变换(过程从简),有

$$(\boldsymbol{A}\mid\boldsymbol{b})=\left[\begin{array}{ccc:c}1&2&3&1\\2&-1&-4&2\\3&1&2&6\end{array}\right]\longrightarrow\left[\begin{array}{ccc:c}1&2&3&1\\0&-5&-10&0\\0&-5&-7&3\end{array}\right]$$

$$\longrightarrow \left[\begin{array}{ccc|c} 1 & 2 & 0 & -2 \\ 0 & 1 & 2 & 0 \\ 0 & 0 & 1 & 1 \end{array}\right] \longrightarrow \left[\begin{array}{ccc|c} 1 & 0 & 0 & 2 \\ 0 & 1 & 0 & -2 \\ 0 & 0 & 1 & 1 \end{array}\right]$$

于是所求的解为$(x_1, x_2, x_3)^{\mathrm{T}} = (2, -2, 1)^{\mathrm{T}}$.

## 习题 2.3

### A 组

1. 设 $\boldsymbol{A}$ 是 $n$ 阶可逆矩阵,证明:

(1) $|\boldsymbol{A}^*| = |\boldsymbol{A}|^{n-1}$;　　(2) $(\boldsymbol{A}^*)^* = |\boldsymbol{A}|^{n-2}\boldsymbol{A}$.

2. 已知 $\boldsymbol{A} = \begin{bmatrix} 1/3 & 0 & 0 \\ 0 & 1/4 & 0 \\ 0 & 0 & 1/7 \end{bmatrix}$,矩阵 $\boldsymbol{B}$ 满足 $\boldsymbol{A}^{-1}\boldsymbol{BA} = 6\boldsymbol{A} + \boldsymbol{BA}$,试求矩阵 $\boldsymbol{B}$.

3. 设矩阵 $\boldsymbol{A}$ 满足 $\boldsymbol{A}^3 = \boldsymbol{O}$,证明 $\boldsymbol{E} - \boldsymbol{A}, \boldsymbol{E} + \boldsymbol{A}$ 都可逆,并分别求其逆矩阵.

4. 已知 $\boldsymbol{A} = \begin{bmatrix} 1 & 2 & 1 \\ 3 & 4 & 2 \\ 1 & 2 & 2 \end{bmatrix}$,矩阵 $\boldsymbol{B}$ 满足 $\boldsymbol{AB} = 3\boldsymbol{A} + \boldsymbol{B}$,证明 $\boldsymbol{AB} = \boldsymbol{BA}$,并求矩阵 $\boldsymbol{B}$.

5. 设 $\boldsymbol{A}$ 是 $n$ 阶可逆矩阵,交换矩阵 $\boldsymbol{A}$ 的第一行与第三行得矩阵 $\boldsymbol{B}$,试求 $\boldsymbol{AB}^{-1}$.

6. 利用伴随矩阵求下列矩阵的逆矩阵:

(1) $\begin{bmatrix} 1 & 2 & -3 \\ 0 & 1 & 2 \\ 0 & 0 & 1 \end{bmatrix}$;　　(2) $\begin{bmatrix} 1 & 2 & 2 \\ 1 & 1 & 1 \\ 3 & 1 & -1 \end{bmatrix}$.

7. 利用初等行变换求下列矩阵的逆矩阵:

(1) $\begin{bmatrix} 1 & 2 & -3 \\ 0 & 1 & 2 \\ 0 & 0 & 1 \end{bmatrix}$;　　(2) $\begin{bmatrix} 1 & 2 & 2 \\ 1 & 1 & 1 \\ 3 & 1 & -1 \end{bmatrix}$;

(3) $\begin{bmatrix} 1 & 2 & -1 \\ 3 & 1 & 0 \\ -1 & 0 & -2 \end{bmatrix}$;　　(4) $\begin{bmatrix} 1 & 2 & 3 \\ 2 & -1 & -4 \\ 3 & 1 & 2 \end{bmatrix}$.

8. 利用分块矩阵求下列矩阵的逆矩阵:

(1) $\begin{bmatrix} 2 & 1 & 0 & 0 \\ 3 & 2 & 0 & 0 \\ 0 & 0 & 1 & 8 \\ 0 & 0 & -1 & -6 \end{bmatrix}$;　　(2) $\begin{bmatrix} 0 & 0 & 1 & 2 \\ 0 & 0 & 3 & 5 \\ 2 & 1 & 0 & 0 \\ 5 & 3 & 0 & 0 \end{bmatrix}$.

9. 应用克莱姆法则解方程组 $\boldsymbol{A}\boldsymbol{x}=\boldsymbol{b}$，其中

(1) $\boldsymbol{A}=\begin{bmatrix}2&3&-1\\1&2&0\\-1&2&-2\end{bmatrix}$，$\boldsymbol{b}=\begin{bmatrix}2\\-1\\3\end{bmatrix}$；

(2) $\boldsymbol{A}=\begin{bmatrix}2&-3&1\\1&-2&-1\\3&-3&-2\end{bmatrix}$，$\boldsymbol{b}=\begin{bmatrix}4\\8\\12\end{bmatrix}$.

10. 利用初等行变换解下列方程组：

(1) $\begin{cases}5x_1+4x_3+2x_4=3,\\x_1-x_2+2x_3+x_4=1,\\4x_1+x_2+2x_3=1,\\x_1+x_2+x_3+x_4=0;\end{cases}$

(2) $\boldsymbol{A}\boldsymbol{X}=\boldsymbol{B}$，其中 $\boldsymbol{A}=\begin{bmatrix}1&3&-1\\1&2&-1\\-1&-2&2\end{bmatrix}$，$\boldsymbol{B}=\begin{bmatrix}1&2&0\\2&3&1\\0&1&2\end{bmatrix}$.

**B 组**

11. 设 $n$ 阶矩阵 $\boldsymbol{A}=\boldsymbol{E}-\boldsymbol{\alpha}\boldsymbol{\alpha}^{\mathrm{T}}$，其中 $\boldsymbol{\alpha}$ 是 $n$ 维列向量，且 $\boldsymbol{\alpha}^{\mathrm{T}}\boldsymbol{\alpha}=1$，证明：矩阵 $\boldsymbol{A}$ 不可逆.

12. 设 $\boldsymbol{A}$ 为 3 阶矩阵，$\boldsymbol{P}$ 为 3 阶可逆矩阵，且

$$\boldsymbol{P}=(\boldsymbol{\alpha}_1,\boldsymbol{\alpha}_2,\boldsymbol{\alpha}_3),\quad \boldsymbol{P}^{-1}\boldsymbol{A}\boldsymbol{P}=\begin{bmatrix}0&1&0\\1&0&1\\0&1&1\end{bmatrix}$$

又 $\boldsymbol{Q}$ 为 3 阶矩阵，且 $\boldsymbol{Q}=(\boldsymbol{\alpha}_1+\boldsymbol{\alpha}_2,\boldsymbol{\alpha}_2,2\boldsymbol{\alpha}_3)$，试求 $\boldsymbol{Q}^{-1}\boldsymbol{A}\boldsymbol{Q}$.

# 复习题 2

1. 设 $\boldsymbol{A}=\begin{bmatrix}1&0&0\\1&1&0\\0&1&1\end{bmatrix}$，试求矩阵 $\boldsymbol{B}$，使 $\boldsymbol{A}\boldsymbol{B}=\boldsymbol{B}\boldsymbol{A}$.

2. 设 $\boldsymbol{A}=\begin{bmatrix}1&0&0\\1&0&1\\0&1&0\end{bmatrix}$，证明 $\boldsymbol{A}^n=\boldsymbol{A}^{n-2}+\boldsymbol{A}^2-\boldsymbol{E}$（$n\in\mathbf{N}^*$ 且 $n\geqslant 3$），并求 $\boldsymbol{A}^{100}$.

3. 设$\boldsymbol{A},\boldsymbol{B}$都是$n$阶可逆矩阵，$|\boldsymbol{A}|=2$，$|\boldsymbol{B}|=3$，$|\boldsymbol{A}+\boldsymbol{B}^{-1}|=4$，求$|\boldsymbol{A}^{-1}+\boldsymbol{B}|$.

4. 设$\boldsymbol{A}=(a_{ij})$是3阶非零矩阵，且$a_{ij}+A_{ij}=0(i,j=1,2,3)$，其中$A_{ij}$是矩阵$\boldsymbol{A}$中$a_{ij}$的代数余子式，试求$|\boldsymbol{A}|$.

5. 已知$\boldsymbol{A}$的伴随矩阵$\boldsymbol{A}^*=\begin{bmatrix}1&0&0&0\\0&1&0&0\\1&0&1&0\\0&-3&0&8\end{bmatrix}$，矩阵$\boldsymbol{B}$满足$\boldsymbol{AB}=3\boldsymbol{A}+\boldsymbol{B}$，试求矩阵$\boldsymbol{B}$.

6. 设$\boldsymbol{A}$是$n$阶可逆矩阵，交换矩阵$\boldsymbol{A}$的第一行与第三行得矩阵$\boldsymbol{B}$，设矩阵$\boldsymbol{A}$与$\boldsymbol{B}$的伴随矩阵分别为$\boldsymbol{A}^*$与$\boldsymbol{B}^*$，试问$\boldsymbol{A}^*$经过什么初等变换可化为$\boldsymbol{B}^*$？

7. 设$\boldsymbol{A},\boldsymbol{B}$均是3阶矩阵，且$|\boldsymbol{A}|=3$，$|\boldsymbol{B}|=2$，试证：

$$\begin{bmatrix}\boldsymbol{O}&\boldsymbol{A}\\\boldsymbol{B}&\boldsymbol{O}\end{bmatrix}^*=-\begin{bmatrix}\boldsymbol{O}&3\boldsymbol{B}^*\\2\boldsymbol{A}^*&\boldsymbol{O}\end{bmatrix}$$

8. 解方程组$\boldsymbol{AX}=\boldsymbol{B}$，其中

$$\boldsymbol{A}=\begin{bmatrix}-1&3&5&0\\-2&4&1&0\\-3&2&-1&0\\1&2&3&1\end{bmatrix},\quad \boldsymbol{B}=\begin{bmatrix}2&4\\1&3\\3&0\\2&-1\end{bmatrix}$$

# 3 向量空间

## 3.1 向量空间基本概念

### 3.1.1 向量空间的定义

下面先介绍一般的线性空间概念.

**定义 3.1.1(线性空间)** 设 $V$ 是非空集合，$F$ 是数域，在 $V$ 中定义有加法"+"和数乘"·"两种运算，使得

$$\forall \boldsymbol{\alpha},\boldsymbol{\beta} \in V, k \in F \Rightarrow \boldsymbol{\alpha}+\boldsymbol{\beta} \in V, k \cdot \boldsymbol{\alpha} \in V$$

并且这两种运算满足下列 8 条性质：$\forall \boldsymbol{\alpha},\boldsymbol{\beta},\boldsymbol{\gamma} \in V, k,l \in F$，有

(1) $\boldsymbol{\alpha}+\boldsymbol{\beta}=\boldsymbol{\beta}+\boldsymbol{\alpha}$; **(加法交换律)**

(2) $(\boldsymbol{\alpha}+\boldsymbol{\beta})+\boldsymbol{\gamma}=\boldsymbol{\alpha}+(\boldsymbol{\beta}+\boldsymbol{\gamma})$; **(加法结合律)**

(3) $\exists \mathbf{0} \in V$，使得 $\boldsymbol{\alpha}+\mathbf{0}=\boldsymbol{\alpha}$(称 $\mathbf{0}$ 为零元素); **(存在零元素)**

(4) $\exists \boldsymbol{\alpha}' \in V$，使得 $\boldsymbol{\alpha}+\boldsymbol{\alpha}'=\mathbf{0}$(称 $\boldsymbol{\alpha}'$ 为 $\boldsymbol{\alpha}$ 的负元素); **(存在负元素)**

(5) 对 $1 \in F$，有 $1 \cdot \boldsymbol{\alpha}=\boldsymbol{\alpha}$; **(单位律)**

(6) $k \cdot (l \cdot \boldsymbol{\alpha})=(kl) \cdot \boldsymbol{\alpha}$; **(数乘结合律)**

(7) $k \cdot (\boldsymbol{\alpha}+\boldsymbol{\beta})=k \cdot \boldsymbol{\alpha}+k \cdot \boldsymbol{\beta}$; **(数乘分配律 Ⅰ)**

(8) $(k+l) \cdot \boldsymbol{\alpha}=k \cdot \boldsymbol{a}+l \cdot \boldsymbol{a}$, **(数乘分配律 Ⅱ)**

则称 $V$ 为数域 $F$ 上的**线性空间**，并称 $V$ 中的元素为**向量**.

**例 1** 对于矩阵的加法与数乘，求证：全体 $m \times n$ 矩阵的集合 $F^{m\times n}$ 是数域 $F$ 上的线性空间，这里

$$F^{m\times n} \xlongequal{\text{def}} \{\boldsymbol{A} \mid \boldsymbol{A}=(a_{ij})_{m\times n}, a_{ij} \in F\}$$

**证** $\forall \boldsymbol{A},\boldsymbol{B} \in F^{m\times n}, k \in F$，设 $\boldsymbol{A}=(a_{ij})_{m\times n}, \boldsymbol{B}=(b_{ij})_{m\times n}$，显然有

$$\boldsymbol{A}+\boldsymbol{B}=(a_{ij}+b_{ij}) \in F^{m\times n}, \quad k\boldsymbol{A}=(ka_{ij})_{m\times n} \in F^{m\times n}$$

关于 8 条性质见定理 2.1.2，这里不再赘述.

由于列向量 $(a_1,a_2,\cdots,a_n)^{\mathrm{T}}$ 可视为 $n\times 1$ 矩阵，行向量 $(b_1,b_2,\cdots,b_n)$ 可视为 $1\times n$ 矩阵，所以

$$F^n \xlongequal{\text{def}} \{(a_1,a_2,\cdots,a_n)^{\mathrm{T}} \mid a_i \in F, i=1,2,\cdots,n\}$$

或

$$F^n \xlongequal{\text{def}} \{(b_1,b_2,\cdots,b_n) \mid b_i \in F, i=1,2,\cdots,n\}$$

是线性空间. 通常称线性空间 $F^n$ 为**向量空间**,它的元素称为 $n$ **维向量**. 这一章重点研究向量空间 $V = F^n$.

### 3.1.2　子空间

**定义 3.1.2(子空间)**　设 $V$ 是向量空间,$W$ 是 $V$ 的非空子集,若 $W$ 对于 $V$ 中的加法与数乘也构成一个向量空间,则称 $W$ 是 $V$ 的**子空间**.

仅含零元素的集合也是一个向量空间,称为**零空间**. 任一向量空间 $V$ 的零空间是该向量空间 $V$ 的子空间.

**例 2**　设 $V$ 是向量空间,$\boldsymbol{\alpha}_1,\boldsymbol{\alpha}_2,\cdots,\boldsymbol{\alpha}_n \in V$,则

$$L(\boldsymbol{\alpha}_1,\boldsymbol{\alpha}_2,\cdots,\boldsymbol{\alpha}_n) \xlongequal{\text{def}} \left\{\boldsymbol{\alpha} \,\middle|\, \boldsymbol{\alpha} = \sum_{i=1}^{n} k_i \boldsymbol{\alpha}_i, k_i \in F\right\}$$

是 $V$ 的子空间,称 $L(\boldsymbol{\alpha}_1,\boldsymbol{\alpha}_2,\cdots,\boldsymbol{\alpha}_n)$ 为由 $\boldsymbol{\alpha}_1,\boldsymbol{\alpha}_2,\cdots,\boldsymbol{\alpha}_n$ 生成的 $V$ 的子空间.

**例 3**　线性空间 $V=\{(0,x_1,x_2,x_3,0) \mid x_1,x_2,x_3 \in \mathbf{R}, x_1+x_2+x_3=0\}$ 是 5 维向量空间 $\mathbf{R}^5$ 的子空间.

可以证明,向量空间 $V$ 的两个子空间 $W_1,W_2$ 的并集 $W_1 \cup W_2$ 与交集 $W_1 \cap W_2$ 也是 $V$ 的子空间,分别称为 $W_1,W_2$ 的**和空间**与**交空间**.

#### 习题 3.1

#### A 组

1. 对于向量的加法与数乘,证明:$V=\{(0,x_1,x_2,x_3) \mid x_1,x_2,x_3 \in \mathbf{R}, x_1+x_2+x_3=0\}$ 是向量空间.

2. 对于向量的加法与数乘,判别集合 $V=\{(x_1,x_2,\cdots,x_n)^{\mathrm{T}} \mid x_1+x_2+\cdots+x_n=1\}$ 是否构成向量空间.

3. 对于多项式的加法与数乘,证明:

$$R[x]_n=\{a_0x^k+a_1x^{k-1}+\cdots+a_{k-1}x+a_k \mid a_i \in \mathbf{R}, x \in \mathbf{C}, 0 \leqslant k < n\}$$

是线性空间.

4. 对于矩阵的线性运算,判别集合 $V=\{\boldsymbol{A} \mid \boldsymbol{A}^{\mathrm{T}}=\boldsymbol{A}\}$ 是否构成线性空间.

## 3.2 向量组的线性相关性

### 3.2.1 向量组线性相关与线性无关的定义

设 $V$ 是向量空间,$V$ 中有限个或无穷个向量组成的集合称为**向量组**.

**定义 3.2.1(线性组合)** 设 $V$ 是向量空间,$\boldsymbol{\alpha}_1,\boldsymbol{\alpha}_2,\cdots,\boldsymbol{\alpha}_n \in V$,$k_1,k_2,\cdots,k_n \in F$,称

$$k_1\boldsymbol{\alpha}_1 + k_2\boldsymbol{\alpha}_2 + \cdots + k_n\boldsymbol{\alpha}_n = \sum_{i=1}^{n} k_i\boldsymbol{\alpha}_i$$

为向量 $\boldsymbol{\alpha}_1,\boldsymbol{\alpha}_2,\cdots,\boldsymbol{\alpha}_n$ 的一个**线性组合**.

**定义 3.2.2(线性表示)** 设 $V$ 是向量空间,$\boldsymbol{\alpha}_1,\boldsymbol{\alpha}_2,\cdots,\boldsymbol{\alpha}_n,\boldsymbol{\beta} \in V$,若存在 $k_1$,$k_2,\cdots,k_n \in F$,使得 $\boldsymbol{\beta} = k_1\boldsymbol{\alpha}_1 + k_2\boldsymbol{\alpha}_2 + \cdots + k_n\boldsymbol{\alpha}_n$,则称向量 $\boldsymbol{\beta}$ 可由向量 $\boldsymbol{\alpha}_1,\boldsymbol{\alpha}_2,\cdots$,$\boldsymbol{\alpha}_n$ **线性表示**,记为

$$\boldsymbol{\beta} \in L(\boldsymbol{\alpha}_1,\boldsymbol{\alpha}_2,\cdots,\boldsymbol{\alpha}_n)$$

由定义 3.2.2 直接可得

$$\text{零向量 } \mathbf{0} \in L(\boldsymbol{\alpha}_1,\boldsymbol{\alpha}_2,\cdots,\boldsymbol{\alpha}_n),\quad \boldsymbol{\alpha}_i \in L(\boldsymbol{\alpha}_1,\boldsymbol{\alpha}_2,\cdots,\boldsymbol{\alpha}_n)\quad (1 \leqslant i \leqslant n)$$

**定理 3.2.1** 设 $V$ 是向量空间,向量 $\boldsymbol{\alpha}_1,\boldsymbol{\alpha}_2,\cdots,\boldsymbol{\alpha}_p \in V$,向量 $\boldsymbol{\beta}_1,\boldsymbol{\beta}_2,\cdots,\boldsymbol{\beta}_q \in V$,若 $\boldsymbol{\gamma} \in L(\boldsymbol{\alpha}_1,\boldsymbol{\alpha}_2,\cdots,\boldsymbol{\alpha}_p)$,$\boldsymbol{\alpha}_i \in L(\boldsymbol{\beta}_1,\boldsymbol{\beta}_2,\cdots,\boldsymbol{\beta}_q)(i=1,2,\cdots,p)$,则 $\boldsymbol{\gamma} \in L(\boldsymbol{\beta}_1,\boldsymbol{\beta}_2,\cdots$,$\boldsymbol{\beta}_q)$.

**证** 由题意,有

$$\boldsymbol{\gamma} = k_1\boldsymbol{\alpha}_1 + k_2\boldsymbol{\alpha}_2 + \cdots + k_p\boldsymbol{\alpha}_p$$

$$\boldsymbol{\alpha}_i = c_{i1}\boldsymbol{\beta}_1 + c_{i2}\boldsymbol{\beta}_2 + \cdots + c_{iq}\boldsymbol{\beta}_q \quad (i = 1,2,\cdots,p)$$

于是

$$\boldsymbol{\gamma} = \sum_{i=1}^{p} k_i\boldsymbol{\alpha}_i = \sum_{i=1}^{p} k_i \sum_{j=1}^{q} c_{ij}\boldsymbol{\beta}_j = \sum_{j=1}^{q}\left(\sum_{i=1}^{p} k_i c_{ij}\right)\boldsymbol{\beta}_j$$

此式表示 $\boldsymbol{\gamma} \in L(\boldsymbol{\beta}_1,\boldsymbol{\beta}_2,\cdots,\boldsymbol{\beta}_q)$. □

**例 1** 设向量 $\boldsymbol{\beta}$ 可由向量 $\boldsymbol{\alpha}_1,\boldsymbol{\alpha}_2,\cdots,\boldsymbol{\alpha}_n$ 线性表示,但不能由向量 $\boldsymbol{\alpha}_1,\boldsymbol{\alpha}_2,\cdots,\boldsymbol{\alpha}_{n-1}$ 线性表示,试判别:

(1) 向量 $\boldsymbol{\alpha}_n$ 能否由向量 $\boldsymbol{\alpha}_1,\boldsymbol{\alpha}_2,\cdots,\boldsymbol{\alpha}_{n-1}$ 线性表示?

(2) 向量 $\boldsymbol{\alpha}_n$ 能否由向量 $\boldsymbol{\alpha}_1,\boldsymbol{\alpha}_2,\cdots,\boldsymbol{\alpha}_{n-1},\boldsymbol{\beta}$ 线性表示?

**解** (1) 因为向量 $\boldsymbol{\beta}$ 可由向量 $\boldsymbol{\alpha}_1,\boldsymbol{\alpha}_2,\cdots,\boldsymbol{\alpha}_{n-1},\boldsymbol{\alpha}_n$ 线性表示,若向量 $\boldsymbol{\alpha}_n$ 能由向

量 $\boldsymbol{\alpha}_1,\boldsymbol{\alpha}_2,\cdots,\boldsymbol{\alpha}_{n-1}$ 线性表示，则向量 $\boldsymbol{\beta}$ 可由向量 $\boldsymbol{\alpha}_1,\boldsymbol{\alpha}_2,\cdots,\boldsymbol{\alpha}_{n-1}$ 线性表示，此与条件矛盾. 所以向量 $\boldsymbol{\alpha}_n$ 不能由向量 $\boldsymbol{\alpha}_1,\boldsymbol{\alpha}_2,\cdots,\boldsymbol{\alpha}_{n-1}$ 线性表示.

(2) 因向量 $\boldsymbol{\beta}$ 可由向量 $\boldsymbol{\alpha}_1,\boldsymbol{\alpha}_2,\cdots,\boldsymbol{\alpha}_n$ 线性表示，设表示式为

$$\boldsymbol{\beta}=k_1\boldsymbol{\alpha}_1+k_2\boldsymbol{\alpha}_2+\cdots+k_{n-1}\boldsymbol{\alpha}_{n-1}+k_n\boldsymbol{\alpha}_n \tag{3.2.1}$$

因向量 $\boldsymbol{\beta}$ 不能由向量组 $\boldsymbol{\alpha}_1,\boldsymbol{\alpha}_2,\cdots,\boldsymbol{\alpha}_{n-1}$ 线性表示，所以式(3.2.1)中 $k_n\neq 0$，于是由式(3.2.1)可解得

$$\boldsymbol{\alpha}_n=-\frac{k_1}{k_n}\boldsymbol{\alpha}_1-\frac{k_2}{k_n}\boldsymbol{\alpha}_2-\cdots-\frac{k_{n-1}}{k_n}\boldsymbol{\alpha}_{n-1}+\frac{1}{k_n}\boldsymbol{\beta}$$

此式表明向量 $\boldsymbol{\alpha}_n$ 能由向量 $\boldsymbol{\alpha}_1,\boldsymbol{\alpha}_2,\cdots,\boldsymbol{\alpha}_{n-1},\boldsymbol{\beta}$ 线性表示.

**定义 3.2.3(线性相关与线性无关)** 设 $V$ 是向量空间，$\boldsymbol{\alpha}_1,\boldsymbol{\alpha}_2,\cdots,\boldsymbol{\alpha}_n\in V$，若存在 $n$ 个不全为 0 的常数 $k_1,k_2,\cdots,k_n$，使得

$$k_1\boldsymbol{\alpha}_1+k_2\boldsymbol{\alpha}_2+\cdots+k_n\boldsymbol{\alpha}_n=\mathbf{0} \tag{3.2.2}$$

则称向量 $\boldsymbol{\alpha}_1,\boldsymbol{\alpha}_2,\cdots,\boldsymbol{\alpha}_n$ 线性相关；若式(3.2.2)仅当 $k_1=k_2=\cdots=k_n=0$ 时才能成立，则称向量 $\boldsymbol{\alpha}_1,\boldsymbol{\alpha}_2,\cdots,\boldsymbol{\alpha}_n$ 线性无关.

**例 2** 证明：两个 $m$ 维向量线性相关的充要条件是它们的坐标成比例.

**证** 设 $\boldsymbol{\alpha}=(a_1,a_2,\cdots,a_m)^{\mathrm{T}}$，$\boldsymbol{\beta}=(b_1,b_2,\cdots,b_m)^{\mathrm{T}}$，则 $\boldsymbol{\alpha},\boldsymbol{\beta}$ 线性相关 $\Leftrightarrow$ 存在不全为 0 的常数 $k_1,k_2$，使得

$$k_1\boldsymbol{\alpha}+k_2\boldsymbol{\beta}=\mathbf{0}\Leftrightarrow\begin{cases}\boldsymbol{\alpha}=-\dfrac{k_2}{k_1}\boldsymbol{\beta} & (k_1\neq 0\text{ 时}),\\ \boldsymbol{\beta}=-\dfrac{k_1}{k_2}\boldsymbol{\alpha} & (k_2\neq 0\text{ 时})\end{cases}$$

所以

$$\frac{a_1}{b_1}=\frac{a_2}{b_2}=\cdots=\frac{a_m}{b_m}$$

**例 3** 证明：向量空间 $\mathbf{R}^n$ 中的向量

$$\boldsymbol{e}_1=\begin{bmatrix}1\\0\\\vdots\\0\end{bmatrix},\quad \boldsymbol{e}_2=\begin{bmatrix}0\\1\\\vdots\\0\end{bmatrix},\quad\cdots,\quad \boldsymbol{e}_n=\begin{bmatrix}0\\\vdots\\0\\1\end{bmatrix} \tag{3.2.3}$$

是线性无关的.

**证** 令

$$k_1\boldsymbol{e}_1+k_2\boldsymbol{e}_2+\cdots+k_n\boldsymbol{e}_n=\mathbf{0} \tag{3.2.4}$$

因为式(3.2.4)$\Leftrightarrow(k_1,k_2,\cdots,k_n)^{\mathrm{T}}=(0,0,\cdots,0)^{\mathrm{T}}$,故向量 $e_1,e_2,\cdots,e_n$ 线性无关.

**定理 3.2.2** 设 $V$ 是向量空间,向量 $\boldsymbol{\alpha}_1,\boldsymbol{\alpha}_2,\cdots,\boldsymbol{\alpha}_n\in V$.

(1) 若 $\exists\boldsymbol{\alpha}_i=\mathbf{0}(1\leqslant i\leqslant n)$,则向量 $\boldsymbol{\alpha}_1,\boldsymbol{\alpha}_2,\cdots,\boldsymbol{\alpha}_n$ 线性相关;

(2) 若 $\exists\boldsymbol{\alpha}_i=k\boldsymbol{\alpha}_j(1\leqslant i<j\leqslant n,k\in F$ 且 $k\neq 0)$,则向量 $\boldsymbol{\alpha}_1,\boldsymbol{\alpha}_2,\cdots,\boldsymbol{\alpha}_n$ 线性相关.

**证** (1) 取不全为 0 的常数

$$(k_1,\cdots,k_{i-1},k_i,k_{i+1},\cdots,k_n)=(0,\cdots,0,1,0,\cdots,0)$$

有

$$0\cdot\boldsymbol{\alpha}_1+\cdots+0\cdot\boldsymbol{\alpha}_{i-1}+1\cdot\boldsymbol{\alpha}_i+0\cdot\boldsymbol{\alpha}_{i+1}+\cdots+0\cdot\boldsymbol{\alpha}_n=\mathbf{0}$$

所以向量 $\boldsymbol{\alpha}_1,\boldsymbol{\alpha}_2,\cdots,\boldsymbol{\alpha}_n$ 线性相关.

(2) 取不全为 0 的常数

$$(k_1,\cdots,k_{i-1},k_i,k_{i+1},\cdots,k_{j-1},k_j,k_{j+1},\cdots,k_n)=(0,\cdots,0,1,0,\cdots,0,-k,0,\cdots,0)$$

有

$$\begin{aligned}0\cdot\boldsymbol{\alpha}_1+\cdots+0\cdot\boldsymbol{\alpha}_{i-1}+1\cdot\boldsymbol{\alpha}_i+0\cdot\boldsymbol{\alpha}_{i+1}+\cdots+0\cdot\boldsymbol{\alpha}_{j-1}\\-k\cdot\boldsymbol{\alpha}_j+0\cdot\boldsymbol{\alpha}_{i+1}+\cdots+0\cdot\boldsymbol{\alpha}_n=\boldsymbol{\alpha}_i-k\boldsymbol{\alpha}_j=\mathbf{0}\end{aligned}$$

所以向量 $\boldsymbol{\alpha}_1,\boldsymbol{\alpha}_2,\cdots,\boldsymbol{\alpha}_n$ 线性相关. □

**定理 3.2.3** 设 $V$ 是向量空间,向量 $\boldsymbol{\alpha}_1,\boldsymbol{\alpha}_2,\cdots,\boldsymbol{\alpha}_n\in V$,向量 $\boldsymbol{\beta}_1,\boldsymbol{\beta}_2,\cdots,\boldsymbol{\beta}_n\in V$,若向量 $\boldsymbol{\alpha}_1,\boldsymbol{\alpha}_2,\cdots,\boldsymbol{\alpha}_n$ 线性无关,向量 $\boldsymbol{\beta}_1,\boldsymbol{\beta}_2,\cdots,\boldsymbol{\beta}_n$ 可由 $\boldsymbol{\alpha}_1,\boldsymbol{\alpha}_2,\cdots,\boldsymbol{\alpha}_n$ 线性表示为

$$(\boldsymbol{\beta}_1,\boldsymbol{\beta}_2,\cdots,\boldsymbol{\beta}_n)=(\boldsymbol{\alpha}_1,\boldsymbol{\alpha}_2,\cdots,\boldsymbol{\alpha}_n)\boldsymbol{C}$$

其中

$$\boldsymbol{C}=(c_{ij})_{n\times n}=\begin{bmatrix}c_{11}&c_{12}&\cdots&c_{1n}\\c_{21}&c_{22}&\cdots&c_{2n}\\\vdots&\vdots&&\vdots\\c_{n1}&c_{n2}&\cdots&c_{nn}\end{bmatrix}$$

则向量 $\boldsymbol{\beta}_1,\boldsymbol{\beta}_2,\cdots,\boldsymbol{\beta}_n$ 线性无关的充要条件是 $|\boldsymbol{C}|\neq 0$.

**证** 令 $k_1\boldsymbol{\beta}_1+k_2\boldsymbol{\beta}_2+\cdots+k_n\boldsymbol{\beta}_n=\mathbf{0}$,即

$$(\boldsymbol{\beta}_1,\boldsymbol{\beta}_2,\cdots,\boldsymbol{\beta}_n)\begin{bmatrix}k_1\\k_2\\\vdots\\k_n\end{bmatrix}=(\boldsymbol{\alpha}_1,\boldsymbol{\alpha}_2,\cdots,\boldsymbol{\alpha}_n)\begin{bmatrix}c_{11}&c_{12}&\cdots&c_{1n}\\c_{21}&c_{22}&\cdots&c_{2n}\\\vdots&\vdots&&\vdots\\c_{n1}&c_{n2}&\cdots&c_{nn}\end{bmatrix}\begin{bmatrix}k_1\\k_2\\\vdots\\k_n\end{bmatrix}=\begin{bmatrix}0\\\vdots\\0\\0\end{bmatrix}\tag{3.2.5}$$

于是 $\boldsymbol{\beta}_1,\boldsymbol{\beta}_2,\cdots,\boldsymbol{\beta}_n$ 线性无关 $\Leftrightarrow$ 式(3.2.5) 只有零解 $k_1=k_2=\cdots=k_n=0$. 由于向量 $\boldsymbol{\alpha}_1,\boldsymbol{\alpha}_2,\cdots,\boldsymbol{\alpha}_n$ 线性无关,式(3.2.5) 只有零解 $k_1=k_2=\cdots=k_n=0\Leftrightarrow$ 线性方程组

$$\begin{bmatrix} c_{11} & c_{12} & \cdots & c_{1n} \\ c_{21} & c_{22} & \cdots & c_{2n} \\ \vdots & \vdots & & \vdots \\ c_{n1} & c_{n2} & \cdots & c_{nn} \end{bmatrix}\begin{bmatrix} k_1 \\ k_2 \\ \vdots \\ k_n \end{bmatrix}=\begin{bmatrix} 0 \\ \vdots \\ 0 \\ 0 \end{bmatrix} \tag{3.2.6}$$

只有零解 $k_1=k_2=\cdots=k_n=0$. 应用定理 2.3.8,即得向量 $\boldsymbol{\beta}_1,\boldsymbol{\beta}_2,\cdots,\boldsymbol{\beta}_n$ 线性无关 $\Leftrightarrow$ 线性方程组(3.2.6) 的系数行列式 $|\boldsymbol{C}|\neq 0$. □

**推论 3.2.4**　$n$ 个 $n$ 维向量

$$\boldsymbol{\alpha}_1=\begin{bmatrix} a_{11} \\ a_{21} \\ \vdots \\ a_{n1} \end{bmatrix},\boldsymbol{\alpha}_2=\begin{bmatrix} a_{12} \\ a_{22} \\ \vdots \\ a_{n2} \end{bmatrix},\cdots,\boldsymbol{\alpha}_n=\begin{bmatrix} a_{1n} \\ a_{2n} \\ \vdots \\ a_{nn} \end{bmatrix} \text{线性无关} \Leftrightarrow \begin{vmatrix} a_{11} & a_{12} & \cdots & a_{1n} \\ a_{21} & a_{22} & \cdots & a_{2n} \\ \vdots & \vdots & & \vdots \\ a_{n1} & a_{n2} & \cdots & a_{nn} \end{vmatrix}\neq 0$$

**证**　令 $\boldsymbol{e}_1,\boldsymbol{e}_2,\cdots,\boldsymbol{e}_n$ 如式(3.2.3) 所示,则

$$(\boldsymbol{\alpha}_1,\boldsymbol{\alpha}_2,\cdots,\boldsymbol{\alpha}_n)=(\boldsymbol{e}_1,\boldsymbol{e}_2,\cdots,\boldsymbol{e}_n)\begin{bmatrix} a_{11} & a_{12} & \cdots & a_{1n} \\ a_{21} & a_{22} & \cdots & a_{2n} \\ \vdots & \vdots & & \vdots \\ a_{n1} & a_{n2} & \cdots & a_{nn} \end{bmatrix}$$

应用定理 3.2.3 即得要证明的结论. □

**例 4**　就常数 $k\in\mathbf{R}$,判别向量 $\boldsymbol{\alpha}_1=(4,2,k)^{\mathrm{T}},\boldsymbol{\alpha}_2=(k,-2,2)^{\mathrm{T}},\boldsymbol{\alpha}_3=(2,1,0)^{\mathrm{T}}$ 何时线性相关,何时线性无关.

**解**　因为

$$D=|(\boldsymbol{\alpha}_1,\boldsymbol{\alpha}_2,\boldsymbol{\alpha}_3)|=\begin{vmatrix} 4 & k & 2 \\ 2 & -2 & 1 \\ k & 2 & 0 \end{vmatrix}=k^2+4k$$

由推论 3.2.4 可知:当 $k=0$ 或 $-4$ 时,$D=0$,故向量 $\boldsymbol{\alpha}_1,\boldsymbol{\alpha}_2,\boldsymbol{\alpha}_3$ 线性相关;当 $k\neq 0$ 且 $k\neq -4$ 时,$D\neq 0$,故向量 $\boldsymbol{\alpha}_1,\boldsymbol{\alpha}_2,\boldsymbol{\alpha}_3$ 线性无关.

### 3.2.2　线性相关与线性无关向量组的性质

**定理 3.2.5(性质 1)**　设 $V$ 是向量空间,向量 $\boldsymbol{\alpha}_1,\boldsymbol{\alpha}_2,\cdots,\boldsymbol{\alpha}_r,\boldsymbol{\beta}\in V$ 且 $\boldsymbol{\alpha}_1,\boldsymbol{\alpha}_2,\cdots,\boldsymbol{\alpha}_r$ 线性无关,则

(1) 向量 $\boldsymbol{\alpha}_1,\boldsymbol{\alpha}_2,\cdots,\boldsymbol{\alpha}_r,\boldsymbol{\beta}$ 线性相关的充要条件是向量 $\boldsymbol{\beta}\in L(\boldsymbol{\alpha}_1,\boldsymbol{\alpha}_2,\cdots,\boldsymbol{\alpha}_r)$;

(2) 当向量 $\boldsymbol{\beta}\in L(\boldsymbol{\alpha}_1,\boldsymbol{\alpha}_2,\cdots,\boldsymbol{\alpha}_r)$ 时,其线性表示式是唯一的.

**证** (1) 向量 $\boldsymbol{\alpha}_1,\boldsymbol{\alpha}_2,\cdots,\boldsymbol{\alpha}_r,\boldsymbol{\beta}$ 线性相关 $\Leftrightarrow$ 存在不全为 0 的常数 $k_1,k_2,\cdots,k_r,k$,使得

$$k_1\boldsymbol{\alpha}_1+k_2\boldsymbol{\alpha}_2+\cdots+k_r\boldsymbol{\alpha}_r+k\boldsymbol{\beta}=\mathbf{0} \tag{3.2.7}$$

此式中 $k\neq 0$. 这是因为若 $k=0$,则 $k_1,k_2,\cdots,k_r$ 不全为 0 使得 $k_1\boldsymbol{\alpha}_1+k_2\boldsymbol{\alpha}_2+\cdots+k_r\boldsymbol{\alpha}_r=\mathbf{0}$,这与向量 $\boldsymbol{\alpha}_1,\boldsymbol{\alpha}_2,\cdots,\boldsymbol{\alpha}_r$ 线性无关的条件矛盾. 于是式(3.2.7) 等价于

$$\boldsymbol{\beta}=\left(-\frac{k_1}{k}\right)\boldsymbol{\alpha}_1+\left(-\frac{k_2}{k}\right)\boldsymbol{\alpha}_2+\cdots+\left(-\frac{k_r}{k}\right)\boldsymbol{\alpha}_r$$

即 $\boldsymbol{\beta}\in L(\boldsymbol{\alpha}_1,\boldsymbol{\alpha}_2,\cdots,\boldsymbol{\alpha}_r)$.

(2) 用反证法. 假设有两种不同的表示,即

$$\boldsymbol{\beta}=p_1\boldsymbol{\alpha}_1+p_2\boldsymbol{\alpha}_2+\cdots+p_r\boldsymbol{\alpha}_r,\quad \boldsymbol{\beta}=q_1\boldsymbol{\alpha}_1+q_2\boldsymbol{\alpha}_2+\cdots+q_r\boldsymbol{\alpha}_r$$

其中$(p_1,p_2,\cdots,p_r)\neq(q_1,q_2,\cdots,q_r)$,两式相减得

$$(p_1-q_1)\boldsymbol{\alpha}_1+(p_2-q_2)\boldsymbol{\alpha}_2+\cdots+(p_r-q_r)\boldsymbol{\alpha}_r=\mathbf{0}$$

由于 $p_1-q_1,p_2-q_2,\cdots,p_r-q_r$ 是不全为 0 的常数,这与 $\boldsymbol{\alpha}_1,\boldsymbol{\alpha}_2,\cdots,\boldsymbol{\alpha}_r$ 线性无关的条件矛盾. 所以 $\boldsymbol{\beta}$ 可由向量 $\boldsymbol{\alpha}_1,\boldsymbol{\alpha}_2,\cdots,\boldsymbol{\alpha}_r$ 唯一的线性表示. □

**定理 3.2.6(性质 2)** 设 $V$ 是向量空间,向量 $\boldsymbol{\alpha}_1,\boldsymbol{\alpha}_2,\cdots,\boldsymbol{\alpha}_n\in V$,其中 $\boldsymbol{\alpha}_1\neq\mathbf{0}$,则向量 $\boldsymbol{\alpha}_1,\boldsymbol{\alpha}_2,\cdots,\boldsymbol{\alpha}_n$ 线性相关的充要条件是存在向量 $\boldsymbol{\alpha}_i(2\leqslant i\leqslant n)$,使得 $\boldsymbol{\alpha}_i$ 可由排在它前面的向量线性表示,即 $\boldsymbol{\alpha}_i\in L(\boldsymbol{\alpha}_1,\boldsymbol{\alpha}_2,\cdots,\boldsymbol{\alpha}_{i-1})$.

**证** 向量 $\boldsymbol{\alpha}_1,\boldsymbol{\alpha}_2,\cdots,\boldsymbol{\alpha}_n$ 线性相关的充要条件是存在不全为 0 的常数 $k_1,k_2,\cdots,k_n$,使得

$$k_1\boldsymbol{\alpha}_1+k_2\boldsymbol{\alpha}_2+\cdots+k_n\boldsymbol{\alpha}_n=\mathbf{0} \tag{3.2.8}$$

若 $k_n\neq 0$,则 $\boldsymbol{\alpha}_n=-\frac{1}{k_n}(k_1\boldsymbol{\alpha}_1+k_2\boldsymbol{\alpha}_2+\cdots+k_{n-1}\boldsymbol{\alpha}_{n-1})$,故式(3.2.8) 等价于 $\boldsymbol{\alpha}_n\in L(\boldsymbol{\alpha}_1,\boldsymbol{\alpha}_2,\cdots,\boldsymbol{\alpha}_{n-1})$.

若 $k_n=\cdots=k_{i+1}=0,k_i\neq 0(i\geqslant 2)$,则 $\boldsymbol{\alpha}_i=-\frac{1}{k_i}(k_1\boldsymbol{\alpha}_1+k_2\boldsymbol{\alpha}_2+\cdots+k_{i-1}\boldsymbol{\alpha}_{i-1})$,故式(3.2.8) 等价于 $\boldsymbol{\alpha}_i\in L(\boldsymbol{\alpha}_1,\boldsymbol{\alpha}_2,\cdots,\boldsymbol{\alpha}_{i-1})$.

又由于 $\boldsymbol{\alpha}_1\neq\mathbf{0}$,所以式(3.2.8) 中不可能出现 $k_n=k_{n-1}=\cdots=k_2=0,k_1\neq 0$ 的情况. □

**定理 3.2.7(性质 3)** 设 $V$ 是向量空间,向量 $\boldsymbol{\alpha}_1,\boldsymbol{\alpha}_2,\cdots,\boldsymbol{\alpha}_n\in V$,若 $\boldsymbol{\alpha}_1,\boldsymbol{\alpha}_2,\cdots,\boldsymbol{\alpha}_n$ 中的部分向量构成一个向量组(不妨记为 $\boldsymbol{\alpha}_1,\boldsymbol{\alpha}_2,\cdots,\boldsymbol{\alpha}_r$ 且 $1\leqslant r<n$).

(1) 若 $\boldsymbol{\alpha}_1,\boldsymbol{\alpha}_2,\cdots,\boldsymbol{\alpha}_r$ 线性相关,则 $\boldsymbol{\alpha}_1,\boldsymbol{\alpha}_2,\cdots,\boldsymbol{\alpha}_n$ 也线性相关;

(2) 若 $\boldsymbol{\alpha}_1,\boldsymbol{\alpha}_2,\cdots,\boldsymbol{\alpha}_n$ 线性无关,则 $\boldsymbol{\alpha}_1,\boldsymbol{\alpha}_2,\cdots,\boldsymbol{\alpha}_r$ 也线性无关.

**证**　(1) 由于 $\boldsymbol{\alpha}_1,\boldsymbol{\alpha}_2,\cdots,\boldsymbol{\alpha}_r$ 线性相关,所以存在不全为 0 的常数 $k_1,k_2,\cdots,k_r$,使得

$$k_1\boldsymbol{\alpha}_1+k_2\boldsymbol{\alpha}_2+\cdots+k_r\boldsymbol{\alpha}_r=\mathbf{0}$$

于是存在不全为 0 的常数 $k_1,k_2,\cdots,k_r,0,\cdots,0$,使得

$$k_1\boldsymbol{\alpha}_1+k_2\boldsymbol{\alpha}_2+\cdots+k_r\boldsymbol{\alpha}_r+0\boldsymbol{\alpha}_{r+1}+\cdots+0\boldsymbol{\alpha}_n=\mathbf{0}$$

所以向量 $\boldsymbol{\alpha}_1,\boldsymbol{\alpha}_2,\cdots,\boldsymbol{\alpha}_n$ 线性相关.

(2) 因为第(2) 问是第(1) 问的逆否命题,所以成立.　□

**定理 3.2.8(性质 4)**　设有两个向量组(其中 $2\leqslant i<m$)

$$\boldsymbol{\alpha}_1=\begin{bmatrix}a_{11}\\a_{21}\\\vdots\\a_{i1}\\\vdots\\a_{m1}\end{bmatrix},\quad \boldsymbol{\alpha}_2=\begin{bmatrix}a_{12}\\a_{22}\\\vdots\\a_{i2}\\\vdots\\a_{m2}\end{bmatrix},\quad \cdots,\quad \boldsymbol{\alpha}_n=\begin{bmatrix}a_{1n}\\a_{2n}\\\vdots\\a_{in}\\\vdots\\a_{mn}\end{bmatrix}$$

与

$$\boldsymbol{\beta}_1=\begin{bmatrix}a_{11}\\a_{21}\\\vdots\\a_{i1}\end{bmatrix},\quad \boldsymbol{\beta}_2=\begin{bmatrix}a_{12}\\a_{22}\\\vdots\\a_{i2}\end{bmatrix},\quad \cdots,\quad \boldsymbol{\beta}_n=\begin{bmatrix}a_{1n}\\a_{2n}\\\vdots\\a_{in}\end{bmatrix}$$

其中 $\boldsymbol{\beta}_1,\boldsymbol{\beta}_2,\cdots,\boldsymbol{\beta}_n$ 是截取 $\boldsymbol{\alpha}_1,\boldsymbol{\alpha}_2,\cdots,\boldsymbol{\alpha}_n$ 的前(或位置相同的) $i$ 个分量构成的向量组.

(1) 若向量 $\boldsymbol{\alpha}_1,\boldsymbol{\alpha}_2,\cdots,\boldsymbol{\alpha}_n$ 线性相关,则向量 $\boldsymbol{\beta}_1,\boldsymbol{\beta}_2,\cdots,\boldsymbol{\beta}_n$ 线性相关;

(2) 若向量 $\boldsymbol{\beta}_1,\boldsymbol{\beta}_2,\cdots,\boldsymbol{\beta}_n$ 线性无关,则向量 $\boldsymbol{\alpha}_1,\boldsymbol{\alpha}_2,\cdots,\boldsymbol{\alpha}_n$ 线性无关.

**证**　(1) 因向量 $\boldsymbol{\alpha}_1,\boldsymbol{\alpha}_2,\cdots,\boldsymbol{\alpha}_n$ 线性相关,所以存在不全为 0 的常数 $k_1,k_2,\cdots,k_n$,使

$$k_1\boldsymbol{\alpha}_1+k_2\boldsymbol{\alpha}_2+\cdots+k_n\boldsymbol{\alpha}_n=\mathbf{0}\Leftrightarrow\begin{cases}k_1a_{11}+k_2a_{12}+\cdots+k_na_{1n}=0,\\\qquad\vdots\\k_1a_{i1}+k_2a_{i2}+\cdots+k_na_{in}=0,\\\qquad\vdots\\k_1a_{m1}+k_2a_{m2}+\cdots+k_na_{mn}=0\end{cases}\tag{3.2.9}$$

在式(3.2.9)中截取前 $i(1\leqslant i<m)$ 个等式,表示存在不全为0的常数 $k_1,k_2,\cdots,k_n$,使得

$$\begin{cases}k_1a_{11}+k_2a_{12}+\cdots+k_na_{1n}=0,\\ \quad\vdots\\ k_1a_{i1}+k_2a_{i2}+\cdots+k_na_{in}=0\end{cases}\Leftrightarrow k_1\boldsymbol{\beta}_1+k_2\boldsymbol{\beta}_2+\cdots+k_n\boldsymbol{\beta}_n=\mathbf{0} \tag{3.2.10}$$

所以向量 $\boldsymbol{\beta}_1,\boldsymbol{\beta}_2,\cdots,\boldsymbol{\beta}_n$ 线性相关.

(2) 因为第(2)问是第(1)问的逆否命题,所以成立. □

**例 5** 判断向量

$$\boldsymbol{\alpha}_1=\begin{bmatrix}1\\2\\1\\0\\0\\0\end{bmatrix},\quad \boldsymbol{\alpha}_2=\begin{bmatrix}3\\4\\1\\1\\0\\0\end{bmatrix},\quad \boldsymbol{\alpha}_3=\begin{bmatrix}5\\6\\1\\1\\1\\0\end{bmatrix},\quad \boldsymbol{\alpha}_4=\begin{bmatrix}7\\8\\1\\1\\1\\1\end{bmatrix}$$

的线性相关性.

**解** 因为 $\begin{vmatrix}1&1&1&1\\0&1&1&1\\0&0&1&1\\0&0&0&1\end{vmatrix}=1\neq0$,应用推论3.2.4,得向量

$$\boldsymbol{\beta}_1=\begin{bmatrix}1\\0\\0\\0\end{bmatrix},\quad \boldsymbol{\beta}_2=\begin{bmatrix}1\\1\\0\\0\end{bmatrix},\quad \boldsymbol{\beta}_3=\begin{bmatrix}1\\1\\1\\0\end{bmatrix},\quad \boldsymbol{\beta}_4=\begin{bmatrix}1\\1\\1\\1\end{bmatrix}$$

线性无关,再由性质4可知原向量 $\boldsymbol{\alpha}_1,\boldsymbol{\alpha}_2,\boldsymbol{\alpha}_3,\boldsymbol{\alpha}_4$ 线性无关.

## 习题 3.2

### A 组

1. 设向量 $\boldsymbol{\alpha}_1,\boldsymbol{\alpha}_2,\cdots,\boldsymbol{\alpha}_n$ 线性相关,求证:在 $\boldsymbol{\alpha}_1,\boldsymbol{\alpha}_2,\cdots,\boldsymbol{\alpha}_n$ 中至少存在一个向量可由其余的向量线性表示.

2. 判别下列向量组的线性相关性:

(1) $(3,1,4),(2,5,-1),(4,-3,7)$;

(2) $(2,0,1),(0,1,-2),(1,-1,1)$.

3. 若向量 $\boldsymbol{\alpha}_1,\boldsymbol{\alpha}_2,\boldsymbol{\alpha}_3$ 线性无关,试问 $\boldsymbol{\alpha}_1-\boldsymbol{\alpha}_2,\boldsymbol{\alpha}_2-\boldsymbol{\alpha}_3,\boldsymbol{\alpha}_3-\boldsymbol{\alpha}_1$ 是否线性无关?

4. 若向量 $\boldsymbol{\alpha}_1,\boldsymbol{\alpha}_2,\boldsymbol{\alpha}_3,\boldsymbol{\alpha}_4$ 线性无关,试问 $\boldsymbol{\alpha}_1+\boldsymbol{\alpha}_2,\boldsymbol{\alpha}_2+\boldsymbol{\alpha}_3,\boldsymbol{\alpha}_3+\boldsymbol{\alpha}_4,\boldsymbol{\alpha}_4+\boldsymbol{\alpha}_1$ 是否线性无关?

5. 设 $\boldsymbol{\beta}=\boldsymbol{\alpha}_1+\boldsymbol{\alpha}_2+\cdots+\boldsymbol{\alpha}_m(m>1)$,证明:向量 $\boldsymbol{\beta}-\boldsymbol{\alpha}_1,\boldsymbol{\beta}-\boldsymbol{\alpha}_2,\cdots,\boldsymbol{\beta}-\boldsymbol{\alpha}_m$ 线性无关的充要条件是 $\boldsymbol{\alpha}_1,\boldsymbol{\alpha}_2,\cdots,\boldsymbol{\alpha}_m$ 线性无关.

6. 设向量 $\boldsymbol{\alpha}_1,\boldsymbol{\alpha}_2,\cdots,\boldsymbol{\alpha}_n$ 线性无关,证明:$\boldsymbol{\alpha}_1+\boldsymbol{\alpha}_2,\boldsymbol{\alpha}_2+\boldsymbol{\alpha}_3,\cdots,\boldsymbol{\alpha}_{n-1}+\boldsymbol{\alpha}_n,\boldsymbol{\alpha}_n+\boldsymbol{\alpha}_1$ 线性无关的充要条件是 $n$ 为奇数.

7. 设 $\boldsymbol{A},\boldsymbol{B}$ 为满足 $\boldsymbol{AB}=\boldsymbol{O}$ 的两个非零矩阵,则必有(选择并证明):(1) $\boldsymbol{A}$ 的列向量组线性相关;(2) $\boldsymbol{A}$ 的行向量组线性相关;(3) $\boldsymbol{B}$ 的列向量组线性相关;(4) $\boldsymbol{B}$ 的行向量组线性相关.

**B 组**

8. 设向量 $\boldsymbol{\alpha}_i=(a_{i1},a_{i2},\cdots,a_{in})^{\mathrm{T}}(i=1,2,\cdots,m)$ 线性无关,若线性齐次方程组

$$\begin{cases}a_{11}x_1+a_{12}x_2+\cdots+a_{1n}x_n=0,\\a_{21}x_1+a_{22}x_2+\cdots+a_{2n}x_n=0,\\\qquad\vdots\\a_{m1}x_1+a_{m2}x_2+\cdots+a_{mn}x_n=0\end{cases}$$

有非零解向量 $\boldsymbol{\beta}=(b_1,b_2,\cdots,b_n)^{\mathrm{T}}$,试判断向量 $\boldsymbol{\alpha}_1,\boldsymbol{\alpha}_2,\cdots,\boldsymbol{\alpha}_m,\boldsymbol{\beta}$ 的线性相关性.

## 3.3　向量组的秩

### 3.3.1　向量组的极大无关组

**定义 3.3.1(极大无关组)**　设 $V$ 是向量空间,向量 $\boldsymbol{\alpha}_1,\boldsymbol{\alpha}_2,\cdots,\boldsymbol{\alpha}_n\in V$,若 $\boldsymbol{\alpha}_1,\boldsymbol{\alpha}_2,\cdots,\boldsymbol{\alpha}_n$ 中的部分向量构成的向量组(不妨记为 $\boldsymbol{\alpha}_1,\boldsymbol{\alpha}_2,\cdots,\boldsymbol{\alpha}_r$,其中 $1\leqslant r\leqslant n$)线性无关,且 $\boldsymbol{\alpha}_i\in L(\boldsymbol{\alpha}_1,\cdots,\boldsymbol{\alpha}_r)(i=1,2,\cdots,n)$,则称向量 $\boldsymbol{\alpha}_1,\boldsymbol{\alpha}_2,\cdots,\boldsymbol{\alpha}_r$ 是向量 $\boldsymbol{\alpha}_1,\boldsymbol{\alpha}_2,\cdots,\boldsymbol{\alpha}_n$ 的一个**极大无关组**①.

一个线性无关向量组 $\boldsymbol{\alpha}_1,\boldsymbol{\alpha}_2,\cdots,\boldsymbol{\alpha}_r$ 的极大无关组显然就是它自己.

**定理 3.3.1**　向量空间 $V$ 中的任意一个不全为零向量的有限向量组 $\boldsymbol{\alpha}_1,\boldsymbol{\alpha}_2,\cdots,\boldsymbol{\alpha}_n$ 一定含有极大无关组.

①此定义中的有限向量组 $\boldsymbol{\alpha}_1,\boldsymbol{\alpha}_2,\cdots,\boldsymbol{\alpha}_n$ 可换成无限向量组 $\boldsymbol{\alpha}_1,\boldsymbol{\alpha}_2,\cdots,\boldsymbol{\alpha}_n,\cdots$,其他叙述不变.

**证** 记原向量组为 $S$. 不妨设 $\boldsymbol{\alpha}_1 \neq \mathbf{0}$，取 $S_1 = \{\boldsymbol{\alpha}_1\}$，则 $S_1$ 是 $S$ 的一个无关组；考察 $\boldsymbol{\alpha}_2$，若 $\boldsymbol{\alpha}_2$ 不能由 $S_1$ 线性表示，取 $S_2 = \{\boldsymbol{\alpha}_2\} \cup S_1$，若 $\boldsymbol{\alpha}_2$ 可由 $S_1$ 线性表示，取 $S_2 = S_1$，则 $S_2$ 是 $S$ 的一个无关组；依次考察 $\boldsymbol{\alpha}_3,\cdots$，最后考察 $\boldsymbol{\alpha}_n$，若 $\boldsymbol{\alpha}_n$ 不能由 $S_{n-1}$ 线性表示，取 $S_n = \{\boldsymbol{\alpha}_n\} \cup S_{n-1}$，若 $\boldsymbol{\alpha}_n$ 可由 $S_{n-1}$ 线性表示，取 $S_n = S_{n-1}$. 由线性无关组 $S_n$ 的构造过程可知向量 $\boldsymbol{\alpha}_1,\boldsymbol{\alpha}_2,\cdots,\boldsymbol{\alpha}_n$ 中的任一向量可由 $S_n$ 线性表示，所以 $S_n$ 是 $S$ 的一个极大无关组. □

定理 3.3.1 的证明过程提供了求极大无关组的一种方法 —— 筛选法，但当向量组中向量个数较多时，此法十分繁琐. 下面介绍在向量空间 $\mathbf{R}^m$ 中，利用初等行变换求极大无关组的方法.

设有 $m \times n$ 矩阵

$$\boldsymbol{A} = \begin{bmatrix} a_{11} & a_{12} & \cdots & a_{1n} \\ a_{21} & a_{22} & \cdots & a_{2n} \\ \vdots & \vdots & & \vdots \\ a_{m1} & a_{m2} & \cdots & a_{mn} \end{bmatrix} = (\boldsymbol{\alpha}_1,\boldsymbol{\alpha}_2,\cdots,\boldsymbol{\alpha}_n)$$

我们来寻求矩阵 $\boldsymbol{A}$ 的列向量组 $\boldsymbol{\alpha}_1,\boldsymbol{\alpha}_2,\cdots,\boldsymbol{\alpha}_n$ 的极大无关组.

**定理 3.3.2** 设矩阵 $\boldsymbol{A} = (\boldsymbol{\alpha}_1,\boldsymbol{\alpha}_2,\cdots,\boldsymbol{\alpha}_n)$ 行等价于矩阵 $\boldsymbol{B} = (\boldsymbol{\beta}_1,\boldsymbol{\beta}_2,\cdots,\boldsymbol{\beta}_n)$，则

(1) $\boldsymbol{A}$ 的列向量组的任一部分组 $\boldsymbol{\alpha}_{i_1},\boldsymbol{\alpha}_{i_2},\cdots,\boldsymbol{\alpha}_{i_s}$ $(1 \leqslant s \leqslant n)$ 与 $\boldsymbol{B}$ 的列向量组的相对应的部分组 $\boldsymbol{\beta}_{i_1},\boldsymbol{\beta}_{i_2},\cdots,\boldsymbol{\beta}_{i_s}$ 的线性相关性相同；

(2) $\boldsymbol{A}$ 中列向量 $\boldsymbol{\alpha}_i$ 由向量组 $\boldsymbol{\alpha}_{i_1},\boldsymbol{\alpha}_{i_2},\cdots,\boldsymbol{\alpha}_{i_s}$ 线性表示的系数与 $\boldsymbol{B}$ 中对应的列向量 $\boldsymbol{\beta}_i$ 由对应的向量组 $\boldsymbol{\beta}_{i_1},\boldsymbol{\beta}_{i_2},\cdots,\boldsymbol{\beta}_{i_s}$ 线性表示的系数完全相同.

**证** (1) 因矩阵 $\boldsymbol{A}$ 行等价于矩阵 $\boldsymbol{B}$，故存在 $m$ 阶初等矩阵 $\boldsymbol{T}_1,\boldsymbol{T}_2,\cdots,\boldsymbol{T}_k$，使得 $\boldsymbol{T}_k\boldsymbol{T}_{k-1}\cdots\boldsymbol{T}_1\boldsymbol{A} = \boldsymbol{B}$. 令 $\boldsymbol{T}_k\boldsymbol{T}_{k-1}\cdots\boldsymbol{T}_1 = \boldsymbol{P}$，则 $\boldsymbol{P}$ 是可逆矩阵，且 $\boldsymbol{PA} = \boldsymbol{B}$. 记

$$\boldsymbol{A}_1 = (\boldsymbol{\alpha}_{i_1},\boldsymbol{\alpha}_{i_2},\cdots,\boldsymbol{\alpha}_{i_s}),\quad \boldsymbol{B}_1 = (\boldsymbol{\beta}_{i_1},\boldsymbol{\beta}_{i_2},\cdots,\boldsymbol{\beta}_{i_s})$$

则 $\boldsymbol{PA}_1 = \boldsymbol{B}_1$，由定理 2.3.6 得方程组 $\boldsymbol{A}_1\boldsymbol{x} = \mathbf{0}$ 与 $\boldsymbol{PA}_1\boldsymbol{x} = \boldsymbol{B}_1\boldsymbol{x} = \mathbf{0}$ 是同解方程组. 当此方程组有非零解时，$\boldsymbol{\alpha}_{i_1},\boldsymbol{\alpha}_{i_2},\cdots,\boldsymbol{\alpha}_{i_s}$ 与 $\boldsymbol{\beta}_{i_1},\boldsymbol{\beta}_{i_2},\cdots,\boldsymbol{\beta}_{i_s}$ 同为线性相关；当此方程组只有零解时，$\boldsymbol{\alpha}_{i_1},\boldsymbol{\alpha}_{i_2},\cdots,\boldsymbol{\alpha}_{i_s}$ 与 $\boldsymbol{\beta}_{i_1},\boldsymbol{\beta}_{i_2},\cdots,\boldsymbol{\beta}_{i_s}$ 同为线性无关.

(2) 设 $\boldsymbol{\alpha}_i = k_1\boldsymbol{\alpha}_{i_1} + k_2\boldsymbol{\alpha}_{i_2} + \cdots + k_s\boldsymbol{\alpha}_{i_s}$，由于 $\boldsymbol{PA} = \boldsymbol{B}$，$\boldsymbol{PA}_1 = \boldsymbol{B}_1$，则

$$\begin{aligned}\boldsymbol{\beta}_i = \boldsymbol{P\alpha}_i &= \boldsymbol{P}(k_1\boldsymbol{\alpha}_{i_1} + k_2\boldsymbol{\alpha}_{i_2} + \cdots + k_s\boldsymbol{\alpha}_{i_s}) \\ &= k_1\boldsymbol{P\alpha}_{i_1} + k_2\boldsymbol{P\alpha}_{i_2} + \cdots + k_s\boldsymbol{P\alpha}_{i_s} \\ &= k_1\boldsymbol{\beta}_{i_1} + k_2\boldsymbol{\beta}_{i_2} + \cdots + k_s\boldsymbol{\beta}_{i_s}\end{aligned}$$

反之，若 $\boldsymbol{\beta}_i = k_1\boldsymbol{\beta}_{i_1} + k_2\boldsymbol{\beta}_{i_2} + \cdots + k_s\boldsymbol{\beta}_{i_s}$，由于 $\boldsymbol{P}^{-1}\boldsymbol{B} = \boldsymbol{A}$，$\boldsymbol{P}^{-1}\boldsymbol{B}_1 = \boldsymbol{A}_1$，则

$$\boldsymbol{\alpha}_i = \boldsymbol{P}^{-1}\boldsymbol{\beta}_i = \boldsymbol{P}^{-1}(k_1\boldsymbol{\beta}_{i_1} + k_2\boldsymbol{\beta}_{i_2} + \cdots + k_s\boldsymbol{\beta}_{i_s})$$

$$= k_1 \boldsymbol{P}^{-1}\boldsymbol{\beta}_{i_1} + k_2 \boldsymbol{P}^{-1}\boldsymbol{\beta}_{i_2} + \cdots + k_s \boldsymbol{P}^{-1}\boldsymbol{\beta}_{i_s}$$
$$= k_1 \boldsymbol{\alpha}_{i_1} + k_2 \boldsymbol{\alpha}_{i_2} + \cdots + k_s \boldsymbol{\alpha}_{i_s} \qquad \square$$

**定理 3.3.3**　设 $m\times n$ 矩阵 $\boldsymbol{G}=(\boldsymbol{\beta}_1,\boldsymbol{\beta}_2,\cdots,\boldsymbol{\beta}_n)$ 是最简阶梯形，并有 $r(1\leqslant r\leqslant n)$ 个首 1，且首 1 所在的列分别为第 $i_1,i_2,\cdots,i_r$ 列（从小到大排序），则

(1) 向量 $\boldsymbol{\beta}_{i_1},\boldsymbol{\beta}_{i_2},\cdots,\boldsymbol{\beta}_{i_r}$ 线性无关；

(2) 若 $r<n$，在矩阵 $\boldsymbol{G}$ 中任取一个不含首 1 的列，记为 $\boldsymbol{\beta}_k=(c_1,c_2,\cdots,c_r,0,\cdots,0)^{\mathrm{T}}$（这里 $c_r$ 后面有 $m-r$ 个 0），则

$$\boldsymbol{\beta}_k = c_1\boldsymbol{\beta}_{i_1} + c_2\boldsymbol{\beta}_{i_2} + \cdots + c_r\boldsymbol{\beta}_{i_r}$$

**证**　(1) 设

$$(\boldsymbol{\beta}_{i_1},\boldsymbol{\beta}_{i_2},\cdots,\boldsymbol{\beta}_{i_r})=\begin{bmatrix}\boldsymbol{E}_r\\ \boldsymbol{O}\end{bmatrix},\quad (\boldsymbol{\beta}_{i_1},\boldsymbol{\beta}_{i_2},\cdots,\boldsymbol{\beta}_{i_r},\boldsymbol{\beta}_k)=\begin{bmatrix}\boldsymbol{E}_r & \boldsymbol{\beta}\\ \boldsymbol{O} & \boldsymbol{0}\end{bmatrix}$$

其中 $\boldsymbol{\beta}=(c_1,c_2,\cdots,c_r)^{\mathrm{T}}$，且矩阵中排在下面的零行可能有，也可能没有（根据数 $m$ 的大小确定）. 向量 $\boldsymbol{\beta}_{i_1},\boldsymbol{\beta}_{i_2},\cdots,\boldsymbol{\beta}_{i_r}$ 的前 $r$ 个分量构成的向量组显然线性无关，所以 $\boldsymbol{\beta}_{i_1},\boldsymbol{\beta}_{i_2},\cdots,\boldsymbol{\beta}_{i_r}$ 线性无关.

(2) 当 $r<n$ 时，在矩阵 $\boldsymbol{G}$ 中一定有不含首 1 的列. 对于不含首 1 的列 $\boldsymbol{\beta}_k$，显然有

$$\boldsymbol{\beta}_k = c_1\boldsymbol{\beta}_{i_1} + c_2\boldsymbol{\beta}_{i_2} + \cdots + c_r\boldsymbol{\beta}_{i_r} \qquad \square$$

定理 3.3.3 中求得的向量组 $\boldsymbol{\beta}_{i_1},\boldsymbol{\beta}_{i_2},\cdots,\boldsymbol{\beta}_{i_r}$ 显然就是矩阵 $\boldsymbol{G}$ 的列向量组 $\boldsymbol{\beta}_1,\boldsymbol{\beta}_2,\cdots,\boldsymbol{\beta}_n$ 的极大无关组.

定理 3.3.2 与定理 3.3.3 从理论到实践上给出了施行初等行变换求向量组的极大无关组，并将其余向量用极大无关组线性表示的方法.

**例 1**　求向量组

$$\boldsymbol{\alpha}_1=\begin{bmatrix}1\\1\\2\\1\\0\end{bmatrix},\boldsymbol{\alpha}_2=\begin{bmatrix}1\\0\\1\\0\\1\end{bmatrix},\boldsymbol{\alpha}_3=\begin{bmatrix}2\\1\\3\\1\\1\end{bmatrix},\boldsymbol{\alpha}_4=\begin{bmatrix}4\\2\\6\\2\\2\end{bmatrix},\boldsymbol{\alpha}_5=\begin{bmatrix}1\\2\\4\\4\\1\end{bmatrix},\boldsymbol{\alpha}_6=\begin{bmatrix}3\\0\\2\\-2\\1\end{bmatrix} \qquad (3.3.1)$$

的一个极大无关组，并将其余向量用这个极大无关组线性表示.

**解**　使用初等行变换将矩阵 $\boldsymbol{A}=(\boldsymbol{\alpha}_1,\boldsymbol{\alpha}_2,\boldsymbol{\alpha}_3,\boldsymbol{\alpha}_4,\boldsymbol{\alpha}_5,\boldsymbol{\alpha}_6)$ 化为最简阶梯形（过程从简），得

$$A=\begin{bmatrix}1&1&2&4&1&3\\1&0&1&2&2&0\\2&1&3&6&4&2\\1&0&1&2&4&-2\\0&1&1&2&1&1\end{bmatrix}\xrightarrow[(4)-(1)]{\substack{(2)-(1)\\(3)-2(1)}}\begin{bmatrix}1&1&2&4&1&3\\0&-1&-1&-2&1&-3\\0&-1&-1&-2&2&-4\\0&-1&-1&-2&3&-5\\0&1&1&2&1&1\end{bmatrix}$$

$$\longrightarrow\begin{bmatrix}1&0&1&2&0&2\\0&1&1&2&0&2\\0&0&0&0&1&-1\\0&0&0&0&0&0\\0&0&0&0&0&0\end{bmatrix}=(\boldsymbol{\beta}_1,\boldsymbol{\beta}_2,\boldsymbol{\beta}_3,\boldsymbol{\beta}_4,\boldsymbol{\beta}_5,\boldsymbol{\beta}_6)=\boldsymbol{G}$$

此最简阶梯形 $\boldsymbol{G}$ 中有 3 个主 1，它们所在的列是第 1，2，5 列，所以 $\boldsymbol{\beta}_1,\boldsymbol{\beta}_2,\boldsymbol{\beta}_5$ 是 $\boldsymbol{G}$ 的列向量组的极大无关组，且由最简阶梯形可看出

$$\boldsymbol{\beta}_3=\boldsymbol{\beta}_1+\boldsymbol{\beta}_2,\quad \boldsymbol{\beta}_4=2\boldsymbol{\beta}_1+2\boldsymbol{\beta}_2,\quad \boldsymbol{\beta}_6=2\boldsymbol{\beta}_1+2\boldsymbol{\beta}_2-\boldsymbol{\beta}_5$$

应用定理 3.3.2 得 $\boldsymbol{\alpha}_1,\boldsymbol{\alpha}_2,\boldsymbol{\alpha}_5$ 是向量组式(3.3.1) 的极大无关组，且其余向量可表示为

$$\boldsymbol{\alpha}_3=\boldsymbol{\alpha}_1+\boldsymbol{\alpha}_2,\quad \boldsymbol{\alpha}_4=2\boldsymbol{\alpha}_1+2\boldsymbol{\alpha}_2,\quad \boldsymbol{\alpha}_6=2\boldsymbol{\alpha}_1+2\boldsymbol{\alpha}_2-\boldsymbol{\alpha}_5$$

**注**　用例 1 的方法可求列向量组的极大无关组. 若欲求行向量组的极大无关组，可先将向量转置化为列向量组，用上面的方法求出这个列向量组的极大无关组后再将向量转置，即得所求的行向量组的极大无关组.

下面应用定理 3.3.2 与定理 3.3.3 证明一个很有用的结论.

**定理 3.3.4**　当 $n>m$ 时，$n$ 个 $m$ 维向量 $\boldsymbol{\alpha}_1,\boldsymbol{\alpha}_2,\cdots,\boldsymbol{\alpha}_n$ 必线性相关.

**证**　不妨设 $\boldsymbol{\alpha}_i(1\leqslant i\leqslant n)$ 为列向量. 令 $\boldsymbol{A}=(\boldsymbol{\alpha}_1,\boldsymbol{\alpha}_2,\cdots,\boldsymbol{\alpha}_n)$，则 $\boldsymbol{A}$ 是 $m\times n$ 矩阵，施行初等行变换将 $\boldsymbol{A}$ 化为最简阶梯形 $\boldsymbol{G}$，则 $\boldsymbol{G}$ 中首 1 的个数 $r\leqslant m<n$，所以在 $\boldsymbol{G}$ 中一定有不含首 1 的列. 根据定理 3.3.3，不含首 1 的这一列向量可由 $\boldsymbol{G}$ 的列向量组的极大无关组线性表示，因此 $\boldsymbol{G}$ 的列向量组线性相关. 再应用定理 3.3.2 得矩阵 $\boldsymbol{A}$ 的列向量组线性相关，即向量 $\boldsymbol{\alpha}_1,\boldsymbol{\alpha}_2,\cdots,\boldsymbol{\alpha}_n$ 线性相关. □

### 3.3.2　向量组的等价

**定义 3.3.2(向量组的等价)**　设 $V$ 是向量空间，已知两个向量组

$$S_1:\boldsymbol{\alpha}_1,\boldsymbol{\alpha}_2,\cdots,\boldsymbol{\alpha}_n\in V,\quad S_2:\boldsymbol{\beta}_1,\boldsymbol{\beta}_2,\cdots,\boldsymbol{\beta}_p\in V$$

若 $\forall\boldsymbol{\alpha}_i\in S_1$，有 $\boldsymbol{\alpha}_i\in L(\boldsymbol{\beta}_1,\boldsymbol{\beta}_2,\cdots,\boldsymbol{\beta}_p)$，则称**向量组 $S_1$ 可由向量组 $S_2$ 线性表示**. 若向量组 $S_1$ 可由向量组 $S_2$ 线性表示，向量组 $S_2$ 也可由向量组 $S_1$ 线性表示，则称**向量组 $S_1$ 与向量组 $S_2$ 等价**，记为 $S_1\cong S_2$.

向量组的等价关系显然具有自反性、对称性与传递性.

任意一个不全为零向量的向量组显然与它的极大无关组等价，所以一个不全为零向量的向量组的任意两个极大无关组必等价.

**例 2**　设有向量空间 $\mathbf{R}^3$ 的两个向量组

$$S_1:\boldsymbol{\alpha}_1=\begin{bmatrix}1\\0\\1\end{bmatrix},\boldsymbol{\alpha}_2=\begin{bmatrix}1\\1\\2\end{bmatrix},\boldsymbol{\alpha}_3=\begin{bmatrix}1\\-1\\k\end{bmatrix}$$

$$S_2:\boldsymbol{\beta}_1=\begin{bmatrix}1\\2\\1\end{bmatrix},\boldsymbol{\beta}_2=\begin{bmatrix}2\\1\\3+k\end{bmatrix},\boldsymbol{\beta}_3=\begin{bmatrix}1\\-1\\1+k\end{bmatrix}$$

(1) $k$ 为何值时，向量组 $S_1$ 与 $S_2$ 等价？

(2) $k$ 为何值时，向量组 $S_1$ 与 $S_2$ 不等价？

**解**　(1) 记 $\boldsymbol{A}=(\boldsymbol{\alpha}_1,\boldsymbol{\alpha}_2,\boldsymbol{\alpha}_3)$，$\boldsymbol{B}=(\boldsymbol{\beta}_1,\boldsymbol{\beta}_2,\boldsymbol{\beta}_3)$，则

$$|\boldsymbol{A}|=\begin{vmatrix}1&1&1\\0&1&-1\\1&2&k\end{vmatrix}=k,\quad |\boldsymbol{B}|=\begin{vmatrix}1&2&1\\2&1&-1\\1&3+k&1+k\end{vmatrix}=3$$

考虑方程组 $\boldsymbol{Ax}=\boldsymbol{\beta}_i$ 与 $\boldsymbol{Bx}=\boldsymbol{\alpha}_i(i=1,2,3)$. 当 $k\neq0$ 时，由于 $|\boldsymbol{A}|\neq0$，所以 $S_2$ 可由 $S_1$ 线性表示；由于 $|\boldsymbol{B}|\neq0$，所以 $S_1$ 总可由 $S_2$ 线性表示. 因此，$k\neq0$ 时向量组 $S_1$ 与 $S_2$ 等价.

(2) 当 $k=0$ 时，由于

$$(\boldsymbol{A}\mid\boldsymbol{B})=\left[\begin{array}{ccc|ccc}1&1&1&1&2&1\\0&1&-1&2&1&-1\\1&2&0&1&3&1\end{array}\right]\rightarrow\left[\begin{array}{ccc|ccc}1&1&1&1&2&1\\0&1&-1&2&1&-1\\0&0&0&-2&0&1\end{array}\right]$$

记 $\boldsymbol{A}_1=\begin{bmatrix}1&1&1\\0&1&-1\\0&0&0\end{bmatrix}$，$\boldsymbol{\beta}_1'=\begin{bmatrix}1\\2\\-2\end{bmatrix}$，根据定理 2.3.6，$\boldsymbol{Ax}=\boldsymbol{\beta}_1$ 与 $\boldsymbol{A}_1\boldsymbol{x}=\boldsymbol{\beta}_1'$ 是同解方程组，而 $\boldsymbol{A}_1\boldsymbol{x}=\boldsymbol{\beta}_1'$ 的第 3 个方程为 $0=-2$，这是矛盾式，说明方程组 $\boldsymbol{A}_1\boldsymbol{x}=\boldsymbol{\beta}_1'$ 无解，因此 $\boldsymbol{Ax}=\boldsymbol{\beta}_1$ 无解，故 $S_2$ 不可由 $S_1$ 线性表示，所以 $S_1$ 与 $S_2$ 不等价.

**定理 3.3.5**　设 $V$ 是向量空间，若向量组 $S_1$ 可由向量组 $S_2$ 线性表示，其中

$$S_1:\boldsymbol{\alpha}_1,\boldsymbol{\alpha}_2,\cdots,\boldsymbol{\alpha}_n\in V,\quad S_2:\boldsymbol{\beta}_1,\boldsymbol{\beta}_2,\cdots,\boldsymbol{\beta}_p\in V$$

(1) 若 $n>p$，则向量组 $S_1$ 线性相关；

(2) 若向量组 $S_1$ 线性无关，则 $n\leqslant p$.

**证** (1) 由于 $S_1$ 可由 $S_2$ 线性表示，所以

$$(\boldsymbol{\alpha}_1,\boldsymbol{\alpha}_2,\cdots,\boldsymbol{\alpha}_n)=(\boldsymbol{\beta}_1,\boldsymbol{\beta}_2,\cdots,\boldsymbol{\beta}_p)\begin{bmatrix}c_{11} & c_{12} & \cdots & c_{1n}\\ c_{21} & c_{22} & \cdots & c_{2n}\\ \vdots & \vdots & & \vdots\\ c_{p1} & c_{p2} & \cdots & c_{pn}\end{bmatrix}$$

记 $(c_{ij})_{p\times n}=(\boldsymbol{\gamma}_1,\boldsymbol{\gamma}_2,\cdots,\boldsymbol{\gamma}_n)$，这里 $\boldsymbol{\gamma}_i$ 是 $p$ 维向量. 由于 $n>p$，应用定理 3.3.4 得向量 $\boldsymbol{\gamma}_1,\boldsymbol{\gamma}_2,\cdots,\boldsymbol{\gamma}_n$ 线性相关，因此存在不全为 0 的常数 $k_1,k_2,\cdots,k_n$，使得

$$k_1\boldsymbol{\gamma}_1+k_2\boldsymbol{\gamma}_2+\cdots+k_n\boldsymbol{\gamma}_n=\mathbf{0}$$

即

$$(\boldsymbol{\gamma}_1,\boldsymbol{\gamma}_2,\cdots,\boldsymbol{\gamma}_n)\begin{bmatrix}k_1\\ k_2\\ \vdots\\ k_n\end{bmatrix}=\begin{bmatrix}c_{11} & c_{12} & \cdots & c_{1n}\\ c_{21} & c_{22} & \cdots & c_{2n}\\ \vdots & \vdots & & \vdots\\ c_{p1} & c_{p2} & \cdots & c_{pn}\end{bmatrix}\begin{bmatrix}k_1\\ k_2\\ \vdots\\ k_n\end{bmatrix}=\begin{bmatrix}0\\ 0\\ \vdots\\ 0\end{bmatrix}$$

对上述不全为 0 的常数 $k_1,k_2,\cdots,k_n$，有

$$\begin{aligned}k_1\boldsymbol{\alpha}_1+k_2\boldsymbol{\alpha}_2+\cdots+k_n\boldsymbol{\alpha}_n&=(\boldsymbol{\alpha}_1,\boldsymbol{\alpha}_2,\cdots,\boldsymbol{\alpha}_n)(k_1,k_2,\cdots,k_n)^{\mathrm{T}}\\ &=(\boldsymbol{\beta}_1,\boldsymbol{\beta}_2,\cdots,\boldsymbol{\beta}_p)\begin{bmatrix}c_{11} & c_{12} & \cdots & c_{1n}\\ c_{21} & c_{22} & \cdots & c_{2n}\\ \vdots & \vdots & & \vdots\\ c_{p1} & c_{p2} & \cdots & c_{pn}\end{bmatrix}\begin{bmatrix}k_1\\ k_2\\ \vdots\\ k_n\end{bmatrix}\\ &=(\boldsymbol{\beta}_1,\boldsymbol{\beta}_2,\cdots,\boldsymbol{\beta}_p)\begin{bmatrix}0\\ 0\\ \vdots\\ 0\end{bmatrix}=\mathbf{0}\end{aligned}$$

因此向量 $\boldsymbol{\alpha}_1,\boldsymbol{\alpha}_2,\cdots,\boldsymbol{\alpha}_n$ 线性相关.

(2) 因为第(2) 问是第(1) 问的逆否命题，所以成立. □

**定理 3.3.6** 向量组的任意两个极大无关组所含向量的个数相同.

**证** 设向量组的两个极大无关组为 $\boldsymbol{\alpha}_1,\boldsymbol{\alpha}_2,\cdots,\boldsymbol{\alpha}_n$ 与 $\boldsymbol{\beta}_1,\boldsymbol{\beta}_2,\cdots,\boldsymbol{\beta}_p$，则 $\{\boldsymbol{\alpha}_1,\boldsymbol{\alpha}_2,\cdots,\boldsymbol{\alpha}_n\}$ 与 $\{\boldsymbol{\beta}_1,\boldsymbol{\beta}_2,\cdots,\boldsymbol{\beta}_p\}$ 等价. 由于向量 $\boldsymbol{\alpha}_1,\boldsymbol{\alpha}_2,\cdots,\boldsymbol{\alpha}_n$ 线性无关，且都可由 $\boldsymbol{\beta}_1,\boldsymbol{\beta}_2,\cdots,\boldsymbol{\beta}_p$ 线性表示，应用定理 3.3.5 得 $n\leqslant p$；反之，由于向量 $\boldsymbol{\beta}_1,\boldsymbol{\beta}_2,\cdots,\boldsymbol{\beta}_p$ 线性无关，且都可由 $\boldsymbol{\alpha}_1,\boldsymbol{\alpha}_2,\cdots,\boldsymbol{\alpha}_n$ 线性表示，应用定理 3.3.5 得 $p\leqslant n$. 于是有 $n=p$. □

### 3.3.3 向量组秩的定义与性质

**定义 3.3.3(向量组的秩)** 向量组的极大无关组所含向量的个数称为该向量

**组的秩**. 若向量组 $\boldsymbol{\alpha}_1,\boldsymbol{\alpha}_2,\cdots,\boldsymbol{\alpha}_p$ 的秩为 $r$,记为 $\mathrm{r}\{\boldsymbol{\alpha}_1,\boldsymbol{\alpha}_2,\cdots,\boldsymbol{\alpha}_p\}=r$.

我们规定由零向量构成的向量组的秩为 0.

**定理 3.3.7**　设 $V$ 是向量空间,已知两个向量组

$$S_1:\boldsymbol{\alpha}_1,\boldsymbol{\alpha}_2,\cdots,\boldsymbol{\alpha}_n\in V,\quad S_2:\boldsymbol{\beta}_1,\boldsymbol{\beta}_2,\cdots,\boldsymbol{\beta}_p\in V$$

(1) 若 $S_1$ 可由 $S_2$ 线性表示,则 $\mathrm{r}\{S_1\}\leqslant\mathrm{r}\{S_2\}$;

(2) 若 $S_1$ 与 $S_2$ 等价,则 $\mathrm{r}\{S_1\}=\mathrm{r}\{S_2\}$.

**证**　(1) 取 $S_1$ 的一个极大无关组 $\boldsymbol{\alpha}_{i_1},\boldsymbol{\alpha}_{i_2},\cdots,\boldsymbol{\alpha}_{i_r}$,取 $S_2$ 的一个极大无关组 $\boldsymbol{\beta}_{i_1},\boldsymbol{\beta}_{i_2},\cdots,\boldsymbol{\beta}_{i_s}$,则 $\mathrm{r}\{S_1\}=r,\mathrm{r}\{S_2\}=s$,且

$$S_1\cong\{\boldsymbol{\alpha}_{i_1},\boldsymbol{\alpha}_{i_2},\cdots,\boldsymbol{\alpha}_{i_r}\},\quad S_2\cong\{\boldsymbol{\beta}_{i_1},\boldsymbol{\beta}_{i_2},\cdots,\boldsymbol{\beta}_{i_s}\}$$

由于 $S_1$ 可由 $S_2$ 线性表示,所以向量 $\boldsymbol{\alpha}_{i_1},\boldsymbol{\alpha}_{i_2},\cdots,\boldsymbol{\alpha}_{i_r}$ 可由向量组 $\boldsymbol{\beta}_{i_1},\boldsymbol{\beta}_{i_2},\cdots,\boldsymbol{\beta}_{i_s}$ 线性表示,而 $\boldsymbol{\alpha}_{i_1},\boldsymbol{\alpha}_{i_2},\cdots,\boldsymbol{\alpha}_{i_r}$ 线性无关,应用定理 3.3.4 得 $r\leqslant s$. 即 $\mathrm{r}\{S_1\}\leqslant\mathrm{r}\{S_2\}$.

(2) 因 $S_1$ 与 $S_2$ 等价,它们可相互线性表示,应用(1) 的结论,即得

$$\mathrm{r}\{S_1\}=\mathrm{r}\{S_2\}$$ □

## 习题 3.3

### A 组

1. 设向量 $\boldsymbol{\beta}$ 可由向量组 $\boldsymbol{\alpha}_1,\boldsymbol{\alpha}_2,\cdots,\boldsymbol{\alpha}_n$ 线性表示,但不能由向量组 $\boldsymbol{\alpha}_1,\boldsymbol{\alpha}_2,\cdots,\boldsymbol{\alpha}_{n-1}$ 线性表示,证明:

$$\{\boldsymbol{\alpha}_1,\boldsymbol{\alpha}_2,\cdots,\boldsymbol{\alpha}_{n-1},\boldsymbol{\alpha}_n\}\cong\{\boldsymbol{\alpha}_1,\boldsymbol{\alpha}_2,\cdots,\boldsymbol{\alpha}_{n-1},\boldsymbol{\beta}\}$$

2. 设向量 $\boldsymbol{\alpha}_1,\boldsymbol{\alpha}_2,\cdots,\boldsymbol{\alpha}_n$ 线性无关,向量 $\boldsymbol{\alpha}_1,\boldsymbol{\alpha}_2,\cdots,\boldsymbol{\alpha}_n,\boldsymbol{\beta},\boldsymbol{\gamma}$ 线性相关,证明:

$$\boldsymbol{\beta}\in L(\boldsymbol{\alpha}_1,\boldsymbol{\alpha}_2,\cdots,\boldsymbol{\alpha}_n)\quad\text{或}\quad\boldsymbol{\gamma}\in L(\boldsymbol{\alpha}_1,\boldsymbol{\alpha}_2,\cdots,\boldsymbol{\alpha}_n)$$
$$\text{或}\quad\{\boldsymbol{\alpha}_1,\boldsymbol{\alpha}_2,\cdots,\boldsymbol{\alpha}_n,\boldsymbol{\beta}\}\cong\{\boldsymbol{\alpha}_1,\boldsymbol{\alpha}_2,\cdots,\boldsymbol{\alpha}_n,\boldsymbol{\gamma}\}$$

3. 求下列向量组的秩及其一个极大无关组,并将其余向量用极大无关组线性表示:

(1) $\boldsymbol{\alpha}_1=(1,1,1),\boldsymbol{\alpha}_2=(1,1,0),\boldsymbol{\alpha}_3=(1,0,0),\boldsymbol{\alpha}_4=(1,2,-3)$;

(2) $\boldsymbol{\alpha}_1=(6,4,1,9,2),\boldsymbol{\alpha}_2=(1,0,2,3,-4),\boldsymbol{\alpha}_3=(1,4,-9,-6,22),\boldsymbol{\alpha}_4=(7,1,0,-1,3)$.

4. 求下列矩阵的列向量组的秩及其一个极大无关组:

$$(1)\begin{bmatrix}1&3&2\\2&1&4\\4&7&8\end{bmatrix};\qquad(2)\begin{bmatrix}3&1&3&4\\1&2&-1&-2\\-3&8&4&2\end{bmatrix};\qquad(3)\begin{bmatrix}1&3&-2&1\\2&1&3&2\\3&4&5&6\\7&3&2&1\end{bmatrix}.$$

5. 设向量组 $\boldsymbol{\alpha}_1=(1,0,1)^T,\boldsymbol{\alpha}_2=(0,1,1)^T,\boldsymbol{\alpha}_3=(1,3,5)^T$ 不能由向量组 $\boldsymbol{\beta}_1=(1,1,1)^T,\boldsymbol{\beta}_2=(1,2,3)^T,\boldsymbol{\beta}_3=(3,4,a)^T$ 线性表示,求常数 $a$ 值,并将 $\boldsymbol{\beta}_1,\boldsymbol{\beta}_2,\boldsymbol{\beta}_3$ 用 $\boldsymbol{\alpha}_1,\boldsymbol{\alpha}_2,\boldsymbol{\alpha}_3$ 线性表示.

**B 组**

6. 设 $\boldsymbol{A},\boldsymbol{B},\boldsymbol{C}$ 均为 $n$ 阶矩阵,若 $\boldsymbol{AB}=\boldsymbol{C}$,且 $\boldsymbol{B}$ 可逆,则 (　　)

(A) 矩阵 $\boldsymbol{C}$ 的行向量组与 $\boldsymbol{A}$ 的行向量组等价

(B) 矩阵 $\boldsymbol{C}$ 的列向量组与 $\boldsymbol{A}$ 的列向量组等价

(C) 矩阵 $\boldsymbol{C}$ 的行向量组与 $\boldsymbol{B}$ 的行向量组等价

(D) 矩阵 $\boldsymbol{C}$ 的列向量组与 $\boldsymbol{B}$ 的列向量组等价

## 3.4 矩阵的秩

"秩"是矩阵的一个重要数量特征,线性代数中的许多概念要用矩阵的秩来表述.

### 3.4.1 矩阵秩的定义

**定义 3.4.1(矩阵的秩)** 设 $\boldsymbol{A}$ 是 $m\times n$ 矩阵,在 $\boldsymbol{A}$ 中任取 $k$ 行和 $k$ 列($1\leqslant k\leqslant \min\{m,n\}$),位于这 $k$ 行和 $k$ 列的交叉点上的元素按原有次序排成的行列式称为 $\boldsymbol{A}$ 的一个 $k$ **阶子式**.若在 $\boldsymbol{A}$ 中有一个 $r$ 阶子式不等于零,而所有的 $r+1$ 阶子式(如果存在的话)皆等于零,则称**矩阵 $\boldsymbol{A}$ 的秩为** $r$,记为 $\mathrm{r}(\boldsymbol{A})=r$.

当 $n$ 阶矩阵 $\boldsymbol{A}$ 的行列式 $|\boldsymbol{A}|\neq 0$ 时,$\mathrm{r}(\boldsymbol{A})=n$,此时称 $\boldsymbol{A}$ 为**满秩矩阵**.

**定理 3.4.1** 矩阵 $\boldsymbol{A}$ 与它的转置矩阵 $\boldsymbol{A}^T$ 有相同的秩,即 $\mathrm{r}(\boldsymbol{A})=\mathrm{r}(\boldsymbol{A}^T)$.

**证** 任取矩阵 $\boldsymbol{A}$ 的 $k$ 阶子式 $D_k$,则 $D_k$ 的转置行列式 $D_k^T$ 是矩阵 $\boldsymbol{A}^T$ 的 $k$ 阶子式,它们一一对应且相等,因此定理成立. □

**例 1** 求下列矩阵的秩:

$$(1)\begin{bmatrix}1&2&3\\2&1&0\\2&0&1\end{bmatrix};\quad (2)\begin{bmatrix}1&0&0&1\\2&0&0&2\\1&0&4&3\end{bmatrix};\quad (3)\begin{bmatrix}1&2&0&4&8\\2&0&3&1&2\\0&0&0&0&0\\3&0&0&0&0\end{bmatrix}.$$

**解** 将以上三小题中的矩阵分别记为 $\boldsymbol{A},\boldsymbol{B},\boldsymbol{C}$.

(1) 因为 $\begin{vmatrix}1&2&3\\2&1&0\\2&0&1\end{vmatrix}=-9\neq 0$,所以 $\mathrm{r}(\boldsymbol{A})=3$,即 $\boldsymbol{A}$ 是满秩矩阵.

(2) 在 $\boldsymbol{B}$ 中取第 1,3 行与第 1,3 列得到的 2 阶子式 $\begin{vmatrix} 1 & 0 \\ 1 & 4 \end{vmatrix} = 4 \neq 0$;3 阶子式中,有 $\begin{vmatrix} 1 & 0 & 1 \\ 2 & 0 & 2 \\ 1 & 4 & 3 \end{vmatrix} = 0$,其他的 3 阶子式都要取到第 2 列 $(0,0,0)^{\mathrm{T}}$,所以这些 3 阶子式也等于 0. 于是 $\mathrm{r}(\boldsymbol{B}) = 2$.

(3) 在 $\boldsymbol{C}$ 中取第 1,2,4 行与第 1,3,4 列得到的 3 阶子式

$$\begin{vmatrix} 1 & 0 & 4 \\ 2 & 3 & 1 \\ 3 & 0 & 0 \end{vmatrix} = 3\begin{vmatrix} 0 & 4 \\ 3 & 1 \end{vmatrix} = -36 \neq 0$$

所有的 4 阶子式都要取到第 3 行,所以 $\boldsymbol{C}$ 的所有 4 阶子式皆等于 0. 于是 $\mathrm{r}(\boldsymbol{C}) = 3$.

### 3.4.2 用初等行变换求矩阵的秩

由例 1 我们看到,利用矩阵秩的定义求矩阵的秩是很麻烦的. 下面介绍如何利用矩阵的阶梯形求矩阵的秩. 在介绍此方法前,先介绍该方法的理论依据.

**定理 3.4.2** 初等变换不改变矩阵的秩,即若 $\boldsymbol{A} \cong \boldsymbol{B}$,则 $\mathrm{r}(\boldsymbol{A}) = \mathrm{r}(\boldsymbol{B})$.

**证** 由于 $\mathrm{r}(\boldsymbol{A}) = \mathrm{r}(\boldsymbol{A}^{\mathrm{T}})$,所以只要考虑初等行变换. 由于对换变换可用倍乘变换与倍加变换实现,故只要考虑倍乘变换与倍加变换.

先考虑倍乘变换:将矩阵 $\boldsymbol{A}$ 某行 $k$ 倍化为 $\boldsymbol{B}$,则 $\boldsymbol{B}$ 的任一子式或是 $\boldsymbol{A}$ 的子式,或是 $\boldsymbol{A}$ 的某子式的 $k$ 倍(这里 $k \neq 0$),所以倍乘变换不改变矩阵的秩.

再考虑倍加变换:将 $m \times n$ 矩阵 $\boldsymbol{A}$ 的第 $j$ 行 $k$ 倍加到第 $i$ 行得到矩阵 $\boldsymbol{B}$,则 $\boldsymbol{B}$ 与 $\boldsymbol{A}$ 只有第 $i$ 行不同.

下面分两种情况证明 $\mathrm{r}(\boldsymbol{B}) \leqslant \mathrm{r}(\boldsymbol{A})$. 设 $\mathrm{r}(\boldsymbol{A}) = r, \mathrm{r}(\boldsymbol{B}) = s$.

(1) 若 $r < \min\{m,n\}$,则 $\boldsymbol{A}$ 中任意 $r+1$ 阶子式 $D_{r+1} = 0$. 在 $\boldsymbol{B}$ 中任取一个 $r+1$ 阶子式 $D'_{r+1}$,下面证明行列式 $D'_{r+1}$ 有且只有下面 3 种形式,且都有 $D'_{r+1} = 0$,故 $\mathrm{r}(\boldsymbol{B}) \leqslant r = \mathrm{r}(\boldsymbol{A})$.

① 若 $D'_{r+1}$ 不含矩阵 $\boldsymbol{B}$ 的第 $i$ 行,则 $D'_{r+1}$ 也是 $\boldsymbol{A}$ 的一个 $r+1$ 阶子式,所以 $D'_{r+1} = 0$;

② 若 $D'_{r+1}$ 含矩阵 $\boldsymbol{B}$ 的第 $i$ 行,同时含矩阵 $\boldsymbol{B}$ 的第 $j$ 行,设它们在 $D'_{r+1}$ 中是第 $i_1$ 行与第 $j_1$ 行,对行列式 $D'_{r+1}$ 施行初等行变换 $(i_1) - k(j_1)$,则 $D'_{r+1}$ 化为 $\boldsymbol{A}$ 的 $r+1$ 阶子式,故 $D'_{r+1} = 0$;

③ 若 $D'_{r+1}$ 含矩阵 $\boldsymbol{B}$ 的第 $i$ 行,但不含 $\boldsymbol{B}$ 的第 $j$ 行,由于 $\boldsymbol{B}$ 的第 $i$ 行是两项相加,应用行列式性质 4 可将行列式 $D'_{r+1}$ 化为两个行列式的和,即 $D'_{r+1} = (D_{r+1})_1 \pm k(D_{r+1})_2$,这里 $(D_{r+1})_1$ 与 $(D_{r+1})_2$ 是矩阵 $\boldsymbol{A}$ 中两个 $r+1$ 阶子式,由于 $(D_{r+1})_1 =$

$(D_{r+1})_2 = 0$,所以 $D'_{r+1} = 0$.

(2) 若 $r = \min\{m,n\}$,因 $\mathrm{r}(\boldsymbol{B}) \leqslant \min\{m,n\}$,显然有 $\mathrm{r}(\boldsymbol{B}) \leqslant r = \mathrm{r}(\boldsymbol{A})$.

反过来,采用倍加行变换$(i)-k(j)$可将矩阵 $\boldsymbol{B}$ 化为 $\boldsymbol{A}$,由上面的结论可得 $\mathrm{r}(\boldsymbol{A}) \leqslant \mathrm{r}(\boldsymbol{B})$.

于是 $\mathrm{r}(\boldsymbol{A}) = \mathrm{r}(\boldsymbol{B})$,所以倍加变换不改变矩阵的秩. □

**定理 3.4.3** 矩阵 $\boldsymbol{A}$ 的秩等于矩阵 $\boldsymbol{A}$ 的阶梯形中非零行的行数.

**证** 将矩阵 $\boldsymbol{A}$ 用初等变换化为标准形 $\boldsymbol{G}$,因初等变换不改变矩阵的秩,故 $\mathrm{r}(\boldsymbol{A}) = \mathrm{r}(\boldsymbol{G})$. 而标准形 $\boldsymbol{G}$ 的秩显然等于其左上角单位矩阵的阶数,即 $\boldsymbol{A}$ 的阶梯形中非零行的行数. □

**例 2** 设 $\mathrm{r}(\boldsymbol{A}) = r, k \in F$,求 $\mathrm{r}(k\boldsymbol{A})$.

**解** 当 $k = 0$ 时,$k\boldsymbol{A} = \boldsymbol{O}$,所以 $\mathrm{r}(k\boldsymbol{A}) = \mathrm{r}(\boldsymbol{O}) = 0$;当 $k \neq 0$ 时,$k\boldsymbol{A}$ 等价于对矩阵 $\boldsymbol{A}$ 的每一行施行 $k$ 倍的初等变换,所以 $\mathrm{r}(k\boldsymbol{A}) = r$.

**例 3** 求矩阵 $\boldsymbol{A} = \begin{bmatrix} 3 & 7 & -2 & 1 & 0 & 2 \\ 2 & 6 & 0 & -2 & 2 & 3 \\ 1 & 0 & -3 & 1 & 3 & -1 \\ 1 & 6 & 3 & -3 & -1 & 4 \end{bmatrix}$的秩.

**解** 利用初等行变换化 $\boldsymbol{A}$ 为阶梯形,有

$$\boldsymbol{A} = \begin{bmatrix} 3 & 7 & -2 & 1 & 0 & 2 \\ 2 & 6 & 0 & -2 & 2 & 3 \\ 1 & 0 & -3 & 1 & 3 & -1 \\ 1 & 6 & 3 & -3 & -1 & 4 \end{bmatrix} \xrightarrow[\substack{(3)-3(1) \\ (4)-(1)}]{\substack{(1)\leftrightarrow(3) \\ (2)-2(1)}} \begin{bmatrix} 1 & 0 & -3 & 1 & 3 & -1 \\ 0 & 6 & 6 & -4 & -4 & 5 \\ 0 & 7 & 7 & -2 & -9 & 5 \\ 0 & 6 & 6 & -4 & -4 & 5 \end{bmatrix}$$

$$\xrightarrow{\substack{(3)-(2) \\ (4)-(2)}} \begin{bmatrix} 1 & 0 & -3 & 1 & 3 & -1 \\ 0 & 6 & 6 & -4 & -4 & 5 \\ 0 & 1 & 1 & 2 & -5 & 0 \\ 0 & 0 & 0 & 0 & 0 & 0 \end{bmatrix} \xrightarrow{\substack{(2)-6(3) \\ (2)\leftrightarrow(3)}} \begin{bmatrix} 1 & 0 & -3 & 1 & 3 & -1 \\ 0 & 1 & 1 & 2 & -5 & 0 \\ 0 & 0 & 0 & -16 & 26 & 5 \\ 0 & 0 & 0 & 0 & 0 & 0 \end{bmatrix}$$

于是 $\mathrm{r}(\boldsymbol{A}) = 3$.

### 3.4.3 矩阵的行秩与列秩

**定义 3.4.2(行秩与列秩)** 矩阵$\boldsymbol{A}$的行向量组的秩称为**矩阵$\boldsymbol{A}$ 的行秩**,矩阵$\boldsymbol{A}$ 的列向量组的秩称为**矩阵 $\boldsymbol{A}$ 的列秩**.

**定理 3.4.4(三秩定理)** 设$\boldsymbol{A}$是$m \times n$矩阵,则矩阵$\boldsymbol{A}$的列秩等于矩阵$\boldsymbol{A}$的行秩,也等于矩阵 $\boldsymbol{A}$ 的秩.

**证** 首先由定理 3.4.3 可知矩阵 $\boldsymbol{A}$ 的秩等于 $\boldsymbol{A}$ 的最简阶梯形中非零行的行数,即首 1 的个数. 由于矩阵 $\boldsymbol{A}$ 的列向量组的秩等于此列向量组的极大无关组所含

向量的个数,也等于 $\boldsymbol{A}$ 的最简阶梯形中首 1 的个数,所以矩阵 $\boldsymbol{A}$ 的列秩等于矩阵 $\boldsymbol{A}$ 的秩. 由此可得 $\boldsymbol{A}^{\mathrm{T}}$ 的列秩等于矩阵 $\boldsymbol{A}^{\mathrm{T}}$ 的秩,即 $\boldsymbol{A}$ 的行秩等于矩阵 $\boldsymbol{A}^{\mathrm{T}}$ 的秩. 因为 $\mathrm{r}(\boldsymbol{A}^{\mathrm{T}}) = \mathrm{r}(\boldsymbol{A})$,所以矩阵 $\boldsymbol{A}$ 的行秩也等于矩阵 $\boldsymbol{A}$ 的秩. □

### 3.4.4 矩阵的和秩

**定理 3.4.5(和秩定理)** 设 $\boldsymbol{A},\boldsymbol{B}$ 都是 $m \times n$ 矩阵,则

$$\mathrm{r}(\boldsymbol{A}+\boldsymbol{B}) \leqslant \mathrm{r}(\boldsymbol{A})+\mathrm{r}(\boldsymbol{B}), \quad \mathrm{r}(\boldsymbol{A}-\boldsymbol{B}) \leqslant \mathrm{r}(\boldsymbol{A})+\mathrm{r}(\boldsymbol{B})$$

**证** 设 $\boldsymbol{A} = (\boldsymbol{\alpha}_1,\boldsymbol{\alpha}_2,\cdots,\boldsymbol{\alpha}_n)$, $\boldsymbol{B} = (\boldsymbol{\beta}_1,\boldsymbol{\beta}_2,\cdots,\boldsymbol{\beta}_n)$, $\mathrm{r}(\boldsymbol{A}) = r$, $\mathrm{r}(\boldsymbol{B}) = s$. 取向量 $\boldsymbol{\alpha}_1,\boldsymbol{\alpha}_2,\cdots,\boldsymbol{\alpha}_n$ 的一个极大无关组 $\boldsymbol{\alpha}_{i_1},\boldsymbol{\alpha}_{i_2},\cdots,\boldsymbol{\alpha}_{i_r}$,取向量 $\boldsymbol{\beta}_1,\boldsymbol{\beta}_2,\cdots,\boldsymbol{\beta}_n$ 的一个极大无关组 $\boldsymbol{\beta}_{j_1},\boldsymbol{\beta}_{j_2},\cdots,\boldsymbol{\beta}_{j_s}$. 由于

$$\boldsymbol{A} \pm \boldsymbol{B} = (\boldsymbol{\alpha}_1 \pm \boldsymbol{\beta}_1,\boldsymbol{\alpha}_2 \pm \boldsymbol{\beta}_2,\cdots,\boldsymbol{\alpha}_n \pm \boldsymbol{\beta}_n)$$

所以 $\boldsymbol{A} \pm \boldsymbol{B}$ 的任一列向量都可由向量 $\boldsymbol{\alpha}_{i_1},\boldsymbol{\alpha}_{i_2},\cdots,\boldsymbol{\alpha}_{i_r},\boldsymbol{\beta}_{j_1},\boldsymbol{\beta}_{j_2},\cdots,\boldsymbol{\beta}_{j_s}$ 线性表示. 根据定理 3.4.4 与定理 3.3.7,可得

$$\begin{aligned}\mathrm{r}(\boldsymbol{A} \pm \boldsymbol{B}) &= (\boldsymbol{A} \pm \boldsymbol{B}) \text{ 的列秩} \leqslant \mathrm{r}\{\boldsymbol{\alpha}_{i_1},\boldsymbol{\alpha}_{i_2},\cdots,\boldsymbol{\alpha}_{i_r},\boldsymbol{\beta}_{j_1},\boldsymbol{\beta}_{j_2},\cdots,\boldsymbol{\beta}_{j_s}\} \\ &\leqslant r+s = \mathrm{r}(\boldsymbol{A})+\mathrm{r}(\boldsymbol{B})\end{aligned}$$

上式最后一个不等式是因为任一向量组的秩不大于该向量组所含向量的个数. □

### 3.4.5 矩阵的积秩

**定理 3.4.6(西尔维斯特①积秩定理)** 设 $\boldsymbol{A}$ 是 $m \times k$ 矩阵, $\boldsymbol{B}$ 是 $k \times n$ 矩阵,则

$$\mathrm{r}(\boldsymbol{A})+\mathrm{r}(\boldsymbol{B})-k \leqslant \mathrm{r}(\boldsymbol{AB}) \leqslant \min\{\mathrm{r}(\boldsymbol{A}),\mathrm{r}(\boldsymbol{B})\} \tag{3.4.1}$$

**证** 设 $\mathrm{r}(\boldsymbol{A}) = r(r \leqslant \min\{m,k\})$, $\mathrm{r}(\boldsymbol{B}) = s(s \leqslant \min\{k,n\})$. 对矩阵 $\boldsymbol{A},\boldsymbol{B}$ 施行初等变换分别化为标准形 $\boldsymbol{G}_1 = \begin{bmatrix}\boldsymbol{E}_r & \boldsymbol{O} \\ \boldsymbol{O} & \boldsymbol{O}\end{bmatrix}$ 与 $\boldsymbol{G}_2 = \begin{bmatrix}\boldsymbol{E}_s & \boldsymbol{O} \\ \boldsymbol{O} & \boldsymbol{O}\end{bmatrix}$,它们的左上角分别是 $r$ 阶单位矩阵 $\boldsymbol{E}_r$ 与 $s$ 阶单位矩阵 $\boldsymbol{E}_s$. 应用定理 2.2.4,必存在初等矩阵 $\boldsymbol{T}_1,\boldsymbol{T}_2,\cdots,\boldsymbol{T}_k,\boldsymbol{T}_{k+1},\boldsymbol{T}_{k+2},\cdots,\boldsymbol{T}_{k+l}$,使得

$$\boldsymbol{T}_k\boldsymbol{T}_{k-1}\cdots\boldsymbol{T}_1\boldsymbol{A}\boldsymbol{T}_{k+1}\boldsymbol{T}_{k+2}\cdots\boldsymbol{T}_{k+l} = \boldsymbol{G}_1$$

记 $\boldsymbol{P}_1 = \boldsymbol{T}_k\boldsymbol{T}_{k-1}\cdots\boldsymbol{T}_1$, $\boldsymbol{Q}_1 = \boldsymbol{T}_{k+1}\boldsymbol{T}_{k+2}\cdots\boldsymbol{T}_{k+l}$,则存在可逆矩阵 $\boldsymbol{P}_1,\boldsymbol{Q}_1$,使得

$$\boldsymbol{P}_1\boldsymbol{A}\boldsymbol{Q}_1 = \boldsymbol{G}_1 \Leftrightarrow \boldsymbol{A} = \boldsymbol{P}_1^{-1}\boldsymbol{G}_1\boldsymbol{Q}_1^{-1}$$

同理,存在可逆矩阵 $\boldsymbol{P}_2,\boldsymbol{Q}_2$ 使得 $\boldsymbol{P}_2\boldsymbol{B}\boldsymbol{Q}_2 = \boldsymbol{G}_2 \Leftrightarrow \boldsymbol{B} = \boldsymbol{P}_2^{-1}\boldsymbol{G}_2\boldsymbol{Q}_2^{-1}$,于是

①西尔维斯特(Sylvester),1814—1897,英国数学家.

$$P_1ABQ_2 = P_1P_1^{-1}G_1Q_1^{-1}P_2^{-1}G_2Q_2^{-1}Q_2 = G_1Q_1^{-1}P_2^{-1}G_2$$

记 $C = Q_1^{-1}P_2^{-1}$，则 $C$ 是 $k$ 阶可逆矩阵，故 $\mathrm{r}(C) = k$. 令 $C = \begin{bmatrix} C_1 & C_2 \\ C_3 & C_4 \end{bmatrix}$，其中 $C_1$ 是 $r \times s$ 矩阵，应用分块矩阵乘法，得

$$P_1ABQ_2 = \begin{bmatrix} E_r & O \\ O & O \end{bmatrix}\begin{bmatrix} C_1 & C_2 \\ C_3 & C_4 \end{bmatrix}\begin{bmatrix} E_s & O \\ O & O \end{bmatrix} = \begin{bmatrix} C_1 & O \\ O & O \end{bmatrix}$$

由于 $P_1, Q_2$ 是可逆矩阵，应用定理 2.2.8，它们都可以写为有限个初等矩阵的乘积，而左乘初等矩阵、右乘初等矩阵都不改变矩阵的秩，所以

$$\mathrm{r}(AB) = \mathrm{r}(P_1ABQ_2) = \mathrm{r}\left(\begin{bmatrix} C_1 & O \\ O & O \end{bmatrix}\right) = \mathrm{r}(C_1)$$

因为将矩阵 $C$ 的 $k-r$ 个行的元素全改为 0 后，该矩阵的秩最多减少 $k-r$，同样，将矩阵 $C$ 的 $k-s$ 个列的元素全改为 0 后，该矩阵的秩最多减少 $k-s$，因此

$$\mathrm{r}(AB) = \mathrm{r}(C_1) \geqslant k-(k-r)-(k-s) = r+s-k = \mathrm{r}(A)+\mathrm{r}(B)-k$$

即得(3.4.1)的左不等式成立.

另一方面，显然有

$$\mathrm{r}(AB) = \mathrm{r}(C_1) \leqslant \min\{r, s\} = \min\{\mathrm{r}(A), \mathrm{r}(B)\}$$

即得(3.4.1)的右不等式成立. □

**例 4** 设 $A$ 为 $n$ 阶矩阵，$A^*$ 是 $A$ 的伴随矩阵，证明：

$$\mathrm{r}(A^*) = \begin{cases} n, & \mathrm{r}(A) = n; \\ 1, & \mathrm{r}(A) = n-1; \\ 0, & \mathrm{r}(A) < n-1 \end{cases}$$

**证** (1) 当 $\mathrm{r}(A) = n$ 时，$|A| \neq 0$，因 $AA^* = |A|E$，两边取行列式得

$$|A||A^*| = |A|^n|E| = |A|^n$$

所以 $|A^*| = |A|^{n-1} \neq 0$，于是 $\mathrm{r}(A^*) = n$.

(2) 当 $\mathrm{r}(A) = n-1$ 时，$|A| = 0$，因 $AA^* = |A|E = O$，应用西尔维斯特积秩定理得

$$\mathrm{r}(A)+\mathrm{r}(A^*)-n \leqslant \mathrm{r}(AA^*) = 0$$

此式化简得 $\mathrm{r}(A^*) \leqslant 1$. 另一方面，因 $\mathrm{r}(A) = n-1$，所以矩阵 $A$ 中至少有一个元素的代数余子式 $A_{ij} \neq 0 (i, j = 1, 2, \cdots, n)$，即 $A^* \neq O$，于是 $\mathrm{r}(A^*) \geqslant 1$. 因此 $\mathrm{r}(A^*) = 1$.

(3) 当 $\mathrm{r}(A) < n-1$ 时，矩阵 $A$ 中所有元素的代数余子式 $A_{ij} = 0 (i, j = 1, 2,$

$\cdots,n)$，所以 $\boldsymbol{A}^*=\boldsymbol{O}$，因此 $\mathrm{r}(\boldsymbol{A}^*)=0$.

**例 5**　设 $\boldsymbol{A}$ 为 $m\times n$ 矩阵，$\boldsymbol{B}$ 为 $n\times m$ 矩阵，$\boldsymbol{E}$ 为单位矩阵，若 $\boldsymbol{AB}=\boldsymbol{E}$，求证：$\boldsymbol{A}$ 的行向量组与 $\boldsymbol{B}$ 的列向量组皆线性无关.

**证**　因 $\boldsymbol{E}$ 为 $m$ 阶单位矩阵，应用西尔维斯特积秩定理得

$$m=\mathrm{r}(\boldsymbol{E})=\mathrm{r}(\boldsymbol{AB})\leqslant\mathrm{r}(\boldsymbol{A})\leqslant m,\quad m=\mathrm{r}(\boldsymbol{E})=\mathrm{r}(\boldsymbol{AB})\leqslant\mathrm{r}(\boldsymbol{B})\leqslant m$$

故 $\mathrm{r}(\boldsymbol{A})=m$，$\mathrm{r}(\boldsymbol{B})=m$. 由三秩定理得 $\boldsymbol{A}$ 的行秩等于 $m$，$\boldsymbol{B}$ 的列秩等于 $m$，于是 $\boldsymbol{A}$ 的行向量组线性无关，$\boldsymbol{B}$ 的列向量组线性无关.

**例 6**　设 $n$ 阶矩阵 $\boldsymbol{A}$ 满足条件 $\boldsymbol{A}^2=\boldsymbol{E}$（此时称 $\boldsymbol{A}$ 为幂幺矩阵），证明：

$$\mathrm{r}(\boldsymbol{A}+\boldsymbol{E})+\mathrm{r}(\boldsymbol{A}-\boldsymbol{E})=n$$

**证**　因 $\boldsymbol{A}^2=\boldsymbol{E}$，所以 $(\boldsymbol{A}+\boldsymbol{E})(\boldsymbol{A}-\boldsymbol{E})=\boldsymbol{O}$，应用西尔维斯特积秩定理得

$$\mathrm{r}(\boldsymbol{A}+\boldsymbol{E})+\mathrm{r}(\boldsymbol{A}-\boldsymbol{E})-n\leqslant\mathrm{r}((\boldsymbol{A}+\boldsymbol{E})(\boldsymbol{A}-\boldsymbol{E}))=\mathrm{r}(\boldsymbol{O})=0$$

即

$$\mathrm{r}(\boldsymbol{A}+\boldsymbol{E})+\mathrm{r}(\boldsymbol{A}-\boldsymbol{E})\leqslant n$$

另一方面，因 $(\boldsymbol{E}+\boldsymbol{A})+(\boldsymbol{E}-\boldsymbol{A})=2\boldsymbol{E}$，应用和秩定理得

$$\mathrm{r}(\boldsymbol{E}+\boldsymbol{A})+\mathrm{r}(\boldsymbol{E}-\boldsymbol{A})\geqslant\mathrm{r}((\boldsymbol{E}+\boldsymbol{A})+(\boldsymbol{E}-\boldsymbol{A}))=\mathrm{r}(2\boldsymbol{E})=n$$

由于 $\mathrm{r}(\boldsymbol{E}+\boldsymbol{A})+\mathrm{r}(\boldsymbol{E}-\boldsymbol{A})=\mathrm{r}(\boldsymbol{A}+\boldsymbol{E})+\mathrm{r}(\boldsymbol{A}-\boldsymbol{E})$，所以

$$\mathrm{r}(\boldsymbol{A}+\boldsymbol{E})+\mathrm{r}(\boldsymbol{A}-\boldsymbol{E})\geqslant n$$

综上，原式得证.

## 习题 3.4

### A 组

1. 利用矩阵的秩的定义求下列矩阵的秩：

(1) $\begin{bmatrix}1&2&3\\-1&1&0\\2&-1&1\end{bmatrix}$；　　(2) $\begin{bmatrix}3&0&0&3\\2&0&0&2\\1&2&0&3\end{bmatrix}$；

(3) $\begin{bmatrix}1&2&0&4&2\\2&0&3&0&4\\0&3&0&6&0\\0&0&0&0&0\end{bmatrix}$.

2. 利用初等行变换求下列矩阵的秩：

(1) $\begin{bmatrix} 2 & 1 & 11 & 2 \\ 1 & 0 & 4 & -1 \\ 11 & 4 & 56 & 5 \\ 2 & -1 & 5 & -6 \end{bmatrix}$；　(2) $\begin{bmatrix} 2 & 0 & 1 & 3 & 2 \\ 1 & 1 & -1 & 2 & 0 \\ 3 & 1 & 0 & 5 & 2 \end{bmatrix}$；

(3) $\begin{bmatrix} 1 & -1 & 2 & 3 & 4 \\ 2 & 1 & -1 & 2 & 0 \\ -1 & 2 & 1 & 1 & 3 \\ 3 & -7 & 8 & 9 & 13 \\ 1 & 5 & -8 & -5 & -12 \end{bmatrix}$.

3. 证明：一个秩为 $r$ 的矩阵总可以表示为 $r$ 个秩为 1 的矩阵的和.

4. 求下列矩阵的列秩、行秩与矩阵的秩：

(1) $\begin{bmatrix} 2 & 0 & 1 & 3 \\ 1 & 2 & 2 & -1 \\ 3 & 2 & 3 & 2 \end{bmatrix}$；　(2) $\begin{bmatrix} 1 & 2 & 3 & 4 & 5 \\ 2 & 1 & 3 & 5 & 1 \\ 1 & 1 & 2 & 3 & 2 \\ 1 & -1 & 0 & 1 & 4 \end{bmatrix}$.

5. 在下列矩阵中求 $\mathrm{r}(\boldsymbol{A})$，$\mathrm{r}(\boldsymbol{B})$，$\mathrm{r}(\boldsymbol{A}+\boldsymbol{B})$，并验证和秩定理：

(1) $\boldsymbol{A}=\begin{bmatrix} 1 & 0 & 2 & 0 \\ 2 & 0 & 4 & 0 \\ 3 & 0 & 6 & 0 \end{bmatrix}$，$\boldsymbol{B}=\begin{bmatrix} 1 & 2 & -1 & -2 \\ 2 & 4 & -2 & -4 \\ 3 & 6 & -3 & -6 \end{bmatrix}$；

(2) $\boldsymbol{A}=\begin{bmatrix} 2 & 1 & 5 & 1 \\ 1 & 2 & 2 & 3 \\ 0 & 3 & -1 & 5 \end{bmatrix}$，$\boldsymbol{B}=\begin{bmatrix} 1 & 2 & 1 & 3 \\ 2 & 4 & 2 & 6 \\ 3 & 6 & 3 & 9 \end{bmatrix}$.

6. 在下列矩阵中求 $\mathrm{r}(\boldsymbol{A})$，$\mathrm{r}(\boldsymbol{B})$，$\mathrm{r}(\boldsymbol{AB})$，并验证积秩定理：

(1) $\boldsymbol{A}=(1,2,3)$，$\boldsymbol{B}=\begin{bmatrix} 1 \\ 2 \\ 3 \end{bmatrix}$；

(2) $\boldsymbol{A}=\begin{bmatrix} 1 \\ 2 \\ 3 \end{bmatrix}$，$\boldsymbol{B}=(1,2,3)$；

(3) $\boldsymbol{A}=\begin{bmatrix} 2 & 1 & 5 \\ 1 & 2 & 2 \\ 0 & 3 & -1 \end{bmatrix}$，$\boldsymbol{B}=\begin{bmatrix} 1 & 2 & 1 \\ 2 & 4 & 2 \\ 3 & 6 & 3 \end{bmatrix}$；

(4) $\boldsymbol{A}=\begin{bmatrix}2&0&3\\1&2&2\\1&3&-1\end{bmatrix}$，$\boldsymbol{B}=\begin{bmatrix}1&2&1\\2&4&2\\3&0&1\end{bmatrix}$.

7. 设 $\boldsymbol{A}$ 为 $m\times n$ 矩阵，$\boldsymbol{B}$ 为 $n\times m$ 矩阵.

(1) 若 $m>n$，证明：$\boldsymbol{AB}$ 不可逆；

(2) 若 $\boldsymbol{AB}=\boldsymbol{O}$，证明：$\mathrm{r}(\boldsymbol{A})+\mathrm{r}(\boldsymbol{B})\leqslant n$.

**B 组**

8. 设 $\boldsymbol{A}=\begin{bmatrix}a_1&b_1&c_1\\a_2&b_2&c_2\\a_3&b_3&c_3\end{bmatrix}$ 是满秩矩阵，试判别下列两条直线的位置关系：

$$L_1:\frac{x-a_1}{a_2-a_3}=\frac{y-b_1}{b_2-b_3}=\frac{z-c_1}{c_2-c_3},\quad L_2:\frac{x-a_2}{a_3-a_1}=\frac{y-b_2}{b_3-b_1}=\frac{z-c_2}{c_3-c_1}$$

9. 设 $\boldsymbol{A}$ 为 $n$ 阶矩阵且满足 $\boldsymbol{A}^2=\boldsymbol{A}$，证明：$\mathrm{r}(\boldsymbol{A})+\mathrm{r}(\boldsymbol{A}-\boldsymbol{E})=n$.

## 3.5　向量空间的基·基变换·坐标变换

### 3.5.1　向量空间的基与维数

**定义 3.5.1(基)**　设 $V$ 是向量空间，$\boldsymbol{\alpha}_1,\boldsymbol{\alpha}_2,\cdots,\boldsymbol{\alpha}_n\in V$，若

(1) 向量 $\boldsymbol{\alpha}_1,\boldsymbol{\alpha}_2,\cdots,\boldsymbol{\alpha}_n$ 线性无关；

(2) $\forall\boldsymbol{\alpha}\in V$，有 $\boldsymbol{\alpha}\in L(\boldsymbol{\alpha}_1,\boldsymbol{\alpha}_2,\cdots,\boldsymbol{\alpha}_n)$，

则称向量 $\boldsymbol{\alpha}_1,\boldsymbol{\alpha}_2,\cdots,\boldsymbol{\alpha}_n$ 是向量空间 $V$ 的一个基.

一个向量空间的基不是唯一的，但是，这些不同的基显然是等价的向量组. 应用定理 3.3.7 可得一个向量空间的所有基所含向量的个数相同. 基所含向量的个数 $n$ 称为**向量空间的维数**，记为 $\dim V=n$，并称 $V$ 是 $n$ **维向量空间**.

**例 1**　向量空间 $\mathbf{R}^m$ 的向量

$$\boldsymbol{e}_1=\begin{bmatrix}1\\0\\\vdots\\0\end{bmatrix},\quad \boldsymbol{e}_2=\begin{bmatrix}0\\1\\\vdots\\0\end{bmatrix},\quad\cdots,\quad \boldsymbol{e}_m=\begin{bmatrix}0\\\vdots\\0\\1\end{bmatrix}\tag{3.5.1}$$

显然是向量空间 $\mathbf{R}^m$ 的一个基，$\dim\mathbf{R}^m=m$，并称式(3.5.1) 为向量空间 $\mathbf{R}^m$ 的**自然基**.

**例 2**　求向量空间 $V=\{(0,x_1,x_2,x_3,0)\mid x_1,x_2,x_3\in\mathbf{R},x_1+x_2+x_3=0\}$

的一个基,并求 $\dim V$.

**解** $\forall \boldsymbol{\alpha} \in V$,由于

$$\begin{aligned}\boldsymbol{\alpha} &= (0,x_1,x_2,x_3,0) = (0,x_1,x_2,-x_1-x_2,0)\\ &= x_1(0,1,0,-1,0)+x_2(0,0,1,-1,0)\end{aligned}$$

所以向量 $\boldsymbol{\alpha}_1=(0,1,0,-1,0)$,$\boldsymbol{\alpha}_2=(0,0,1,-1,0)$ 是向量空间 $V$ 的一个基,且 $\dim V=2$.

### 3.5.2 向量的坐标

**定义 3.5.2(向量的坐标)** 设 $V$ 是向量空间,$\boldsymbol{\alpha}_1,\boldsymbol{\alpha}_2,\cdots,\boldsymbol{\alpha}_n$ 是 $V$ 的一个基,$\forall \boldsymbol{\alpha} \in V$,若

$$\boldsymbol{\alpha}=\sum_{i=1}^{n} x_i\boldsymbol{\alpha}_i=(\boldsymbol{\alpha}_1,\boldsymbol{\alpha}_2,\cdots,\boldsymbol{\alpha}_n)\begin{bmatrix}x_1\\x_2\\\vdots\\x_n\end{bmatrix}$$

则称 $\boldsymbol{x}=(x_1,x_2,\cdots,x_n)^{\mathrm{T}}$ 为向量 $\boldsymbol{\alpha}$ 在基 $\boldsymbol{\alpha}_1,\boldsymbol{\alpha}_2,\cdots,\boldsymbol{\alpha}_n$ 下的**坐标**.

向量 $\boldsymbol{\alpha}$ 在基 $\boldsymbol{\alpha}_1,\boldsymbol{\alpha}_2,\cdots,\boldsymbol{\alpha}_n$ 下的坐标显然是唯一的.

**例 3** 在向量空间 $V_1=\{(0,x_1,x_2,x_3,0)\mid x_1,x_2,x_3\in\mathbf{R},x_1+x_2+x_3=0\}$ 中,求向量 $\boldsymbol{\alpha}=(0,1,2,-3,0)$ 在基

$$\boldsymbol{\alpha}_1=(0,1,-1,0,0),\quad \boldsymbol{\alpha}_2=(0,0,1,-1,0)$$

下的坐标.

**解** 令 $\boldsymbol{\alpha}=x_1\boldsymbol{\alpha}_1+x_2\boldsymbol{\alpha}_2=(\boldsymbol{\alpha}_1,\boldsymbol{\alpha}_2)\begin{bmatrix}x_1\\x_2\end{bmatrix}$,这等价于

$$(0,x_1,-x_1+x_2,-x_2,0)=(0,1,2,-3,0)\Leftrightarrow(x_1,x_2)^{\mathrm{T}}=(1,3)^{\mathrm{T}}$$

于是向量 $\boldsymbol{\alpha}$ 在基 $\boldsymbol{\alpha}_1,\boldsymbol{\alpha}_2$ 下的坐标为$(1,3)^{\mathrm{T}}$.

**例 4** 在 4 维向量空间 $\mathbf{R}^4$ 中,求向量 $\boldsymbol{\alpha}=(8,6,4,2)^{\mathrm{T}}$ 在基

$$\boldsymbol{\alpha}_1=\begin{bmatrix}1\\-1\\-1\\-1\end{bmatrix},\quad \boldsymbol{\alpha}_2=\begin{bmatrix}-1\\1\\-1\\-1\end{bmatrix},\quad \boldsymbol{\alpha}_3=\begin{bmatrix}-1\\-1\\1\\-1\end{bmatrix},\quad \boldsymbol{\alpha}_4=\begin{bmatrix}-1\\-1\\-1\\1\end{bmatrix}$$

下的坐标.

**解** 令 $\boldsymbol{\alpha}=x_1\boldsymbol{\alpha}_1+x_2\boldsymbol{\alpha}_2+x_3\boldsymbol{\alpha}_3+x_4\boldsymbol{\alpha}_4$,这等价于解线性非齐次方程组

$$\begin{bmatrix} 1 & -1 & -1 & -1 \\ -1 & 1 & -1 & -1 \\ -1 & -1 & 1 & -1 \\ -1 & -1 & -1 & 1 \end{bmatrix}\begin{bmatrix} x_1 \\ x_2 \\ x_3 \\ x_4 \end{bmatrix} = \begin{bmatrix} 8 \\ 6 \\ 4 \\ 2 \end{bmatrix} \tag{3.5.2}$$

将矩阵$(\boldsymbol{\alpha}_1,\boldsymbol{\alpha}_2,\boldsymbol{\alpha}_3,\boldsymbol{\alpha}_4 \mid \boldsymbol{\alpha})$化为最简阶梯形(过程从简),有

$$(\boldsymbol{\alpha}_1,\boldsymbol{\alpha}_2,\boldsymbol{\alpha}_3,\boldsymbol{\alpha}_4 \mid \boldsymbol{\alpha}) = \left[\begin{array}{cccc|c} 1 & -1 & -1 & -1 & 8 \\ -1 & 1 & -1 & -1 & 6 \\ -1 & -1 & 1 & -1 & 4 \\ -1 & -1 & -1 & 1 & 2 \end{array}\right]$$

$$\longrightarrow \left[\begin{array}{cccc|c} 1 & -1 & -1 & -1 & 8 \\ 0 & 1 & 1 & 0 & -5 \\ 0 & 1 & 0 & 1 & -6 \\ 0 & 0 & 1 & 1 & -7 \end{array}\right] \longrightarrow \left[\begin{array}{cccc|c} 1 & -1 & -1 & -1 & 8 \\ 0 & 1 & 1 & 0 & -5 \\ 0 & 0 & 1 & -1 & 1 \\ 0 & 0 & 0 & 1 & -4 \end{array}\right]$$

$$\longrightarrow \left[\begin{array}{cccc|c} 1 & -1 & -1 & 0 & 4 \\ 0 & 1 & 1 & 0 & -5 \\ 0 & 0 & 1 & 0 & -3 \\ 0 & 0 & 0 & 1 & -4 \end{array}\right] \longrightarrow \left[\begin{array}{cccc|c} 1 & 0 & 0 & 0 & -1 \\ 0 & 1 & 0 & 0 & -2 \\ 0 & 0 & 1 & 0 & -3 \\ 0 & 0 & 0 & 1 & -4 \end{array}\right]$$

于是方程组(3.5.2)的解,即所求向量$\boldsymbol{\alpha}$的坐标为$(-1,-2,-3,-4)^{\mathrm{T}}$.

### 3.5.3　基变换与坐标变换

向量的坐标与基的选取有关,对于向量空间的两个不同的基,同一个向量的坐标一般是不同的.为了寻求同一向量在两个基下的坐标之间的关系,我们先来研究向量空间中两个基之间的关系.

**定义 3.5.3(过渡矩阵与基变换公式)**　设$V$是向量空间,向量$\boldsymbol{\alpha}_1,\boldsymbol{\alpha}_2,\cdots,\boldsymbol{\alpha}_n$与向量$\boldsymbol{\beta}_1,\boldsymbol{\beta}_2,\cdots,\boldsymbol{\beta}_n$是$V$的两个基,向量$\boldsymbol{\beta}_1,\boldsymbol{\beta}_2,\cdots,\boldsymbol{\beta}_n$在基$\boldsymbol{\alpha}_1,\boldsymbol{\alpha}_2,\cdots,\boldsymbol{\alpha}_n$下的坐标分别为$\boldsymbol{x}_1,\boldsymbol{x}_2,\cdots,\boldsymbol{x}_n$.记矩阵$\boldsymbol{C}=(\boldsymbol{x}_1,\boldsymbol{x}_2,\cdots,\boldsymbol{x}_n)=(c_{ij})_{n\times n}$,称$\boldsymbol{C}$为由基$\boldsymbol{\alpha}_1,\boldsymbol{\alpha}_2,\cdots,\boldsymbol{\alpha}_n$到基$\boldsymbol{\beta}_1,\boldsymbol{\beta}_2,\cdots,\boldsymbol{\beta}_n$的过渡矩阵,即有

$$(\boldsymbol{\beta}_1,\boldsymbol{\beta}_2,\cdots,\boldsymbol{\beta}_n)=(\boldsymbol{\alpha}_1,\boldsymbol{\alpha}_2,\cdots,\boldsymbol{\alpha}_n)(c_{ij})_{n\times n} \tag{3.5.3}$$

式(3.5.3)称为**基变换公式**.

**定理 3.5.1(坐标变换公式)**　设$V$是向量空间,$\boldsymbol{\alpha}_1,\boldsymbol{\alpha}_2,\cdots,\boldsymbol{\alpha}_n$与$\boldsymbol{\beta}_1,\boldsymbol{\beta}_2,\cdots,\boldsymbol{\beta}_n$是$V$的两个基,由基$\boldsymbol{\alpha}_1,\boldsymbol{\alpha}_2,\cdots,\boldsymbol{\alpha}_n$到基$\boldsymbol{\beta}_1,\boldsymbol{\beta}_2,\cdots,\boldsymbol{\beta}_n$的过渡矩阵是$\boldsymbol{C}$,则矩阵$\boldsymbol{C}$可逆,且基$\boldsymbol{\beta}_1,\boldsymbol{\beta}_2,\cdots,\boldsymbol{\beta}_n$到基$\boldsymbol{\alpha}_1,\boldsymbol{\alpha}_2,\cdots,\boldsymbol{\alpha}_n$的过渡矩阵是$\boldsymbol{C}^{-1}$.若向量$\boldsymbol{\alpha}$在基$\boldsymbol{\alpha}_1,\boldsymbol{\alpha}_2,\cdots,\boldsymbol{\alpha}_n$与基$\boldsymbol{\beta}_1,\boldsymbol{\beta}_2,\cdots,\boldsymbol{\beta}_n$下的坐标分别为$\boldsymbol{x}$与$\boldsymbol{y}$,则

$$\boldsymbol{x}=\boldsymbol{C}\boldsymbol{y} \quad 或 \quad \boldsymbol{y}=\boldsymbol{C}^{-1}\boldsymbol{x} \tag{3.5.4}$$

式(3.5.4)称为**坐标变换公式**.

**证** 设矩阵 $\boldsymbol{C}=(c_{ij})_{n\times n}$,由基变换公式有

$$(\boldsymbol{\beta}_1,\boldsymbol{\beta}_2,\cdots,\boldsymbol{\beta}_n)=(\boldsymbol{\alpha}_1,\boldsymbol{\alpha}_2,\cdots,\boldsymbol{\alpha}_n)(c_{ij})_{n\times n}$$

设由基 $\boldsymbol{\beta}_1,\boldsymbol{\beta}_2,\cdots,\boldsymbol{\beta}_n$ 到基 $\boldsymbol{\alpha}_1,\boldsymbol{\alpha}_2,\cdots,\boldsymbol{\alpha}_n$ 的过渡矩阵为 $\boldsymbol{D}=(d_{ij})_{n\times n}$,则有

$$(\boldsymbol{\alpha}_1,\boldsymbol{\alpha}_2,\cdots,\boldsymbol{\alpha}_n)=(\boldsymbol{\beta}_1,\boldsymbol{\beta}_2,\cdots,\boldsymbol{\beta}_n)(d_{ij})_{n\times n}$$

故有

$$(\boldsymbol{\beta}_1,\boldsymbol{\beta}_2,\cdots,\boldsymbol{\beta}_n)=(\boldsymbol{\beta}_1,\boldsymbol{\beta}_2,\cdots,\boldsymbol{\beta}_n)(d_{ij})_{n\times n}(c_{ij})_{n\times n}$$

于是 $\boldsymbol{DC}=(d_{ij})_{n\times n}(c_{ij})_{n\times n}=\boldsymbol{E}$,因此 $\boldsymbol{C},\boldsymbol{D}$ 都是可逆矩阵,且 $\boldsymbol{D}=\boldsymbol{C}^{-1}$,所以基 $\boldsymbol{\beta}_1,\boldsymbol{\beta}_2,\cdots,\boldsymbol{\beta}_n$ 到基 $\boldsymbol{\alpha}_1,\boldsymbol{\alpha}_2,\cdots,\boldsymbol{\alpha}_n$ 的过渡矩阵是 $\boldsymbol{C}^{-1}$.

设

$$\boldsymbol{x}=(x_1,x_2,\cdots,x_n)^{\mathrm{T}}, \quad \boldsymbol{y}=(y_1,y_2,\cdots,y_n)^{\mathrm{T}}$$

由于

$$\begin{aligned}\boldsymbol{\alpha}&=(\boldsymbol{\alpha}_1,\boldsymbol{\alpha}_2,\cdots,\boldsymbol{\alpha}_n)(x_1,x_2,\cdots,x_n)^{\mathrm{T}}=(\boldsymbol{\beta}_1,\boldsymbol{\beta}_2,\cdots,\boldsymbol{\beta}_n)(y_1,y_2,\cdots,y_n)^{\mathrm{T}}\\&=(\boldsymbol{\alpha}_1,\boldsymbol{\alpha}_2,\cdots,\boldsymbol{\alpha}_n)(c_{ij})_{n\times n}(y_1,y_2,\cdots,y_n)^{\mathrm{T}}\end{aligned}$$

应用向量 $\boldsymbol{\alpha}$ 在基 $\boldsymbol{\alpha}_1,\boldsymbol{\alpha}_2,\cdots,\boldsymbol{\alpha}_n$ 下的坐标的唯一性,得

$$\boldsymbol{x}=(x_1,x_2,\cdots,x_n)^{\mathrm{T}}=(c_{ij})_{n\times n}(y_1,y_2,\cdots,y_n)^{\mathrm{T}}=\boldsymbol{C}\boldsymbol{y}\Leftrightarrow\boldsymbol{y}=\boldsymbol{C}^{-1}\boldsymbol{x} \qquad \square$$

### 3.5.4 用初等行变换求过渡矩阵与向量的坐标

已知向量空间 $\mathbf{R}^n$ 的两个基 $\boldsymbol{\alpha}_1,\boldsymbol{\alpha}_2,\cdots,\boldsymbol{\alpha}_n$ 与 $\boldsymbol{\beta}_1,\boldsymbol{\beta}_2,\cdots,\boldsymbol{\beta}_n$ 和向量 $\boldsymbol{\alpha}$,下面介绍用初等行变换求基 $\boldsymbol{\alpha}_1,\boldsymbol{\alpha}_2,\cdots,\boldsymbol{\alpha}_n$ 到基 $\boldsymbol{\beta}_1,\boldsymbol{\beta}_2,\cdots,\boldsymbol{\beta}_n$ 的过渡矩阵 $\boldsymbol{C}$ 和向量 $\boldsymbol{\alpha}$ 在基 $\boldsymbol{\alpha}_1,\boldsymbol{\alpha}_2,\cdots,\boldsymbol{\alpha}_n$ 下的坐标 $\boldsymbol{x}=(x_1,x_2,\cdots,x_n)^{\mathrm{T}}$ 的方法.

不妨设 $\boldsymbol{\alpha}_i$ 与 $\boldsymbol{\beta}_i(i=1,2,\cdots,n)$ 为列向量. 记

$$\boldsymbol{A}=(\boldsymbol{\alpha}_1,\boldsymbol{\alpha}_2,\cdots,\boldsymbol{\alpha}_n), \quad \boldsymbol{B}=(\boldsymbol{\beta}_1,\boldsymbol{\beta}_2,\cdots,\boldsymbol{\beta}_n)$$

则 $\boldsymbol{A}$ 与 $\boldsymbol{B}$ 都是可逆矩阵,且 $\boldsymbol{B}=\boldsymbol{AC},\boldsymbol{\alpha}=\boldsymbol{Ax}$. 由此得

$$\boldsymbol{C}=\boldsymbol{A}^{-1}\boldsymbol{B}, \quad \boldsymbol{x}=\boldsymbol{A}^{-1}\boldsymbol{\alpha}$$

因 $\boldsymbol{A}^{-1}$ 是可逆矩阵,应用定理 2.2.8,必存在初等矩阵 $\boldsymbol{T}_1,\boldsymbol{T}_2,\cdots,\boldsymbol{T}_k$,使得

$$\boldsymbol{A}^{-1}=\boldsymbol{T}_k\boldsymbol{T}_{k-1}\cdots\boldsymbol{T}_1$$

所以有

$$T_kT_{k-1}\cdots T_1A=E,\quad T_kT_{k-1}\cdots T_1B=C,\quad T_kT_{k-1}\cdots T_1\boldsymbol{\alpha}=\boldsymbol{x}$$

此式表明：对可逆矩阵 $\boldsymbol{A}$ 施行初等行变换化为单位矩阵 $\boldsymbol{E}$，则对矩阵 $\boldsymbol{B}$ 施行相同的初等行变换就化为 $\boldsymbol{C}$，对向量 $\boldsymbol{\alpha}$ 施行相同的初等行变换就化为 $\boldsymbol{x}$. 因此得到下面的求过渡矩阵 $\boldsymbol{C}$ 与向量 $\boldsymbol{\alpha}$ 在基 $\boldsymbol{\alpha}_1,\boldsymbol{\alpha}_2,\cdots,\boldsymbol{\alpha}_n$ 下的坐标 $\boldsymbol{x}$ 的方法：

$$(\boldsymbol{A}\mid\boldsymbol{B}\mid\boldsymbol{\alpha})\xrightarrow{\text{初等行变换}}(\boldsymbol{E}\mid\boldsymbol{C}\mid\boldsymbol{x})$$

若欲求向量 $\boldsymbol{\alpha}$ 在基 $\boldsymbol{\beta}_1,\boldsymbol{\beta}_2,\cdots,\boldsymbol{\beta}_n$ 下的坐标 $\boldsymbol{y}=(y_1,y_2,\cdots,y_n)^{\mathrm{T}}$，由于 $\boldsymbol{y}=\boldsymbol{B}^{-1}\boldsymbol{\alpha}=\boldsymbol{C}^{-1}\boldsymbol{x}$，所以有下面两种施行初等行变换求 $\boldsymbol{y}$ 的方法：

$$(\boldsymbol{B}\mid\boldsymbol{\alpha})\xrightarrow{\text{初等行变换}}(\boldsymbol{E}\mid\boldsymbol{y}),\quad(\boldsymbol{C}\mid\boldsymbol{x})\xrightarrow{\text{初等行变换}}(\boldsymbol{E}\mid\boldsymbol{y})$$

**例 5** 在向量空间 $\mathbf{R}^4$ 中，求基

$$\boldsymbol{\alpha}_1=(-1,1,1,1)^{\mathrm{T}},\quad\boldsymbol{\alpha}_2=(1,-1,1,1)^{\mathrm{T}}$$
$$\boldsymbol{\alpha}_3=(1,1,-1,1)^{\mathrm{T}},\quad\boldsymbol{\alpha}_4=(1,1,1,-1)^{\mathrm{T}}$$

到基

$$\boldsymbol{\beta}_1=(1,1,1,1)^{\mathrm{T}},\quad\boldsymbol{\beta}_2=(0,1,1,1)^{\mathrm{T}}$$
$$\boldsymbol{\beta}_3=(0,0,1,1)^{\mathrm{T}},\quad\boldsymbol{\beta}_4=(0,0,0,1)^{\mathrm{T}}$$

的过渡矩阵，并求向量 $\boldsymbol{\alpha}=(2,4,6,8)^{\mathrm{T}}$ 在这两个基下的坐标.

**解** 对 $4\times9$ 矩阵 $(\boldsymbol{\alpha}_1,\boldsymbol{\alpha}_2,\boldsymbol{\alpha}_3,\boldsymbol{\alpha}_4\mid\boldsymbol{\beta}_1,\boldsymbol{\beta}_2,\boldsymbol{\beta}_3,\boldsymbol{\beta}_4\mid\boldsymbol{\alpha})$ 施行初等行变换化为最简阶梯形，有

$$(\boldsymbol{\alpha}_1,\boldsymbol{\alpha}_2,\boldsymbol{\alpha}_3,\boldsymbol{\alpha}_4\mid\boldsymbol{\beta}_1,\boldsymbol{\beta}_2,\boldsymbol{\beta}_3,\boldsymbol{\beta}_4\mid\boldsymbol{\alpha})=\left[\begin{array}{cccc:cccc:c}-1&1&1&1&1&0&0&0&2\\1&-1&1&1&1&1&0&0&4\\1&1&-1&1&1&1&1&0&6\\1&1&1&-1&1&1&1&1&8\end{array}\right]$$

$$\xrightarrow[\substack{(3)+(1)\\(4)+(1)}]{(2)+(1)}\left[\begin{array}{cccc:cccc:c}-1&1&1&1&1&0&0&0&2\\0&0&2&2&2&1&0&0&6\\0&2&0&2&2&1&1&0&8\\0&2&2&0&2&1&1&1&10\end{array}\right]$$

$$\xrightarrow[(4)-(2)]{(2)\leftrightarrow(3)}\left[\begin{array}{cccc:cccc:c}-1&1&1&1&1&0&0&0&2\\0&2&0&2&2&1&1&0&8\\0&0&2&2&2&1&0&0&6\\0&0&2&-2&0&0&0&1&2\end{array}\right]$$

$$\xrightarrow[-\frac{1}{4}(4)]{(4)-(3)}\left[\begin{array}{cccc:cccc:c}-1&1&1&1&1&0&0&0&2\\0&2&0&2&2&1&1&0&8\\0&0&2&2&2&1&0&0&6\\0&0&0&1&1/2&1/4&0&-1/4&1\end{array}\right]$$

$$\xrightarrow{\text{过程略}}\left[\begin{array}{cccc:cccc:c}1&0&0&0&1/2&3/4&1/2&1/4&4\\0&1&0&0&1/2&1/4&1/2&1/4&3\\0&0&1&0&1/2&1/4&0&1/4&2\\0&0&0&1&1/2&1/4&0&-1/4&1\end{array}\right]$$

于是所求的过渡矩阵为

$$\begin{bmatrix}1/2&3/4&1/2&1/4\\1/2&1/4&1/2&1/4\\1/2&1/4&0&1/4\\1/2&1/4&0&-1/4\end{bmatrix}$$

向量 $\boldsymbol{\alpha}$ 在基 $\boldsymbol{\alpha}_1,\boldsymbol{\alpha}_2,\boldsymbol{\alpha}_3,\boldsymbol{\alpha}_4$ 下的坐标为 $\boldsymbol{x}=(4,3,2,1)^{\mathrm{T}}$.

对 $4\times5$ 矩阵 $(\boldsymbol{\beta}_1,\boldsymbol{\beta}_2,\boldsymbol{\beta}_3,\boldsymbol{\beta}_4 \mid \boldsymbol{\alpha})$ 施行初等行变换化为最简阶梯形，有

$$(\boldsymbol{\beta}_1,\boldsymbol{\beta}_2,\boldsymbol{\beta}_3,\boldsymbol{\beta}_4 \mid \boldsymbol{\alpha})=\left[\begin{array}{cccc:c}1&0&0&0&2\\1&1&0&0&4\\1&1&1&0&6\\1&1&1&1&8\end{array}\right]\xrightarrow[\substack{(3)-(2)\\(2)-(1)}]{(4)-(3)}\left[\begin{array}{cccc:c}1&0&0&0&2\\0&1&0&0&2\\0&0&1&0&2\\0&0&0&1&2\end{array}\right]$$

于是向量 $\boldsymbol{\alpha}$ 在基 $\boldsymbol{\beta}_1,\boldsymbol{\beta}_2,\boldsymbol{\beta}_3,\boldsymbol{\beta}_4$ 下的坐标为 $\boldsymbol{y}=(2,2,2,2)^{\mathrm{T}}$.

## 习题 3.5

### A 组

1. 证明：向量

$$\boldsymbol{\alpha}_1=\begin{bmatrix}1\\0\\0\\\vdots\\0\\0\end{bmatrix},\quad \boldsymbol{\alpha}_2=\begin{bmatrix}1\\1\\0\\\vdots\\0\\0\end{bmatrix},\quad \cdots,\quad \boldsymbol{\alpha}_{m-1}=\begin{bmatrix}1\\1\\1\\\vdots\\1\\0\end{bmatrix},\boldsymbol{\alpha}_m=\begin{bmatrix}1\\1\\1\\\vdots\\1\\1\end{bmatrix}$$

是向量空间 $\mathbf{R}^m$ 的一个基.

2. 求下列向量空间 $V$ 的维数和一个基：

(1) $V=\{(x_1,x_2,x_3)^{\mathrm{T}} \mid x_1-x_2+x_3=0,x_1-x_3=0\}$；

(2) $V=\{(x_1,x_2,x_3,x_4)^{\mathrm{T}} \mid x_1+x_2+x_3+x_4=0\}$.

3. 求向量空间 $\mathbf{R}^4$ 的一个基，使得这个基中包含两个线性无关的向量

$$\boldsymbol{\alpha}_1=(1,0,1,-1)^{\mathrm{T}},\quad \boldsymbol{\alpha}_2=(1,-1,2,-2)^{\mathrm{T}}$$

4. 设 $V$ 是 $n$ 维向量空间，$\boldsymbol{\alpha}_1,\boldsymbol{\alpha}_2,\cdots,\boldsymbol{\alpha}_n$ 是 $V$ 的一个基.

(1) 证明：$\boldsymbol{\beta}_1=\boldsymbol{\alpha}_1+\boldsymbol{\alpha}_2+\boldsymbol{\alpha}_3+\cdots+\boldsymbol{\alpha}_n,\boldsymbol{\beta}_2=\boldsymbol{\alpha}_2+\boldsymbol{\alpha}_3+\cdots+\boldsymbol{\alpha}_n,\cdots,\boldsymbol{\beta}_n=\boldsymbol{\alpha}_n$ 也是 $V$ 的一个基；

(2) 求由基 $\boldsymbol{\alpha}_1,\boldsymbol{\alpha}_2,\cdots,\boldsymbol{\alpha}_n$ 到基 $\boldsymbol{\beta}_1,\boldsymbol{\beta}_2,\cdots,\boldsymbol{\beta}_n$ 的过渡矩阵；

(3) 设向量 $\boldsymbol{\alpha}$ 在基 $\boldsymbol{\alpha}_1,\boldsymbol{\alpha}_2,\cdots,\boldsymbol{\alpha}_n$ 下的坐标是 $(x_1,x_2,\cdots,x_n)^{\mathrm{T}}$，求 $\boldsymbol{\alpha}$ 在基 $\boldsymbol{\beta}_1,\boldsymbol{\beta}_2,\cdots,\boldsymbol{\beta}_n$ 下的坐标.

5. 设向量空间 $\mathbf{R}^4$ 的两个基 $\boldsymbol{\alpha}_1,\boldsymbol{\alpha}_2,\boldsymbol{\alpha}_3,\boldsymbol{\alpha}_4$ 与 $\boldsymbol{\beta}_1,\boldsymbol{\beta}_2,\boldsymbol{\beta}_3,\boldsymbol{\beta}_4$ 分别为

$$\boldsymbol{\alpha}_1=\begin{bmatrix}1\\2\\-1\\0\end{bmatrix},\quad \boldsymbol{\alpha}_2=\begin{bmatrix}1\\-1\\1\\1\end{bmatrix},\quad \boldsymbol{\alpha}_3=\begin{bmatrix}-1\\-1\\0\\1\end{bmatrix},\quad \boldsymbol{\alpha}_4=\begin{bmatrix}-1\\2\\1\\1\end{bmatrix}$$

$$\boldsymbol{\beta}_1=\begin{bmatrix}2\\1\\0\\1\end{bmatrix},\quad \boldsymbol{\beta}_2=\begin{bmatrix}0\\1\\2\\2\end{bmatrix},\quad \boldsymbol{\beta}_3=\begin{bmatrix}-2\\1\\1\\2\end{bmatrix},\quad \boldsymbol{\beta}_4=\begin{bmatrix}1\\3\\1\\2\end{bmatrix}$$

(1) 求基 $\boldsymbol{\alpha}_1,\boldsymbol{\alpha}_2,\boldsymbol{\alpha}_3,\boldsymbol{\alpha}_4$ 到基 $\boldsymbol{\beta}_1,\boldsymbol{\beta}_2,\boldsymbol{\beta}_3,\boldsymbol{\beta}_4$ 的过渡矩阵；

(2) 求向量 $\boldsymbol{\alpha}=(1,2,3,-3)^{\mathrm{T}}$ 在基 $\boldsymbol{\alpha}_1,\boldsymbol{\alpha}_2,\boldsymbol{\alpha}_3,\boldsymbol{\alpha}_4$ 下的坐标；

(3) 求向量 $\boldsymbol{\alpha}=(1,2,3,-3)^{\mathrm{T}}$ 在基 $\boldsymbol{\beta}_1,\boldsymbol{\beta}_2,\boldsymbol{\beta}_3,\boldsymbol{\beta}_4$ 下的坐标.

## 复习题 3

1. 设 $\boldsymbol{A}$ 为 $n$ 阶矩阵，满足 $\boldsymbol{A}^2=\boldsymbol{A}$，证明：$\boldsymbol{A}=\boldsymbol{E}$，或者 $|\boldsymbol{A}|=0$.

2. 设 $m$ 维向量 $\boldsymbol{\alpha}_1,\boldsymbol{\alpha}_2,\cdots,\boldsymbol{\alpha}_p\,(1\leqslant p<m)$ 线性无关，则 $m$ 维向量 $\boldsymbol{\beta}_1,\boldsymbol{\beta}_2,\cdots,\boldsymbol{\beta}_p$ 线性无关的充要条件是 (　　)

(A) 向量 $\boldsymbol{\beta}_1,\boldsymbol{\beta}_2,\cdots,\boldsymbol{\beta}_p$ 都可由向量 $\boldsymbol{\alpha}_1,\boldsymbol{\alpha}_2,\cdots,\boldsymbol{\alpha}_p$ 线性表示

(B) 向量 $\boldsymbol{\alpha}_1,\boldsymbol{\alpha}_2,\cdots,\boldsymbol{\alpha}_p$ 都可由向量 $\boldsymbol{\beta}_1,\boldsymbol{\beta}_2,\cdots,\boldsymbol{\beta}_p$ 线性表示

(C) 向量组 $\{\boldsymbol{\beta}_1,\boldsymbol{\beta}_2,\cdots,\boldsymbol{\beta}_p\}$ 与向量组 $\{\boldsymbol{\alpha}_1,\boldsymbol{\alpha}_2,\cdots,\boldsymbol{\alpha}_p\}$ 等价

(D) 矩阵 $(\boldsymbol{\beta}_1,\boldsymbol{\beta}_2,\cdots,\boldsymbol{\beta}_p)$ 与矩阵 $(\boldsymbol{\alpha}_1,\boldsymbol{\alpha}_2,\cdots,\boldsymbol{\alpha}_p)$ 等价

3. 已知向量空间 $\mathbf{R}^3$ 的一个基 $\boldsymbol{\alpha}_1,\boldsymbol{\alpha}_2,\boldsymbol{\alpha}_3$，设

$$\boldsymbol{\beta}_1=2\boldsymbol{\alpha}_1+k\boldsymbol{\alpha}_3,\quad \boldsymbol{\beta}_2=2\boldsymbol{\alpha}_2+\boldsymbol{\alpha}_3,\quad \boldsymbol{\beta}_3=-2\boldsymbol{\alpha}_1+\boldsymbol{\alpha}_2+(1-k)\boldsymbol{\alpha}_3$$

(1) 对任意常数 $k$，证明 $\boldsymbol{\beta}_1,\boldsymbol{\beta}_2,\boldsymbol{\beta}_3$ 也是 $\mathbf{R}^3$ 的一个基，并求基 $\boldsymbol{\alpha}_1,\boldsymbol{\alpha}_2,\boldsymbol{\alpha}_3$ 到基 $\boldsymbol{\beta}_1,\boldsymbol{\beta}_2,\boldsymbol{\beta}_3$ 的过渡矩阵；

(2) 求常数 $k$，使得存在非零向量 $\boldsymbol{\alpha}$ 在基 $\boldsymbol{\alpha}_1,\boldsymbol{\alpha}_2,\boldsymbol{\alpha}_3$ 与基 $\boldsymbol{\beta}_1,\boldsymbol{\beta}_2,\boldsymbol{\beta}_3$ 下的坐标相同，并写出满足上述条件的所有 $\boldsymbol{\alpha}$.

# 4 线性方程组

在第 2.3 节中,我们介绍了求解线性非齐次方程组的克莱姆法则和初等变换解法,它们的一个共同条件是系数行列式不等于 0. 克莱姆法则在理论上非常重要,但在应用时有很大的局限性. 记

$$\boldsymbol{A}=\begin{bmatrix} a_{11} & a_{12} & \cdots & a_{1n} \\ a_{21} & a_{22} & \cdots & a_{2n} \\ \vdots & \vdots & & \vdots \\ a_{m1} & a_{m2} & \cdots & a_{mn} \end{bmatrix}, \quad \boldsymbol{x}=\begin{bmatrix} x_1 \\ x_2 \\ \vdots \\ x_n \end{bmatrix}, \quad \boldsymbol{b}=\begin{bmatrix} b_1 \\ b_2 \\ \vdots \\ b_m \end{bmatrix}, \quad \boldsymbol{0}=\begin{bmatrix} 0 \\ 0 \\ \vdots \\ 0 \end{bmatrix}$$

其中 $a_{ij}\in F, b_i\in F(i=1,2,\cdots,m;j=1,2,\cdots,n)$, $\boldsymbol{b}\neq\boldsymbol{0}$. 本章将考虑线性方程组

$$\boldsymbol{Ax}=\boldsymbol{b} \quad 与 \quad \boldsymbol{Ax}=\boldsymbol{0}$$

先研究解的属性(即方程组无解、有解、有唯一解、有无穷多解的性质),再介绍应用矩阵的初等行变换求其通解.

## 4.1 线性方程组解的属性

### 4.1.1 线性方程组的初等变换

由于 $m$ 阶初等矩阵 $\boldsymbol{E}_{ij}, \boldsymbol{E}_i(k), \boldsymbol{E}_{ij}(k)$ 皆是可逆矩阵,应用定理 2.3.6 得线性非齐次方程组 $\boldsymbol{Ax}=\boldsymbol{b}$ 与下列方程组

$$\boldsymbol{E}_{ij}\boldsymbol{Ax}=\boldsymbol{E}_{ij}\boldsymbol{b}, \quad \boldsymbol{E}_i(k)\boldsymbol{Ax}=\boldsymbol{E}_i(k)\boldsymbol{b}, \quad \boldsymbol{E}_{ij}(k)\boldsymbol{Ax}=\boldsymbol{E}_{ij}(k)\boldsymbol{b}$$

皆为同解方程组;线性齐次方程组 $\boldsymbol{Ax}=\boldsymbol{0}$ 与下列方程组

$$\boldsymbol{E}_{ij}\boldsymbol{Ax}=\boldsymbol{0}, \quad \boldsymbol{E}_i(k)\boldsymbol{Ax}=\boldsymbol{0}, \quad \boldsymbol{E}_{ij}(k)\boldsymbol{Ax}=\boldsymbol{0}$$

皆为同解方程组.

用上面三类初等矩阵左乘线性方程组两边相当于对方程组施行下列三种变换:

(1) 左乘对换矩阵相当于交换方程组中两个方程的位置;

(2) 左乘倍乘矩阵相当于用非零常数 $k$ 乘以方程组中某个方程;

(3) 左乘倍加矩阵相当于用非零常数 $k$ 乘以方程组中某个方程后加到另一个

方程上去.

对方程组施行上述三类变换得到的是与原方程组同解的方程组,我们称这三类变换为**线性方程组的初等变换**.

### 4.1.2　线性方程组解的性质

**定理 4.1.1**　设 $\boldsymbol{x}_1,\boldsymbol{x}_2$ 是方程组 $\boldsymbol{A}\boldsymbol{x}=\boldsymbol{0}$ 的两个解,则 $\boldsymbol{x}=C_1\boldsymbol{x}_1+C_2\boldsymbol{x}_2$(其中 $C_1,C_2$ 是任意常数)仍是方程组 $\boldsymbol{A}\boldsymbol{x}=\boldsymbol{0}$ 的解.

**证**　由条件得 $\boldsymbol{A}\boldsymbol{x}_1=\boldsymbol{0},\boldsymbol{A}\boldsymbol{x}_2=\boldsymbol{0}$,于是有

$$\boldsymbol{A}(C_1\boldsymbol{x}_1+C_2\boldsymbol{x})=C_1\boldsymbol{A}\boldsymbol{x}_1+C_2\boldsymbol{A}\boldsymbol{x}_2=\boldsymbol{0}+\boldsymbol{0}=\boldsymbol{0}$$

此式表明 $\boldsymbol{x}=C_1\boldsymbol{x}_1+C_2\boldsymbol{x}_2$ 是方程组 $\boldsymbol{A}\boldsymbol{x}=\boldsymbol{0}$ 的解. □

此定理表明:线性齐次方程组只要有一个非零解,就一定有无穷多解.

**定理 4.1.2**　方程组 $\boldsymbol{A}\boldsymbol{x}=\boldsymbol{0}$ 的任一解 $\boldsymbol{x}_1$ 与方程组 $\boldsymbol{A}\boldsymbol{x}=\boldsymbol{b}$ 的任一解 $\tilde{\boldsymbol{x}}$ 的和 $\boldsymbol{x}=\boldsymbol{x}_1+\tilde{\boldsymbol{x}}$ 是方程组 $\boldsymbol{A}\boldsymbol{x}=\boldsymbol{b}$ 的解.

**证**　由条件得 $\boldsymbol{A}\boldsymbol{x}_1=\boldsymbol{0},\boldsymbol{A}\tilde{\boldsymbol{x}}=\boldsymbol{b}$,于是有

$$\boldsymbol{A}\boldsymbol{x}=\boldsymbol{A}(\boldsymbol{x}_1+\tilde{\boldsymbol{x}})=\boldsymbol{A}\boldsymbol{x}_1+\boldsymbol{A}\tilde{\boldsymbol{x}}=\boldsymbol{0}+\boldsymbol{b}=\boldsymbol{b}$$

此式表明 $\boldsymbol{x}=\boldsymbol{x}_1+\tilde{\boldsymbol{x}}$ 是方程组 $\boldsymbol{A}\boldsymbol{x}=\boldsymbol{b}$ 的解. □

**定理 4.1.3**　方程组 $\boldsymbol{A}\boldsymbol{x}=\boldsymbol{b}$ 的任意两个解 $\tilde{\boldsymbol{x}}_1,\tilde{\boldsymbol{x}}_2$ 的差 $\boldsymbol{x}=\tilde{\boldsymbol{x}}_1-\tilde{\boldsymbol{x}}_2$ 是方程组 $\boldsymbol{A}\boldsymbol{x}=\boldsymbol{0}$ 的解.

**证**　由条件得 $\boldsymbol{A}\tilde{\boldsymbol{x}}_1=\boldsymbol{b},\boldsymbol{A}\tilde{\boldsymbol{x}}_2=\boldsymbol{b}$,于是有

$$\boldsymbol{A}\boldsymbol{x}=\boldsymbol{A}(\tilde{\boldsymbol{x}}_1-\tilde{\boldsymbol{x}}_2)=\boldsymbol{A}\tilde{\boldsymbol{x}}_1-\boldsymbol{A}\tilde{\boldsymbol{x}}_2=\boldsymbol{b}-\boldsymbol{b}=\boldsymbol{0}$$

此式表明 $\boldsymbol{x}=\tilde{\boldsymbol{x}}_1-\tilde{\boldsymbol{x}}_2$ 是方程组 $\boldsymbol{A}\boldsymbol{x}=\boldsymbol{0}$ 的解. □

此定理表明:线性非齐次方程组 $\boldsymbol{A}\boldsymbol{x}=\boldsymbol{b}$ 只要有两个不同的解,它所对应的线性齐次方程组 $\boldsymbol{A}\boldsymbol{x}=\boldsymbol{0}$ 就一定有无穷多解.

### 4.1.3　线性齐次方程组解的属性

容易看出,$\boldsymbol{x}=\boldsymbol{0}$ 是线性齐次方程组 $\boldsymbol{A}\boldsymbol{x}=\boldsymbol{0}$ 的解,我们称此解为**零解**或**平凡解**.如果此方程组除零解外没有其他解,则称方程组 $\boldsymbol{A}\boldsymbol{x}=\boldsymbol{0}$ **只有零解**;如果方程组 $\boldsymbol{A}\boldsymbol{x}=\boldsymbol{0}$ 除零解外还有非零解,则方程组 $\boldsymbol{A}\boldsymbol{x}=\boldsymbol{0}$ **有无穷多解**.上述线性齐次方程组解的属性完全取决于系数矩阵 $\boldsymbol{A}$.线性齐次方程组 $\boldsymbol{A}\boldsymbol{x}=\boldsymbol{0}$ 和它的系数矩阵 $\boldsymbol{A}$ 一一对应,而且对系数矩阵 $\boldsymbol{A}$ 施行初等行变换等价于对方程组 $\boldsymbol{A}\boldsymbol{x}=\boldsymbol{0}$ 施行初等变换.

**定理 4.1.4**　设 $\boldsymbol{A}$ 是 $m\times n$ 矩阵,则

(1) $\boldsymbol{A}\boldsymbol{x}=\boldsymbol{0}$ 只有零解的充要条件是 $\mathrm{r}(\boldsymbol{A})=n$;

(2) $\boldsymbol{A}\boldsymbol{x}=\boldsymbol{0}$ 有无穷多解的充要条件是 $\mathrm{r}(\boldsymbol{A})<n$.

**证** (1) $r(\boldsymbol{A})=n$ 时,对系数矩阵 $\boldsymbol{A}$ 施行初等行变换化为最简阶梯形 $\boldsymbol{G}_1=\begin{bmatrix}\boldsymbol{E}_n\\\boldsymbol{O}\end{bmatrix}$,矩阵 $\boldsymbol{G}_1$ 中排在下面的零行可能有,也可能没有,由数 $m$ 的大小决定. 因此原方程组化为 $\boldsymbol{E}_n\boldsymbol{x}=\boldsymbol{0}$,显然只有零解,于是原方程组只有零解.

(2) $r(\boldsymbol{A})<n$ 时,对系数矩阵 $\boldsymbol{A}$ 施行初等行变换化为最简阶梯形

$$\boldsymbol{G}_2=\begin{bmatrix}\boldsymbol{E}_r & \boldsymbol{G}'\\\boldsymbol{O} & \boldsymbol{O}\end{bmatrix},\quad 其中\quad \boldsymbol{G}'=\begin{bmatrix}g_{1,r+1} & \cdots & g_{1n}\\\vdots & & \vdots\\g_{r,r+1} & \cdots & g_{rn}\end{bmatrix}\tag{4.1.1}$$

这里矩阵 $\boldsymbol{G}_2$ 中 $r$ 个主 $1(r<n)$ 集中在左边(如果这 $r$ 个主 1 不能集中在左边,需施行初等列变换,如此相当于调换方程组中未知量的位置,但这样做并不改变方程组 $\boldsymbol{Ax}=\boldsymbol{0}$ 解的属性). 矩阵 $\boldsymbol{G}_2$ 中排在下面的零行可能有,也可能没有,由数 $m$ 的大小决定. 因此原方程组化为

$$\begin{cases}x_1+g_{1,r+1}x_{r+1}+\cdots+g_{1n}x_n=0,\\x_2+g_{2,r+1}x_{r+1}+\cdots+g_{2n}x_n=0,\\\vdots\\x_r+g_{r,r+1}x_{r+1}+\cdots+g_{rn}x_n=0\end{cases}$$

且 $\boldsymbol{G}_2$ 中与主 1 对应的 $x_1,x_2,\cdots,x_r$ 称为**主未知量**,其余的 $x_{r+1},x_{r+2},\cdots,x_n$ 称为**自由未知量**,于是原方程组有无穷多解,即

$$\begin{bmatrix}x_1\\\vdots\\x_r\\x_{r+1}\\\vdots\\x_n\end{bmatrix}=\begin{bmatrix}-C_1g_{1,r+1}-\cdots-C_{n-r}g_{1n}\\\vdots\\-C_1g_{r,r+1}-\cdots-C_{n-r}g_{rn}\\C_1\\\vdots\\C_{n-r}\end{bmatrix}\tag{4.1.2}$$

其中,$C_1,C_2,\cdots,C_{n-r}$ 是任意常数.

在方程组 $\boldsymbol{Ax}=\boldsymbol{0}$ 中,未知量的个数 $n$ 与系数矩阵的秩 $r(\boldsymbol{A})=r$ 这两个数的大小关系有且只有两种情况:$r=n$ 或 $r<n$,而方程组 $\boldsymbol{Ax}=\boldsymbol{0}$ 解的属性有且只有两种情况:只有零解或有无穷多解,它们一一对应,所以互为充要条件. □

**注** 如果只要判别线性齐次方程组解的属性,应用定理 4.1.4,问题可化为讨论未知量的个数与系数矩阵的秩这两个数的大小关系,此时对系数矩阵施行初等行变换化为阶梯形就行了.

**例 1** 指出下面的线性齐次方程组

$$\begin{cases}x_1+2x_2+x_3+2x_4+3x_5=0,\\2x_1+4x_2+x_3+5x_4+4x_5=0,\\3x_1+6x_2+2x_3+7x_4+7x_5=0,\\4x_1+8x_2+3x_3+9x_4+10x_5=0,\\5x_1+10x_2+x_3+14x_4+7x_5=0\end{cases}$$

解的属性，并求主未知量与自由未知量的个数.

**解**　对系数矩阵 $\boldsymbol{A}$ 施行初等行变换化为阶梯形，有

$$\boldsymbol{A}=\begin{bmatrix}1&2&1&2&3\\2&4&1&5&4\\3&6&2&7&7\\4&8&3&9&10\\5&10&1&14&7\end{bmatrix}\xrightarrow[\substack{(4)-4(1)\\(5)-5(1)}]{\substack{(2)-2(1)\\(3)-3(1)}}\begin{bmatrix}1&2&1&2&3\\0&0&-1&1&-2\\0&0&-1&1&-2\\0&0&-1&1&-2\\0&0&-4&4&-8\end{bmatrix}$$

$$\xrightarrow[(5)-4(2)]{\substack{(3)-(2)\\(4)-(2)}}\begin{bmatrix}1&2&1&2&3\\0&0&-1&1&-2\\0&0&0&0&0\\0&0&0&0&0\\0&0&0&0&0\end{bmatrix}$$

所以 $\mathrm{r}(\boldsymbol{A})=2$，主未知量是 $x_1,x_3$（2 个），自由未知量是 $x_2,x_4,x_5$（3 个），原方程组有无穷多解.

### 4.1.4　线性非齐次方程组解的属性

线性非齐次方程组 $\boldsymbol{Ax}=\boldsymbol{b}$ 与增广矩阵 $\boldsymbol{B}=(\boldsymbol{A}\,\vdots\,\boldsymbol{b})$ 一一对应，对增广矩阵 $\boldsymbol{B}$ 施行初等行变换等价于对方程组 $\boldsymbol{Ax}=\boldsymbol{b}$ 施行初等变换.

**定理 4.1.5**　设 $\boldsymbol{A}$ 是 $m\times n$ 矩阵，$\boldsymbol{b}\neq\boldsymbol{0}$ 是 $n$ 维列向量，则

(1) $\boldsymbol{Ax}=\boldsymbol{b}$ 无解的充要条件是 $\mathrm{r}(\boldsymbol{A})<\mathrm{r}(\boldsymbol{B})$；

(2) $\boldsymbol{Ax}=\boldsymbol{b}$ 有唯一解的充要条件是 $\mathrm{r}(\boldsymbol{A})=\mathrm{r}(\boldsymbol{B})=n$；

(3) $\boldsymbol{Ax}=\boldsymbol{b}$ 有无穷多解的充要条件是 $\mathrm{r}(\boldsymbol{A})=\mathrm{r}(\boldsymbol{B})<n$.

**证**　(1) $\mathrm{r}(\boldsymbol{A})<\mathrm{r}(\boldsymbol{B})$ 时，对增广矩阵 $\boldsymbol{B}=(\boldsymbol{A}\,\vdots\,\boldsymbol{b})$ 施行初等行变换化为阶梯形 $\boldsymbol{G}_1=\begin{bmatrix}\boldsymbol{G}'&\boldsymbol{0}\\\boldsymbol{0}^{\mathrm{T}}&1\\\boldsymbol{O}&\boldsymbol{0}\end{bmatrix}$，排在下面的零行可能有，也可能没有，由数 $m$ 的大小决定. 与矩阵 $\boldsymbol{G}_1$ 对应的方程组中最后一个方程为 $0=1$，这是一个矛盾式，因此与矩阵 $\boldsymbol{G}_1$ 对应的方程组无解，所以原方程组无解.

(2) $\mathrm{r}(\boldsymbol{A})=\mathrm{r}(\boldsymbol{B})=n$ 时，对增广矩阵 $\boldsymbol{B}=(\boldsymbol{A}\,\vdots\,\boldsymbol{b})$ 施行初等行变换化为最简阶

梯形 $\boldsymbol{G}_2=\begin{bmatrix}\boldsymbol{E}_n & \boldsymbol{\beta}_1\\ \boldsymbol{O} & \boldsymbol{0}\end{bmatrix}$，排在下面的零行可能有，也可能没有，由数 $m$ 的大小决定. 因此原方程组化为 $\boldsymbol{E}_n\boldsymbol{x}=\boldsymbol{\beta}_1$，所以原方程组有唯一解 $\boldsymbol{x}=\boldsymbol{\beta}_1=(d_1,d_2,\cdots,d_n)^{\mathrm{T}}$.

(3) $\mathrm{r}(\boldsymbol{A})=\mathrm{r}(\boldsymbol{B})<n$ 时，对增广矩阵 $\boldsymbol{B}=(\boldsymbol{A}\mid\boldsymbol{b})$ 施行初等行变换化为最简阶梯形

$$\boldsymbol{G}_3=\begin{bmatrix}\boldsymbol{E}_r & \boldsymbol{G}' & \boldsymbol{\beta}_2\\ \boldsymbol{O} & \boldsymbol{O} & \boldsymbol{0}\end{bmatrix},\quad 其中\quad \boldsymbol{G}'=\begin{bmatrix}g_{1,r+1} & \cdots & g_{1n}\\ \vdots & & \vdots\\ g_{r,r+1} & \cdots & g_{m}\end{bmatrix},\quad \boldsymbol{\beta}_2=\begin{bmatrix}d_1\\ \vdots\\ d_r\end{bmatrix}\tag{4.1.3}$$

这里矩阵 $\boldsymbol{G}_3$ 中前 $n$ 个列的 $r$ 个主 1($r<n$) 集中在左边(如果这 $r$ 个主 1 不能集中在左边，需对前 $n$ 个列施行初等列变换，如此相当于调换方程组中未知量的位置，但这样做并不影响原方程组解的属性). 矩阵 $\boldsymbol{G}_3$ 中排在下面的零行可能有，也可能没有，由数 $m$ 的大小决定. 因此原方程组化为

$$\begin{cases}x_1+g_{1,r+1}x_{r+1}+\cdots+g_{1n}x_n=d_1,\\ \vdots\\ x_r+g_{r,r+1}x_{r+1}+\cdots+g_{m}x_n=d_r\end{cases}$$

且 $\boldsymbol{G}_3$ 中与主 1 对应的 $x_1,x_2,\cdots,x_r$ 称为**主未知量**，其余的 $x_{r+1},x_{r+2},\cdots,x_n$ 称为**自由未知量**，于是原方程组有无穷多解，即

$$\begin{bmatrix}x_1\\ \vdots\\ x_r\\ x_{r+1}\\ \vdots\\ x_n\end{bmatrix}=\begin{bmatrix}-C_1g_{1,r+1}-\cdots-C_{n-r}g_{1n}+d_1\\ \vdots\\ -C_1g_{r,r+1}-\cdots-C_{n-r}g_{m}+d_r\\ C_1\\ \vdots\\ C_{n-r}\end{bmatrix}\tag{4.1.4}$$

其中，$C_1,C_2,\cdots,C_{n-r}$ 是任意常数.

在方程组 $\boldsymbol{Ax}=\boldsymbol{b}$ 中，未知量的个数 $n$、系数矩阵的秩 $\mathrm{r}(\boldsymbol{A})$ 和增广矩阵的秩 $\mathrm{r}(\boldsymbol{B})$，这三个数的大小关系有且只有三种情况：$\mathrm{r}(\boldsymbol{A})<\mathrm{r}(\boldsymbol{B})$，$\mathrm{r}(\boldsymbol{A})=\mathrm{r}(\boldsymbol{B})=n$，$\mathrm{r}(\boldsymbol{A})=\mathrm{r}(\boldsymbol{B})<n$，而方程组 $\boldsymbol{Ax}=\boldsymbol{b}$ 解的属性有且只有三种情况：无解、有唯一解、有无穷多解，它们一一对应，所以互为充要条件. □

**注** 如果只要判别线性非齐次方程解的属性，应用定理 4.1.5，问题可化为讨论未知量的个数、系数矩阵的秩和增广矩阵的秩这三个数的大小关系，此时对增广矩阵施行初等行变换化为阶梯形就行了.

**例 2**　指出下面的线性非齐次方程组解的属性：

$$\begin{cases} x_1 + 3x_2 + 5x_3 + 4x_4 = 3, \\ 2x_1 + 5x_2 + 8x_3 + 8x_4 = 9, \\ 3x_1 + 7x_2 + 11x_3 + 12x_4 = 13 \end{cases}$$

**解**　对增广矩阵 $\boldsymbol{B} = (\boldsymbol{A} \mid \boldsymbol{b})$ 施行初等行变换化为阶梯形，有

$$\boldsymbol{B} = \left[\begin{array}{cccc|c} 1 & 3 & 5 & 4 & 3 \\ 2 & 5 & 8 & 8 & 9 \\ 3 & 7 & 11 & 12 & 13 \end{array}\right] \xrightarrow[(3)-3(1)]{(2)-2(1)} \left[\begin{array}{cccc|c} 1 & 3 & 5 & 4 & 3 \\ 0 & -1 & -2 & 0 & 3 \\ 0 & -2 & -4 & 0 & 4 \end{array}\right]$$

$$\xrightarrow{(3)-2(2)} \left[\begin{array}{cccc|c} 1 & 3 & 5 & 4 & 3 \\ 0 & -1 & -2 & 0 & 3 \\ 0 & 0 & 0 & 0 & -2 \end{array}\right]$$

所以 $\mathrm{r}(\boldsymbol{A}) = 2, \mathrm{r}(\boldsymbol{B}) = 3, \mathrm{r}(\boldsymbol{A}) \neq \mathrm{r}(\boldsymbol{B})$，于是原方程组无解.

**例 3**　指出下面的线性非齐次方程组解的属性：

$$\begin{cases} x_1 + 2x_2 + x_3 - x_4 + 3x_5 = 1, \\ x_1 + 2x_2 + 2x_3 + 2x_4 + 8x_5 = 6, \\ 2x_1 + 4x_2 + x_3 - 5x_4 + x_5 = -3, \\ 4x_1 + 8x_2 + 3x_3 - 7x_4 - 7x_5 = -1 \end{cases}$$

**解**　对增广矩阵 $\boldsymbol{B} = (\boldsymbol{A} \mid \boldsymbol{b})$ 施行初等行变换化为阶梯形，有

$$\boldsymbol{B} = \left[\begin{array}{ccccc|c} 1 & 2 & 1 & -1 & 3 & 1 \\ 1 & 2 & 2 & 2 & 8 & 6 \\ 2 & 4 & 1 & -5 & 1 & -3 \\ 4 & 8 & 3 & -7 & -7 & -1 \end{array}\right] \xrightarrow[\substack{(3)-2(1) \\ (4)-4(1)}]{(2)-(1)} \left[\begin{array}{ccccc|c} 1 & 2 & 1 & -1 & 3 & 1 \\ 0 & 0 & 1 & 3 & 5 & 5 \\ 0 & 0 & -1 & -3 & -5 & -5 \\ 0 & 0 & -1 & -3 & -19 & -5 \end{array}\right]$$

$$\xrightarrow[(4)+(2)]{(3)+(2)} \left[\begin{array}{ccccc|c} 1 & 2 & 1 & -1 & 3 & 1 \\ 0 & 0 & 1 & 3 & 5 & 5 \\ 0 & 0 & 0 & 0 & 0 & 0 \\ 0 & 0 & 0 & 0 & -14 & 0 \end{array}\right] \xrightarrow{(3)\leftrightarrow(4)} \left[\begin{array}{ccccc|c} 1 & 2 & 1 & -1 & 3 & 1 \\ 0 & 0 & 1 & 3 & 5 & 5 \\ 0 & 0 & 0 & 0 & -14 & 0 \\ 0 & 0 & 0 & 0 & 0 & 0 \end{array}\right]$$

所以 $\mathrm{r}(\boldsymbol{A}) = 3, \mathrm{r}(\boldsymbol{B}) = 3, \mathrm{r}(\boldsymbol{A}) = \mathrm{r}(\boldsymbol{B})$，因未知量的个数是 5，于是原方程组有无穷多解.

***例 4**　在 $xOy$ 平面上三条不同的直线的方程分别为

$$l_1: ax + 2by + 3c = 0, \quad l_2: bx + 2cy + 3a = 0, \quad l_3: cx + 2ay + 3b = 0$$

试证：这三条直线交于一点的充要条件是 $a + b + c = 0$（$a, b, c$ 不全为 0）.

**证** 考虑线性方程组 $\boldsymbol{Ax}=\boldsymbol{b}$,其中

$$\boldsymbol{A}=\begin{bmatrix}a & 2b\\ b & 2c\\ c & 2a\end{bmatrix},\quad \boldsymbol{b}=\begin{bmatrix}-3c\\ -3a\\ -3b\end{bmatrix}$$

三条直线交于一点的充要条件是方程组有唯一解 $\Leftrightarrow$

$$\mathrm{r}(\boldsymbol{A}\mid\boldsymbol{b})=\mathrm{r}(\boldsymbol{A})=2\Leftrightarrow \mathrm{r}(\boldsymbol{A})=2,\text{且}\begin{vmatrix}a & 2b & -3c\\ b & 2c & -3a\\ c & 2a & -3b\end{vmatrix}=0$$

因 $a,b,c$ 不全为 0,不妨设 $a\neq 0$,则

$$\boldsymbol{A}=\begin{bmatrix}a & 2b\\ b & 2c\\ c & 2a\end{bmatrix}\to\begin{bmatrix}1 & 2b/a\\ 0 & 2(ac-b^2)/a\\ 0 & 2(a^2-bc)/a\end{bmatrix}$$

因 $a^2-bc$ 和 $b^2-ca$ 不可能同时为 0,因此 $\mathrm{r}(\boldsymbol{A})=2$ 总是成立.

由于三条直线不相同,所以 $a$ 与 $b$,$b$ 与 $c$,$c$ 与 $a$ 不能同时相等,因此

$$(a-b)^2+(b-c)^2+(c-a)^2=2(a^2+b^2+c^2-bc-ca-ab)>0$$

则

$$\begin{aligned}\begin{vmatrix}a & 2b & -3c\\ b & 2c & -3a\\ c & 2a & -3b\end{vmatrix}&=\begin{vmatrix}a+b+c & 2(a+b+c) & -3(a+b+c)\\ b & 2c & -3a\\ c & 2a & -3b\end{vmatrix}\\ &=6(a+b+c)\begin{vmatrix}1 & 1 & -1\\ b & c & -a\\ c & a & -b\end{vmatrix}\\ &=6(a+b+c)(a^2+b^2+c^2-bc-ca-ab)\\ &=0\Leftrightarrow a+b+c=0\end{aligned}$$

综上可知:三条直线交于一点的充要条件是 $a+b+c=0$.

## 习题 4.1

### A 组

1. 指出下列方程组解的属性:

(1) $\begin{cases} x_1 + 2x_2 + 5x_3 = 0, \\ x_1 + 3x_2 - 2x_3 = 0, \\ 3x_1 + 7x_2 + 8x_3 = 0, \\ x_1 + 4x_2 - 9x_3 = 0; \end{cases}$　　(2) $\begin{cases} x_1 + x_2 + x_3 + 2x_4 = 2, \\ 2x_1 + x_2 + 4x_4 = 3, \\ 3x_1 + 2x_2 + x_3 + 7x_4 = 5, \\ 4x_1 + 3x_2 + 2x_3 + 9x_4 = 7. \end{cases}$

2. 就参数 $\lambda$ 讨论下列方程组解的属性：

(1) $\begin{cases} \lambda x_1 + x_2 + x_3 = 0, \\ x_1 + \lambda x_2 + x_3 = 0, \\ x_1 + x_2 + \lambda x_3 = 0; \end{cases}$　　(2) $\begin{cases} \lambda x_1 + x_2 + x_3 = 1, \\ x_1 + \lambda x_2 + x_3 = \lambda, \\ x_1 + x_2 + \lambda x_3 = \lambda^2. \end{cases}$

3. 设矩阵 $\boldsymbol{A}$ 是 $n$ 阶矩阵，证明：存在非零 $n \times s$ 矩阵 $\boldsymbol{B}$ 使得 $\boldsymbol{AB} = \boldsymbol{O}$ 的充要条件是 $|\boldsymbol{A}| = 0$.

4. 设矩阵 $\boldsymbol{A}$ 是 $m \times n$ 矩阵，证明：存在非零 $n \times s$ 矩阵 $\boldsymbol{B}$ 使得 $\boldsymbol{AB} = \boldsymbol{O}$ 的充要条件是 $\mathrm{r}(\boldsymbol{A}) < n$.

5. 设 $\boldsymbol{\alpha}_1, \boldsymbol{\alpha}_2, \cdots, \boldsymbol{\alpha}_s$ 是一线性非齐次方程组的解，求证：

$$k_1\boldsymbol{\alpha}_1 + k_2\boldsymbol{\alpha}_2 + \cdots + k_s\boldsymbol{\alpha}_s \quad \left(\text{其中} \sum_{k=1}^{s} k_s = 1\right)$$

也是该线性非齐次方程组的解.

6. 设 $\boldsymbol{A}$ 是 $n$ 阶矩阵，若

$$\boldsymbol{A} = \begin{bmatrix} 1 & -1 & & & & O \\ 0 & 1 & -1 & & & \\ 0 & 0 & 1 & -1 & & \\ \vdots & & \ddots & \ddots & \ddots & \\ 0 & & & 0 & 1 & -1 \\ -1 & O & & & 0 & 1 \end{bmatrix}, \quad \boldsymbol{b} = \begin{bmatrix} b_1 \\ b_2 \\ b_3 \\ \vdots \\ b_{n-1} \\ b_n \end{bmatrix}$$

证明：线性非齐次方程组 $\boldsymbol{Ax} = \boldsymbol{b}$ 有解的充要条件是 $\sum_{k=1}^{n} b_k = 0$.

## B 组

7. 将线性齐次方程组

$$\begin{cases} x_1 + x_2 + ax_3 = 0, \\ x_1 + ax_2 + 2x_3 = 0, \\ ax_1 + 2x_2 + a^2 x_3 = 0 \end{cases}$$

的系数矩阵记为 $\boldsymbol{A}$，若 3 阶非零矩阵 $\boldsymbol{B}$ 使得 $\boldsymbol{AB} = \boldsymbol{O}$，求常数 $a$ 的值及 $\boldsymbol{A}$ 与 $\boldsymbol{B}$ 的秩.

# 4.2 线性方程组的通解

## 4.2.1 线性齐次方程组的基础解系

根据定理 4.1.1，方程组 $\boldsymbol{Ax}=\boldsymbol{0}$ 的解向量构成线性空间 $F^n$ 的一个子空间，我们称它为此方程组的**解空间**.

**定义 4.2.1(基础解系)** 线性齐次方程组 $\boldsymbol{Ax}=\boldsymbol{0}$ 的解空间的一个基称为该方程组的**基础解系**.

关于线性齐次方程组 $\boldsymbol{Ax}=\boldsymbol{0}$ 的解空间的维数，我们用下一定理作出回答，而定理的证明过程同时给出了求基础解系的方法.

**定理 4.2.1** 设线性齐次方程组 $\boldsymbol{Ax}=\boldsymbol{0}$ 中未知量的个数为 $n$，若 $\mathrm{r}(\boldsymbol{A})=r<n$，则此方程组的解空间的维数是 $n-r$.

**证** 在定理 4.1.4 中我们已证明方程组 $\boldsymbol{Ax}=\boldsymbol{0}$ 有式(4.1.2)所示的无穷多解，即

$$\begin{bmatrix} x_1 \\ \vdots \\ x_r \\ x_{r+1} \\ \vdots \\ x_n \end{bmatrix}=\begin{bmatrix} -C_1g_{1,r+1}-\cdots-C_{n-r}g_{1n} \\ \vdots \\ -C_1g_{r,r+1}-\cdots-C_{n-r}g_{rn} \\ C_1 \\ \vdots \\ C_{n-r} \end{bmatrix}$$

$$=C_1\begin{bmatrix} -g_{1,r+1} \\ \vdots \\ -g_{r,r+1} \\ 1 \\ 0 \\ \vdots \\ 0 \end{bmatrix}+C_2\begin{bmatrix} -g_{1,r+2} \\ \vdots \\ -g_{r,r+2} \\ 0 \\ 1 \\ \vdots \\ 0 \end{bmatrix}+\cdots+C_{n-r}\begin{bmatrix} -g_{1n} \\ \vdots \\ -g_{rn} \\ 0 \\ \vdots \\ 0 \\ 1 \end{bmatrix} \tag{4.2.1}$$

其中 $x_1,x_2,\cdots,x_r$ 为主未知量，$x_{r+1},x_{r+2},\cdots,x_n$ 为自由未知量，$C_1,\cdots,C_{n-r}$ 是任意常数. 上式下面一个等号右端的 $n-r$ 个向量显然都是方程组 $\boldsymbol{Ax}=\boldsymbol{0}$ 的解，分别记为 $\boldsymbol{\beta}_1,\boldsymbol{\beta}_2,\cdots,\boldsymbol{\beta}_{n-r}$. 此解组显然线性无关，且原方程组 $\boldsymbol{Ax}=\boldsymbol{0}$ 的任一解都可由解 $\boldsymbol{\beta}_1,\boldsymbol{\beta}_2,\cdots,\boldsymbol{\beta}_{n-r}$ 线性表示，所以 $\boldsymbol{\beta}_1,\boldsymbol{\beta}_2,\cdots,\boldsymbol{\beta}_{n-r}$ 构成 $\boldsymbol{Ax}=\boldsymbol{0}$ 的一个基础解系，因此方程组 $\boldsymbol{Ax}=\boldsymbol{0}$ 的解空间的维数是 $n-r$. □

定理 4.2.1 的证明中式(4.2.1)给出了基础解系 $\boldsymbol{\beta}_1,\boldsymbol{\beta}_2,\cdots,\boldsymbol{\beta}_{n-r}$ 的标准形式：自由未知量按自然基顺序进行取值，位于后 $n-r$ 个分量；主未知量是按式(4.1.1)所示的最简阶梯形 $\boldsymbol{G}_2$ 中 $\boldsymbol{G}'$ 的 $n-r$ 个列向量的顺序进行取值并改变符号. 若 $r$ 个主 1 不是集中排在最简阶梯形 $\boldsymbol{G}_2$ 的左上角，则基础解系 $\boldsymbol{\beta}_1,\boldsymbol{\beta}_2,\cdots,\boldsymbol{\beta}_{n-r}$ 中某些分量的位置需改变(如下面例 1 所示).

### 4.2.2　线性齐次方程组的通解

**定理 4.2.2**　设 $\boldsymbol{\beta}_1,\boldsymbol{\beta}_2,\cdots,\boldsymbol{\beta}_{n-r}$ 是方程组 $\boldsymbol{Ax}=\boldsymbol{0}$ 的一个基础解系，则方程组 $\boldsymbol{Ax}=\boldsymbol{0}$ 的通解(即全部解或一般解)为

$$\boldsymbol{x}=C_1\boldsymbol{\beta}_1+C_2\boldsymbol{\beta}_2+\cdots+C_{n-r}\boldsymbol{\beta}_{n-r}$$

其中 $C_1,C_2,\cdots,C_{n-r}$ 是任意常数.

此定理由基础解系的定义直接可得.

**例 1**　求线性齐次方程组

$$\begin{cases}x_1+2x_2+x_3+2x_4+3x_5=0,\\2x_1+4x_2+x_3+5x_4+4x_5=0,\\3x_1+6x_2+2x_3+7x_4+7x_5=0,\\4x_1+8x_2+3x_3+9x_4+10x_5=0,\\5x_1+10x_2+x_3+14x_4+7x_5=0\end{cases}$$

的一个基础解系并写出其通解.

**解**　对系数矩阵 $\boldsymbol{A}$ 施行初等行变换化为最简阶梯形，有

$$\boldsymbol{A}=\begin{bmatrix}1&2&1&2&3\\2&4&1&5&4\\3&6&2&7&7\\4&8&3&9&10\\5&10&1&14&7\end{bmatrix}\xrightarrow[\substack{(4)-4(1)\\(5)-5(1)}]{\substack{(2)-2(1)\\(3)-3(1)}}\begin{bmatrix}1&2&1&2&3\\0&0&-1&1&-2\\0&0&-1&1&-2\\0&0&-1&1&-2\\0&0&-4&4&-8\end{bmatrix}$$

$$\xrightarrow{\substack{(3)-(2)\\(4)-(2)\\(5)-4(2)}}\begin{bmatrix}1&2&1&2&3\\0&0&-1&1&-2\\0&0&0&0&0\\0&0&0&0&0\\0&0&0&0&0\end{bmatrix}\xrightarrow{\substack{-(2)\\(1)-(2)}}\begin{bmatrix}1&2&0&3&1\\0&0&1&-1&2\\0&0&0&0&0\\0&0&0&0&0\\0&0&0&0&0\end{bmatrix}=\boldsymbol{G}$$

可得 $\mathrm{r}(\boldsymbol{A})=2$，又未知量的个数是 5，所以解空间的维数是 3. 最简阶梯形 $\boldsymbol{G}$ 中与主 1 对应的 $x_1,x_3$ 是主未知量，其余的 $x_2,x_4,x_5$ 是自由未知量. 下面用定理 4.2.1 证明中给出的公式写出基础解系.

第 1 步：将自由未知量 $x_2,x_4,x_5$ 按自然基顺序取值，得到基础解系的形式为

$$\begin{bmatrix} x_1 \\ x_2 \\ x_3 \\ x_4 \\ x_5 \end{bmatrix} = \begin{bmatrix} \square \\ 1 \\ \square \\ 0 \\ 0 \end{bmatrix}, \quad \begin{bmatrix} \square \\ 0 \\ \square \\ 1 \\ 0 \end{bmatrix}, \quad \begin{bmatrix} \square \\ 0 \\ \square \\ 0 \\ 1 \end{bmatrix}$$

其中主未知量 $x_1,x_3$ 的位置空着.

第 2 步：在矩阵 $\boldsymbol{A}$ 的最简阶梯形 $\boldsymbol{G}$ 中自由未知量所对应的 2,4,5 列，依次各取两个数改变符号为 $\begin{bmatrix} -2 \\ 0 \end{bmatrix}$，$\begin{bmatrix} -3 \\ 1 \end{bmatrix}$，$\begin{bmatrix} -1 \\ -2 \end{bmatrix}$，再填入上式空格中得到基础解系为

$$\boldsymbol{\beta}_1 = \begin{bmatrix} -2 \\ 1 \\ 0 \\ 0 \\ 0 \end{bmatrix}, \quad \boldsymbol{\beta}_2 = \begin{bmatrix} -3 \\ 0 \\ 1 \\ 1 \\ 0 \end{bmatrix}, \quad \boldsymbol{\beta}_3 = \begin{bmatrix} -1 \\ 0 \\ -2 \\ 0 \\ 1 \end{bmatrix}$$

于是原方程组的通解为

$$\boldsymbol{x} = C_1\boldsymbol{\beta}_1 + C_2\boldsymbol{\beta}_2 + C_3\boldsymbol{\beta}_3$$

其中 $C_1,C_2,C_3$ 是任意常数.

**例 2** 已知线性齐次方程组

$$\begin{cases} (a_1-b)x_1 + a_2x_2 + a_3x_3 + \cdots + a_nx_n = 0, \\ a_1x_1 + (a_2-b)x_2 + a_3x_3 + \cdots + a_nx_n = 0, \\ \vdots \\ a_1x_1 + a_2x_2 + a_3x_3 + \cdots + (a_n-b)x_n = 0 \end{cases}$$

其中 $\sum\limits_{k=1}^{n} a_k \neq b, a_1 \neq 0$.

(1) 求常数 $b$ 的值，使得方程组只有零解；

(2) 求常数 $b$ 的值，使得方程组有无穷多解，并求出方程组的通解.

**解** 用“加边后化零”求方程组的系数行列式，得

$$|\boldsymbol{A}| = \begin{vmatrix} a_1-b & a_2 & \cdots & a_n \\ a_1 & a_2-b & \cdots & a_n \\ \vdots & \vdots & & \vdots \\ a_1 & a_2 & \cdots & a_n-b \end{vmatrix}$$

$$=\left(-b+\sum_{k=1}^{n}a_k\right)\begin{vmatrix}1 & a_2 & \cdots & a_n\\ 1 & a_2-b & \cdots & a_n\\ \vdots & \vdots & & \vdots\\ 1 & a_2 & \cdots & a_n-b\end{vmatrix}$$

$$=\left(-b+\sum_{k=1}^{n}a_k\right)\begin{vmatrix}1 & a_2 & \cdots & a_n\\ 0 & -b & \cdots & 0\\ \vdots & \vdots & & \vdots\\ 0 & 0 & \cdots & -b\end{vmatrix}$$

$$=\left(-b+\sum_{k=1}^{n}a_k\right)(-b)^{n-1}$$

(1) 当 $b\neq 0$ 时，$|\boldsymbol{A}|\neq 0$，$\mathrm{r}(\boldsymbol{A})=n$，所以原方程组只有零解.

(2) 当 $b=0$ 时，$|\boldsymbol{A}|=0$，$\mathrm{r}(\boldsymbol{A})<n$，所以原方程组有无穷多解. 因 $a_1\neq 0$，对系数矩阵 $\boldsymbol{A}$ 施行初等行变换化为最简阶梯形，有

$$\boldsymbol{A}=\begin{bmatrix}a_1 & a_2 & \cdots & a_n\\ a_1 & a_2 & \cdots & a_n\\ \vdots & \vdots & & \vdots\\ a_1 & a_2 & \cdots & a_n\end{bmatrix}\rightarrow\begin{bmatrix}a_1 & a_2 & \cdots & a_n\\ 0 & 0 & \cdots & 0\\ \vdots & \vdots & & \vdots\\ 0 & 0 & \cdots & 0\end{bmatrix}\rightarrow\begin{bmatrix}1 & a_2/a_1 & \cdots & a_n/a_1\\ 0 & 0 & \cdots & 0\\ \vdots & \vdots & & \vdots\\ 0 & 0 & \cdots & 0\end{bmatrix}$$

则 $\mathrm{r}(\boldsymbol{A})=1$，因此解空间的维数是 $n-1$，且 $x_1$ 是主未知量，$x_2,x_3,\cdots,x_n$ 是自由未知量. 先按自由未知量取值方式写出基础解系的形式，再从阶梯形矩阵第 2 列到第 $n$ 列各取一个数改号填入得基础解系为

$$\boldsymbol{\beta}_1=\begin{bmatrix}-a_2/a_1\\ 1\\ 0\\ \vdots\\ 0\end{bmatrix},\quad \boldsymbol{\beta}_2=\begin{bmatrix}-a_3/a_1\\ 0\\ 1\\ \vdots\\ 0\end{bmatrix},\quad \cdots,\quad \boldsymbol{\beta}_{n-1}=\begin{bmatrix}-a_n/a_1\\ 0\\ 0\\ \vdots\\ 1\end{bmatrix}$$

于是原方程组的通解为

$$\boldsymbol{x}=C_1\boldsymbol{\beta}_1+C_2\boldsymbol{\beta}_2+\cdots+C_{n-1}\boldsymbol{\beta}_{n-1}\quad (C_1,C_2,\cdots,C_{n-1}\text{ 为任意常数})$$

**例 3**　若线性方程组

$$\begin{cases}x_1+x_2+ax_3=0,\\ x_1+ax_2+2x_3=0,\\ ax_1+x_2+a^2x_3=0\end{cases}$$

有非零解，求常数 $a$ 的值与方程组的通解.

**解** 记系数矩阵为 $\boldsymbol{A}$,因方程组 $\boldsymbol{Ax}=\boldsymbol{0}$ 有非零解,于是 $|\boldsymbol{A}|=0$. 由于

$$|\boldsymbol{A}|=\begin{vmatrix}1 & 1 & a\\ 1 & a & 2\\ a & 1 & a^2\end{vmatrix}=-(a-1)(a-2)$$

故 $a=1$ 或 $a=2$.

当 $a=1$ 时,将 $\boldsymbol{A}$ 化为最简阶梯形,有

$$\boldsymbol{A}=\begin{bmatrix}1 & 1 & 1\\ 1 & 1 & 2\\ 1 & 1 & 1\end{bmatrix}\xrightarrow[(3)-(1)]{(2)-(1)}\begin{bmatrix}1 & 1 & 1\\ 0 & 0 & 1\\ 0 & 0 & 0\end{bmatrix}\xrightarrow{(1)-(2)}\begin{bmatrix}1 & 1 & 0\\ 0 & 0 & 1\\ 0 & 0 & 0\end{bmatrix}$$

故 $\mathrm{r}(\boldsymbol{A})=2$,且 $x_1,x_3$ 是主未知量,$x_2$ 是自由未知量,则基础解系形式为 $\begin{bmatrix}\square\\ 1\\ \square\end{bmatrix}$. 再从最简阶梯形矩阵第 2 列取 2 个数改号为 $\begin{bmatrix}-1\\ 0\end{bmatrix}$,填入空格得基础解系为 $\boldsymbol{\beta}=\begin{bmatrix}-1\\ 1\\ 0\end{bmatrix}$.
于是原方程组的通解为 $\boldsymbol{x}=C_1\boldsymbol{\beta}$,其中 $C_1$ 为任意常数.

当 $a=2$ 时,将 $\boldsymbol{A}$ 化为最简阶梯形,有

$$\boldsymbol{A}=\begin{bmatrix}1 & 1 & 2\\ 1 & 2 & 2\\ 2 & 1 & 4\end{bmatrix}\xrightarrow[(3)-2(1)]{(2)-(1)}\begin{bmatrix}1 & 1 & 2\\ 0 & 1 & 0\\ 0 & -1 & 0\end{bmatrix}\xrightarrow[(1)-(2)]{(3)+(2)}\begin{bmatrix}1 & 0 & 2\\ 0 & 1 & 0\\ 0 & 0 & 0\end{bmatrix}$$

故 $\mathrm{r}(\boldsymbol{A})=2$,且 $x_1,x_2$ 是主未知量,$x_3$ 是自由未知量,则基础解系形式为 $\begin{bmatrix}\square\\ \square\\ 1\end{bmatrix}$. 再从最简阶梯形矩阵第 3 列取 2 个数改号为 $\begin{bmatrix}-2\\ 0\end{bmatrix}$,填入空格得基础解系为 $\boldsymbol{\gamma}=\begin{bmatrix}-2\\ 0\\ 1\end{bmatrix}$.
于是原方程组的通解为 $\boldsymbol{x}=C_2\boldsymbol{\gamma}$,其中 $C_2$ 为任意常数.

### 4.2.3 线性非齐次方程组的通解

现在我们来研究当线性非齐次方程组 $\boldsymbol{Ax}=\boldsymbol{b}$ 有无穷多解时,此方程组通解的表示.

**定理 4.2.3** 设 $\tilde{\boldsymbol{x}}$ 是方程组 $\boldsymbol{Ax}=\boldsymbol{b}$ 的特解,$\boldsymbol{\beta}_1,\boldsymbol{\beta}_2,\cdots,\boldsymbol{\beta}_{n-r}$ 是其导出组 $\boldsymbol{Ax}=\boldsymbol{0}$ 的一个基础解系,则线性非齐次方程组 $\boldsymbol{Ax}=\boldsymbol{b}$ 的通解(即全部解或一般解)为

$$x = C_1\boldsymbol{\beta}_1 + C_2\boldsymbol{\beta}_2 + \cdots + C_{n-r}\boldsymbol{\beta}_{n-r} + \tilde{x}$$

其中,$C_1,C_2,\cdots,C_{n-r}$ 是任意常数.

**证**　在定理 4.1.5 中我们已证明方程组 $\boldsymbol{Ax}=\boldsymbol{b}$ 有式(4.1.4)所示的无穷多解,即

$$\begin{bmatrix} x_1 \\ \vdots \\ x_r \\ x_{r+1} \\ \vdots \\ x_n \end{bmatrix} = \begin{bmatrix} -C_1g_{1,r+1}-\cdots-C_{n-r}g_{1n}+d_1 \\ \vdots \\ -C_1g_{r,r+1}-\cdots-C_{n-r}g_{rn}+d_r \\ C_1 \\ \vdots \\ C_{n-r} \end{bmatrix}$$

$$= C_1\begin{bmatrix} -g_{1,r+1} \\ \vdots \\ -g_{r,r+1} \\ 1 \\ 0 \\ \vdots \\ 0 \end{bmatrix} + C_2\begin{bmatrix} -g_{1,r+2} \\ \vdots \\ -g_{r,r+2} \\ 0 \\ 1 \\ \vdots \\ 0 \end{bmatrix} + \cdots + C_{n-r}\begin{bmatrix} -g_{1n} \\ \vdots \\ -g_{rn} \\ 0 \\ \vdots \\ 0 \\ 1 \end{bmatrix} + \begin{bmatrix} d_1 \\ \vdots \\ d_r \\ 0 \\ \vdots \\ 0 \\ 0 \end{bmatrix} \tag{4.2.2}$$

其中 $x_1,x_2,\cdots,x_r$ 为主未知量,$x_{r+1},x_{r+2},\cdots,x_n$ 为自由未知量,$C_1,\cdots,C_{n-r}$ 是任意常数. 上式下面一个等号右端的前 $n-r$ 个向量正是其导出组 $\boldsymbol{Ax}=\boldsymbol{0}$ 的基础解系 $\boldsymbol{\beta}_1,\boldsymbol{\beta}_2,\cdots,\boldsymbol{\beta}_{n-r}$,最后一个向量 $\tilde{x}=(d_1,\cdots,d_r,0,\cdots,0)^{\mathrm{T}}$ 是方程组 $\boldsymbol{Ax}=\boldsymbol{b}$ 的特解,于是方程组 $\boldsymbol{Ax}=\boldsymbol{b}$ 的通解为

$$x = C_1\boldsymbol{\beta}_1 + C_2\boldsymbol{\beta}_2 + \cdots + C_{n-r}\boldsymbol{\beta}_{n-r} + \tilde{x}$$ □

定理 4.2.3 的证明中式(4.2.2)给出了方程 $\boldsymbol{Ax}=\boldsymbol{b}$ 通解的标准形式:其中方程 $\boldsymbol{Ax}=\boldsymbol{0}$ 的基础解系部分前面已有构成;最后一项是特解,自由未知量皆取 0,主未知量取值为式(4.1.3)所示的最简阶梯形 $\boldsymbol{G}_3$ 中右上角的列向量 $\boldsymbol{\beta}_2$. 若 $r$ 个主 1 不是集中排在最简阶梯形 $\boldsymbol{G}_3$ 的左端,则基础解系与特解 $\tilde{x}$ 中某些分量的位置需改变(如下面例 4 所示).

**附**　解线性非齐次方程组 $\boldsymbol{Ax}=\boldsymbol{b}$ 的步骤如图 4.1 所示:

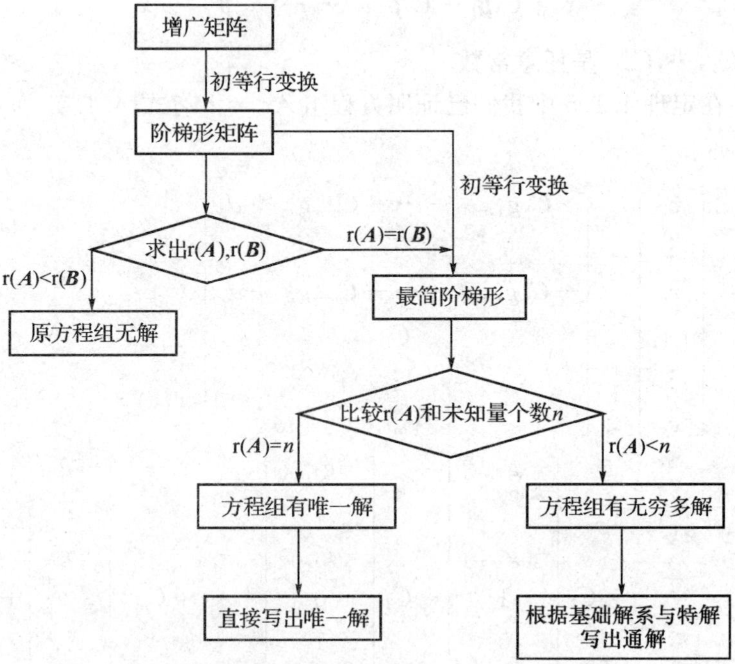


**图 4.1　解线性非齐次方程组 $Ax = b$ 的步骤**

**例 4**　求下列线性非齐次方程组的通解：

$$\begin{cases} x_1 + x_2 + x_3 + x_4 + x_5 = 2, \\ 3x_1 + 3x_2 + 2x_3 + x_4 = 5, \\ 2x_1 + 2x_2 + x_3 - 2x_5 = 3, \\ x_3 + 2x_4 + 3x_5 = 1 \end{cases}$$

**解**　对增广矩阵 $\boldsymbol{B} = (\boldsymbol{A} \,\vdots\, \boldsymbol{b})$ 施行初等行变换化为最简阶梯形 $\boldsymbol{G}$，有

$$\boldsymbol{B} = \begin{bmatrix} 1 & 1 & 1 & 1 & 1 & 2 \\ 3 & 3 & 2 & 1 & 0 & 5 \\ 2 & 2 & 1 & 0 & -2 & 3 \\ 0 & 0 & 1 & 2 & 3 & 1 \end{bmatrix} \xrightarrow[(3)-2(1)]{(2)-3(1)} \begin{bmatrix} 1 & 1 & 1 & 1 & 1 & 2 \\ 0 & 0 & -1 & -2 & -3 & -1 \\ 0 & 0 & -1 & -2 & -4 & -1 \\ 0 & 0 & 1 & 2 & 3 & 1 \end{bmatrix}$$

$$\xrightarrow{\substack{(4)\leftrightarrow(2) \\ (4)+(2) \\ (3)+(2) \\ -(3)}} \begin{bmatrix} 1 & 1 & 1 & 1 & 1 & 2 \\ 0 & 0 & 1 & 2 & 3 & 1 \\ 0 & 0 & 0 & 0 & 1 & 0 \\ 0 & 0 & 0 & 0 & 0 & 0 \end{bmatrix} \xrightarrow{\substack{(2)-3(3) \\ (1)-(2) \\ (1)-(3)}} \begin{bmatrix} 1 & 1 & 0 & -1 & 0 & 1 \\ 0 & 0 & 1 & 2 & 0 & 1 \\ 0 & 0 & 0 & 0 & 1 & 0 \\ 0 & 0 & 0 & 0 & 0 & 0 \end{bmatrix} = \boldsymbol{G}$$

则 $\mathrm{r}(\boldsymbol{A}) = 3$，$\mathrm{r}(\boldsymbol{B}) = 3$，未知量的个数是 5，故导出组的解空间的维数是 $5 - 3 = 2$. 矩阵 $\boldsymbol{G}$ 中与主 1 对应的 $x_1, x_3, x_5$ 是主未知量，其余的 $x_2, x_4$ 是自由未知量. 下面用

定理 4.2.3 证明中给出的公式分两步写出通解.

第 1 步:按自由未知量 $x_2,x_4$ 的取值写出通解的形式为

$$\begin{bmatrix}x_1\\x_2\\x_3\\x_4\\x_5\end{bmatrix}=C_1\begin{bmatrix}\square\\1\\\square\\0\\\square\end{bmatrix}+C_2\begin{bmatrix}\square\\0\\\square\\1\\\square\end{bmatrix}+\begin{bmatrix}\square\\0\\\square\\0\\\square\end{bmatrix}$$

此式右端前两项是方程组 $\boldsymbol{Ax}=\boldsymbol{0}$ 的基础解系,其中自由未知量按自然基的顺序取值;最后一项是方程组 $\boldsymbol{Ax}=\boldsymbol{b}$ 的特解,其中自由未知量皆取 0. 式中,主未知量 $x_1$, $x_3$, $x_5$ 的位置全空着.

第 2 步:在矩阵 $\boldsymbol{B}$ 的最简阶梯形 $\boldsymbol{G}$ 中自由未知量 $x_2,x_4$ 所对应的第 2,4 列,依次各取 3 个数并改变符号为 $\begin{bmatrix}-1\\0\\0\end{bmatrix}$, $\begin{bmatrix}1\\-2\\0\end{bmatrix}$,填入上式前两个向量的空格中,再在最简阶梯形 $\boldsymbol{G}$ 的最后一列取 3 个数 $\begin{bmatrix}1\\1\\0\end{bmatrix}$ (不改变符号),填入上式最后一个向量的空格中.

于是原方程组的通解为

$$\begin{bmatrix}x_1\\x_2\\x_3\\x_4\\x_5\end{bmatrix}=C_1\begin{bmatrix}-1\\1\\0\\0\\0\end{bmatrix}+C_2\begin{bmatrix}1\\0\\-2\\1\\0\end{bmatrix}+\begin{bmatrix}1\\0\\1\\0\\0\end{bmatrix}$$

其中 $C_1,C_2$ 是任意常数

**例 5**　就常数 $a,b$,讨论下面的线性方程组

$$\begin{cases}x_1+x_2-2x_3+3x_4=1,\\2x_1+x_2-6x_3+4x_4=2,\\3x_1+2x_2+ax_3+7x_4=1,\\x_1-x_2-6x_3-x_4=b\end{cases}$$

何时无解、何时有解,并在有解时求出通解.

**解**　对增广矩阵 $\boldsymbol{B}=(\boldsymbol{A}\mid\boldsymbol{b})$ 施行初等行变换化为阶梯形,有

$$\boldsymbol{B}=\begin{bmatrix}1&1&-2&3&1\\2&1&-6&4&2\\3&2&a&7&1\\1&-1&-6&-1&b\end{bmatrix}\xrightarrow[(4)-(1)]{\substack{(2)-2(1)\\(3)-3(1)}}\begin{bmatrix}1&1&-2&3&1\\0&-1&-2&-2&0\\0&-1&a+6&-2&-2\\0&-2&-4&-4&b-1\end{bmatrix}$$

$$\xrightarrow[-(2)]{\substack{(3)-(2)\\(4)-2(2)}}\begin{bmatrix}1&1&-2&3&1\\0&1&2&2&0\\0&0&a+8&0&-2\\0&0&0&0&b-1\end{bmatrix}$$

(1) 当$b\neq1$时，$\mathrm{r}(\boldsymbol{A})<\mathrm{r}(\boldsymbol{B})$，所以原方程组无解.

(2) 当$b=1,a=-8$时，$\mathrm{r}(\boldsymbol{A})=2<\mathrm{r}(\boldsymbol{B})=3$，所以原方程组无解.

(3) 当$b=1,a\neq-8$时，$\mathrm{r}(\boldsymbol{A})=\mathrm{r}(\boldsymbol{B})=3$，所以原方程组有无穷多解，且导出组的解空间的维数是$4-3=1$. 此时继续对增广矩阵$\boldsymbol{B}$施行初等行变换化为最简阶梯形，有

$$\boldsymbol{B}\rightarrow\begin{bmatrix}1&1&-2&3&1\\0&1&2&2&0\\0&0&a+8&0&-2\\0&0&0&0&0\end{bmatrix}\rightarrow\begin{bmatrix}1&0&0&1&1-8/(a+8)\\0&1&0&2&4/(a+8)\\0&0&1&0&-2/(a+8)\\0&0&0&0&0\end{bmatrix}$$

主未知量是$x_1,x_2,x_3$，自由未知量是$x_4$. 容易求得原方程组的通解为

$$(x_1,x_2,x_3,x_4)^{\mathrm{T}}=C(-1,-2,0,1)^{\mathrm{T}}+\left(1-\frac{8}{a+8},\frac{4}{a+8},-\frac{2}{a+8},0\right)^{\mathrm{T}}$$

其中$C$为任意常数.

**例 6** 设$\boldsymbol{\alpha}_1,\boldsymbol{\alpha}_2,\boldsymbol{\alpha}_3,\boldsymbol{\alpha}_4$是4维列向量，其中$\boldsymbol{\alpha}_2,\boldsymbol{\alpha}_3,\boldsymbol{\alpha}_4$线性无关，$\boldsymbol{\alpha}_1=2\boldsymbol{\alpha}_2-\boldsymbol{\alpha}_3$. 若矩阵$\boldsymbol{A}=(\boldsymbol{\alpha}_1,\boldsymbol{\alpha}_2,\boldsymbol{\alpha}_3,\boldsymbol{\alpha}_4)$，向量$\boldsymbol{\beta}=\boldsymbol{\alpha}_1+\boldsymbol{\alpha}_2+2\boldsymbol{\alpha}_3-\boldsymbol{\alpha}_4$，求线性方程组$\boldsymbol{Ax}=\boldsymbol{\beta}$的通解.

**解** 由题意有

$$\boldsymbol{\alpha}_1-2\boldsymbol{\alpha}_2+\boldsymbol{\alpha}_3=\boldsymbol{0},\quad \boldsymbol{\alpha}_1+\boldsymbol{\alpha}_2+2\boldsymbol{\alpha}_3-\boldsymbol{\alpha}_4=\boldsymbol{\beta}$$

故方程组$\boldsymbol{Ax}=\boldsymbol{0}$有解$\boldsymbol{x}=(1,-2,1,0)^{\mathrm{T}}$，方程组$\boldsymbol{Ax}=\boldsymbol{\beta}$有特解$\bar{\boldsymbol{x}}=(1,1,2,-1)^{\mathrm{T}}$.

因为向量组$\boldsymbol{\alpha}_2,\boldsymbol{\alpha}_3,\boldsymbol{\alpha}_4$线性无关，$\boldsymbol{\alpha}_1$可由$\boldsymbol{\alpha}_2,\boldsymbol{\alpha}_3,\boldsymbol{\alpha}_4$线性表示，所以向量组$\boldsymbol{\alpha}_1,\boldsymbol{\alpha}_2,\boldsymbol{\alpha}_3,\boldsymbol{\alpha}_4$的秩是3，于是$\mathrm{r}(\boldsymbol{A})=3$，方程组$\boldsymbol{Ax}=\boldsymbol{0}$解空间的维数是$4-\mathrm{r}(\boldsymbol{A})=1$，因此$(1,-2,1,0)^{\mathrm{T}}$是一个基础解系. 故原线性方程组的通解为

$$\begin{bmatrix}x_1\\x_2\\x_3\\x_4\end{bmatrix}=C\begin{bmatrix}1\\-2\\1\\0\end{bmatrix}+\begin{bmatrix}1\\1\\2\\-1\end{bmatrix}$$

其中$C$为任意常数.

## 习题 4.2

### A 组

1. 求下列线性齐次方程组的一个基础解系，并写出其通解：

(1) $\begin{cases}-4x_1+2x_2-2x_3+x_4=0,\\2x_1-x_2+x_3+3x_4=0,\\6x_1-3x_2+3x_3+2x_4=0;\end{cases}$　　(2) $\begin{cases}x_1+x_2-3x_3-x_4=0,\\3x_1-x_2-3x_3+4x_4=0,\\x_1+5x_2-9x_3-8x_4=0.\end{cases}$

2. 设 $\boldsymbol{A}$ 是 3 阶矩阵，第一行元素为 $(a,b,c)$，其中 $a,b,c$ 不全为 0，矩阵

$$\boldsymbol{B}=\begin{bmatrix}1&2&3\\2&4&6\\3&6&k\end{bmatrix}\quad(k\text{ 为常数})$$

满足 $\boldsymbol{AB}=\boldsymbol{O}$，求线性方程组 $\boldsymbol{Ax}=\boldsymbol{0}$ 的通解.

3. 设线性齐次方程组

$$\begin{cases}x_1+2x_2+x_3=0,\\x_1+2x_2+ax_3=0,\\3x_1+ax_2+8x_3=0,\\x_1+(8-a)x_2+(a-6)x_3=0\end{cases}$$

的系数矩阵为 $\boldsymbol{A}$，且有 3 阶非零矩阵 $\boldsymbol{P}$ 使得 $\boldsymbol{AP}=\boldsymbol{O}$.

(1) 求常数 $a$ 的值；

(2) 求 $\mathrm{r}(\boldsymbol{A})$ 以及线性齐次方程组 $\boldsymbol{Ax}=\boldsymbol{0}$ 的通解；

(3) 求 $\mathrm{r}(\boldsymbol{P})$.

4. 设线性齐次方程组

$$\begin{cases}a_{11}x_1+a_{12}x_2+\cdots+a_{1n}x_n=0,\\a_{21}x_1+a_{22}x_2+\cdots+a_{2n}x_n=0,\\\vdots\\a_{n1}x_1+a_{n2}x_2+\cdots+a_{nn}x_n=0\end{cases}$$

的系数矩阵 $\boldsymbol{A}$ 的秩是 $n-1$，并且 $\boldsymbol{A}$ 的元素 $a_{kl}$ 的代数余子式 $A_{kl}\neq0$，求证：$(A_{k1},A_{k2},\cdots,A_{kn})^{\mathrm{T}}$ 是此线性齐次方程组的一个基础解系.

5. 求下列线性非齐次方程组的一个特解与导出组的一个基础解系，并写出线性非齐次方程组的通解：

(1) $\begin{cases} x_1+x_2+x_3+2x_4=2, \\ 2x_1+x_2+5x_4=3, \\ 3x_1+2x_2+x_3+7x_4=5, \\ 4x_1+3x_2+2x_3+9x_4=7; \end{cases}$

(2) $\begin{cases} 2x_1+x_2+11x_3+2x_4=3, \\ x_1+4x_3-x_4=1, \\ 2x_1-x_2+5x_3-6x_4=1. \end{cases}$

6. 试问下列方程组何时无解、何时有唯一解、何时有无穷多解，并当有解时写出其唯一解或通解：

(1) $\begin{cases} \lambda x_1+x_2+x_3=1, \\ x_1+\lambda x_2+x_3=\lambda, \\ x_1+x_2+\lambda x_3=\lambda^2; \end{cases}$

(2) $\begin{cases} x_1+x_2-x_3=1, \\ 2x_1+(a+2)x_2-(b+2)x_3=3, \\ -3ax_2+(a+2b)x_3=-3. \end{cases}$

7. 设 $\boldsymbol{A}$ 是 $m\times n$ 矩阵，$\bar{\boldsymbol{x}}$ 是线性非齐次方程组 $\boldsymbol{Ax}=\boldsymbol{b}$ 的一个特解，$\mathrm{r}(\boldsymbol{A})=r$，且 $\boldsymbol{\beta}_1,\boldsymbol{\beta}_2,\cdots,\boldsymbol{\beta}_{n-r}$ 是其导出组的一个基础解系，证明：

(1) 向量 $\boldsymbol{\beta}_1,\boldsymbol{\beta}_2,\cdots,\boldsymbol{\beta}_{n-r},\bar{\boldsymbol{x}}$ 线性无关；

(2) 向量 $\boldsymbol{\beta}_1+\bar{\boldsymbol{x}},\boldsymbol{\beta}_2+\bar{\boldsymbol{x}},\cdots,\boldsymbol{\beta}_{n-r}+\bar{\boldsymbol{x}},\bar{\boldsymbol{x}}$ 为方程组 $\boldsymbol{Ax}=\boldsymbol{b}$ 解集合的一个极大无关组.（注：这里的解集合是无限集，但不是向量空间）

8. 设 $\boldsymbol{A}=(\boldsymbol{\alpha}_1,\boldsymbol{\alpha}_2,\cdots,\boldsymbol{\alpha}_n)$，$\boldsymbol{B}=(\boldsymbol{\beta}_1,\boldsymbol{\beta}_2,\cdots,\boldsymbol{\beta}_n)$ 是两个 $n$ 阶实矩阵，且

$$\boldsymbol{A}_k=(\boldsymbol{\alpha}_1,\boldsymbol{\alpha}_2,\cdots,\boldsymbol{\alpha}_n,\boldsymbol{\beta}_k)\quad(k=1,2,\cdots,n),\quad \boldsymbol{X}\in\mathbf{R}^{n\times n}$$

证明：矩阵方程 $\boldsymbol{AX}=\boldsymbol{B}$ 有解的充要条件是 $n+1$ 个矩阵 $\boldsymbol{A},\boldsymbol{A}_1,\boldsymbol{A}_2,\cdots,\boldsymbol{A}_n$ 的秩相等.

9. 设

$$\boldsymbol{A}=\begin{bmatrix} 1 & -2 & 3 & -4 \\ 0 & 1 & -1 & 1 \\ 1 & 2 & 0 & -3 \end{bmatrix},\quad \boldsymbol{E}=\begin{bmatrix} 1 & 0 & 0 \\ 0 & 1 & 0 \\ 0 & 0 & 1 \end{bmatrix}$$

求方程组 $\boldsymbol{AX}=\boldsymbol{E}$ 的通解.

### B 组

10. 设 $\boldsymbol{\alpha}_1, \boldsymbol{\alpha}_2, \cdots, \boldsymbol{\alpha}_s$ 是 $\mathbf{R}^n$ 的 $s$ 个线性无关的向量，证明：存在线性齐次方程组使得 $\boldsymbol{\alpha}_1, \boldsymbol{\alpha}_2, \cdots, \boldsymbol{\alpha}_s$ 是它的一个基础解系.

11. 设 $\boldsymbol{A}, \boldsymbol{B}, \boldsymbol{C}$ 都是 $n$ 阶实矩阵，满足 $\boldsymbol{A}^{\mathrm{T}}\boldsymbol{AB} = \boldsymbol{A}^{\mathrm{T}}\boldsymbol{AC}$，求证：$\boldsymbol{AB} = \boldsymbol{AC}$.

## 复习题 4

1. 证明：线性齐次方程组

$$\begin{cases} a_{11}x_1 + a_{12}x_2 + \cdots + a_{1n}x_n = 0, \\ a_{21}x_1 + a_{22}x_2 + \cdots + a_{2n}x_n = 0, \\ \vdots \\ a_{m1}x_1 + a_{m2}x_2 + \cdots + a_{mn}x_n = 0 \end{cases}$$

的解全是方程

$$b_1x_1 + b_2x_2 + \cdots + b_nx_n = 0$$

的解的充要条件是 $\boldsymbol{\beta} = (b_1, b_2, \cdots, b_n)$ 可由

$$\boldsymbol{\alpha}_i = (a_{i1}, a_{i2}, \cdots, a_{in}) \quad (i = 1, 2, \cdots, m)$$

线性表示.

2. 设 $\boldsymbol{A}$ 是 4 阶矩阵，$\boldsymbol{A} = (\boldsymbol{\alpha}_1, \boldsymbol{\alpha}_2, \boldsymbol{\alpha}_3, \boldsymbol{\alpha}_4)$，若线性方程组 $\boldsymbol{Ax} = \boldsymbol{0}$ 的一个基础解系为 $\boldsymbol{\alpha} = (1, 0, 1, 0)^{\mathrm{T}}$，试求线性方程组 $\boldsymbol{A}^*\boldsymbol{x} = \boldsymbol{0}$ 的一个基础解系.

3. 已知 $m \times n$ 矩阵 $\boldsymbol{A} = (a_{ij})$，且 $m < n$，$\mathrm{r}(\boldsymbol{A}) = m$. 若线性方程组 $\boldsymbol{Ax} = \boldsymbol{0}$ 的一个基础解系为

$$\boldsymbol{\beta}_k = (b_{k1}, b_{k2}, \cdots, b_{kn})^{\mathrm{T}} \quad (k = 1, 2, \cdots, n - m)$$

记 $\boldsymbol{B} = (\boldsymbol{\beta}_1, \boldsymbol{\beta}_2, \cdots, \boldsymbol{\beta}_{n-m})^{\mathrm{T}}$，试求线性方程组 $\boldsymbol{Bx} = \boldsymbol{0}$ 的一个基础解系.

4. 设

$$\boldsymbol{A} = \begin{bmatrix} \lambda & 1 & 1 \\ 0 & \lambda - 1 & 0 \\ 1 & 1 & \lambda \end{bmatrix}, \quad \boldsymbol{b} = \begin{bmatrix} \alpha \\ 1 \\ 1 \end{bmatrix}$$

已知线性方程组 $\boldsymbol{Ax} = \boldsymbol{b}$ 存在两个不同的解.

(1) 求 $\lambda, \alpha$；

(2) 求方程组 $\boldsymbol{Ax} = \boldsymbol{b}$ 的通解.

5. 设

$$A = \begin{bmatrix} 1 & 1 & 1 & 1 \\ 4 & 3 & 5 & -1 \\ a & 1 & 3 & b \end{bmatrix}, \quad b = \begin{bmatrix} -1 \\ -1 \\ 1 \end{bmatrix}$$

已知线性方程组 $Ax = b$ 存在 3 个线性无关的解.

(1) 求 $r(A)$；

(2) 求 $a,b$,并求方程组 $Ax = b$ 的通解.

6. 已知线性非齐次方程组 $AX = B$,其中

$$A = \begin{bmatrix} 1 & -1 & -1 \\ 2 & a & 1 \\ -1 & 1 & a \end{bmatrix}, \quad B = \begin{bmatrix} 1 & 2 \\ -1 & a \\ -a & -2 \end{bmatrix}$$

(1) $a$ 为何值时方程组无解?

(2) $a$ 为何值时方程组有唯一解?

(3) $a$ 为何值时方程组有无穷多解?试求出其通解.

# 5 特征值问题

## 5.1 特征值与特征向量

### 5.1.1 特征值与特征向量的定义

**定义 5.1.1** 设 $\boldsymbol{A}$ 是 $n$ 阶矩阵,若存在常数 $\lambda \in F$ 和非零向量 $\boldsymbol{x} \in F^n$,使得

$$\boldsymbol{A}\boldsymbol{x} = \lambda \boldsymbol{x} \tag{5.1.1}$$

则称 $\lambda$ 为矩阵 $\boldsymbol{A}$ 的一个**特征值**,称 $\boldsymbol{x}$ 为矩阵 $\boldsymbol{A}$ 的属于特征值 $\lambda$ 的一个**特征向量**.

若 $\boldsymbol{x}$ 是矩阵 $\boldsymbol{A}$ 的属于特征值 $\lambda$ 的特征向量,$C$ 是不等于零的任意常数,由于

$$\boldsymbol{A}\boldsymbol{x} = \lambda \boldsymbol{x} \Leftrightarrow \boldsymbol{A}(C\boldsymbol{x}) = \lambda(C\boldsymbol{x})$$

所以 $C\boldsymbol{x}$ 也是矩阵 $\boldsymbol{A}$ 的属于特征值 $\lambda$ 的特征向量. 矩阵 $\boldsymbol{A}$ 的属于特征值 $\lambda$ 的所有特征向量与零向量的集合是 $F^n$ 的子空间,称为矩阵 $\boldsymbol{A}$ 的**属于特征值 $\lambda$ 的特征子空间**.

**例 1** 设 $\boldsymbol{A} = \begin{bmatrix} \lambda_1 & 0 & 0 \\ 0 & \lambda_2 & 0 \\ 0 & 0 & \lambda_3 \end{bmatrix}$,由于

$$\begin{bmatrix} \lambda_1 & 0 & 0 \\ 0 & \lambda_2 & 0 \\ 0 & 0 & \lambda_3 \end{bmatrix}\begin{bmatrix} 1 \\ 0 \\ 0 \end{bmatrix} = \lambda_1 \begin{bmatrix} 1 \\ 0 \\ 0 \end{bmatrix}, \quad \begin{bmatrix} \lambda_1 & 0 & 0 \\ 0 & \lambda_2 & 0 \\ 0 & 0 & \lambda_3 \end{bmatrix}\begin{bmatrix} 0 \\ 1 \\ 0 \end{bmatrix} = \lambda_2 \begin{bmatrix} 0 \\ 1 \\ 0 \end{bmatrix}$$

$$\begin{bmatrix} \lambda_1 & 0 & 0 \\ 0 & \lambda_2 & 0 \\ 0 & 0 & \lambda_3 \end{bmatrix}\begin{bmatrix} 0 \\ 0 \\ 1 \end{bmatrix} = \lambda_3 \begin{bmatrix} 0 \\ 0 \\ 1 \end{bmatrix}$$

所以对角矩阵 $\boldsymbol{A}$ 的主对角元 $\lambda_1, \lambda_2, \lambda_3$ 是 $\boldsymbol{A}$ 的 3 个特征值,属于它们的全部特征向量分别为

$$\boldsymbol{x}_1 = C_1(1,0,0)^{\mathrm{T}}, \quad \boldsymbol{x}_2 = C_2(0,1,0)^{\mathrm{T}}, \quad \boldsymbol{x}_3 = C_3(0,0,1)^{\mathrm{T}}$$

其中 $C_1, C_2, C_3$ 是全不为零的任意常数.

### 5.1.2 特征值与特征向量的求法

由于式(5.1.1) 等价于$(\lambda \boldsymbol{E} - \boldsymbol{A})\boldsymbol{x} = \boldsymbol{0}(\boldsymbol{x} \neq \boldsymbol{0})$,即线性齐次方程组

$$(\lambda \boldsymbol{E}-\boldsymbol{A})\boldsymbol{x}=\boldsymbol{0} \tag{5.1.2}$$

有非零解 $\boldsymbol{x}$，据定理 2.3.8，其充要条件是式(5.1.2)中系数行列式等于 0，即

$$|\lambda \boldsymbol{E}-\boldsymbol{A}|=\begin{vmatrix} \lambda-a_{11} & -a_{12} & \cdots & -a_{1n} \\ -a_{21} & \lambda-a_{22} & \cdots & -a_{2n} \\ \vdots & \vdots & & \vdots \\ -a_{n1} & -a_{n2} & \cdots & \lambda-a_{nn} \end{vmatrix}=0 \tag{5.1.3}$$

应用行列式计算，将式(5.1.3)中的行列式按 $\lambda$ 展开，便得到一个关于 $\lambda$ 的 $n$ 次多项式，即

$$|\lambda \boldsymbol{E}-\boldsymbol{A}|=f(\lambda)=\lambda^n-(a_{11}+a_{22}+\cdots+a_{nn})\lambda^{n-1}+\cdots+(-1)^n|\boldsymbol{A}|$$

称 $f(\lambda)$ 为矩阵 $\boldsymbol{A}$ 的**特征多项式**，称方程 $f(\lambda)=0$ 为矩阵 $\boldsymbol{A}$ 的**特征方程**. 当矩阵 $\boldsymbol{A}$ 是实矩阵时，特征方程在复数域中的 $n$ 个根就是矩阵 $\boldsymbol{A}$ 的全部特征值.

若 $\lambda=\lambda_0$ 是矩阵 $\boldsymbol{A}$ 的一个特征值，此时线性齐次方程组 $(\lambda_0\boldsymbol{E}-\boldsymbol{A})\boldsymbol{x}=\boldsymbol{0}$ 有无穷多解，设基础解系为 $\boldsymbol{x}_1,\boldsymbol{x}_2,\cdots,\boldsymbol{x}_r$，则

$$\boldsymbol{x}=C_1\boldsymbol{x}_1+C_2\boldsymbol{x}_2+\cdots+C_r\boldsymbol{x}_r \quad (r\geqslant 1)$$

是矩阵 $\boldsymbol{A}$ 的属于特征值 $\lambda_0$ 的全部特征向量，其中 $C_1,C_2,\cdots,C_r$ 是不全为零的任意常数.

**例 2**　求矩阵 $\boldsymbol{A}=\begin{bmatrix} 1 & 2 \\ -1 & -1 \end{bmatrix}$ 的特征值和全部特征向量.

**解**　矩阵 $\boldsymbol{A}$ 的特征方程为

$$|\lambda \boldsymbol{E}-\boldsymbol{A}|=\begin{vmatrix} \lambda-1 & -2 \\ 1 & \lambda+1 \end{vmatrix}=\lambda^2+1=0$$

解得 $\boldsymbol{A}$ 的特征值为 $\lambda=\mathrm{i},-\mathrm{i}$.

当 $\lambda=\mathrm{i}$ 时，解方程组 $(\mathrm{i}\boldsymbol{E}-\boldsymbol{A})\boldsymbol{x}=\boldsymbol{0}$，即

$$\begin{bmatrix} \mathrm{i}-1 & -2 \\ 1 & \mathrm{i}+1 \end{bmatrix}\begin{bmatrix} x_1 \\ x_2 \end{bmatrix}=\begin{bmatrix} 0 \\ 0 \end{bmatrix}$$

对系数矩阵施行初等行变换，得

$$\begin{bmatrix} \mathrm{i}-1 & -2 \\ 1 & \mathrm{i}+1 \end{bmatrix}\to\begin{bmatrix} 1 & \mathrm{i}+1 \\ 0 & 0 \end{bmatrix}$$

解得基础解系为 $\boldsymbol{x}_1=(-1-\mathrm{i},1)^{\mathrm{T}}$，于是 $\boldsymbol{A}$ 的属于特征值 i 的全部特征向量为

$$C_1(-1-\mathrm{i},1)^{\mathrm{T}}, \quad \text{其中 } C_1 \text{ 是不等于零的任意常数}$$

当 $\lambda=-\mathrm{i}$ 时，解方程组 $(-\mathrm{i}\boldsymbol{E}-\boldsymbol{A})\boldsymbol{x}=\boldsymbol{0}$，即

$$\begin{bmatrix}-\mathrm{i}-1 & -2\\ 1 & -\mathrm{i}+1\end{bmatrix}\begin{bmatrix}x_1\\ x_2\end{bmatrix}=\begin{bmatrix}0\\ 0\end{bmatrix}$$

对系数矩阵施行初等行变换，得

$$\begin{bmatrix}-\mathrm{i}-1 & -2\\ 1 & -\mathrm{i}+1\end{bmatrix}\to\begin{bmatrix}1 & -\mathrm{i}+1\\ 0 & 0\end{bmatrix}$$

解得基础解系为 $\boldsymbol{x}_2=(\mathrm{i}-1,1)^{\mathrm{T}}$，于是 $\boldsymbol{A}$ 的属于特征值 $-\mathrm{i}$ 的全部特征向量为

$$C_2(\mathrm{i}-1,1)^{\mathrm{T}},\quad \text{其中 } C_2 \text{ 是不等于零的任意常数}$$

**例 3**　求矩阵 $\boldsymbol{A}=\begin{bmatrix}3 & 2 & -1\\ -2 & -2 & 2\\ 3 & 6 & -1\end{bmatrix}$ 的特征值和全部特征向量.

**解**　矩阵 $\boldsymbol{A}$ 的特征方程为

$$|\lambda\boldsymbol{E}-\boldsymbol{A}|=\begin{vmatrix}\lambda-3 & -2 & 1\\ 2 & \lambda+2 & -2\\ -3 & -6 & \lambda+1\end{vmatrix}\xlongequal{(1)+(3)}\begin{vmatrix}\lambda-2 & -2 & 1\\ 0 & \lambda+2 & -2\\ \lambda-2 & -6 & \lambda+1\end{vmatrix}$$

$$=(\lambda-2)\begin{vmatrix}1 & -2 & 1\\ 0 & \lambda+2 & -2\\ 1 & -6 & \lambda+1\end{vmatrix}$$

$$\xlongequal{(3)-(1)}(\lambda-2)\begin{vmatrix}1 & -2 & 1\\ 0 & \lambda+2 & -2\\ 0 & -4 & \lambda\end{vmatrix}$$

$$=(\lambda-2)^2(\lambda+4)=0$$

解得 $\boldsymbol{A}$ 的特征值为 $\lambda=2,2,-4$.

当 $\lambda=2$ 时，解方程组 $(2\boldsymbol{E}-\boldsymbol{A})\boldsymbol{x}=\boldsymbol{0}$，即

$$\begin{bmatrix}-1 & -2 & 1\\ 2 & 4 & -2\\ -3 & -6 & 3\end{bmatrix}\begin{bmatrix}x_1\\ x_2\\ x_3\end{bmatrix}=\begin{bmatrix}0\\ 0\\ 0\end{bmatrix}$$

对系数矩阵施行初等行变换，得

$$\begin{bmatrix}-1 & -2 & 1\\ 2 & 4 & -2\\ -3 & -6 & 3\end{bmatrix}\to\begin{bmatrix}1 & 2 & -1\\ 0 & 0 & 0\\ 0 & 0 & 0\end{bmatrix}$$

解得基础解系为 $\boldsymbol{x}_1=(-2,1,0)^{\mathrm{T}}$，$\boldsymbol{x}_2=(1,0,1)^{\mathrm{T}}$，于是 $\boldsymbol{A}$ 的属于特征值 $\lambda=2$ 的全部特征向量为

$$C_1(-2,1,0)^{\mathrm{T}}+C_2(1,0,1)^{\mathrm{T}},\quad \text{其中 } C_1,C_2 \text{ 是不全为零的任意常数}$$

当 $\lambda=-4$ 时，解方程组 $(-4\boldsymbol{E}-\boldsymbol{A})\boldsymbol{x}=\boldsymbol{0}$，即

$$\begin{bmatrix}-7 & -2 & 1\\ 2 & -2 & -2\\ -3 & -6 & -3\end{bmatrix}\begin{bmatrix}x_1\\ x_2\\ x_3\end{bmatrix}=\begin{bmatrix}0\\0\\0\end{bmatrix}$$

对系数矩阵施行初等行变换，得

$$\begin{bmatrix}-7 & -2 & 1\\ 2 & -2 & -2\\ -3 & -6 & -3\end{bmatrix}\rightarrow\begin{bmatrix}1 & 0 & -1/3\\ 0 & 1 & 2/3\\ 0 & 0 & 0\end{bmatrix}$$

解得基础解系为 $\boldsymbol{x}_3=(1,-2,3)^{\mathrm{T}}$，于是 $\boldsymbol{A}$ 的属于特征值 $\lambda=-4$ 的全部特征向量为

$$C_3(1,-2,3)^{\mathrm{T}},\quad \text{其中 } C_3 \text{ 是不等于零的任意常数}$$

**例 4** 求矩阵 $\boldsymbol{A}=\begin{bmatrix}-3 & 1 & -1\\ -7 & 5 & -1\\ -6 & 6 & -2\end{bmatrix}$ 的特征值和全部特征向量.

**解** 矩阵 $\boldsymbol{A}$ 的特征方程为

$$|\lambda\boldsymbol{E}-\boldsymbol{A}|=\begin{vmatrix}\lambda+3 & -1 & 1\\ 7 & \lambda-5 & 1\\ 6 & -6 & \lambda+2\end{vmatrix}\overline{\overline{(1)+(2)}}\begin{vmatrix}\lambda+2 & -1 & 1\\ \lambda+2 & \lambda-5 & 1\\ 0 & -6 & \lambda+2\end{vmatrix}$$

$$=(\lambda+2)\begin{vmatrix}1 & -1 & 1\\ 1 & \lambda-5 & 1\\ 0 & -6 & \lambda+2\end{vmatrix}$$

$$\overline{\overline{(2)-(1)}}(\lambda+2)\begin{vmatrix}1 & -1 & 1\\ 0 & \lambda-4 & 0\\ 0 & -6 & \lambda+2\end{vmatrix}$$

$$=(\lambda+2)^2(\lambda-4)=0$$

解得 $\boldsymbol{A}$ 的特征值为 $\lambda=4,-2,-2$.

当 $\lambda=4$ 时，解方程组 $(4\boldsymbol{E}-\boldsymbol{A})\boldsymbol{x}=\boldsymbol{0}$，即

$$\begin{bmatrix}7 & -1 & 1\\ 7 & -1 & 1\\ 6 & -6 & 6\end{bmatrix}\begin{bmatrix}x_1\\ x_2\\ x_3\end{bmatrix}=\begin{bmatrix}0\\0\\0\end{bmatrix}$$

对系数矩阵施行初等行变换,得

$$\begin{bmatrix} 7 & -1 & 1 \\ 7 & -1 & 1 \\ 6 & -6 & 6 \end{bmatrix} \to \begin{bmatrix} 1 & 0 & 0 \\ 0 & 1 & -1 \\ 0 & 0 & 0 \end{bmatrix}$$

解得基础解系为 $\boldsymbol{x}_1 = (0,1,1)^{\mathrm{T}}$,于是 $\boldsymbol{A}$ 的属于特征值 $\lambda = 4$ 的全部特征向量为

$$C_1(0,1,1)^{\mathrm{T}},\quad \text{其中 } C_1 \text{ 是不等于零的任意常数}$$

当 $\lambda = -2$ 时,解方程组 $(-2\boldsymbol{E} - \boldsymbol{A})\boldsymbol{x} = \boldsymbol{0}$,即

$$\begin{bmatrix} 1 & -1 & 1 \\ 7 & -7 & 1 \\ 6 & -6 & 0 \end{bmatrix} \begin{bmatrix} x_1 \\ x_2 \\ x_3 \end{bmatrix} = \begin{bmatrix} 0 \\ 0 \\ 0 \end{bmatrix}$$

对系数矩阵施行初等行变换,得

$$\begin{bmatrix} 1 & -1 & 1 \\ 7 & -7 & 1 \\ 6 & -6 & 0 \end{bmatrix} \to \begin{bmatrix} 1 & -1 & 0 \\ 0 & 0 & 1 \\ 0 & 0 & 0 \end{bmatrix}$$

解得基础解系为 $\boldsymbol{x}_2 = (1,1,0)^{\mathrm{T}}$,于是 $\boldsymbol{A}$ 的属于特征值 $\lambda = -2$ 的全部特征向量为

$$C_2(1,1,0)^{\mathrm{T}},\quad \text{其中 } C_2 \text{ 是不等于零的任意常数}$$

### 5.1.3　特征值与特征向量的性质

**定理 5.1.1(性质 1)**　设 $n$ 阶实矩阵 $\boldsymbol{A}$ 的 $n$ 个特征值为 $\lambda_1, \lambda_2, \cdots, \lambda_n$,$\boldsymbol{A}$ 的主对角元为 $a_{ii}(i = 1,2,\cdots,n)$,则有

$$\prod_{k=1}^{n} \lambda_k = |\boldsymbol{A}|,\quad \sum_{k=1}^{n} \lambda_k = a_{11} + a_{22} + \cdots + a_{nn}$$

并称 $\sum\limits_{k=1}^{n} a_{kk} = a_{11} + a_{22} + \cdots + a_{nn}$ 为矩阵 $\boldsymbol{A}$ 的**迹**,记为 $\mathrm{tr}(\boldsymbol{A})$.

**证**　矩阵 $\boldsymbol{A}$ 的特征方程为

$$|\lambda\boldsymbol{E} - \boldsymbol{A}| = \lambda^n - (a_{11} + a_{22} + \cdots + a_{nn})\lambda^{n-1} + \cdots + (-1)^n |\boldsymbol{A}| = 0 \tag{5.1.4}$$

根据韦达[①]定理,实系数代数方程(5.1.4)的 $n$ 个根的乘积等于该方程的常数项乘

①韦达(Viete),1540—1603,法国数学家.

以$(-1)^n$,而$n$个根的和等于该方程中$\lambda^{n-1}$的系数的反号,于是有

$$\prod_{k=1}^{n}\lambda_k=(-1)^n(-1)^n\ |\boldsymbol{A}|=|\boldsymbol{A}|,\quad \sum_{k=1}^{n}\lambda_k=a_{11}+a_{22}+\cdots+a_{nn}\qquad\square$$

**定义 5.1.2(多项式矩阵)** 已知矩阵$\boldsymbol{A}$,设有$x$的实系数$m$次多项式

$$P_m(x)=p_0x^m+p_1x^{m-1}+\cdots+p_{m-1}x+p_m$$

则$\boldsymbol{A}$的**多项式矩阵**定义为

$$P_m(\boldsymbol{A})\overset{\text{def}}{=\!=\!=}p_0\boldsymbol{A}^m+p_1\boldsymbol{A}^{m-1}+\cdots+p_{m-1}\boldsymbol{A}+p_m\boldsymbol{E}\tag{5.1.5}$$

**定理 5.1.2(性质 2)** 已知矩阵$\boldsymbol{A}$,且多项式矩阵$P_m(\boldsymbol{A})$如式(5.1.5)所示,如果$\lambda_0$是矩阵$\boldsymbol{A}$的一个特征值,$\boldsymbol{A}$的属于特征值$\lambda_0$的特征向量为$\boldsymbol{x}$,则多项式矩阵$P_m(\boldsymbol{A})$有特征值$P_m(\lambda_0)$,且矩阵$P_m(\boldsymbol{A})$的属于特征值$P_m(\lambda_0)$的特征向量仍是$\boldsymbol{x}$.即

$$\boldsymbol{Ax}=\lambda_0\boldsymbol{x}\Rightarrow P_m(\boldsymbol{A})\boldsymbol{x}=P_m(\lambda_0)\boldsymbol{x}$$

特别的,当$P_m(\boldsymbol{A})=\boldsymbol{O}$时,$P_m(\lambda_0)=0$.

**证** 因为$\boldsymbol{Ax}=\lambda_0\boldsymbol{x}$,所以

$$\boldsymbol{A}^2\boldsymbol{x}=\boldsymbol{AAx}=\lambda_0\boldsymbol{Ax}=\lambda_0^2\boldsymbol{x}$$
$$\boldsymbol{A}^3\boldsymbol{x}=\boldsymbol{AA}^2\boldsymbol{x}=\lambda_0^2\boldsymbol{Ax}=\lambda_0^3\boldsymbol{x}$$
$$\vdots$$
$$\boldsymbol{A}^m\boldsymbol{x}=\boldsymbol{AA}^{m-1}\boldsymbol{x}=\lambda_0^{m-1}\boldsymbol{Ax}=\lambda_0^m\boldsymbol{x}$$

于是有

$$\begin{aligned}P_m(\boldsymbol{A})\boldsymbol{x}&=(p_0\boldsymbol{A}^m+p_1\boldsymbol{A}^{m-1}+\cdots+p_{m-1}\boldsymbol{A}+p_m\boldsymbol{E})\boldsymbol{x}\\&=p_0\boldsymbol{A}^m\boldsymbol{x}+p_1\boldsymbol{A}^{m-1}\boldsymbol{x}+\cdots+p_{m-1}\boldsymbol{Ax}+p_m\boldsymbol{Ex}\\&=p_0\lambda_0^m\boldsymbol{x}+p_1\lambda_0^{m-1}\boldsymbol{x}+\cdots+p_{m-1}\lambda_0\boldsymbol{x}+p_m\boldsymbol{x}\\&=(p_0\lambda_0^m+p_1\lambda_0^{m-1}+\cdots+p_{m-1}\lambda_0+p_m)\boldsymbol{x}=P_m(\lambda_0)\boldsymbol{x}\end{aligned}$$

此式表示$P_m(\lambda_0)$是多项式矩阵$P_m(\boldsymbol{A})$的特征值,且$P_m(\boldsymbol{A})$的属于特征值$P_m(\lambda_0)$的特征向量是$\boldsymbol{x}$.

当$P_m(\boldsymbol{A})=\boldsymbol{O}$时,上式左端为零向量,故右端$P_m(\lambda_0)\boldsymbol{x}=\boldsymbol{0}$,而特征向量$\boldsymbol{x}\neq\boldsymbol{0}$,所以$P_m(\lambda_0)=0$. □

**注** 当$P_m(\boldsymbol{A})=\boldsymbol{O}$时,定理5.1.2表明矩阵$\boldsymbol{A}$的特征值$\lambda$必定是方程$P_m(x)=0$的根.例如幂等矩阵(即$\boldsymbol{A}^2=\boldsymbol{A}$)的特征值只能取方程$x^2-x=0$的根1或0;矩阵

$\boldsymbol{B}=\begin{bmatrix}1 & 0\\2 & 0\end{bmatrix}$，$\boldsymbol{E}=\begin{bmatrix}1 & 0\\0 & 1\end{bmatrix}$都是幂等矩阵，矩阵 $\boldsymbol{B}$ 的特征值是 1 与 0，而 $\boldsymbol{E}$ 的特征值显然全是 1.

**定理 5.1.3(性质 3)**　矩阵 $\boldsymbol{A}$ 的属于不同特征值的特征向量必线性无关.

**证**　设 $\lambda_1,\lambda_2,\cdots,\lambda_m$ 是矩阵 $\boldsymbol{A}$ 的 $m$ 个互不相同的特征值($m\geqslant 2$)，$\boldsymbol{x}_i(i=1,2,\cdots,m)$ 是 $\boldsymbol{A}$ 的属于 $\lambda_i$ 的特征向量，下面证 $\boldsymbol{x}_1,\boldsymbol{x}_2,\cdots,\boldsymbol{x}_{m-1},\boldsymbol{x}_m$ 线性无关.

应用数学归纳法，当 $m=2$ 时，令

$$k_1\boldsymbol{x}_1+k_2\boldsymbol{x}_2=\boldsymbol{0} \tag{5.1.6}$$

用 $\boldsymbol{A}$ 左乘式(5.1.6)两边，利用 $\boldsymbol{A}\boldsymbol{x}_i=\lambda_i\boldsymbol{x}_i(i=1,2)$ 得

$$k_1\lambda_1\boldsymbol{x}_1+k_2\lambda_2\boldsymbol{x}_2=\boldsymbol{0} \tag{5.1.7}$$

用 $\lambda_1$ 乘式(5.1.6)两边得

$$k_1\lambda_1\boldsymbol{x}_1+k_2\lambda_1\boldsymbol{x}_2=\boldsymbol{0} \tag{5.1.8}$$

将(5.1.7)，(5.1.8)两式相减得

$$k_2(\lambda_2-\lambda_1)\boldsymbol{x}_2=\boldsymbol{0}$$

由于 $\boldsymbol{x}_2\neq\boldsymbol{0}$，$\lambda_1\neq\lambda_2$，因此有 $k_2=0$，代入式(5.1.6)得 $k_1\boldsymbol{x}_1=\boldsymbol{0}$，又由于 $\boldsymbol{x}_1\neq\boldsymbol{0}$，故 $k_1=0$，于是 $\boldsymbol{x}_1,\boldsymbol{x}_2$ 线性无关. 因此结论对 $m=2$ 成立.

假设结论对 $m-1(m\geqslant 4)$ 成立，即设 $\boldsymbol{x}_1,\boldsymbol{x}_2,\cdots,\boldsymbol{x}_{m-1}$ 线性无关. 令

$$k_1\boldsymbol{x}_1+k_2\boldsymbol{x}_2+\cdots+k_{m-1}\boldsymbol{x}_{m-1}+k_m\boldsymbol{x}_m=\boldsymbol{0} \tag{5.1.9}$$

用 $\boldsymbol{A}$ 左乘式(5.1.9)两边，利用 $\boldsymbol{A}\boldsymbol{x}_i=\lambda_i\boldsymbol{x}_i(i=1,2,\cdots,m)$ 得

$$k_1\lambda_1\boldsymbol{x}_1+k_2\lambda_2\boldsymbol{x}_2+\cdots+k_{m-1}\lambda_{m-1}\boldsymbol{x}_{m-1}+k_m\lambda_m\boldsymbol{x}_m=\boldsymbol{0} \tag{5.1.10}$$

用 $\lambda_m$ 乘式(5.1.9)两边得

$$k_1\lambda_m\boldsymbol{x}_1+k_2\lambda_m\boldsymbol{x}_2+\cdots+k_{m-1}\lambda_m\boldsymbol{x}_{m-1}+k_m\lambda_m\boldsymbol{x}_m=\boldsymbol{0} \tag{5.1.11}$$

将(5.1.10)，(5.1.11)两式相减得

$$k_1(\lambda_1-\lambda_m)\boldsymbol{x}_1+k_2(\lambda_2-\lambda_m)\boldsymbol{x}_2+\cdots+k_{m-1}(\lambda_{m-1}-\lambda_m)\boldsymbol{x}_{m-1}=\boldsymbol{0}$$

由于 $\boldsymbol{x}_1,\boldsymbol{x}_2,\cdots,\boldsymbol{x}_{m-1}$ 线性无关，且 $\lambda_1,\lambda_2,\cdots,\lambda_m$ 互不相同，因此有 $k_1=k_2=\cdots=k_{m-1}=0$，代入式(5.1.9)得 $k_m\boldsymbol{x}_m=\boldsymbol{0}$，又由于 $\boldsymbol{x}_m\neq\boldsymbol{0}$，故 $k_m=0$，于是 $\boldsymbol{x}_1,\boldsymbol{x}_2,\cdots,\boldsymbol{x}_{m-1},\boldsymbol{x}_m$ 线性无关. □

**定理 5.1.4(性质 4)** 设 $\lambda_1,\lambda_2,\cdots,\lambda_m$ 是矩阵 $\boldsymbol{A}$ 的 $m$ 个互不相同的特征值($m\geqslant 2$)，$\boldsymbol{x}_{i1},\boldsymbol{x}_{i2},\cdots,\boldsymbol{x}_{is_i}(i=1,2,\cdots,m,s_i\geqslant 1)$ 是 $\boldsymbol{A}$ 的属于 $\lambda_i$ 的线性无关的特征向量，则特征向量组

$$x_{11}, x_{12}, \cdots, x_{1s_1}, x_{21}, x_{22}, \cdots, x_{2s_2}, \cdots, x_{m1}, x_{m2}, \cdots, x_{ms_m}$$

必线性无关.

*证　令

$$(k_{11}x_{11}+k_{12}x_{12}+\cdots+k_{1s_1}x_{1s_1})+(k_{21}x_{21}+k_{22}x_{22}+\cdots+k_{2s_2}x_{2s_2})$$
$$+\cdots+(k_{m1}x_{k1}+k_{m2}x_{k2}+\cdots+k_{ms_m}x_{ms_m})=\mathbf{0} \quad (5.1.12)$$

记 $k_{i1}x_{i1}+k_{i2}x_{i2}+\cdots+k_{is_i}x_{is_i}=x_i$,则式(5.1.12)化为

$$x_1+x_2+\cdots+x_{m-1}+x_m=\mathbf{0} \quad (5.1.13)$$

下面我们用反证法来证明 $x_1=x_2=\cdots=x_{m-1}=x_m=\mathbf{0}$.

式(5.1.13)中仅有一个向量不是零向量显然是不可能的,现假设式(5.1.13)中仅有$i$个向量不是零向量($2\leqslant i\leqslant m$),不妨设 $x_1\neq\mathbf{0}, x_2\neq\mathbf{0}, \cdots, x_i\neq\mathbf{0}$,因为 $x_1, x_2, \cdots, x_i$ 是矩阵 $A$ 的属于不同特征值 $\lambda_1, \lambda_2, \cdots, \lambda_i$ 的特征向量,根据性质3, $x_1, x_2, \cdots, x_i$ 是线性无关的,但由 $x_1+x_2+\cdots+x_i=\mathbf{0}$ 得 $x_1, x_2, \cdots, x_i$ 是线性相关的,此矛盾表明式(5.1.13)中仅有 $i$ 个向量不是零向量是不可能的($2\leqslant i\leqslant m$),因此 $x_1=x_2=\cdots=x_{m-1}=x_m=\mathbf{0}$. 由于 $x_i(i=1,2,\cdots,m)$ 是矩阵 $A$ 的属于特征值 $\lambda_i$ 的线性无关的特征向量 $x_{i1}, x_{i2}, \cdots, x_{is_i}$ 的线性组合,其系数应全为零. 故有

$$k_{11}=k_{12}=\cdots=k_{1s_1}=k_{21}=k_{22}=\cdots=k_{2s_2}=\cdots=k_{m1}=k_{m2}=\cdots=k_{ms_m}=0$$

因此原特征向量组线性无关. □

**定理 5.1.5(性质 5)**　设 $\lambda=\lambda_0$ 是矩阵 $A$ 的 $k$ 重特征值,矩阵 $A$ 的属于特征值 $\lambda_0$ 的特征子空间的维数为 $r$,则 $1\leqslant r\leqslant k$.

此性质中, $r\geqslant 1$ 是因为方程组 $(\lambda_0 E-A)x=\mathbf{0}$ 必有非零解,而关于 $r\leqslant k$ 的证明这里从略.

**例 5**　已知 3 阶矩阵 $A$ 的特征值为 1,2,3, $A$ 的属于这 3 个特征值的特征向量分别为 $x_1, x_2, x_3$.

(1) 求 $A^{-1}$ 的特征值和全部特征向量;

(2) 求 $A^*$ 的特征值和全部特征向量;

(3) 求矩阵 $B=3A^2+2A-E$ 的特征值和全部特征向量,并求 $|B|$;

(4) 求矩阵 $C=9A^{-1}-2A^*$ 的特征值和全部特征向量,并求 $|C|$.

**解**　(1) 因为 $|A|=1\cdot 2\cdot 3=6\neq 0$,所以矩阵 $A$ 可逆. 设 $\lambda$ 是 $A$ 的特征值, $A$ 的属于特征值 $\lambda$ 的特征向量为 $x$. 因为

$$Ax=\lambda x \Leftrightarrow A^{-1}x=\frac{1}{\lambda}x$$

所以 $\frac{1}{\lambda}$ 是 $A^{-1}$ 的特征值, $A^{-1}$ 的属于特征值 $\frac{1}{\lambda}$ 的特征向量仍是 $x$.

因此 $A^{-1}$ 的特征值为 $1,\frac{1}{2},\frac{1}{3}$，$A^{-1}$ 的属于这 3 个特征值的全部特征向量分别为 $C_1x_1,C_2x_2,C_3x_3$，其中 $C_1,C_2,C_3$ 是 3 个全不为零的任意常数.

(2) 因为 $A^*=|A|A^{-1}$，应用多项式矩阵的特征值性质，可得 $\frac{|A|}{\lambda}$ 是 $A^*$ 的特征值，$A^*$ 的属于特征值 $\frac{|A|}{\lambda}$ 的特征向量仍是 $x$. 因此 $A^*$ 的特征值为 6,3,2，$A^*$ 的属于这 3 个特征值的全部特征向量分别为 $C_1x_1,C_2x_2,C_3x_3$，其中 $C_1,C_2,C_3$ 是 3 个全不为零的任意常数.

(3) 记 $P_2(x)=3x^2+2x-1$，应用多项式矩阵的特征值性质，可得 $B=P_2(A)$ 的特征值为 $P_2(1),P_2(2),P_2(3)$，即 4,15,32. $B$ 的属于这 3 个特征值的全部特征向量分别为 $C_1x_1,C_2x_2,C_3x_3$，其中 $C_1,C_2,C_3$ 是 3 个全不为零的任意常数. 且

$$|B|=4\cdot 15\cdot 32=1920$$

(4) 由于

$$C=9A^{-1}-2A^*=9A^{-1}-2|A|A^{-1}=(9-12)A^{-1}=-3A^{-1}$$

应用多项式矩阵的特征值性质，可得 $C$ 的特征值为 $(-3)\cdot 1,(-3)\cdot\frac{1}{2},(-3)\cdot\frac{1}{3}$，即 $-3,-\frac{3}{2},-1$，$C$ 的属于这 3 个特征值的全部特征向量分别为 $C_1x_1,C_2x_2,C_3x_3$，其中 $C_1,C_2,C_3$ 是 3 个全不为零的任意常数. 且

$$|C|=(-3)\left(-\frac{3}{2}\right)(-1)=-\frac{9}{2}.$$

## 习题 5.1

### A 组

1. 求下列矩阵的特征值和全部特征向量：

(1) $\begin{bmatrix}5&0&0\\0&3&-2\\0&-2&3\end{bmatrix}$；　(2) $\begin{bmatrix}2&-1&2\\5&-3&3\\-1&0&-2\end{bmatrix}$；

(3) $\begin{bmatrix}3&2&-1\\-2&-2&2\\3&6&-1\end{bmatrix}$；　(4) $\begin{bmatrix}0&0&0&1\\0&0&1&0\\0&1&0&0\\1&0&0&0\end{bmatrix}$.

2. 若 $n$ 阶矩阵 $\boldsymbol{A}$ 的每一行中 $n$ 个元素之和都等于 $k$，试证：$k$ 是矩阵 $\boldsymbol{A}$ 的特征值，并且 $(1,1,\cdots,1)^{\mathrm{T}}$ 是 $\boldsymbol{A}$ 的属于 $k$ 的特征向量.

3. 证明：(1) 幂幺矩阵(即 $\boldsymbol{A}^2=\boldsymbol{E}$) 的特征值只能是 1 或 $-1$；

(2) 幂等矩阵(即 $\boldsymbol{A}^2=\boldsymbol{A}$) 的特征值只能是 1 或 0；

(3) 幂零矩阵(即 $\exists m\in\mathbf{N}^*$，使得 $\boldsymbol{A}^m=\boldsymbol{O}$) 的特征值只能是 0.

4. 若 $\boldsymbol{\alpha}=\begin{bmatrix}1\\1\\1\end{bmatrix}$ 是矩阵 $\boldsymbol{A}=\begin{bmatrix}a&1&1\\2&0&1\\-1&2&2\end{bmatrix}$ 的属于特征值 $\lambda$ 的特征向量，试求 $a,\lambda$.

5. 证明：一个向量 $\boldsymbol{\alpha}$ 不可能是矩阵 $\boldsymbol{A}$ 的属于不同特征值的特征向量.

6. 设 $\boldsymbol{\alpha}_1,\boldsymbol{\alpha}_2$ 分别是矩阵 $\boldsymbol{A}$ 的属于相异特征值 $\lambda_1,\lambda_2$ 的特征向量，证明：$\boldsymbol{\alpha}_1+\boldsymbol{\alpha}_2$ 不可能是 $\boldsymbol{A}$ 的特征向量.

7. 设 $\boldsymbol{A},\boldsymbol{B}$ 都是 $n$ 阶矩阵，$\boldsymbol{A}$ 的特征多项式为 $f(\lambda)$，证明：矩阵 $f(\boldsymbol{B})$ 可逆的充要条件是 $\boldsymbol{B}$ 的任一特征值都不是 $\boldsymbol{A}$ 的特征值.

8. 已知 $\boldsymbol{\alpha}=\begin{bmatrix}2\\k\\2\end{bmatrix}$ 是矩阵 $\boldsymbol{A}=\begin{bmatrix}3&1&1\\1&3&1\\1&1&3\end{bmatrix}$ 的特征向量，试求常数 $k$ 的值，并求 $\boldsymbol{A}$ 的特征值与特征向量.

9. 已知 3 阶矩阵 $\boldsymbol{A}$ 的特征值是 $1,-1,2$，设 $\boldsymbol{B}=\boldsymbol{A}^3-5\boldsymbol{A}^2$，试求：

(1) 矩阵 $\boldsymbol{B}$ 的特征值；

(2) $|\boldsymbol{B}|$ 与 $|\boldsymbol{A}-5\boldsymbol{E}|$.

10. 设 $\boldsymbol{A}=\begin{bmatrix}a&-1&2\\5&b&3\\-1&0&-2\end{bmatrix}$，$|\boldsymbol{A}|=-1$，$\boldsymbol{A}^*$ 的特征值 $\lambda_0$ 所对应的特征向量为 $\boldsymbol{\alpha}=(-1,-1,1)^{\mathrm{T}}$，求常数 $\lambda_0,a$ 和 $b$ 的值.

11. 设 3 阶矩阵 $\boldsymbol{A}$ 有特征值 $\lambda_1=2,\lambda_2=3,\lambda_3=4$，它们所对应的特征向量分别为

$$\boldsymbol{\alpha}_1=(1,1,1)^{\mathrm{T}},\quad \boldsymbol{\alpha}_2=(1,1,0)^{\mathrm{T}},\quad \boldsymbol{\alpha}_3=(0,1,1)^{\mathrm{T}}$$

(1) 求矩阵 $\boldsymbol{A}$ 的伴随矩阵 $\boldsymbol{A}^*$ 的特征值与特征向量；

(2) 设 $\boldsymbol{P}=\begin{bmatrix}1&0&1\\1&-1&0\\0&0&1\end{bmatrix}$，求矩阵 $\boldsymbol{B}=\boldsymbol{P}\boldsymbol{A}^*\boldsymbol{P}^{-1}$ 的特征值与特征向量.

**B 组**

12. 设 $\boldsymbol{A}$ 是 $n$ 阶实矩阵，$|\boldsymbol{A}|<0$，求证：存在列向量 $\boldsymbol{\alpha}\in\mathbf{R}^n$，使得 $\boldsymbol{\alpha}^{\mathrm{T}}\boldsymbol{A}\boldsymbol{\alpha}<0$.

13. 设 $\boldsymbol{A}$ 为 3 阶矩阵，$\boldsymbol{\alpha}_1,\boldsymbol{\alpha}_2$ 为 $\boldsymbol{A}$ 分别属于特征值 $-1,1$ 的特征向量，向量 $\boldsymbol{\alpha}_3$ 满足 $\boldsymbol{A\alpha}_3=\boldsymbol{\alpha}_2+\boldsymbol{\alpha}_3$.

(1) 试证：$\boldsymbol{\alpha}_1,\boldsymbol{\alpha}_2,\boldsymbol{\alpha}_3$ 线性无关；

(2) 令 $\boldsymbol{P}=(\boldsymbol{\alpha}_1,\boldsymbol{\alpha}_2,\boldsymbol{\alpha}_3)$，试求 $\boldsymbol{P}^{-1}\boldsymbol{AP}$.

14. 设 $\boldsymbol{\alpha}=(a_1,a_2,\cdots,a_n)^{\mathrm{T}}\neq\boldsymbol{0},\boldsymbol{\beta}=(b_1,b_2,\cdots,b_n)^{\mathrm{T}}\neq\boldsymbol{0},\boldsymbol{\alpha}^{\mathrm{T}}\boldsymbol{\beta}=0,\boldsymbol{A}=\boldsymbol{\alpha\beta}^{\mathrm{T}}$，试求 $\boldsymbol{A}$ 的特征值与特征向量.

## 5.2　矩阵的相似对角化

### 5.2.1　相似矩阵

**定义 5.2.1(相似矩阵)**　设 $\boldsymbol{A},\boldsymbol{B}$ 是 $n$ 阶矩阵，若存在 $n$ 阶可逆矩阵 $\boldsymbol{P}$，使得

$$\boldsymbol{P}^{-1}\boldsymbol{AP}=\boldsymbol{B}$$

则称 $\boldsymbol{A},\boldsymbol{B}$ 为**相似矩阵**(或 $\boldsymbol{A}$ **相似于** $\boldsymbol{B}$)，记为 $\boldsymbol{A}\sim\boldsymbol{B}$，并称 $\boldsymbol{P}$ 为**相似变换矩阵**.

下面来研究相似矩阵的性质.

**定理 5.2.1**　相似矩阵具有自反性、对称性、传递性.

**证**　设 $\boldsymbol{A}\sim\boldsymbol{B}$，相似变换矩阵为 $\boldsymbol{P}$，即 $\boldsymbol{P}^{-1}\boldsymbol{AP}=\boldsymbol{B}$.

(1) 因为 $\boldsymbol{E}^{-1}\boldsymbol{AE}=\boldsymbol{A}$，所以 $\boldsymbol{A}\sim\boldsymbol{A}$. 这是自反性.

(2) 令 $\boldsymbol{P}^{-1}=\boldsymbol{Q}$，则 $\boldsymbol{Q}$ 是可逆矩阵，有 $\boldsymbol{Q}^{-1}\boldsymbol{BQ}=\boldsymbol{A}$，所以 $\boldsymbol{B}\sim\boldsymbol{A}$. 这是对称性.

(3) 又设 $\boldsymbol{B}\sim\boldsymbol{C}$，相似变换矩阵为 $\boldsymbol{Q}$，即 $\boldsymbol{Q}^{-1}\boldsymbol{BQ}=\boldsymbol{C}$. 令 $\boldsymbol{PQ}=\boldsymbol{M}$，则 $\boldsymbol{M}$ 可逆，且有 $\boldsymbol{M}^{-1}\boldsymbol{AM}=\boldsymbol{C}$，所以 $\boldsymbol{A}\sim\boldsymbol{C}$. 这是传递性. □

**定理 5.2.2(相似矩阵的性质)**　设 $\boldsymbol{A}\sim\boldsymbol{B}$，相似变换矩阵为 $\boldsymbol{P}$，即 $\boldsymbol{P}^{-1}\boldsymbol{AP}=\boldsymbol{B}$，则

(1) $\boldsymbol{A}$ 与 $\boldsymbol{B}$ 有相等的行列式、相同的秩、相同的特征值、相同的迹；

(2) $\boldsymbol{A}^{\mathrm{T}}\sim\boldsymbol{B}^{\mathrm{T}}$，相似变换矩阵为 $(\boldsymbol{P}^{-1})^{\mathrm{T}}$；

(3) 当 $\boldsymbol{A}$ 可逆时，$\boldsymbol{A}^{-1}\sim\boldsymbol{B}^{-1},\boldsymbol{A}^*\sim\boldsymbol{B}^*$，且相似变换矩阵均为 $\boldsymbol{P}$.

**证**　(1) 对 $\boldsymbol{P}^{-1}\boldsymbol{AP}=\boldsymbol{B}$ 两边取行列式得

$$|\boldsymbol{B}|=|\boldsymbol{P}^{-1}\boldsymbol{AP}|=|\boldsymbol{P}^{-1}||\boldsymbol{A}||\boldsymbol{P}|=|\boldsymbol{P}|^{-1}|\boldsymbol{A}||\boldsymbol{P}|=|\boldsymbol{A}|$$

由定理 2.2.8 与定理 2.2.3 可知：对矩阵 $\boldsymbol{A}$ 左乘可逆矩阵 $\boldsymbol{P}^{-1}$ 等价于对 $\boldsymbol{A}$ 施行一系列初等行变换，再右乘可逆矩阵 $\boldsymbol{P}$ 等价于对 $\boldsymbol{A}$ 再施行一系列初等列变换. 由于初等变换不改变矩阵的秩，所以 $\mathrm{r}(\boldsymbol{A})=\mathrm{r}(\boldsymbol{B})$.

由于

$$|\lambda\boldsymbol{E}-\boldsymbol{B}|=|\lambda\boldsymbol{E}-\boldsymbol{P}^{-1}\boldsymbol{AP}|=|\boldsymbol{P}^{-1}(\lambda\boldsymbol{E}-\boldsymbol{A})\boldsymbol{P}|=|\lambda\boldsymbol{E}-\boldsymbol{A}|$$

所以矩阵 $\boldsymbol{B}$ 与 $\boldsymbol{A}$ 有相同的特征多项式，故相似矩阵有相同的特征值并有相同的迹.

(2) 对 $\boldsymbol{P}^{-1}\boldsymbol{A}\boldsymbol{P}=\boldsymbol{B}$ 两边取转置得

$$\boldsymbol{B}^{\mathrm{T}}=(\boldsymbol{P}^{-1}\boldsymbol{A}\boldsymbol{P})^{\mathrm{T}}=\boldsymbol{P}^{\mathrm{T}}\boldsymbol{A}^{\mathrm{T}}(\boldsymbol{P}^{-1})^{\mathrm{T}}=\boldsymbol{Q}^{-1}\boldsymbol{A}^{\mathrm{T}}\boldsymbol{Q}$$

此式表明 $\boldsymbol{A}^{\mathrm{T}}$ 与 $\boldsymbol{B}^{\mathrm{T}}$ 相似，相似变换矩阵为 $\boldsymbol{Q}=(\boldsymbol{P}^{\mathrm{T}})^{-1}=(\boldsymbol{P}^{-1})^{\mathrm{T}}$.

(3) 对 $\boldsymbol{P}^{-1}\boldsymbol{A}\boldsymbol{P}=\boldsymbol{B}$ 两边取逆得

$$\boldsymbol{B}^{-1}=(\boldsymbol{P}^{-1}\boldsymbol{A}\boldsymbol{P})^{-1}=\boldsymbol{P}^{-1}\boldsymbol{A}^{-1}(\boldsymbol{P}^{-1})^{-1}=\boldsymbol{P}^{-1}\boldsymbol{A}^{-1}\boldsymbol{P}$$

此式表明 $\boldsymbol{A}^{-1}$ 与 $\boldsymbol{B}^{-1}$ 相似，且相似变换矩阵仍为 $\boldsymbol{P}$.

在等式 $\boldsymbol{B}^{-1}=\boldsymbol{P}^{-1}\boldsymbol{A}^{-1}\boldsymbol{P}$ 两边分别乘以 $|\boldsymbol{B}|$ 与 $|\boldsymbol{A}|$，由于 $|\boldsymbol{B}|=|\boldsymbol{A}|$，所以

$$|\boldsymbol{B}|\boldsymbol{B}^{-1}=|\boldsymbol{A}|(\boldsymbol{P}^{-1}\boldsymbol{A}^{-1}\boldsymbol{P})=\boldsymbol{P}^{-1}(|\boldsymbol{A}|\boldsymbol{A}^{-1})\boldsymbol{P}$$

又 $|\boldsymbol{B}|\boldsymbol{B}^{-1}=\boldsymbol{B}^{*}$，$|\boldsymbol{A}|\boldsymbol{A}^{-1}=\boldsymbol{A}^{*}$，代入上式得 $\boldsymbol{B}^{*}=\boldsymbol{P}^{-1}\boldsymbol{A}^{*}\boldsymbol{P}$，此式表明 $\boldsymbol{A}^{*}$ 与 $\boldsymbol{B}^{*}$ 相似，且相似变换矩阵仍为 $\boldsymbol{P}$. □

**例 1** 设 $\begin{bmatrix}3 & 2 & 4\\0 & a & b\\0 & 4 & 2\end{bmatrix}$ 与 $\begin{bmatrix}1 & 2 & 3\\0 & 2 & 3\\0 & 0 & c\end{bmatrix}$ 相似，试求常数 $a,b,c$.

**解** 记 $\boldsymbol{A}=\begin{bmatrix}3 & 2 & 4\\0 & a & b\\0 & 4 & 2\end{bmatrix}$，$\boldsymbol{B}=\begin{bmatrix}1 & 2 & 3\\0 & 2 & 3\\0 & 0 & c\end{bmatrix}$，因为 $\boldsymbol{A}\sim\boldsymbol{B}$，所以 $\boldsymbol{A}$ 与 $\boldsymbol{B}$ 有相同的行列式、相同的迹、相同的特征值. 由于

$$|\boldsymbol{A}|=6(a-2b),\quad \mathrm{tr}(\boldsymbol{A})=5+a,\quad \boldsymbol{A}\text{ 有特征值 }3$$

$$|\boldsymbol{B}|=2c,\quad \mathrm{tr}(\boldsymbol{B})=3+c,\quad \boldsymbol{B}\text{ 的特征值是 }1,2,c$$

所以 $6(a-2b)=2c$，$5+a=3+c$，$c=3$，由此解得 $a=1$，$b=0$，$c=3$.

### 5.2.2 矩阵相似对角化的定义

**定义 5.2.2(相似对角化)** 设 $\boldsymbol{A}$ 是 $n$ 阶矩阵，若存在可逆矩阵 $\boldsymbol{P}$ 和对角矩阵 $\boldsymbol{D}$，使得

$$\boldsymbol{P}^{-1}\boldsymbol{A}\boldsymbol{P}=\boldsymbol{D},\quad \boldsymbol{D}=\mathrm{diag}(\lambda_1,\lambda_2,\cdots,\lambda_n)$$

则称矩阵 $\boldsymbol{A}$ **可相似对角化**，简称 $\boldsymbol{A}$ **可对角化**，并称 $\boldsymbol{D}$ 为 $\boldsymbol{A}$ **的相似对角矩阵**.

### 5.2.3 矩阵可相似对角化的条件

**定理 5.2.3** 设 $\boldsymbol{A}$ 是 $n$ 阶矩阵，则 $\boldsymbol{A}$ 可相似对角化的充要条件是 $\boldsymbol{A}$ 有 $n$ 个线性无关的特征向量.

**证**　（**充分性**）设 $\boldsymbol{A}$ 有 $n$ 个线性无关的特征向量 $\boldsymbol{x}_1,\boldsymbol{x}_2,\cdots,\boldsymbol{x}_n$，根据特征向量的定义，存在 $n$ 个特征值 $\lambda_1,\lambda_2,\cdots,\lambda_n$（其中可能有相同的），使得

$$\boldsymbol{A}\boldsymbol{x}_i=\lambda_i\boldsymbol{x}_i\quad(i=1,2,\cdots,n)$$

作矩阵 $\boldsymbol{P}=(\boldsymbol{x}_1,\boldsymbol{x}_2,\cdots,\boldsymbol{x}_n)$，由于 $\boldsymbol{x}_1,\boldsymbol{x}_2,\cdots,\boldsymbol{x}_n$ 线性无关，所以矩阵 $\boldsymbol{P}$ 可逆. 记 $\boldsymbol{D}=\mathrm{diag}(\lambda_1,\lambda_2,\cdots,\lambda_n)$，则

$$\boldsymbol{AP}=\boldsymbol{A}(\boldsymbol{x}_1,\boldsymbol{x}_2,\cdots,\boldsymbol{x}_n)=(\boldsymbol{A}\boldsymbol{x}_1,\boldsymbol{A}\boldsymbol{x}_2,\cdots,\boldsymbol{A}\boldsymbol{x}_n)=(\lambda_1\boldsymbol{x}_1,\lambda_2\boldsymbol{x}_2,\cdots,\lambda_n\boldsymbol{x}_n)$$

$$=(\boldsymbol{x}_1,\boldsymbol{x}_2,\cdots,\boldsymbol{x}_n)\begin{bmatrix}\lambda_1 & & & O\\ & \lambda_2 & & \\ & & \ddots & \\ O & & & \lambda_n\end{bmatrix}=\boldsymbol{PD}\qquad(5.2.1)$$

式(5.2.1)等价于 $\boldsymbol{P}^{-1}\boldsymbol{AP}=\boldsymbol{D}$，即矩阵 $\boldsymbol{A}$ 可相似对角化.

（**必要性**）设矩阵 $\boldsymbol{A}$ 可相似对角化，由定义 5.2.2 可知存在可逆矩阵 $\boldsymbol{P}$ 和对角矩阵 $\boldsymbol{D}$，使得

$$\boldsymbol{P}^{-1}\boldsymbol{AP}=\boldsymbol{D}\Leftrightarrow\boldsymbol{AP}=\boldsymbol{PD},\quad\boldsymbol{D}=\mathrm{diag}(\lambda_1,\lambda_2,\cdots,\lambda_n)\qquad(5.2.2)$$

记 $\boldsymbol{P}=(\boldsymbol{x}_1,\boldsymbol{x}_2,\cdots,\boldsymbol{x}_n)$，因 $\boldsymbol{P}$ 可逆，所以 $\boldsymbol{x}_1,\boldsymbol{x}_2,\cdots,\boldsymbol{x}_n$ 线性无关. 将 $\boldsymbol{P}$ 代入式(5.2.2)得

$$\boldsymbol{A}(\boldsymbol{x}_1,\boldsymbol{x}_2,\cdots,\boldsymbol{x}_n)=(\boldsymbol{A}\boldsymbol{x}_1,\boldsymbol{A}\boldsymbol{x}_2,\cdots,\boldsymbol{A}\boldsymbol{x}_n)=(\boldsymbol{x}_1,\boldsymbol{x}_2,\cdots,\boldsymbol{x}_n)\begin{bmatrix}\lambda_1 & & & O\\ & \lambda_2 & & \\ & & \ddots & \\ O & & & \lambda_n\end{bmatrix}$$

$$=(\lambda_1\boldsymbol{x}_1,\lambda_2\boldsymbol{x}_2,\cdots,\lambda_n\boldsymbol{x}_n)$$

即有

$$\boldsymbol{A}\boldsymbol{x}_i=\lambda_i\boldsymbol{x}_i\quad(i=1,2,\cdots,n)$$

应用特征向量的定义，则矩阵 $\boldsymbol{A}$ 有 $n$ 个线性无关的特征向量 $\boldsymbol{x}_1,\boldsymbol{x}_2,\cdots,\boldsymbol{x}_n$. □

**推论 5.2.4**　若 $n$ 阶矩阵 $\boldsymbol{A}$ 有 $n$ 个互不相同的特征值，则 $\boldsymbol{A}$ 可相似对角化.

**证**　因矩阵 $\boldsymbol{A}$ 有 $n$ 个互不相同的特征值，则它们都是特征方程的单根，应用定理 5.1.5 可得矩阵 $\boldsymbol{A}$ 属于每个特征值有且只有一个特征向量，再据定理 5.1.3 得 $\boldsymbol{A}$ 有 $n$ 个线性无关的特征向量，最后应用定理 5.2.3 即得 $\boldsymbol{A}$ 可相似对角化. □

**推论 5.2.5**　若 $n$ 阶矩阵 $\boldsymbol{A}$ 有 $k$ 个 $(1\leqslant k\leqslant n)$ 互不相同的特征值是 $\lambda_1,\lambda_2,\cdots,\lambda_k$，这些特征值的重数分别为 $s_1,s_2,\cdots,s_k(s_1+s_2+\cdots+s_k=n)$，如果矩阵 $\boldsymbol{A}$ 属于特征值 $\lambda_i$ 的特征子空间的维数为 $s_i(i=1,2,\cdots,k)$，则矩阵 $\boldsymbol{A}$ 可对角化.

**证** 因为矩阵 $\boldsymbol{A}$ 属于特征值 $\lambda_i$ 的特征子空间的维数为 $s_i(i=1,2,\cdots,k)$，所以矩阵 $\boldsymbol{A}$ 属于 $\lambda_i$ 有 $s_i$ 个线性无关的特征向量. 又因为 $s_1+s_2+\cdots+s_k=n$，应用定理 5.1.4 可知矩阵 $\boldsymbol{A}$ 有 $n$ 个线性无关的特征向量，再应用定理 5.2.3 即得 $\boldsymbol{A}$ 可相似对角化. □

**例 2** 判断下列矩阵可否相似对角化：

(1) $\begin{bmatrix} 3 & 2 & -1 \\ -2 & -2 & 2 \\ 3 & 6 & -1 \end{bmatrix}$； (2) $\begin{bmatrix} -3 & 1 & -1 \\ -7 & 5 & -1 \\ -6 & 6 & -2 \end{bmatrix}$.

**解** (1) 上节例 3 中已求得此矩阵的 3 个特征值为 $\lambda=2,2,-4$，其中二重特征值 $\lambda=2$ 的特征子空间的维数是 2，所以可相似对角化.

(2) 上节例 4 中已求得此矩阵的 3 个特征值为 $\lambda=4,-2,-2$，其中二重特征值 $\lambda=-2$ 的特征子空间的维数是 1，所以不可相似对角化.

**例 3** 设矩阵 $\boldsymbol{A}=\begin{bmatrix} 1 & a & -1 \\ 1 & -1 & -1 \\ -1 & 1 & 1 \end{bmatrix}$ 有一个二重特征值，求常数 $a$ 的值，并讨论矩阵 $\boldsymbol{A}$ 可否相似对角化.

**解** 特征方程为

$$|\lambda\boldsymbol{E}-\boldsymbol{A}|=\lambda(\lambda^2-\lambda-(a+1))=0$$

(1) 当 $\lambda=0$ 为二重特征值时 $a+1=0$，故 $a=-1$，此时特征值为 $\lambda=0,0,1$. 由于

$$0\boldsymbol{E}-\boldsymbol{A}=\begin{bmatrix} -1 & 1 & 1 \\ -1 & 1 & 1 \\ 1 & -1 & -1 \end{bmatrix}\rightarrow\begin{bmatrix} 1 & -1 & -1 \\ 0 & 0 & 0 \\ 0 & 0 & 0 \end{bmatrix}$$

则 $\mathrm{r}(0\boldsymbol{E}-\boldsymbol{A})=1$，故矩阵 $\boldsymbol{A}$ 属于特征值 $\lambda=0$ 的特征子空间的维数是 2，所以 $a=-1$ 时 $\boldsymbol{A}$ 可相似对角化.

(2) 当 $\lambda=0$ 为单特征值时 $1+4(a+1)=0$，所以 $a=-\dfrac{5}{4}$，且 $\lambda=\dfrac{1}{2}$ 为二重特征值. 由于

$$\frac{1}{2}\boldsymbol{E}-\boldsymbol{A}=\begin{bmatrix} -0.5 & 1.25 & 1 \\ -1 & 1.5 & 1 \\ 1 & -1 & -0.5 \end{bmatrix}\rightarrow\begin{bmatrix} 1 & 0 & 0.5 \\ 0 & 1 & 1 \\ 0 & 0 & 0 \end{bmatrix}$$

则 $\mathrm{r}\left(\dfrac{1}{2}\boldsymbol{E}-\boldsymbol{A}\right)=2$，故矩阵 $\boldsymbol{A}$ 属于二重特征值 $\lambda=\dfrac{1}{2}$ 的特征子空间的维数是 1，所

以 $a=-\frac{5}{4}$ 时矩阵 $\boldsymbol{A}$ 不可相似对角化.

### 5.2.4　矩阵相似对角化的步骤

当矩阵 $\boldsymbol{A}$ 可相似对角化时，定理 5.2.3 的证明过程同时给出了将矩阵 $\boldsymbol{A}$ 相似于对角矩阵 $\boldsymbol{D}$ 的方法. 下面将相似对角化的步骤详述如下：

(1) 写出特征方程 $|\lambda\boldsymbol{E}-\boldsymbol{A}|=0$，求出全部特征值 $\lambda_1,\lambda_2,\cdots,\lambda_k(1\leqslant k\leqslant n)$，并记这些特征值的重数分别为 $s_1,s_2,\cdots,s_k(s_1+s_2+\cdots+s_k=n)$；

(2) 对每一个特征值 $\lambda_i$ 求线性方程组 $(\lambda_i\boldsymbol{E}-\boldsymbol{A})\boldsymbol{x}=\boldsymbol{0}$ 的一个基础解系，并要求特征子空间的维数是 $s_i(i=1,2,\cdots,k)$；

(3) 以上述(2)中求出的全部特征向量为列向量作出相似变换矩阵 $\boldsymbol{P}$，以特征值为主对角元作出相似对角矩阵 $\boldsymbol{D}$(这里要求矩阵 $\boldsymbol{P}$ 中特征向量的排序应与矩阵 $\boldsymbol{D}$ 中特征值的排序一一对应)，则有 $\boldsymbol{P}^{-1}\boldsymbol{A}\boldsymbol{P}=\boldsymbol{D}$.

**例 4**　判断下列矩阵可否相似对角化，并在可对角化时求出相似变换矩阵与相似对角矩阵将矩阵对角化：

(1) $\begin{bmatrix}1 & 2\\-1 & -1\end{bmatrix}$；　(2) $\begin{bmatrix}2 & 3 & -3\\-1 & 2 & 1\\0 & 3 & -1\end{bmatrix}$；　(3) $\begin{bmatrix}3 & 2 & 4\\2 & 0 & 2\\4 & 2 & 3\end{bmatrix}$.

**解**　(1) 记 $\boldsymbol{A}=\begin{bmatrix}1 & 2\\-1 & -1\end{bmatrix}$，在上节例 2 中我们已经求得矩阵 $\boldsymbol{A}$ 的特征值为 $\lambda_1=\mathrm{i},\lambda_2=-\mathrm{i}$，且矩阵 $\boldsymbol{A}$ 属于 $\lambda_1,\lambda_2$ 的特征向量分别为 $\boldsymbol{x}_1=(-1-\mathrm{i},1)^{\mathrm{T}},\boldsymbol{x}_2=(-1+\mathrm{i},1)^{\mathrm{T}}$. 由于矩阵 $\boldsymbol{A}$ 有两个不同的特征值，所以矩阵 $\boldsymbol{A}$ 可相似对角化，且相似变换矩阵 $\boldsymbol{P}$ 与相似对角矩阵 $\boldsymbol{D}$ 分别为

$$\boldsymbol{P}=(\boldsymbol{x}_1,\boldsymbol{x}_2)=\begin{bmatrix}-1-\mathrm{i} & -1+\mathrm{i}\\1 & 1\end{bmatrix},\quad \boldsymbol{D}=\mathrm{diag}(\mathrm{i},-\mathrm{i})$$

使得 $\boldsymbol{P}^{-1}\boldsymbol{A}\boldsymbol{P}=\boldsymbol{D}$.

(2) 记 $\boldsymbol{A}=\begin{bmatrix}2 & 3 & -3\\-1 & 2 & 1\\0 & 3 & -1\end{bmatrix}$，则矩阵 $\boldsymbol{A}$ 的特征方程为

$$|\lambda\boldsymbol{E}-\boldsymbol{A}|=\begin{vmatrix}\lambda-2 & -3 & 3\\1 & \lambda-2 & -1\\0 & -3 & \lambda+1\end{vmatrix}\xlongequal[(1)+(2)+(3)]{}(\lambda-2)\begin{vmatrix}1 & -3 & 3\\1 & \lambda-2 & -1\\1 & -3 & \lambda+1\end{vmatrix}$$

$$\xlongequal[(3)-(1)]{(2)-(1)}(\lambda-2)\begin{vmatrix}1 & -3 & 3\\0 & \lambda+1 & -4\\0 & 0 & \lambda-2\end{vmatrix}=(\lambda-2)^2(\lambda+1)=0$$

解得 $\boldsymbol{A}$ 的特征值为 $\lambda=2,2,-1$. 当 $\lambda=2$ 时,解方程组 $(2\boldsymbol{E}-\boldsymbol{A})\boldsymbol{x}=\boldsymbol{0}$,即

$$\begin{bmatrix}0&-3&3\\1&0&-1\\0&-3&3\end{bmatrix}\begin{bmatrix}x_1\\x_2\\x_3\end{bmatrix}=\begin{bmatrix}0\\0\\0\end{bmatrix}$$

对系数矩阵施行初等行变换,得

$$\begin{bmatrix}0&-3&3\\1&0&-1\\0&-3&3\end{bmatrix}\to\begin{bmatrix}1&0&-1\\0&1&-1\\0&0&0\end{bmatrix}$$

即 $\mathrm{r}(2\boldsymbol{E}-\boldsymbol{A})=2$,因此矩阵 $\boldsymbol{A}$ 属于二重特征值 $\lambda=2$ 的特征子空间的维数是 1,所以矩阵 $\boldsymbol{A}$ 不可相似对角化.

(3) 记 $\boldsymbol{A}=\begin{bmatrix}3&2&4\\2&0&2\\4&2&3\end{bmatrix}$,则矩阵 $\boldsymbol{A}$ 的特征方程为

$$|\lambda\boldsymbol{E}-\boldsymbol{A}|=\begin{vmatrix}\lambda-3&-2&-4\\-2&\lambda&-2\\-4&-2&\lambda-3\end{vmatrix}\xlongequal{(1)+(2)+(3)}\begin{vmatrix}\lambda-9&-2&-4\\\lambda-4&\lambda&-2\\\lambda-9&-2&\lambda-3\end{vmatrix}$$

$$\xlongequal{(3)-(1)}\begin{vmatrix}\lambda-9&-2&-4\\\lambda-4&\lambda&-2\\0&0&\lambda+1\end{vmatrix}$$

$$=(\lambda+1)(\lambda^2-9\lambda+2\lambda-8)=(\lambda+1)^2(\lambda-8)=0$$

解得 $\boldsymbol{A}$ 的特征值为 $\lambda=8,-1,-1$.

当 $\lambda=-1$ 时,解方程组 $(-\boldsymbol{E}-\boldsymbol{A})\boldsymbol{x}=\boldsymbol{0}$,即

$$\begin{bmatrix}-4&-2&-4\\-2&-1&-2\\-4&-2&-4\end{bmatrix}\begin{bmatrix}x_1\\x_2\\x_3\end{bmatrix}=\begin{bmatrix}0\\0\\0\end{bmatrix}$$

对系数矩阵施行初等行变换,得

$$\begin{bmatrix}-4&-2&-4\\-2&-1&-2\\-4&-2&-4\end{bmatrix}\to\begin{bmatrix}1&1/2&1\\0&0&0\\0&0&0\end{bmatrix}$$

矩阵 $\boldsymbol{A}$ 属于特征值 $\lambda=-1$ 的特征子空间的维数是 2,所以矩阵 $\boldsymbol{A}$ 可相似对角化. 由上述阶梯形矩阵解得基础解系即线性无关的特征向量为

$$\boldsymbol{x}_1=(-1,2,0)^{\mathrm{T}},\quad \boldsymbol{x}_2=(-1,0,1)^{\mathrm{T}}$$

当 $\lambda=8$ 时,解方程组 $(8\boldsymbol{E}-\boldsymbol{A})\boldsymbol{x}=\boldsymbol{0}$,即

$$\begin{bmatrix}5&-2&-4\\-2&8&-2\\-4&-2&5\end{bmatrix}\begin{bmatrix}x_1\\x_2\\x_3\end{bmatrix}=\begin{bmatrix}0\\0\\0\end{bmatrix}$$

对系数矩阵施行初等行变换,得

$$\begin{bmatrix}5&-2&-4\\-2&8&-2\\-4&-2&5\end{bmatrix}\to\begin{bmatrix}1&0&-1\\0&1&-1/2\\0&0&0\end{bmatrix}$$

解得基础解系即特征向量为 $\boldsymbol{x}_3=(2,1,2)^{\mathrm{T}}$.

于是相似变换矩阵 $\boldsymbol{P}$ 与相似对角矩阵 $\boldsymbol{D}$ 分别为

$$\boldsymbol{P}=(\boldsymbol{x}_3,\boldsymbol{x}_1,\boldsymbol{x}_2)=\begin{bmatrix}2&-1&-1\\1&2&0\\2&0&1\end{bmatrix},\quad \boldsymbol{D}=\mathrm{diag}(8,-1,-1)$$

使得 $\boldsymbol{P}^{-1}\boldsymbol{AP}=\boldsymbol{D}$.

**注** (1) 在例 4 的第(1) 小题中,两个特征值都是复数,由此求得相似变换矩阵 $\boldsymbol{P}$ 与相似对角矩阵 $\boldsymbol{D}$ 的元素中含有复数,这样的矩阵称为**复矩阵**. 当特征值都是实数时,相似变换矩阵 $\boldsymbol{P}$ 与相似对角矩阵 $\boldsymbol{D}$ 一定是实矩阵.

(2) 在例 4 的第(2) 和第(3) 小题中皆有重特征值,我们都是先求矩阵的属于这些重特征值的特征子空间的维数. 只要有一个特征值的特征子空间的维数小于该特征值的重数,则该矩阵就不可相似对角化,解题结束;当所有重特征值的特征子空间的维数都等于该特征值的重数时,矩阵可相似对角化. 对于单特征值,属于它的特征子空间的维数一定是 1,可以不考虑. 在判断出矩阵可相似对角化后,再求出所有特征值(包括单特征值) 的线性无关的特征向量.

(3) 写相似对角矩阵时,对于主对角线上特征值的排序如果问题没有要求,我们一般约定先写正数(从小到大排序),再写负数(从大到小排序),最后写 0. 例如特征值是 3,1,3,0,-4,-1 时,我们将相似对角矩阵写为

$$\boldsymbol{D}=\mathrm{diag}(1,3,3,-1,-4,0)$$

此时相应的相似变换矩阵中特征向量的排序要与特征值的排序一一对应. 这样约定的目的只是为了好写标准答案,并无实质性的道理. 如在此例的第(3) 小题中,先求重特征值 $\lambda=-1$ 的特征向量,而写相似对角矩阵 $\boldsymbol{D}$ 时先写特征值 $\lambda=8$.

**例 5** 设 $A=\begin{bmatrix}3&2&2\\2&3&2\\2&2&3\end{bmatrix}$，$Q=\begin{bmatrix}0&1&0\\1&0&1\\0&0&1\end{bmatrix}$，$B=Q^{-1}A^{*}Q$，这里 $A^{*}$ 是 $A$ 的伴随矩阵，试求：

(1) 相似变换矩阵和相似对角矩阵，将 $A^{*}$ 对角化；

(2) 相似变换矩阵和相似对角矩阵，将 $B$ 对角化.

**解** 先来求矩阵 $A$ 的特征值和特征向量. 矩阵 $A$ 的特征方程为

$$|\lambda E-A|=\begin{vmatrix}\lambda-3&-2&-2\\-2&\lambda-3&-2\\-2&-2&\lambda-3\end{vmatrix}\xlongequal{(1)+(2)+(3)}\begin{vmatrix}\lambda-7&-2&-2\\\lambda-7&\lambda-3&-2\\\lambda-7&-2&\lambda-3\end{vmatrix}$$

$$\xlongequal[(2)-(1)]{(3)-(1)}(\lambda-7)\begin{vmatrix}1&-2&-2\\0&\lambda-1&0\\0&0&\lambda-1\end{vmatrix}=(\lambda-1)^2(\lambda-7)=0$$

解得 $A$ 的特征值为 $\lambda=1,1,7$. 当 $\lambda=1$ 时，解方程组 $(E-A)x=\mathbf{0}$，即

$$\begin{bmatrix}-2&-2&-2\\-2&-2&-2\\-2&-2&-2\end{bmatrix}\begin{bmatrix}x_1\\x_2\\x_3\end{bmatrix}=\begin{bmatrix}0\\0\\0\end{bmatrix}$$

对系数矩阵施行初等行变换，得

$$\begin{bmatrix}-2&-2&-2\\-2&-2&-2\\-2&-2&-2\end{bmatrix}\to\begin{bmatrix}1&1&1\\0&0&0\\0&0&0\end{bmatrix}$$

解得基础解系即线性无关的特征向量为 $x_1=(-1,1,0)^{\mathrm{T}}$，$x_2=(-1,0,1)^{\mathrm{T}}$. 当 $\lambda=7$ 时，解方程组 $(7E-A)x=\mathbf{0}$，即

$$\begin{bmatrix}4&-2&-2\\-2&4&-2\\-2&-2&4\end{bmatrix}\begin{bmatrix}x_1\\x_2\\x_3\end{bmatrix}=\begin{bmatrix}0\\0\\0\end{bmatrix}$$

对系数矩阵施行初等行变换，得

$$\begin{bmatrix}4&-2&-2\\-2&4&-2\\-2&-2&4\end{bmatrix}\to\begin{bmatrix}1&0&-1\\0&1&-1\\0&0&0\end{bmatrix}$$

解得基础解系即特征向量为 $x_3=(1,1,1)^{\mathrm{T}}$. 由此可得矩阵 $A$ 有 3 个线性无关的特

征向量 $\boldsymbol{x}_1,\boldsymbol{x}_2,\boldsymbol{x}_3$.

(1) 因 $|\boldsymbol{A}|=\begin{vmatrix}3&2&2\\2&3&2\\2&2&3\end{vmatrix}=7,\boldsymbol{Ax}=\lambda\boldsymbol{x}$,则

$$|\boldsymbol{A}|\boldsymbol{A}^{-1}\boldsymbol{x}=\frac{7}{\lambda}\boldsymbol{x}\Rightarrow\boldsymbol{A}^*\boldsymbol{x}=\frac{7}{\lambda}\boldsymbol{x}$$

所以 $\boldsymbol{A}^*$ 的特征值是 $\frac{7}{\lambda}=7,7,1$,$\boldsymbol{A}^*$ 属于这3个特征值的特征向量仍是 $\boldsymbol{x}_1,\boldsymbol{x}_2,\boldsymbol{x}_3$.因此相似变换矩阵 $\boldsymbol{P}_1$ 与相似对角矩阵 $\boldsymbol{D}_1$ 分别为

$$\boldsymbol{P}_1=(\boldsymbol{x}_1,\boldsymbol{x}_2,\boldsymbol{x}_3)=\begin{bmatrix}-1&-1&1\\1&0&1\\0&1&1\end{bmatrix},\quad\boldsymbol{D}_1=\mathrm{diag}(7,7,1)$$

使得 $\boldsymbol{P}_1^{-1}\boldsymbol{A}^*\boldsymbol{P}_1=\boldsymbol{D}_1$.

(2) 因为 $\boldsymbol{A}^*\sim\boldsymbol{B}$,所以 $\boldsymbol{B}$ 与 $\boldsymbol{A}^*$ 有相同的特征值7,7,1.由于

$$\boldsymbol{A}^*\boldsymbol{x}=\lambda\boldsymbol{x},\ \boldsymbol{Q}^{-1}\boldsymbol{A}^*\boldsymbol{Q}=\boldsymbol{B}\Rightarrow\boldsymbol{BQ}^{-1}\boldsymbol{x}=\lambda\boldsymbol{Q}^{-1}\boldsymbol{x}$$

所以 $\boldsymbol{B}$ 属于特征值7,7,1有3个线性无关的特征向量

$$\boldsymbol{y}_1=\boldsymbol{Q}^{-1}\boldsymbol{x}_1,\quad\boldsymbol{y}_2=\boldsymbol{Q}^{-1}\boldsymbol{x}_2,\quad\boldsymbol{y}_3=\boldsymbol{Q}^{-1}\boldsymbol{x}_3$$

下面利用矩阵的初等行变换求 $\boldsymbol{y}_1,\boldsymbol{y}_2,\boldsymbol{y}_3$,即

$$(\boldsymbol{Q}\mid\boldsymbol{x}_1\mid\boldsymbol{x}_2\mid\boldsymbol{x}_3)\xrightarrow{\text{初等行变换}}(\boldsymbol{E}\mid\boldsymbol{y}_1\mid\boldsymbol{y}_2\mid\boldsymbol{y}_3)$$

因

$$\left[\begin{array}{ccc|c|c|c}0&1&0&-1&-1&1\\1&0&1&1&0&1\\0&0&1&0&1&1\end{array}\right]\xrightarrow{(1)\leftrightarrow(2)}\left[\begin{array}{ccc|c|c|c}1&0&1&1&0&1\\0&1&0&-1&-1&1\\0&0&1&0&1&1\end{array}\right]$$

$$\xrightarrow{(1)-(3)}\left[\begin{array}{ccc|c|c|c}1&0&0&1&-1&0\\0&1&0&-1&-1&1\\0&0&1&0&1&1\end{array}\right]$$

于是相似变换矩阵 $\boldsymbol{P}_2$ 与相似对角矩阵 $\boldsymbol{D}_2$ 分别为

$$\boldsymbol{P}_2=(\boldsymbol{y}_1,\boldsymbol{y}_2,\boldsymbol{y}_3)=\begin{bmatrix}1&-1&0\\-1&-1&1\\0&1&1\end{bmatrix},\quad\boldsymbol{D}_2=\mathrm{diag}(7,7,1)$$

使得 $\boldsymbol{P}_2^{-1}\boldsymbol{BP}_2=\boldsymbol{D}_2$.

## 习题 5.2

### A 组

1. 设 $\boldsymbol{A},\boldsymbol{B}$ 都是 $n$ 阶矩阵，且 $\boldsymbol{A}$ 可逆，证明：$\boldsymbol{AB}\sim\boldsymbol{BA}$.

2. 设 $\boldsymbol{A}\sim\boldsymbol{B}$，证明：$a\boldsymbol{A}^k\sim a\boldsymbol{B}^k(a\in\mathbf{R},k\in\mathbf{N}^*)$.

3. 若 $n$ 阶矩阵 $\boldsymbol{A}$ 的 $n$ 个特征值都相等，且 $\boldsymbol{A}$ 可相似对角化，求证：矩阵 $\boldsymbol{A}$ 是数量矩阵.

4. 若 2 阶矩阵 $\boldsymbol{A}$ 的行列式为负数，求证：$\boldsymbol{A}$ 可相似对角化.

5. 证明：矩阵 $\boldsymbol{A}=\begin{bmatrix}1&2&3\\0&1&4\\0&0&1\end{bmatrix}$ 不可相似对角化.

6. 设 $\boldsymbol{A}=\mathrm{diag}(a_1,a_2,a_3,\cdots,a_{n-1},a_n)$，$\boldsymbol{B}=\mathrm{diag}(a_n,a_{n-1},\cdots,a_3,a_2,a_1)$，试求可逆矩阵 $\boldsymbol{P}$，使得 $\boldsymbol{P}^{-1}\boldsymbol{AP}=\boldsymbol{B}$.

7. 判断下列矩阵可否相似对角化，并在可对角化时求出相似变换矩阵与相似对角矩阵：

(1) $\begin{bmatrix}5&1&2\\0&3&-2\\0&-2&3\end{bmatrix}$；　(2) $\begin{bmatrix}5&0&0\\0&3&-2\\0&-2&3\end{bmatrix}$；　(3) $\begin{bmatrix}3&2&-1\\-2&-2&2\\3&6&-1\end{bmatrix}$.

8. 设 $\boldsymbol{A}=\begin{bmatrix}0&0&2\\a&2&b\\2&0&0\end{bmatrix}$ 可相似对角化，试求常数 $a,b$ 应满足的条件.

9. 已知矩阵 $\boldsymbol{A}=\begin{bmatrix}1&2&-3\\-1&4&-3\\1&a&5\end{bmatrix}$ 有一个二重特征值，试求常数 $a$ 的值，并判别 $\boldsymbol{A}$ 可否相似对角化.

10. 已知矩阵 $\boldsymbol{A}=\begin{bmatrix}-2&0&0\\2&a&2\\3&1&1\end{bmatrix}$，$\boldsymbol{B}=\begin{bmatrix}-1&0&0\\0&2&0\\0&0&b\end{bmatrix}$，这里 $\boldsymbol{A}\sim\boldsymbol{B}$.

(1) 求常数 $a,b$ 的值；

(2) 求矩阵 $\boldsymbol{P}$，使得 $\boldsymbol{P}^{-1}\boldsymbol{AP}=\boldsymbol{B}$.

11. 已知 3 阶矩阵 $\boldsymbol{A}$ 和列向量 $\boldsymbol{x}$，使得向量组 $\boldsymbol{x},\boldsymbol{Ax},\boldsymbol{A}^2\boldsymbol{x}$ 线性无关，且 $\boldsymbol{A}^3\boldsymbol{x}=\boldsymbol{x}+\boldsymbol{Ax}-\boldsymbol{A}^2\boldsymbol{x}$. 记 $\boldsymbol{P}=(\boldsymbol{x},\boldsymbol{Ax},\boldsymbol{A}^2\boldsymbol{x})$，试求矩阵 $\boldsymbol{B}$，使得 $\boldsymbol{A}=\boldsymbol{PBP}^{-1}$，并求 $|\boldsymbol{A}+3\boldsymbol{E}|$.

12. 已知 3 阶矩阵 $\boldsymbol{A}$ 的特征值为 $\lambda_1=1,\lambda_2=2,\lambda_3=3$，它们所对应的特征向量依次为 $\boldsymbol{\alpha}_1=(1,1,1)^{\mathrm{T}}$，$\boldsymbol{\alpha}_2=(1,2,4)^{\mathrm{T}}$，$\boldsymbol{\alpha}_3=(1,3,9)^{\mathrm{T}}$，向量 $\boldsymbol{\beta}=(1,0,2)^{\mathrm{T}}$.

(1) 将向量$\boldsymbol{\beta}$用向量$\boldsymbol{\alpha}_1,\boldsymbol{\alpha}_2,\boldsymbol{\alpha}_3$线性表示；

(2) 求$\boldsymbol{A}^n\boldsymbol{\beta}(n\in\mathbf{N}^*)$.

**B组**

13. 设$n$阶矩阵$\boldsymbol{A}$可相似对角化，$f(x)=a_0x^m+a_1x^{m-1}+\cdots+a_{m-1}x+a_m$，证明矩阵$f(\boldsymbol{A})=a_0\boldsymbol{A}^m+a_1\boldsymbol{A}^{m-1}+\cdots+a_{m-1}\boldsymbol{A}+a_m\boldsymbol{E}$可相似对角化，并写出相似对角矩阵.

# 复习题5

1. 已知

$$\boldsymbol{A}=\begin{bmatrix}a&b&c\\b&c&a\\c&a&b\end{bmatrix},\quad \boldsymbol{B}=\begin{bmatrix}b&c&a\\c&a&b\\a&b&c\end{bmatrix},\quad \boldsymbol{C}=\begin{bmatrix}c&a&b\\a&b&c\\b&c&a\end{bmatrix}$$

若$\boldsymbol{BC}=\boldsymbol{CB}$，求矩阵$\boldsymbol{A}$的特征值.

2. 设$\boldsymbol{A},\boldsymbol{B}$都是$n$阶矩阵，证明：$\boldsymbol{AB}$与$\boldsymbol{BA}$有相同的特征值.

3. 设$\boldsymbol{A}$是$m\times n$矩阵，$\boldsymbol{B}$是$n\times m$矩阵，证明：$\boldsymbol{AB}$与$\boldsymbol{BA}$的特征多项式满足关系式

$$\lambda^n\mid\lambda\boldsymbol{E}_m-\boldsymbol{AB}\mid=\lambda^m\mid\lambda\boldsymbol{E}_n-\boldsymbol{BA}\mid$$

4. 设$c$是非零常数，证明矩阵$\boldsymbol{A}$与$\boldsymbol{A}+c\boldsymbol{E}$不可能有相同的特征多项式，并由此证明不可能存在矩阵$\boldsymbol{A},\boldsymbol{B}$，使得$\boldsymbol{AB}-\boldsymbol{BA}=c\boldsymbol{E}$.

5. 已知矩阵$\boldsymbol{A}=\begin{bmatrix}0&2&-3\\-1&3&-3\\1&-2&a\end{bmatrix}$与$\boldsymbol{B}=\begin{bmatrix}1&-2&0\\0&b&0\\0&3&1\end{bmatrix}$相似，试求常数$a,b$的值，并求矩阵$\boldsymbol{P}$，使得$\boldsymbol{P}^{-1}\boldsymbol{AP}=\boldsymbol{B}$.

6. 设$\boldsymbol{A},\boldsymbol{B}$都是$n$阶矩阵，$\boldsymbol{A}$与$\boldsymbol{B}$有相同的特征值，且特征值两两互异，求证：存在矩阵$\boldsymbol{M},\boldsymbol{G}$，其中$\boldsymbol{M}$为可逆矩阵，使得$\boldsymbol{A}=\boldsymbol{MG},\boldsymbol{B}=\boldsymbol{GM}$.

# 6　欧氏空间

## 6.1　欧氏空间基本概念

### 6.1.1　向量的内积

**定义 6.1.1(向量的内积)**　设 $V$ 是数域 $\mathbf{R}$ 上的线性空间，$\forall \boldsymbol{\alpha},\boldsymbol{\beta} \in V$，我们用一个记为 $(\boldsymbol{\alpha},\boldsymbol{\beta})$ 的实数与之对应，若这个实数 $(\boldsymbol{\alpha},\boldsymbol{\beta})$ 满足下列 4 个条件：

(1) $(\boldsymbol{\alpha},\boldsymbol{\beta}) = (\boldsymbol{\beta},\boldsymbol{\alpha})$；　　　　**(对称性)**

(2) $(\boldsymbol{\alpha}+\boldsymbol{\beta},\boldsymbol{\gamma}) = (\boldsymbol{\alpha},\boldsymbol{\gamma}) + (\boldsymbol{\beta},\boldsymbol{\gamma}), \boldsymbol{\gamma} \in V$；　　　　**(线性 Ⅰ)**

(3) $(k\boldsymbol{\alpha},\boldsymbol{\beta}) = k(\boldsymbol{\alpha},\boldsymbol{\beta}), k \in \mathbf{R}$；　　　　**(线性 Ⅱ)**

(4) 当 $\boldsymbol{\alpha} \neq \mathbf{0}$ 时，$(\boldsymbol{\alpha},\boldsymbol{\alpha}) > 0$，　　　　**(正定性)**

则称 $(\boldsymbol{\alpha},\boldsymbol{\beta})$ 为向量 $\boldsymbol{\alpha},\boldsymbol{\beta}$ 的内积.

**例 1**　在向量空间 $\mathbf{R}^n$ 中，$\forall \boldsymbol{\alpha},\boldsymbol{\beta} \in \mathbf{R}^n$，且

$$\boldsymbol{\alpha} = (a_1, a_2, \cdots, a_n)^{\mathrm{T}}, \quad \boldsymbol{\beta} = (b_1, b_2, \cdots, b_n)^{\mathrm{T}}$$

若 $\boldsymbol{\alpha}$ 与 $\boldsymbol{\beta}$ 的内积定义为

$$(\boldsymbol{\alpha},\boldsymbol{\beta}) \xlongequal{\text{def}} \boldsymbol{\alpha}^{\mathrm{T}}\boldsymbol{\beta} = \sum_{i=1}^{n} a_i b_i \tag{6.1.1}$$

可以验证定义 6.1.1 中的四个条件皆成立，不赘述.

**例 2**　在向量空间 $\mathbf{R}^n$ 中，$\forall \boldsymbol{\alpha},\boldsymbol{\beta} \in \mathbf{R}^n$，且

$$\boldsymbol{\alpha} = (a_1, a_2, \cdots, a_n)^{\mathrm{T}}, \quad \boldsymbol{\beta} = (b_1, b_2, \cdots, b_n)^{\mathrm{T}}$$

若 $\boldsymbol{\alpha}$ 与 $\boldsymbol{\beta}$ 的内积定义为

$$(\boldsymbol{\alpha},\boldsymbol{\beta}) \xlongequal{\text{def}} \sum_{i=1}^{n} i a_i b_i = a_1 b_1 + 2a_2 b_2 + \cdots + n a_n b_n \tag{6.1.2}$$

可以验证定义 6.1.1 中的四个条件皆成立，不赘述.

### 6.1.2　欧氏空间与度量矩阵

**定义 6.1.2(欧氏空间)**　设 $V$ 是数域 $\mathbf{R}$ 上的线性空间，在 $V$ 中按定义 6.1.1

的四个条件定义内积，则称 $V$ 为**实内积空间**；若 $V$ 是有限维实内积空间，则称 $V$ 为**欧氏空间**，并将该实内积空间的维数称为**欧氏空间的维数**.

例如，在 $n$ 维向量空间 $\mathbf{R}^n$ 中，若按式(6.1.1) 定义内积，则 $\mathbf{R}^n$ 是一欧氏空间；若按式(6.1.2) 定义内积，则 $\mathbf{R}^n$ 也是一欧氏空间. 由此看出，在同一线性空间中可以定义不同的内积，从而得到不同的欧氏空间.

在向量空间 $\mathbf{R}^n$ 中，我们通常按式(6.1.1) 定义内积，并将向量空间 $\mathbf{R}^n$ 称为**欧氏空间 $\mathbf{R}^n$**.

**定义 6.1.3(度量矩阵)** 在 $n$ 维欧氏空间 $V$ 中，若 $\boldsymbol{\alpha}_1,\boldsymbol{\alpha}_2,\cdots,\boldsymbol{\alpha}_m\in V(2\leqslant m\leqslant n)$，称 $m$ 阶矩阵

$$\boldsymbol{D}_m=\begin{bmatrix}(\boldsymbol{\alpha}_1,\boldsymbol{\alpha}_1) & (\boldsymbol{\alpha}_1,\boldsymbol{\alpha}_2) & \cdots & (\boldsymbol{\alpha}_1,\boldsymbol{\alpha}_m)\\(\boldsymbol{\alpha}_2,\boldsymbol{\alpha}_1) & (\boldsymbol{\alpha}_2,\boldsymbol{\alpha}_2) & \cdots & (\boldsymbol{\alpha}_2,\boldsymbol{\alpha}_m)\\\vdots & \vdots & & \vdots\\(\boldsymbol{\alpha}_m,\boldsymbol{\alpha}_1) & (\boldsymbol{\alpha}_m,\boldsymbol{\alpha}_2) & \cdots & (\boldsymbol{\alpha}_m,\boldsymbol{\alpha}_m)\end{bmatrix}\tag{6.1.3}$$

为向量 $\boldsymbol{\alpha}_1,\boldsymbol{\alpha}_2,\cdots,\boldsymbol{\alpha}_m$ 的**度量矩阵**.

度量矩阵显然是实对称矩阵.

特别的，在欧氏空间 $\mathbf{R}^n$ 中，如果已知向量 $\boldsymbol{\alpha}_1,\boldsymbol{\alpha}_2,\cdots,\boldsymbol{\alpha}_m(2\leqslant m\leqslant n)$，应用定义 6.1.3 可得：

(1) 若 $\boldsymbol{\alpha}_1,\boldsymbol{\alpha}_2,\cdots,\boldsymbol{\alpha}_m$ 是列向量，记 $\boldsymbol{A}=(\boldsymbol{\alpha}_1,\boldsymbol{\alpha}_2,\cdots,\boldsymbol{\alpha}_m)$，则 $\boldsymbol{\alpha}_1,\boldsymbol{\alpha}_2,\cdots,\boldsymbol{\alpha}_m$ 的度量矩阵可写为

$$\boldsymbol{D}_m=\begin{bmatrix}\boldsymbol{\alpha}_1^{\mathrm{T}}\\\boldsymbol{\alpha}_2^{\mathrm{T}}\\\vdots\\\boldsymbol{\alpha}_m^{\mathrm{T}}\end{bmatrix}(\boldsymbol{\alpha}_1,\boldsymbol{\alpha}_2,\cdots,\boldsymbol{\alpha}_m)=\boldsymbol{A}^{\mathrm{T}}\boldsymbol{A}$$

(2) 若 $\boldsymbol{\alpha}_1,\boldsymbol{\alpha}_2,\cdots,\boldsymbol{\alpha}_m$ 是行向量，记 $\boldsymbol{A}=\begin{bmatrix}\boldsymbol{\alpha}_1\\\boldsymbol{\alpha}_2\\\vdots\\\boldsymbol{\alpha}_m\end{bmatrix}$，则 $\boldsymbol{\alpha}_1,\boldsymbol{\alpha}_2,\cdots,\boldsymbol{\alpha}_m$ 的度量矩阵可写为

$$\boldsymbol{D}_m=\begin{bmatrix}\boldsymbol{\alpha}_1\\\boldsymbol{\alpha}_2\\\vdots\\\boldsymbol{\alpha}_m\end{bmatrix}(\boldsymbol{\alpha}_1^{\mathrm{T}},\boldsymbol{\alpha}_2^{\mathrm{T}},\cdots,\boldsymbol{\alpha}_m^{\mathrm{T}})=\boldsymbol{A}\boldsymbol{A}^{\mathrm{T}}$$

例如在欧氏空间 $\mathbf{R}^4$ 中,已知向量

$$\boldsymbol{\alpha}_1 = (1,0,0,0)^{\mathrm{T}}, \quad \boldsymbol{\alpha}_2 = (0,1,0,0)^{\mathrm{T}}, \quad \boldsymbol{\alpha}_3 = (0,0,1,0)^{\mathrm{T}}$$

记 $\boldsymbol{A} = (\boldsymbol{\alpha}_1, \boldsymbol{\alpha}_2, \boldsymbol{\alpha}_3)$,则向量 $\boldsymbol{\alpha}_1, \boldsymbol{\alpha}_2, \boldsymbol{\alpha}_3$ 的度量矩阵为

$$\boldsymbol{D}_3 = \boldsymbol{A}^{\mathrm{T}}\boldsymbol{A} = \begin{bmatrix} 1 & 0 & 0 & 0 \\ 0 & 1 & 0 & 0 \\ 0 & 0 & 1 & 0 \end{bmatrix} \begin{bmatrix} 1 & 0 & 0 \\ 0 & 1 & 0 \\ 0 & 0 & 1 \\ 0 & 0 & 0 \end{bmatrix} = \begin{bmatrix} 1 & 0 & 0 \\ 0 & 1 & 0 \\ 0 & 0 & 1 \end{bmatrix}$$

在欧氏空间 $V$ 中,若 $\boldsymbol{\alpha}_1, \boldsymbol{\alpha}_2, \cdots, \boldsymbol{\alpha}_n$ 是一个基,记 $a_{ij} = (\boldsymbol{\alpha}_i, \boldsymbol{\alpha}_j)$,则基 $\boldsymbol{\alpha}_1, \boldsymbol{\alpha}_2, \cdots, \boldsymbol{\alpha}_n$ 的度量矩阵为

$$\boldsymbol{D} = \begin{bmatrix} a_{11} & a_{12} & \cdots & a_{1n} \\ a_{12} & a_{22} & \cdots & a_{2n} \\ \vdots & \vdots & & \vdots \\ a_{1n} & a_{2n} & \cdots & a_{nn} \end{bmatrix}$$

若向量 $\boldsymbol{\alpha}, \boldsymbol{\beta}$ 在基 $\boldsymbol{\alpha}_1, \boldsymbol{\alpha}_2, \cdots, \boldsymbol{\alpha}_n$ 下的坐标分别为

$$\boldsymbol{x} = (a_1, a_2, \cdots, a_n)^{\mathrm{T}}, \quad \boldsymbol{y} = (b_1, b_2, \cdots, b_n)^{\mathrm{T}}$$

则

$$(\boldsymbol{\alpha}, \boldsymbol{\beta}) = \Big(\sum_{i=1}^{n} a_i \boldsymbol{\alpha}_i, \sum_{j=1}^{n} b_j \boldsymbol{\alpha}_j\Big) = \sum_{i,j=1}^{n} a_i b_j a_{ij} = \boldsymbol{x}^{\mathrm{T}} \boldsymbol{D} \boldsymbol{y} \tag{6.1.4}$$

式(6.1.4)表明:在欧氏空间 $V$ 中,基的选取很重要,若

$$(\boldsymbol{\alpha}_i, \boldsymbol{\alpha}_j) = \begin{cases} 1, & i = j, \\ 0, & i \neq j \end{cases}$$

则度量矩阵 $\boldsymbol{D}$ 为单位矩阵 $\boldsymbol{E}$,此时 $(\boldsymbol{\alpha}, \boldsymbol{\beta}) = \sum\limits_{i=1}^{n} a_i b_i$,此即式(6.1.1).

**例 3** 在欧氏空间 $\mathbf{R}^3$ 中,$\boldsymbol{\alpha}_1 = (1,0,0)^{\mathrm{T}}, \boldsymbol{\alpha}_2 = (1,1,0)^{\mathrm{T}}, \boldsymbol{\alpha}_3 = (1,1,1)^{\mathrm{T}}$ 是一个基.

(1) 求基 $\boldsymbol{\alpha}_1, \boldsymbol{\alpha}_2, \boldsymbol{\alpha}_3$ 的度量矩阵;

(2) 求向量 $\boldsymbol{\alpha} = 2\boldsymbol{\alpha}_1 + \boldsymbol{\alpha}_2 + 2\boldsymbol{\alpha}_3$ 与 $\boldsymbol{\beta} = \boldsymbol{\alpha}_1 - 2\boldsymbol{\alpha}_2 + 2\boldsymbol{\alpha}_3$ 的内积.

**解** (1) 度量矩阵为

$$D=(\boldsymbol{\alpha}_1,\boldsymbol{\alpha}_2,\boldsymbol{\alpha}_3)^{\mathrm{T}}(\boldsymbol{\alpha}_1,\boldsymbol{\alpha}_2,\boldsymbol{\alpha}_3)=\begin{bmatrix}1&1&1\\0&1&1\\0&0&1\end{bmatrix}^{\mathrm{T}}\begin{bmatrix}1&1&1\\0&1&1\\0&0&1\end{bmatrix}$$

$$=\begin{bmatrix}1&0&0\\1&1&0\\1&1&1\end{bmatrix}\begin{bmatrix}1&1&1\\0&1&1\\0&0&1\end{bmatrix}=\begin{bmatrix}1&1&1\\1&2&2\\1&2&3\end{bmatrix}$$

(2)（**方法 1**） $\boldsymbol{\alpha},\boldsymbol{\beta}$ 在基 $\boldsymbol{\alpha}_1,\boldsymbol{\alpha}_2,\boldsymbol{\alpha}_3$ 下的坐标分别为

$$\boldsymbol{x}=(2,1,2)^{\mathrm{T}},\quad \boldsymbol{y}=(1,-2,2)^{\mathrm{T}}$$

则

$$(\boldsymbol{\alpha},\boldsymbol{\beta})=\boldsymbol{x}^{\mathrm{T}}\boldsymbol{D}\boldsymbol{y}=(2,1,2)\begin{bmatrix}1&1&1\\1&2&2\\1&2&3\end{bmatrix}\begin{bmatrix}1\\-2\\2\end{bmatrix}=(5,8,10)\begin{bmatrix}1\\-2\\2\end{bmatrix}=9$$

（**方法 2**） 在欧氏空间 $\mathbf{R}^3$ 的自然基 $\boldsymbol{e}_1,\boldsymbol{e}_2,\boldsymbol{e}_3$ 下，有

$$\boldsymbol{\alpha}=2\boldsymbol{\alpha}_1+\boldsymbol{\alpha}_2+2\boldsymbol{\alpha}_3=2(1,0,0)^{\mathrm{T}}+(1,1,0)^{\mathrm{T}}+2(1,1,1)^{\mathrm{T}}=(5,3,2)^{\mathrm{T}}$$

$$\boldsymbol{\beta}=\boldsymbol{\alpha}_1-2\boldsymbol{\alpha}_2+2\boldsymbol{\alpha}_3=(1,0,0)^{\mathrm{T}}-2(1,1,0)^{\mathrm{T}}+2(1,1,1)^{\mathrm{T}}=(1,0,2)^{\mathrm{T}}$$

所以

$$(\boldsymbol{\alpha},\boldsymbol{\beta})=((5,3,2)^{\mathrm{T}},(1,0,2)^{\mathrm{T}})=5+0+4=9$$

### 6.1.3 向量的模与两向量的夹角

**定义 6.1.4** 在欧氏空间 $V$ 中，$\forall\,\boldsymbol{\alpha},\boldsymbol{\beta}\in V$，向量 $\boldsymbol{\alpha}$ 的模（或长度）定义为

$$|\boldsymbol{\alpha}|\overset{\text{def}}{=\!=}\sqrt{(\boldsymbol{\alpha},\boldsymbol{\alpha})}$$

若 $|\boldsymbol{\alpha}|=1$，则称 $\boldsymbol{\alpha}$ 为**单位向量**.

**定理 6.1.1** 在欧氏空间 $V$ 中，$\forall\,\boldsymbol{\alpha},\boldsymbol{\beta}\in V$，$\forall\,k\in\mathbf{R}$，有

(1) $|k\boldsymbol{\alpha}|=|k||\boldsymbol{\alpha}|$，且当 $\boldsymbol{\alpha}\neq\mathbf{0}$ 时，$\boldsymbol{\alpha}^{\circ}=\dfrac{1}{|\boldsymbol{\alpha}|}\boldsymbol{\alpha}$ 为单位向量；

(2)（**柯西不等式**）$|(\boldsymbol{\alpha},\boldsymbol{\beta})|\leqslant|\boldsymbol{\alpha}||\boldsymbol{\beta}|$，等号成立当且仅当 $\boldsymbol{\alpha}$ 与 $\boldsymbol{\beta}$ 线性相关.

**证** (1) 根据定义 6.1.4，有

$$|k\boldsymbol{\alpha}|=\sqrt{(k\boldsymbol{\alpha},k\boldsymbol{\alpha})}=\sqrt{k^2(\boldsymbol{\alpha},\boldsymbol{\alpha})}=|k||\boldsymbol{\alpha}|$$

$$\left|\frac{1}{|\boldsymbol{\alpha}|}\boldsymbol{\alpha}\right|=\left|\frac{1}{|\boldsymbol{\alpha}|}\right||\boldsymbol{\alpha}|=1$$

*(2) 当 $\boldsymbol{\beta}=k\boldsymbol{\alpha}$ 时，有

$$|(\boldsymbol{\alpha},k\boldsymbol{\alpha})|=|k|(\boldsymbol{\alpha},\boldsymbol{\alpha})=|k||\boldsymbol{\alpha}|^2=|\boldsymbol{\alpha}||k\boldsymbol{\alpha}|$$

所以 $\boldsymbol{\alpha}$ 与 $\boldsymbol{\beta}$ 线性相关时原不等式中等号成立.

当 $\boldsymbol{\alpha}$ 与 $\boldsymbol{\beta}$ 线性无关时，即 $\boldsymbol{\alpha}\neq\boldsymbol{0},\boldsymbol{\beta}\neq k\boldsymbol{\alpha}$，此时

$$0<(k\boldsymbol{\alpha}-\boldsymbol{\beta},k\boldsymbol{\alpha}-\boldsymbol{\beta})=k^2|\boldsymbol{\alpha}|^2-2k(\boldsymbol{\alpha},\boldsymbol{\beta})+|\boldsymbol{\beta}|^2$$

此式右端是关于任意常数 $k$ 的二次多项式，其成立的充要条件是

$$\Delta=4(\boldsymbol{\alpha},\boldsymbol{\beta})^2-4|\boldsymbol{\alpha}|^2|\boldsymbol{\beta}|^2<0\Leftrightarrow|(\boldsymbol{\alpha},\boldsymbol{\beta})|<|\boldsymbol{\alpha}||\boldsymbol{\beta}|$$ □

**定义 6.1.5** 在欧氏空间 $V$ 中，两个**非零向量** $\boldsymbol{\alpha}$ 与 $\boldsymbol{\beta}$ **的距离与夹角**分别定义为

$$d(\boldsymbol{\alpha},\boldsymbol{\beta})\overset{\text{def}}{=\!=}|\boldsymbol{\alpha}-\boldsymbol{\beta}|,\quad \langle\boldsymbol{\alpha},\boldsymbol{\beta}\rangle\overset{\text{def}}{=\!=}\arccos\frac{(\boldsymbol{\alpha},\boldsymbol{\beta})}{|\boldsymbol{\alpha}||\boldsymbol{\beta}|}$$

且当 $(\boldsymbol{\alpha},\boldsymbol{\beta})=0$ 时，称向量 $\boldsymbol{\alpha}$ 与 $\boldsymbol{\beta}$ **正交**，记为 $\boldsymbol{\alpha}\perp\boldsymbol{\beta}$.

**注** 若非零向量 $\boldsymbol{\alpha}_1,\boldsymbol{\alpha}_2,\cdots,\boldsymbol{\alpha}_r$ 中的向量两两正交，则称 $\boldsymbol{\alpha}_1,\boldsymbol{\alpha}_2,\cdots,\boldsymbol{\alpha}_r$ 为**正交组**；若 $\boldsymbol{\alpha}_1,\boldsymbol{\alpha}_2,\cdots,\boldsymbol{\alpha}_r$ 是正交组，又其中每个向量都是单位向量，则称 $\boldsymbol{\alpha}_1,\boldsymbol{\alpha}_2,\cdots,\boldsymbol{\alpha}_r$ 为欧氏空间 $V$ 的**标准正交组**；若标准正交组 $\boldsymbol{\alpha}_1,\boldsymbol{\alpha}_2,\cdots,\boldsymbol{\alpha}_n$ 是欧氏空间 $V$ 的一个基，则称 $\boldsymbol{\alpha}_1,\boldsymbol{\alpha}_2,\cdots,\boldsymbol{\alpha}_n$ 为**标准正交基**.

**定理 6.1.2** 欧氏空间 $V$ 中的正交组 $\boldsymbol{\alpha}_1,\boldsymbol{\alpha}_2,\cdots,\boldsymbol{\alpha}_r(1\leqslant r\leqslant n)$ 必线性无关.

**证** 令 $k_1\boldsymbol{\alpha}_1+k_2\boldsymbol{\alpha}_2+\cdots+k_r\boldsymbol{\alpha}_r=\boldsymbol{0}$，此式两边与 $\boldsymbol{\alpha}_i(i=1,2,\cdots,r)$ 求内积得

$$k_1(\boldsymbol{\alpha}_1,\boldsymbol{\alpha}_i)+\cdots+k_{i-1}(\boldsymbol{\alpha}_{i-1},\boldsymbol{\alpha}_i)+k_i(\boldsymbol{\alpha}_i,\boldsymbol{\alpha}_i)+k_{i+1}(\boldsymbol{\alpha}_{i+1},\boldsymbol{\alpha}_i)+\cdots+k_r(\boldsymbol{\alpha}_r,\boldsymbol{\alpha}_i)=0$$

化简得 $k_i(\boldsymbol{\alpha}_i,\boldsymbol{\alpha}_i)=0$，因 $(\boldsymbol{\alpha}_i,\boldsymbol{\alpha}_i)\neq0$，故 $k_i=0(i=1,2,\cdots,r)$，所以 $\boldsymbol{\alpha}_1,\boldsymbol{\alpha}_2,\cdots,\boldsymbol{\alpha}_r$ 线性无关. □

**定理 6.1.3** 在 $n$ 维欧氏空间 $V$ 中，向量 $\boldsymbol{\alpha}_1,\boldsymbol{\alpha}_2,\cdots,\boldsymbol{\alpha}_n$ 是 $V$ 的标准正交基的充要条件是向量 $\boldsymbol{\alpha}_1,\boldsymbol{\alpha}_2,\cdots,\boldsymbol{\alpha}_n$ 的度量矩阵是 $n$ 阶单位矩阵.

**证** 设向量 $\boldsymbol{\alpha}_1,\boldsymbol{\alpha}_2,\cdots,\boldsymbol{\alpha}_n$ 的度量矩阵是 $n$ 阶单位矩阵，即

$$\boldsymbol{D}=\begin{bmatrix}(\boldsymbol{\alpha}_1,\boldsymbol{\alpha}_1)&(\boldsymbol{\alpha}_1,\boldsymbol{\alpha}_2)&\cdots&(\boldsymbol{\alpha}_1,\boldsymbol{\alpha}_n)\\(\boldsymbol{\alpha}_2,\boldsymbol{\alpha}_1)&(\boldsymbol{\alpha}_2,\boldsymbol{\alpha}_2)&\cdots&(\boldsymbol{\alpha}_2,\boldsymbol{\alpha}_n)\\\vdots&\vdots&&\vdots\\(\boldsymbol{\alpha}_n,\boldsymbol{\alpha}_1)&(\boldsymbol{\alpha}_n,\boldsymbol{\alpha}_2)&\cdots&(\boldsymbol{\alpha}_n,\boldsymbol{\alpha}_n)\end{bmatrix}=\begin{bmatrix}1&&O\\&1&\\&&\ddots&\\O&&&1\end{bmatrix}=\boldsymbol{E}_n$$

此等价于向量 $\boldsymbol{\alpha}_1,\boldsymbol{\alpha}_2,\cdots,\boldsymbol{\alpha}_n$ 是标准正交组，据定理 6.1.2 得向量 $\boldsymbol{\alpha}_1,\boldsymbol{\alpha}_2,\cdots,\boldsymbol{\alpha}_n$ 线性无关，又向量组所含向量的个数等于欧氏空间 $V$ 的维数，所以 $\boldsymbol{\alpha}_1,\boldsymbol{\alpha}_2,\cdots,\boldsymbol{\alpha}_n$ 是欧氏空间 $V$ 的标准正交基. □

**例 4** 在欧氏空间 $\mathbf{R}^4$ 中，$\boldsymbol{\alpha}=(1,0,2,-2)$，$\boldsymbol{\beta}=(2,1,-2,0)$，试求向量 $\boldsymbol{\alpha}$ 和 $\boldsymbol{\beta}$ 的模、$\boldsymbol{\alpha}$ 和 $\boldsymbol{\beta}$ 的距离以及 $\boldsymbol{\alpha}$ 和 $\boldsymbol{\beta}$ 的夹角.

**解** 根据前面的定义，有

$$|\boldsymbol{\alpha}|=\sqrt{1^2+0^2+2^2+(-2)^2}=3$$

$$|\boldsymbol{\beta}|=\sqrt{2^2+1^2+(-2)^2+0^2}=3$$

$$d(\boldsymbol{\alpha},\boldsymbol{\beta})=|\boldsymbol{\alpha}-\boldsymbol{\beta}|=|(-1,-1,4,-2)|=\sqrt{22}$$

$$\langle\boldsymbol{\alpha},\boldsymbol{\beta}\rangle=\arccos\frac{(\boldsymbol{\alpha},\boldsymbol{\beta})}{|\boldsymbol{\alpha}||\boldsymbol{\beta}|}=\arccos\frac{-2}{9}=\pi-\arccos\frac{2}{9}$$

**例 5** 已知向量

$$\boldsymbol{\alpha}_1=(1,0,0)^{\mathrm{T}},\quad \boldsymbol{\alpha}_2=\left(0,\frac{\sqrt{2}}{2},\frac{\sqrt{2}}{2}\right)^{\mathrm{T}},\quad \boldsymbol{\alpha}_3=\left(0,\frac{\sqrt{2}}{2},-\frac{\sqrt{2}}{2}\right)^{\mathrm{T}}$$

(1) 证明：$\boldsymbol{\alpha}_1,\boldsymbol{\alpha}_2,\boldsymbol{\alpha}_3$ 是欧氏空间 $\mathbf{R}^3$ 的标准正交基；

(2) 求向量 $\boldsymbol{\alpha}=(1,2,2)^{\mathrm{T}}$ 与 $\boldsymbol{\beta}=(1,0,-2)^{\mathrm{T}}$ 在基 $\boldsymbol{\alpha}_1,\boldsymbol{\alpha}_2,\boldsymbol{\alpha}_3$ 下的坐标.

**解** (1) 向量 $\boldsymbol{\alpha}_1,\boldsymbol{\alpha}_2,\boldsymbol{\alpha}_3$ 的度量矩阵为

$$\boldsymbol{D}=\boldsymbol{A}^{\mathrm{T}}\boldsymbol{A}=\begin{bmatrix}1&0&0\\0&\sqrt{2}/2&\sqrt{2}/2\\0&\sqrt{2}/2&-\sqrt{2}/2\end{bmatrix}\begin{bmatrix}1&0&0\\0&\sqrt{2}/2&\sqrt{2}/2\\0&\sqrt{2}/2&-\sqrt{2}/2\end{bmatrix}$$

$$=\begin{bmatrix}1&0&0\\0&1&0\\0&0&1\end{bmatrix}$$

据定理 6.1.3 得 $\boldsymbol{\alpha}_1,\boldsymbol{\alpha}_2,\boldsymbol{\alpha}_3$ 是欧氏空间 $\mathbf{R}^3$ 的标准正交基.

(2) 设 $\boldsymbol{\alpha},\boldsymbol{\beta}$ 在基 $\boldsymbol{\alpha}_1,\boldsymbol{\alpha}_2,\boldsymbol{\alpha}_3$ 下的坐标分别为

$$\boldsymbol{x}=(x_1,x_2,x_3)^{\mathrm{T}},\quad \boldsymbol{y}=(y_1,y_2,y_3)^{\mathrm{T}}$$

则

$$\boldsymbol{\alpha}=(\boldsymbol{\alpha}_1,\boldsymbol{\alpha}_2,\boldsymbol{\alpha}_3)\begin{bmatrix}x_1\\x_2\\x_3\end{bmatrix}=\boldsymbol{A}\boldsymbol{x}\Leftrightarrow\boldsymbol{A}^{\mathrm{T}}\boldsymbol{\alpha}=\boldsymbol{A}^{\mathrm{T}}\boldsymbol{A}\boldsymbol{x}=\boldsymbol{D}\boldsymbol{x}=\boldsymbol{x}$$

所以

$$x = A^{\mathrm{T}}\alpha = \begin{bmatrix} 1 & 0 & 0 \\ 0 & \sqrt{2}/2 & \sqrt{2}/2 \\ 0 & \sqrt{2}/2 & -\sqrt{2}/2 \end{bmatrix}\begin{bmatrix} 1 \\ 2 \\ 2 \end{bmatrix} = \begin{bmatrix} 1 \\ 2\sqrt{2} \\ 0 \end{bmatrix}$$

同理可得

$$y = A^{\mathrm{T}}\beta = \begin{bmatrix} 1 & 0 & 0 \\ 0 & \sqrt{2}/2 & \sqrt{2}/2 \\ 0 & \sqrt{2}/2 & -\sqrt{2}/2 \end{bmatrix}\begin{bmatrix} 1 \\ 0 \\ -2 \end{bmatrix} = \begin{bmatrix} 1 \\ -\sqrt{2} \\ \sqrt{2} \end{bmatrix}$$

### 习题 6.1

#### A 组

1. 在欧氏空间 $\mathbf{R}^4$ 中,已知向量

$$\alpha = (1,2,0,3)^{\mathrm{T}}, \quad \beta = (2,1,-1,1)^{\mathrm{T}}$$

求 $|\alpha|$,$|\beta|$,$(\alpha,\beta)$,$\langle\alpha,\beta\rangle$.

2. 在欧氏空间 $\mathbf{R}^3$ 中,已知一个基 $\alpha_1,\alpha_2,\alpha_3$ 下的度量矩阵为

$$D = \begin{bmatrix} 3 & 0 & 2 \\ 0 & 2 & -1 \\ 2 & -1 & 2 \end{bmatrix}$$

若向量 $\alpha = \alpha_1 + 2\alpha_2 - \alpha_3$,$\beta = \alpha_1 - \alpha_2 + 2\alpha_3$,试求 $|\alpha|$,$|\beta|$,$(\alpha,\beta)$.

3. 在欧氏空间 $\mathbf{R}^3$ 中,已知向量

$$\alpha_1 = (1,0,-1)^{\mathrm{T}}, \quad \alpha_2 = (1,1,1)^{\mathrm{T}}, \quad \alpha_3 = (1,-1,1)^{\mathrm{T}}$$

(1) 证明:$\alpha_1,\alpha_2,\alpha_3$ 是一个基;

(2) 求基 $\alpha_1,\alpha_2,\alpha_3$ 下的度量矩阵;

(3) 若 $\alpha = 2\alpha_1 + 2\alpha_2 - \alpha_3$,$\beta = \alpha_1 - \alpha_2 + 2\alpha_3$,用度量矩阵求 $|\alpha|$,$|\beta|$,$(\alpha,\beta)$.

## 6.2 正交矩阵

### 6.2.1 正交矩阵基本概念

**定义 6.2.1(正交矩阵)** 设 $A$ 是数域 $\mathbf{R}$ 上的 $n$ 阶矩阵,若 $A$ 满足 $A^{\mathrm{T}}A = E$,则称 $A$ 为正交矩阵.

当 $\boldsymbol{A}$ 是正交矩阵时,$\boldsymbol{A}$ 显然是可逆矩阵,且 $\boldsymbol{A}^{-1}=\boldsymbol{A}^{\mathrm{T}}$.

**定理 6.2.1** 设 $\boldsymbol{A}$ 是数域 $\mathbf{R}$ 上的 $n$ 阶矩阵,则下列 5 条陈述相互等价:

(1) $\boldsymbol{A}$ 是正交矩阵;

(2) $\boldsymbol{A}^{-1}$ 是正交矩阵;

(3) $\boldsymbol{A}^{\mathrm{T}}$ 是正交矩阵;

(4) $\boldsymbol{A}$ 的列向量组是欧氏空间 $\mathbf{R}^n$ 的标准正交基;

(5) $\boldsymbol{A}$ 的行向量组是欧氏空间 $\mathbf{R}^n$ 的标准正交基.

**证** 下面证明的次序是(1)⇔(2)⇔(3),(1)⇔(4),(3)⇔(5).

因为

$$\boldsymbol{A}^{\mathrm{T}}\boldsymbol{A}=\boldsymbol{E}\Leftrightarrow\boldsymbol{A}^{-1}=\boldsymbol{A}^{\mathrm{T}}\Leftrightarrow(\boldsymbol{A}^{-1})^{\mathrm{T}}\boldsymbol{A}^{-1}=\boldsymbol{A}\boldsymbol{A}^{-1}=\boldsymbol{E}\Leftrightarrow(\boldsymbol{A}^{\mathrm{T}})^{\mathrm{T}}\boldsymbol{A}^{\mathrm{T}}=\boldsymbol{A}\boldsymbol{A}^{-1}=\boldsymbol{E}$$

所以 $\boldsymbol{A}$ 是正交矩阵 $\Leftrightarrow$ $\boldsymbol{A}^{-1}$ 是正交矩阵 $\Leftrightarrow$ $\boldsymbol{A}^{\mathrm{T}}$ 是正交矩阵,即(1)⇔(2)⇔(3).

记 $\boldsymbol{A}=(\boldsymbol{\alpha}_1,\boldsymbol{\alpha}_2,\cdots,\boldsymbol{\alpha}_n)$,因为

$$\boldsymbol{A}^{\mathrm{T}}\boldsymbol{A}=\boldsymbol{E}\Leftrightarrow\text{向量 }\boldsymbol{\alpha}_1,\boldsymbol{\alpha}_2,\cdots,\boldsymbol{\alpha}_n\text{ 的度量矩阵 }\boldsymbol{D}=\boldsymbol{A}^{\mathrm{T}}\boldsymbol{A}=\boldsymbol{E}$$

则由定理 6.1.3 可知:上式等价于 $\boldsymbol{A}$ 的列向量组 $\boldsymbol{\alpha}_1,\boldsymbol{\alpha}_2,\cdots,\boldsymbol{\alpha}_n$ 是欧氏空间 $\mathbf{R}^n$ 的标准正交基.

记 $\boldsymbol{A}=\begin{bmatrix}\boldsymbol{\beta}_1\\\boldsymbol{\beta}_2\\\vdots\\\boldsymbol{\beta}_n\end{bmatrix}$,因为

$$(\boldsymbol{A}^{\mathrm{T}})^{\mathrm{T}}\boldsymbol{A}^{\mathrm{T}}=\boldsymbol{A}\boldsymbol{A}^{\mathrm{T}}=\boldsymbol{E}\Leftrightarrow\text{向量 }\boldsymbol{\beta}_1,\boldsymbol{\beta}_2,\cdots,\boldsymbol{\beta}_n\text{ 的度量矩阵 }\boldsymbol{D}=\boldsymbol{A}\boldsymbol{A}^{\mathrm{T}}=\boldsymbol{E}$$

则由定理6.1.3可知:上式等价于 $\boldsymbol{A}$ 的行向量组 $\boldsymbol{\beta}_1,\boldsymbol{\beta}_2,\cdots,\boldsymbol{\beta}_n$ 是欧氏空间 $\mathbf{R}^n$ 的标准正交基.

综上即得(1)⇔(4),(3)⇔(5). □

**定理 6.2.2** 设 $V$ 是欧氏空间 $\mathbf{R}^n$,若 $\boldsymbol{\alpha}_1,\boldsymbol{\alpha}_2,\cdots,\boldsymbol{\alpha}_n$ 是 $V$ 的标准正交基,$\boldsymbol{\beta}_1,\boldsymbol{\beta}_2,\cdots,\boldsymbol{\beta}_n$ 是 $V$ 的基,基 $\boldsymbol{\alpha}_1,\boldsymbol{\alpha}_2,\cdots,\boldsymbol{\alpha}_n$ 到基 $\boldsymbol{\beta}_1,\boldsymbol{\beta}_2,\cdots,\boldsymbol{\beta}_n$ 的过渡矩阵是 $\boldsymbol{C}$,则 $\boldsymbol{\beta}_1,\boldsymbol{\beta}_2,\cdots,\boldsymbol{\beta}_n$ 是 $V$ 的标准正交基的充要条件是 $\boldsymbol{C}$ 为正交矩阵.

**证** 应用定理 6.1.3 得

$$\boldsymbol{\alpha}_1,\boldsymbol{\alpha}_2,\cdots,\boldsymbol{\alpha}_n\text{ 是 }V\text{ 的标准正交基}\Leftrightarrow(\boldsymbol{\alpha}_1,\boldsymbol{\alpha}_2,\cdots,\boldsymbol{\alpha}_n)^{\mathrm{T}}(\boldsymbol{\alpha}_1,\boldsymbol{\alpha}_2,\cdots,\boldsymbol{\alpha}_n)=\boldsymbol{E}$$

$$\boldsymbol{\beta}_1,\boldsymbol{\beta}_2,\cdots,\boldsymbol{\beta}_n\text{ 是 }V\text{ 的标准正交基}\Leftrightarrow(\boldsymbol{\beta}_1,\boldsymbol{\beta}_2,\cdots,\boldsymbol{\beta}_n)^{\mathrm{T}}(\boldsymbol{\beta}_1,\boldsymbol{\beta}_2,\cdots,\boldsymbol{\beta}_n)=\boldsymbol{E}$$

记 $\boldsymbol{C}=(c_{ij})_{n\times n}$,则 $(\boldsymbol{\beta}_1,\boldsymbol{\beta}_2,\cdots,\boldsymbol{\beta}_n)=(\boldsymbol{\alpha}_1,\boldsymbol{\alpha}_2,\cdots,\boldsymbol{\alpha}_n)(c_{ij})_{n\times n}$,由于

$$(\boldsymbol{\beta}_1,\boldsymbol{\beta}_2,\cdots,\boldsymbol{\beta}_n)^{\mathrm{T}}(\boldsymbol{\beta}_1,\boldsymbol{\beta}_2,\cdots,\boldsymbol{\beta}_n)=(c_{ij})_{n\times n}^{\mathrm{T}}(\boldsymbol{\alpha}_1,\boldsymbol{\alpha}_2,\cdots,\boldsymbol{\alpha}_n)^{\mathrm{T}}(\boldsymbol{\alpha}_1,\boldsymbol{\alpha}_2,\cdots,\boldsymbol{\alpha}_n)(c_{ij})_{n\times n}$$

$$= (c_{ij})_{n\times n}^{\mathrm{T}}(c_{ij})_{n\times n} = \boldsymbol{C}^{\mathrm{T}}\boldsymbol{C}$$

所以

$$(\boldsymbol{\beta}_1,\boldsymbol{\beta}_2,\cdots,\boldsymbol{\beta}_n)^{\mathrm{T}}(\boldsymbol{\beta}_1,\boldsymbol{\beta}_2,\cdots,\boldsymbol{\beta}_n) = \boldsymbol{E} \Leftrightarrow \boldsymbol{C}^{\mathrm{T}}\boldsymbol{C} = \boldsymbol{E}$$

因此 $\boldsymbol{\beta}_1,\boldsymbol{\beta}_2,\cdots,\boldsymbol{\beta}_n$ 是 $V$ 的标准正交基的充要条件是 $\boldsymbol{C}$ 为正交矩阵. □

**例 1** 设 $\boldsymbol{A},\boldsymbol{B}$ 是 $n$ 阶矩阵.

(1) 若 $\boldsymbol{A}$ 是正交矩阵,证明:$|\boldsymbol{A}|=\pm 1$;

(2) 若 $\boldsymbol{A},\boldsymbol{B}$ 都是正交矩阵,证明:$\boldsymbol{AB}$ 是正交矩阵.

**证** (1) 因 $\boldsymbol{A}$ 是正交矩阵,所以

$$\boldsymbol{A}^{\mathrm{T}}\boldsymbol{A} = \boldsymbol{E} \Rightarrow |\boldsymbol{A}^{\mathrm{T}}\boldsymbol{A}| = |\boldsymbol{A}|^2 = |\boldsymbol{E}| = 1 \Rightarrow |\boldsymbol{A}| = \pm 1$$

(2) 因 $\boldsymbol{A},\boldsymbol{B}$ 都是正交矩阵,所以

$$\boldsymbol{A}^{-1} = \boldsymbol{A}^{\mathrm{T}}, \quad \boldsymbol{B}^{-1} = \boldsymbol{B}^{\mathrm{T}}$$

于是

$$(\boldsymbol{AB})^{\mathrm{T}}(\boldsymbol{AB}) = \boldsymbol{B}^{\mathrm{T}}\boldsymbol{A}^{\mathrm{T}}\boldsymbol{AB} = \boldsymbol{B}^{-1}\boldsymbol{A}^{-1}\boldsymbol{AB} = \boldsymbol{B}^{-1}\boldsymbol{B} = \boldsymbol{E}$$

故 $\boldsymbol{AB}$ 是正交矩阵.

**例 2** 设 $\boldsymbol{A}$ 是 $n$ 阶实对称矩阵,$\boldsymbol{E}$ 是 $n$ 阶单位矩阵,若

$$\boldsymbol{A}^2 + 4\boldsymbol{A} + 3\boldsymbol{E} = \boldsymbol{O}$$

证明:$\boldsymbol{A} + 2\boldsymbol{E}$ 是正交矩阵.

**证** 因 $\boldsymbol{A}$ 是 $n$ 阶对称矩阵,所以 $\boldsymbol{A}^{\mathrm{T}} = \boldsymbol{A}$. 由于

$$\begin{aligned}(\boldsymbol{A} + 2\boldsymbol{E})^{\mathrm{T}}(\boldsymbol{A} + 2\boldsymbol{E}) &= (\boldsymbol{A}^{\mathrm{T}} + 2\boldsymbol{E}^{\mathrm{T}})(\boldsymbol{A} + 2\boldsymbol{E}) = \boldsymbol{A}^2 + 4\boldsymbol{A} + 4\boldsymbol{E} \\ &= \boldsymbol{A}^2 + 4\boldsymbol{A} + 3\boldsymbol{E} + \boldsymbol{E} = \boldsymbol{O} + \boldsymbol{E} = \boldsymbol{E}\end{aligned}$$

于是 $\boldsymbol{A} + 2\boldsymbol{E}$ 是正交矩阵.

### 6.2.2 施密特[1]正交规范化方法

在欧氏空间中使用标准正交基将给计算带来极大方便. 下面介绍著名的施密特正交规范化方法,这一方法可使我们从欧氏空间的任意一个基出发构造出一个标准正交基.

**定理 6.2.3(施密特正交规范化方法)** 设欧氏空间 $V$ 中,向量 $\boldsymbol{\alpha}_1,\boldsymbol{\alpha}_2,\cdots,\boldsymbol{\alpha}_n$ 线性无关,则由 $\boldsymbol{\alpha}_1,\boldsymbol{\alpha}_2,\cdots,\boldsymbol{\alpha}_n$ 出发总可以构造一个标准正交组 $\boldsymbol{\gamma}_1,\boldsymbol{\gamma}_2,\cdots,\boldsymbol{\gamma}_n$,使得

①施密特(Schmidt),1876—1959,德国数学家.

$$\{\boldsymbol{\gamma}_1,\boldsymbol{\gamma}_2,\cdots,\boldsymbol{\gamma}_n\}\cong\{\boldsymbol{\alpha}_1,\boldsymbol{\alpha}_2,\cdots,\boldsymbol{\alpha}_n\}$$

**证**　第1步:首先由$\boldsymbol{\alpha}_1,\boldsymbol{\alpha}_2,\cdots,\boldsymbol{\alpha}_n$出发构造一个等价的正交组$\boldsymbol{\beta}_1,\boldsymbol{\beta}_2,\cdots,\boldsymbol{\beta}_n$. 取

$$\boldsymbol{\beta}_1=\boldsymbol{\alpha}_1\Leftrightarrow\boldsymbol{\alpha}_1=\boldsymbol{\beta}_1 \tag{6.2.1}$$

取$\boldsymbol{\beta}_2=\boldsymbol{\alpha}_2+k_1\boldsymbol{\beta}_1$,令

$$(\boldsymbol{\beta}_2,\boldsymbol{\beta}_1)=(\boldsymbol{\alpha}_2+k_1\boldsymbol{\beta}_1,\boldsymbol{\beta}_1)=(\boldsymbol{\alpha}_2,\boldsymbol{\beta}_1)+k_1(\boldsymbol{\beta}_1,\boldsymbol{\beta}_1)=0\Rightarrow k_1=-\frac{(\boldsymbol{\alpha}_2,\boldsymbol{\beta}_1)}{(\boldsymbol{\beta}_1,\boldsymbol{\beta}_1)}$$

于是有

$$\boldsymbol{\beta}_2=\boldsymbol{\alpha}_2-\frac{(\boldsymbol{\alpha}_2,\boldsymbol{\beta}_1)}{(\boldsymbol{\beta}_1,\boldsymbol{\beta}_1)}\boldsymbol{\beta}_1\Leftrightarrow\boldsymbol{\alpha}_2=\frac{(\boldsymbol{\alpha}_2,\boldsymbol{\beta}_1)}{(\boldsymbol{\beta}_1,\boldsymbol{\beta}_1)}\boldsymbol{\beta}_1+\boldsymbol{\beta}_2 \tag{6.2.2}$$

这里$\boldsymbol{\beta}_2$与$\boldsymbol{\beta}_1$正交,且$\{\boldsymbol{\beta}_1,\boldsymbol{\beta}_2\}\cong\{\boldsymbol{\alpha}_1,\boldsymbol{\alpha}_2\}$.

取$\boldsymbol{\beta}_3=\boldsymbol{\alpha}_3+k_2\boldsymbol{\beta}_1+k_3\boldsymbol{\beta}_2$,令

$$(\boldsymbol{\beta}_3,\boldsymbol{\beta}_1)=(\boldsymbol{\alpha}_3+k_2\boldsymbol{\beta}_1+k_3\boldsymbol{\beta}_2,\boldsymbol{\beta}_1)=(\boldsymbol{\alpha}_3,\boldsymbol{\beta}_1)+k_2(\boldsymbol{\beta}_1,\boldsymbol{\beta}_1)=0\Rightarrow k_2=-\frac{(\boldsymbol{\alpha}_3,\boldsymbol{\beta}_1)}{(\boldsymbol{\beta}_1,\boldsymbol{\beta}_1)}$$

$$(\boldsymbol{\beta}_3,\boldsymbol{\beta}_2)=(\boldsymbol{\alpha}_3+k_2\boldsymbol{\beta}_1+k_3\boldsymbol{\beta}_2,\boldsymbol{\beta}_2)=(\boldsymbol{\alpha}_3,\boldsymbol{\beta}_2)+k_3(\boldsymbol{\beta}_2,\boldsymbol{\beta}_2)=0\Rightarrow k_3=-\frac{(\boldsymbol{\alpha}_3,\boldsymbol{\beta}_2)}{(\boldsymbol{\beta}_2,\boldsymbol{\beta}_2)}$$

于是有

$$\boldsymbol{\beta}_3=\boldsymbol{\alpha}_3-\sum_{k=1}^{2}\frac{(\boldsymbol{\alpha}_3,\boldsymbol{\beta}_k)}{(\boldsymbol{\beta}_k,\boldsymbol{\beta}_k)}\boldsymbol{\beta}_k\Leftrightarrow\boldsymbol{\alpha}_3=\sum_{k=1}^{2}\frac{(\boldsymbol{\alpha}_3,\boldsymbol{\beta}_k)}{(\boldsymbol{\beta}_k,\boldsymbol{\beta}_k)}\boldsymbol{\beta}_k+\boldsymbol{\beta}_3 \tag{6.2.3}$$

这里$\boldsymbol{\beta}_1,\boldsymbol{\beta}_2,\boldsymbol{\beta}_3$两两正交,且$\{\boldsymbol{\beta}_1,\boldsymbol{\beta}_2,\boldsymbol{\beta}_3\}\cong\{\boldsymbol{\alpha}_1,\boldsymbol{\alpha}_2,\boldsymbol{\alpha}_3\}$.

依此类推构造$\boldsymbol{\beta}_{n-1}$,使得$\boldsymbol{\beta}_1,\boldsymbol{\beta}_2,\cdots,\boldsymbol{\beta}_{n-1}$两两正交,且$\{\boldsymbol{\beta}_1,\boldsymbol{\beta}_2,\cdots,\boldsymbol{\beta}_{n-1}\}\cong\{\boldsymbol{\alpha}_1,\boldsymbol{\alpha}_2,\cdots,\boldsymbol{\alpha}_{n-1}\}$,最后取

$$\boldsymbol{\beta}_n=\boldsymbol{\alpha}_n-\sum_{k=1}^{n-1}\frac{(\boldsymbol{\alpha}_n,\boldsymbol{\beta}_k)}{(\boldsymbol{\beta}_k,\boldsymbol{\beta}_k)}\boldsymbol{\beta}_k\Leftrightarrow\boldsymbol{\alpha}_n=\sum_{k=1}^{n-1}\frac{(\boldsymbol{\alpha}_n,\boldsymbol{\beta}_k)}{(\boldsymbol{\beta}_k,\boldsymbol{\beta}_k)}\boldsymbol{\beta}_k+\boldsymbol{\beta}_n \tag{6.2.4}$$

因为

$$\begin{aligned}(\boldsymbol{\beta}_n,\boldsymbol{\beta}_j)&=\left(\boldsymbol{\alpha}_n-\sum_{k=1}^{n-1}\frac{(\boldsymbol{\alpha}_n,\boldsymbol{\beta}_k)}{(\boldsymbol{\beta}_k,\boldsymbol{\beta}_k)}\boldsymbol{\beta}_k,\boldsymbol{\beta}_j\right)\\&=(\boldsymbol{\alpha}_n,\boldsymbol{\beta}_j)-(\boldsymbol{\alpha}_n,\boldsymbol{\beta}_j)=0\quad(j=1,2,\cdots,n-1)\end{aligned}$$

所以$\boldsymbol{\beta}_1,\boldsymbol{\beta}_2,\cdots,\boldsymbol{\beta}_n$两两正交,且$\{\boldsymbol{\beta}_1,\boldsymbol{\beta}_2,\cdots,\boldsymbol{\beta}_n\}\cong\{\boldsymbol{\alpha}_1,\boldsymbol{\alpha}_2,\cdots,\boldsymbol{\alpha}_n\}$.

第2步:将正交组$\boldsymbol{\beta}_1,\boldsymbol{\beta}_2,\cdots,\boldsymbol{\beta}_n$单位化. 令

$$\boldsymbol{\gamma}_k=\frac{1}{|\boldsymbol{\beta}_k|}\boldsymbol{\beta}_k\quad(k=1,2,\cdots,n) \tag{6.2.5}$$

则 $\boldsymbol{\gamma}_1,\boldsymbol{\gamma}_2,\cdots,\boldsymbol{\gamma}_n$ 是欧氏空间 $V$ 的标准正交组，且$\{\boldsymbol{\gamma}_1,\boldsymbol{\gamma}_2,\cdots,\boldsymbol{\gamma}_n\}\cong\{\boldsymbol{\beta}_1,\boldsymbol{\beta}_2,\cdots,\boldsymbol{\beta}_n\}$.

最后，应用等价关系的传递性即得

$$\{\boldsymbol{\gamma}_1,\boldsymbol{\gamma}_2,\cdots,\boldsymbol{\gamma}_n\}\cong\{\boldsymbol{\alpha}_1,\boldsymbol{\alpha}_2,\cdots,\boldsymbol{\alpha}_n\}$$

**注**　在欧氏空间中，施密特正交规范化方法是一个从理论到实践都很重要的方法. 为方便读者更好的理解这一方法，下面在 3 维欧氏空间中，我们将由线性无关的向量 $\boldsymbol{\alpha}_1,\boldsymbol{\alpha}_2,\boldsymbol{\alpha}_3$ 构造正交向量组 $\boldsymbol{\beta}_1,\boldsymbol{\beta}_2,\boldsymbol{\beta}_3$ 的过程用图 6.1 作一演示.

首先将向量 $\boldsymbol{\alpha}_1,\boldsymbol{\alpha}_2,\boldsymbol{\alpha}_3$ 的起点移到同一点，并记为坐标原点 $O$，取向量 $\boldsymbol{\alpha}_1$ 的方向为 $x$ 轴正向，取 $\boldsymbol{\alpha}_1,\boldsymbol{\alpha}_2$ 所在的平面为 $xOy$ 平面，在向量 $\boldsymbol{\alpha}_3$ 所在的一侧作 $z$ 轴正向，$y$ 轴正向的选取则使得坐标系为右手系；然后取 $\boldsymbol{\beta}_1=\boldsymbol{\alpha}_1$，向量 $\boldsymbol{\alpha}_2$ 在 $y$ 轴上的投影向量记为 $\boldsymbol{\beta}_2$，则 $\boldsymbol{\beta}_2=\boldsymbol{\alpha}_2+k_1\boldsymbol{\beta}_1$，向量 $\boldsymbol{\alpha}_3$ 在 $z$ 轴上的投影向量记为 $\boldsymbol{\beta}_3$，则 $\boldsymbol{\beta}_3=\boldsymbol{\alpha}_3+(k_2\boldsymbol{\beta}_1+k_3\boldsymbol{\beta}_2)$. 很显然，向量 $\boldsymbol{\beta}_1,\boldsymbol{\beta}_2,\boldsymbol{\beta}_3$ 两两正交，且$\{\boldsymbol{\beta}_1,\boldsymbol{\beta}_2,\boldsymbol{\beta}_3\}\cong\{\boldsymbol{\alpha}_1,\boldsymbol{\alpha}_2,\boldsymbol{\alpha}_3\}$.

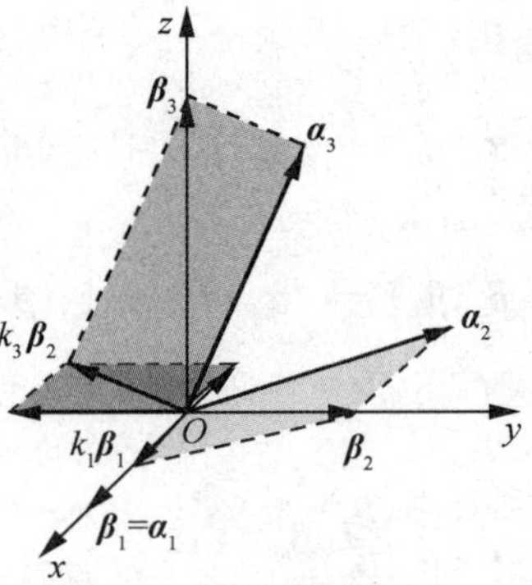


**图 6.1　向量 $\boldsymbol{\alpha}_1,\boldsymbol{\alpha}_2,\boldsymbol{\alpha}_3$ 构造向量 $\boldsymbol{\beta}_1,\boldsymbol{\beta}_2,\boldsymbol{\beta}_3$ 的过程**

**例 3**　已知欧氏空间 $\mathbf{R}^3$ 的一个基

$$\boldsymbol{\alpha}_1=(1,1,2),\quad \boldsymbol{\alpha}_2=(2,-1,1),\quad \boldsymbol{\alpha}_3=(1,2,0)$$

求一个与之等价的标准正交基.

**解**　采用施密特正交规范化方法，先取 $\boldsymbol{\beta}_1=\boldsymbol{\alpha}_1=(1,1,2)$；因

$$\boldsymbol{\alpha}_2-\frac{(\boldsymbol{\alpha}_2,\boldsymbol{\beta}_1)}{(\boldsymbol{\beta}_1,\boldsymbol{\beta}_1)}\boldsymbol{\beta}_1=(2,-1,1)-\frac{1}{2}(1,1,2)=\frac{3}{2}(1,-1,0)$$

取 $\boldsymbol{\beta}_2=(1,-1,0)$ $\left(\text{这里取值是为了简化下文关于 }\boldsymbol{\beta}_2\text{ 的计算，不影响结论}\right)$；因

$$\begin{aligned}\boldsymbol{\alpha}_3-\frac{(\boldsymbol{\alpha}_3,\boldsymbol{\beta}_1)}{(\boldsymbol{\beta}_1,\boldsymbol{\beta}_1)}\boldsymbol{\beta}_1-\frac{(\boldsymbol{\alpha}_3,\boldsymbol{\beta}_2)}{(\boldsymbol{\beta}_2,\boldsymbol{\beta}_2)}\boldsymbol{\beta}_2&=(1,2,0)-\frac{1}{2}(1,1,2)+\frac{1}{2}(1,-1,0)\\&=(1,1,-1)\end{aligned}$$

取 $\boldsymbol{\beta}_3=(1,1,-1)$. 故所求的与 $\boldsymbol{\alpha}_1,\boldsymbol{\alpha}_2,\boldsymbol{\alpha}_3$ 等价的标准正交基是

$$\boldsymbol{\gamma}_1=\frac{1}{|\boldsymbol{\beta}_1|}\boldsymbol{\beta}_1=\frac{1}{\sqrt{6}}(1,1,2)=\left(\frac{\sqrt{6}}{6},\frac{\sqrt{6}}{6},\frac{\sqrt{6}}{3}\right)$$

$$\boldsymbol{\gamma}_2=\frac{1}{|\boldsymbol{\beta}_2|}\boldsymbol{\beta}_2=\frac{1}{\sqrt{2}}(1,-1,0)^{\mathrm{T}}=\left(\frac{\sqrt{2}}{2},-\frac{\sqrt{2}}{2},0\right)$$

$$\boldsymbol{\gamma}_3=\frac{1}{|\boldsymbol{\beta}_3|}\boldsymbol{\beta}_3=\frac{1}{\sqrt{3}}(1,1,-1)=\left(\frac{\sqrt{3}}{3},\frac{\sqrt{3}}{3},-\frac{\sqrt{3}}{3}\right)$$

***例 4**　设 $\boldsymbol{A}$ 是 $n$ 阶可逆矩阵，求证：存在唯一的正交矩阵 $\boldsymbol{Z}$ 和唯一的上三角矩阵 $\boldsymbol{C}$，使得 $\boldsymbol{A}=\boldsymbol{ZC}$，且矩阵 $\boldsymbol{C}$ 的主对角元皆为正数.

**证**　设 $\boldsymbol{A}=(\boldsymbol{\alpha}_1,\boldsymbol{\alpha}_2,\cdots,\boldsymbol{\alpha}_n)$，则 $\boldsymbol{\alpha}_1,\boldsymbol{\alpha}_2,\cdots,\boldsymbol{\alpha}_n$ 线性无关，应用施密特正交规范化方法可得与 $\boldsymbol{\alpha}_1,\boldsymbol{\alpha}_2,\cdots,\boldsymbol{\alpha}_n$ 等价的正交组 $\boldsymbol{\beta}_1,\boldsymbol{\beta}_2,\cdots,\boldsymbol{\beta}_n$，进而得标准正交组 $\boldsymbol{\gamma}_1,\boldsymbol{\gamma}_2,\cdots,\boldsymbol{\gamma}_n$. 令 $\boldsymbol{Z}=(\boldsymbol{\gamma}_1,\boldsymbol{\gamma}_2,\cdots,\boldsymbol{\gamma}_n)$，则 $\boldsymbol{Z}$ 为正交矩阵. 又

$$\begin{aligned}(\boldsymbol{\alpha}_1,\boldsymbol{\alpha}_2,\cdots,\boldsymbol{\alpha}_n)&=(\boldsymbol{\beta}_1,\boldsymbol{\beta}_2,\cdots,\boldsymbol{\beta}_n)\begin{bmatrix}1 & & & *\\ & 1 & & \\ & & \ddots & \\ O & & & 1\end{bmatrix}\\&=(\boldsymbol{\gamma}_1,\boldsymbol{\gamma}_2,\cdots,\boldsymbol{\gamma}_n)\begin{bmatrix}|\boldsymbol{\beta}_1| & & & O\\ & |\boldsymbol{\beta}_2| & & \\ & & \ddots & \\ O & & & |\boldsymbol{\beta}_n|\end{bmatrix}\begin{bmatrix}1 & & & *\\ & 1 & & \\ & & \ddots & \\ O & & & 1\end{bmatrix}\\&=(\boldsymbol{\gamma}_1,\boldsymbol{\gamma}_2,\cdots,\boldsymbol{\gamma}_n)\begin{bmatrix}|\boldsymbol{\beta}_1| & & & *\\ & |\boldsymbol{\beta}_2| & & \\ & & \ddots & \\ O & & & |\boldsymbol{\beta}_n|\end{bmatrix}=\boldsymbol{ZC}\end{aligned}$$

其中

$$\boldsymbol{C}=\begin{bmatrix}|\boldsymbol{\beta}_1| & & & *\\ & |\boldsymbol{\beta}_2| & & \\ & & \ddots & \\ \boldsymbol{O} & & & |\boldsymbol{\beta}_n|\end{bmatrix}$$

于是 $\boldsymbol{A}=\boldsymbol{ZC}$，且上三角矩阵 $\boldsymbol{C}$ 的主对角元皆为正数.

假设又存在正交矩阵 $\boldsymbol{Z}_1$ 和主对角元皆为正数的上三角矩阵 $\boldsymbol{C}_1$，使得 $\boldsymbol{A}=\boldsymbol{Z}_1\boldsymbol{C}_1$，则 $\boldsymbol{ZC}=\boldsymbol{Z}_1\boldsymbol{C}_1$，即 $\boldsymbol{Z}_1^{\mathrm{T}}\boldsymbol{Z}=\boldsymbol{C}_1\boldsymbol{C}^{-1}$. 由于：(1) 主对角元皆为正数的上三角矩阵 $\boldsymbol{C}$ 的逆矩阵 $\boldsymbol{C}^{-1}$ 仍是主对角元皆为正数的上三角矩阵；(2) 两个主对角元皆为正数的

上三角矩阵 $\boldsymbol{C}_1$ 与 $\boldsymbol{C}^{-1}$ 的乘积 $\boldsymbol{C}_1\boldsymbol{C}^{-1}$ 仍是主对角元皆为正数的上三角矩阵，所以正交矩阵 $\boldsymbol{Z}_1^{\mathrm{T}}\boldsymbol{Z}$ 是主对角元皆为正数的上三角矩阵. 由于主对角元皆为正数的上三角正交矩阵必为单位矩阵(上述几个结论的证明留作习题)，所以

$$\boldsymbol{Z}_1^{\mathrm{T}}\boldsymbol{Z}=\boldsymbol{E}\Rightarrow\boldsymbol{Z}=\boldsymbol{Z}_1\Rightarrow\boldsymbol{C}=\boldsymbol{C}_1 \qquad \square$$

## 习题 6.2

### A 组

1. 设 $\boldsymbol{A}$ 是实矩阵，证明：$\boldsymbol{A}$ 是对称矩阵、$\boldsymbol{A}$ 是幂幺矩阵(即 $\boldsymbol{A}^2=\boldsymbol{E}$)、$\boldsymbol{A}$ 是正交矩阵这三条中有两条成立时，第三条必成立.

2. 设 $\boldsymbol{A}$ 是正交矩阵，求证：$\boldsymbol{A}^*$ 是正交矩阵.

3. 设 $\boldsymbol{\alpha}$ 是 $n$ 维列向量，且 $\boldsymbol{\alpha}$ 的模为 1，$\boldsymbol{E}$ 是 $n$ 阶单位矩阵，如果 $\boldsymbol{A}=\boldsymbol{E}-2\boldsymbol{\alpha}\boldsymbol{\alpha}^{\mathrm{T}}$，证明：$\boldsymbol{A}$ 是正交矩阵.

4. 应用施密特正交规范化方法将下列线性无关组化为标准正交组：

(1) $\boldsymbol{\alpha}_1=(1,1,0)^{\mathrm{T}},\boldsymbol{\alpha}_2=(2,0,1)^{\mathrm{T}},\boldsymbol{\alpha}_3=(2,2,1)^{\mathrm{T}}$；

(2) $\boldsymbol{\alpha}_1=(1,1,1)^{\mathrm{T}},\boldsymbol{\alpha}_2=(0,1,2)^{\mathrm{T}},\boldsymbol{\alpha}_3=(2,0,3)^{\mathrm{T}}$；

(3) $\boldsymbol{\alpha}_1=(1,0,1,0)^{\mathrm{T}},\boldsymbol{\alpha}_2=(2,1,2,1)^{\mathrm{T}},\boldsymbol{\alpha}_3=(-1,2,-3,4)^{\mathrm{T}},\boldsymbol{\alpha}_4=(0,0,0,1)^{\mathrm{T}}$.

5. 已知向量 $\boldsymbol{\alpha}_1=\left(\frac{2}{3},\frac{1}{3},\frac{2}{3}\right)^{\mathrm{T}},\boldsymbol{\alpha}_2=\left(\frac{1}{3},\frac{2}{3},-\frac{2}{3}\right)^{\mathrm{T}}$，试求向量 $\boldsymbol{\alpha}_3$，使得 $\boldsymbol{\alpha}_1,\boldsymbol{\alpha}_2,\boldsymbol{\alpha}_3$ 是 $\mathbf{R}^3$ 的标准正交基.

6. 证明：(1) 主对角元皆为正数的上三角矩阵的逆矩阵仍是主对角元皆为正数的上三角矩阵；

(2) 两个主对角元皆为正数的上三角矩阵的乘积仍是主对角元皆为正数的上三角矩阵；

(3) 主对角元皆为正数的上三角正交矩阵必是单位矩阵.

### B 组

7. 将线性方程组

$$\begin{cases}x_1+x_2+x_3+x_4=0,\\2x_1+3x_2+4x_3+x_4=0,\\3x_1+4x_2+5x_3+2x_4=0,\\3x_1+5x_2+7x_3+x_4=0\end{cases}$$

的解空间记为 $V$，如果与 $V$ 中向量正交的所有向量的集合 $U$ 是 $\mathbf{R}^4$ 的一个子空间，试求 $U$ 的一个基.

8. 设$\boldsymbol{P}$是$n$阶正交矩阵,证明:$\boldsymbol{A}=\frac{\sqrt{2}}{2}\begin{bmatrix}\boldsymbol{P} & \boldsymbol{P}\\ \boldsymbol{P} & -\boldsymbol{P}\end{bmatrix}$与$\boldsymbol{B}=\frac{\sqrt{2}}{2}\begin{bmatrix}\boldsymbol{P} & \boldsymbol{P}\\ -\boldsymbol{P} & \boldsymbol{P}\end{bmatrix}$都是正交矩阵.

## 6.3 矩阵的正交相似对角化

### 6.3.1 矩阵正交相似对角化的定义

**定义 6.3.1(正交相似对角化)** 设$\boldsymbol{A}$是$n$阶实矩阵,若存在正交矩阵$\boldsymbol{Z}$和对角矩阵$\boldsymbol{D}$,使得

$$\boldsymbol{Z}^{-1}\boldsymbol{AZ}=\boldsymbol{Z}^{\mathrm{T}}\boldsymbol{AZ}=\boldsymbol{D},\quad \boldsymbol{D}=\mathrm{diag}(\lambda_1,\lambda_2,\cdots,\lambda_n)$$

则称**矩阵$\boldsymbol{A}$可正交相似对角化**,并称$\boldsymbol{Z}$为**正交变换矩阵**,称$\boldsymbol{D}$为$\boldsymbol{A}$的**正交相似对角矩阵**.

### 6.3.2 实对称矩阵的特征值与特征向量

实对称矩阵的特征值与特征向量除具有第5.1.3节所叙述的五条性质外,还具有下列两条重要性质.作为预备知识,我们先介绍与共轭复数有关的共轭矩阵的概念.

设复数$\lambda=a+b\mathrm{i}(a,b\in\mathbf{R},\mathrm{i}=\sqrt{-1})$,称$\bar{\lambda}=a-b\mathrm{i}$为$\lambda$的**共轭复数**,称

$$|\lambda|\xlongequal{\text{def}}\sqrt{\lambda\cdot\bar{\lambda}}=\sqrt{(a+b\mathrm{i})(a-b\mathrm{i})}=\sqrt{a^2+b^2}$$

为**复数$\lambda$的模**(若$\lambda$为实数,则$|\lambda|$表示$\lambda$的绝对值).

设$\boldsymbol{A}=(a_{ij}),a_{ij}\in\mathbf{C}$,称$\overline{\boldsymbol{A}}\xlongequal{\text{def}}(\overline{a_{ij}})$为$\boldsymbol{A}$的**共轭矩阵**.据此定义,显然有以下结论:

(1) $\lambda$为实数的充要条件是$\bar{\lambda}=\lambda$;

(2) $\boldsymbol{A}$为实矩阵的充要条件是$\overline{\boldsymbol{A}}=\boldsymbol{A}$;

(3) 设$\boldsymbol{x}$是非零列向量,则$\overline{\boldsymbol{x}^{\mathrm{T}}}\boldsymbol{x}=(\bar{\boldsymbol{x}})^{\mathrm{T}}\boldsymbol{x}=\boldsymbol{x}^{\mathrm{T}}\bar{\boldsymbol{x}}>0$.

**定理 6.3.1(性质6)** 实对称矩阵的特征值是实数,且对应的特征向量为实向量.

**证** 因$\boldsymbol{A}$为实对称矩阵,所以$\overline{\boldsymbol{A}}=\boldsymbol{A},\boldsymbol{A}^{\mathrm{T}}=\boldsymbol{A}$.设$\lambda$是$\boldsymbol{A}$的特征值,$\boldsymbol{A}$的属于$\lambda$的特征向量为$\boldsymbol{x}$,即$\boldsymbol{Ax}=\lambda\boldsymbol{x}$,所以有

$$\bar{\lambda}((\bar{\boldsymbol{x}})^{\mathrm{T}}\boldsymbol{x})=(\overline{\lambda\boldsymbol{x}})^{\mathrm{T}}\boldsymbol{x}=(\overline{\boldsymbol{Ax}})^{\mathrm{T}}\boldsymbol{x}=(\boldsymbol{A}\bar{\boldsymbol{x}})^{\mathrm{T}}\boldsymbol{x}=(\bar{\boldsymbol{x}})^{\mathrm{T}}\boldsymbol{A}^{\mathrm{T}}\boldsymbol{x}=(\bar{\boldsymbol{x}})^{\mathrm{T}}\boldsymbol{Ax}=\lambda((\bar{\boldsymbol{x}})^{\mathrm{T}}\boldsymbol{x})$$

由于$\boldsymbol{x}\neq\boldsymbol{0},(\bar{\boldsymbol{x}})^{\mathrm{T}}\boldsymbol{x}>0$,于是有$\bar{\lambda}=\lambda$,故$\lambda$为实数.

由于实矩阵$\boldsymbol{A}$的特征值$\lambda$是实数，所以$(\lambda\boldsymbol{E}-\boldsymbol{A})\boldsymbol{x}=\boldsymbol{0}$是实系数线性方程组，于是它的解向量也即$\boldsymbol{A}$的特征向量都是实向量. □

**定理 6.3.2(性质 7)** 实对称矩阵的属于不同特征值的特征向量是正交的.

**证** 设$\boldsymbol{A}\boldsymbol{x}_1=\lambda_1\boldsymbol{x}_1,\boldsymbol{A}\boldsymbol{x}_2=\lambda_2\boldsymbol{x}_2(\lambda_1,\lambda_2\in\mathbf{R},\lambda_1\neq\lambda_2)$，则

$$\lambda_2\boldsymbol{x}_2^{\mathrm{T}}\boldsymbol{x}_1=(\lambda_2\boldsymbol{x}_2)^{\mathrm{T}}\boldsymbol{x}_1=(\boldsymbol{A}\boldsymbol{x}_2)^{\mathrm{T}}\boldsymbol{x}_1=\boldsymbol{x}_2^{\mathrm{T}}\boldsymbol{A}\boldsymbol{x}_1=\boldsymbol{x}_2^{\mathrm{T}}\lambda_1\boldsymbol{x}_1=\lambda_1\boldsymbol{x}_2^{\mathrm{T}}\boldsymbol{x}_1$$

由于$\lambda_1\neq\lambda_2$，所以$\boldsymbol{x}_2^{\mathrm{T}}\boldsymbol{x}_1=0$，即$\boldsymbol{x}_2$与$\boldsymbol{x}_1$正交. □

### 6.3.3 实对称矩阵可正交相似对角化

**定理 6.3.3** 设$\boldsymbol{A}$是$n$阶实对称矩阵，$\boldsymbol{A}$的特征值是$\lambda_1,\lambda_2,\cdots,\lambda_n$，则存在正交矩阵$\boldsymbol{Z}$，使得

$$\boldsymbol{Z}^{-1}\boldsymbol{A}\boldsymbol{Z}=\boldsymbol{Z}^{\mathrm{T}}\boldsymbol{A}\boldsymbol{Z}=\boldsymbol{D},\quad \boldsymbol{D}=\mathrm{diag}(\lambda_1,\lambda_2,\cdots,\lambda_n)$$

即实对称矩阵一定可正交相似对角化.

***证** 应用数学归纳法证明. 当$n=1$时，结论显然成立. 假设对任意的$n-1$阶实对称矩阵结论成立，则对$n$阶实对称矩阵$\boldsymbol{A}$，设$\boldsymbol{A}\boldsymbol{x}_1=\lambda\boldsymbol{x}_1$，且$|\boldsymbol{x}_1|=1$. 在$\mathbf{R}^n$中选取向量$\boldsymbol{\beta}_2,\boldsymbol{\beta}_3,\cdots,\boldsymbol{\beta}_n$，使得$\boldsymbol{x}_1,\boldsymbol{\beta}_2,\boldsymbol{\beta}_3,\cdots,\boldsymbol{\beta}_n$是$\mathbf{R}^n$的一个标准正交基. 记$\boldsymbol{Z}_1=(\boldsymbol{x}_1,\boldsymbol{\beta}_2,\boldsymbol{\beta}_3,\cdots,\boldsymbol{\beta}_n)$，则$\boldsymbol{Z}_1$是正交矩阵，且

$$\boldsymbol{A}\boldsymbol{Z}_1=\boldsymbol{A}(\boldsymbol{x}_1,\boldsymbol{\beta}_2,\cdots,\boldsymbol{\beta}_n)=(\lambda_1\boldsymbol{x}_1,\boldsymbol{A}\boldsymbol{\beta}_2,\cdots,\boldsymbol{A}\boldsymbol{\beta}_n)$$
$$=(\boldsymbol{x}_1,\boldsymbol{\beta}_2,\cdots,\boldsymbol{\beta}_n)\begin{bmatrix}\lambda_1 & b_{12} & \cdots & b_{1n}\\ 0 & b_{22} & \cdots & b_{2n}\\ \vdots & \vdots & & \vdots\\ 0 & b_{n2} & \cdots & b_{nn}\end{bmatrix}$$

将上式右端的矩阵分块为$\begin{bmatrix}\lambda_1 & \boldsymbol{\beta}\\ \boldsymbol{0} & \boldsymbol{B}\end{bmatrix}$，上式化为$\boldsymbol{Z}_1^{-1}\boldsymbol{A}\boldsymbol{Z}_1=\begin{bmatrix}\lambda_1 & \boldsymbol{\beta}\\ \boldsymbol{0} & \boldsymbol{B}\end{bmatrix}$. 因$\boldsymbol{Z}_1^{-1}=\boldsymbol{Z}_1^{\mathrm{T}}$，$\boldsymbol{A}^{\mathrm{T}}=\boldsymbol{A}$，所以

$$(\boldsymbol{Z}_1^{-1}\boldsymbol{A}\boldsymbol{Z}_1)^{\mathrm{T}}=\boldsymbol{Z}_1^{\mathrm{T}}\boldsymbol{A}^{\mathrm{T}}(\boldsymbol{Z}_1^{-1})^{\mathrm{T}}=\boldsymbol{Z}_1^{-1}\boldsymbol{A}\boldsymbol{Z}_1$$

得$\boldsymbol{Z}_1^{-1}\boldsymbol{A}\boldsymbol{Z}_1$是实对称矩阵，于是$\boldsymbol{\beta}=\boldsymbol{0}^{\mathrm{T}}$，$\boldsymbol{B}$是$n-1$阶实对称矩阵，$\boldsymbol{A}\sim\begin{bmatrix}\lambda_1 & \boldsymbol{0}^{\mathrm{T}}\\ \boldsymbol{0} & \boldsymbol{B}\end{bmatrix}$. 设$\boldsymbol{B}$的特征值是$\lambda_2,\lambda_3,\cdots,\lambda_n$，则$\lambda_2,\lambda_3,\cdots,\lambda_n$显然也是矩阵$\boldsymbol{A}$的特征值. 又由归纳假设可知，存在$n-1$阶正交矩阵$\boldsymbol{Z}_2$，使得

$$\boldsymbol{Z}_2^{-1}\boldsymbol{B}\boldsymbol{Z}_2=\boldsymbol{Z}_2^{\mathrm{T}}\boldsymbol{B}\boldsymbol{Z}_2=\mathrm{diag}(\lambda_2,\lambda_3,\cdots,\lambda_n)$$

令$\boldsymbol{Z}_3=\begin{bmatrix}1 & \boldsymbol{0}^{\mathrm{T}}\\ \boldsymbol{0} & \boldsymbol{Z}_2\end{bmatrix}$，由于

$$Z_3^{\mathrm{T}}Z_3=\begin{bmatrix}1 & \mathbf{0}^{\mathrm{T}}\\ \mathbf{0} & Z_2^{\mathrm{T}}\end{bmatrix}\begin{bmatrix}1 & \mathbf{0}^{\mathrm{T}}\\ \mathbf{0} & Z_2\end{bmatrix}=\begin{bmatrix}1 & \mathbf{0}^{\mathrm{T}}\\ \mathbf{0} & Z_2^{\mathrm{T}}Z_2\end{bmatrix}=\begin{bmatrix}1 & \mathbf{0}^{\mathrm{T}}\\ \mathbf{0} & E_{n-1}\end{bmatrix}=E_n$$

所以 $Z_3$ 是正交矩阵. 记 $Z=Z_1Z_3$，则 $Z$ 是正交矩阵，使得

$$Z^{-1}AZ=Z_3^{-1}(Z_1^{-1}AZ_1)Z_3=\begin{bmatrix}1 & \mathbf{0}^{\mathrm{T}}\\ \mathbf{0} & Z_2^{-1}\end{bmatrix}\begin{bmatrix}\lambda_1 & \mathbf{0}^{\mathrm{T}}\\ \mathbf{0} & B\end{bmatrix}\begin{bmatrix}1 & \mathbf{0}^{\mathrm{T}}\\ \mathbf{0} & Z_2\end{bmatrix}$$

$$=\begin{bmatrix}\lambda_1 & \mathbf{0}^{\mathrm{T}}\\ 0 & Z_2^{-1}BZ_2\end{bmatrix}=\mathrm{diag}(\lambda_1,\lambda_2,\cdots,\lambda_n)$$

故定理的结论对 $n$ 阶实对称矩阵成立. 因此定理的结论成立. □

由定理 6.3.3 容易得到下列推论，证明显然，这里不赘.

**推论 6.3.4**　实对称矩阵属于每个特征值的特征子空间的维数都等于该特征值的重数，这等价于 $n$ 阶实对称矩阵一定有 $n$ 个线性无关的特征向量，所以实对称矩阵一定可相似对角化.

**推论 6.3.5**　实对称矩阵的秩等于其非零特征值的个数.

**例 1**　设 $A$ 为 4 阶实对称矩阵，满足等式 $A^2-2A=O$，且 $\mathrm{r}(A)=2$，求 $A$ 的全部特征值.

**解**　设 $\lambda$ 是 $A$ 的特征值，$A$ 的属于 $\lambda$ 的特征向量是 $x$，则 $Ax=\lambda x$，于是

$$(A^2-2A)x=(\lambda^2-2\lambda)x=\mathbf{0}$$

由于 $x\neq\mathbf{0}$，所以 $\lambda^2-2\lambda=0$，解得 $\lambda=0,2$. 这表明矩阵 $A$ 的特征值 $\lambda\in\{0,2\}$. 又因为 $\mathrm{r}(A)=2$，所以实对称矩阵 $A$ 有 2 个非零特征值，另外 2 个特征值是 0. 于是 $A$ 的特征值是 2,2,0,0.

### 6.3.4　实对称矩阵正交相似对角化的步骤

实对称矩阵一定可正交相似对角化的结论表明 $n$ 阶实对称矩阵一定有 $n$ 个线性无关的特征向量，因此也可按第 5.2.4 小节所述相似对角化的步骤将矩阵相似对角化.

将实对称矩阵正交相似对角化的具体步骤如下：先求特征值，然后对单特征值求其单位特征向量；对重特征值先求其线性无关的基础解系，再用施密特正交规范化方法化为标准正交向量组. 由于实对称矩阵属于不同特征值的特征向量是正交的，故用上述方法得到的全部特征向量组构成的矩阵 $Z$ 是正交变换矩阵，再将 $A$ 的全部特征值排成对角矩阵 $D$(排序与特征向量的排序一致)，则 $Z^{-1}AZ=D$.

**例 2**　已知 $A=\begin{bmatrix}1 & 2 & 0\\ 2 & 2 & -2\\ 0 & -2 & 3\end{bmatrix}$.

(1) 将矩阵 $\boldsymbol{A}$ 相似对角化，写出相似变换矩阵和相似对角矩阵；

(2) 将矩阵 $\boldsymbol{A}$ 正交相似对角化，写出正交变换矩阵和正交相似对角矩阵.

**解**　矩阵 $\boldsymbol{A}$ 的特征方程为

$$|\lambda\boldsymbol{E}-\boldsymbol{A}|=\begin{vmatrix}\lambda-1 & -2 & 0\\ -2 & \lambda-2 & 2\\ 0 & 2 & \lambda-3\end{vmatrix}$$

$$=(\lambda-1)(\lambda-2)(\lambda-3)+0+0-0-4(\lambda-1)-4(\lambda-3)$$

$$=(\lambda-1)(\lambda-2)(\lambda-3)-8(\lambda-2)=(\lambda-2)(\lambda+1)(\lambda-5)$$

$$=0$$

解得 $\boldsymbol{A}$ 的特征值为 $\lambda=2,5,-1$.

当 $\lambda=2$ 时，解方程组 $(2\boldsymbol{E}-\boldsymbol{A})\boldsymbol{x}=\boldsymbol{0}$，即

$$\begin{bmatrix}1 & -2 & 0\\ -2 & 0 & 2\\ 0 & 2 & -1\end{bmatrix}\begin{bmatrix}x_1\\ x_2\\ x_3\end{bmatrix}=\begin{bmatrix}0\\ 0\\ 0\end{bmatrix}$$

对系数矩阵施行初等行变换，得

$$\begin{bmatrix}1 & -2 & 0\\ -2 & 0 & 2\\ 0 & 2 & -1\end{bmatrix}\to\begin{bmatrix}1 & 0 & -1\\ 0 & 1 & -1/2\\ 0 & 0 & 0\end{bmatrix}$$

解得基础解系即特征向量为 $\boldsymbol{x}_1=(2,1,2)^{\mathrm{T}}$.

当 $\lambda=5$ 时，解方程组 $(5\boldsymbol{E}-\boldsymbol{A})\boldsymbol{x}=\boldsymbol{0}$，即

$$\begin{bmatrix}4 & -2 & 0\\ -2 & 3 & 2\\ 0 & 2 & 2\end{bmatrix}\begin{bmatrix}x_1\\ x_2\\ x_3\end{bmatrix}=\begin{bmatrix}0\\ 0\\ 0\end{bmatrix}$$

对系数矩阵施行初等行变换，得

$$\begin{bmatrix}4 & -2 & 0\\ -2 & 3 & 2\\ 0 & 2 & 2\end{bmatrix}\to\begin{bmatrix}1 & 0 & 1/2\\ 0 & 1 & 1\\ 0 & 0 & 0\end{bmatrix}$$

解得基础解系即特征向量为 $\boldsymbol{x}_2=(-1,-2,2)^{\mathrm{T}}$.

当 $\lambda=-1$ 时，解方程组 $(-\boldsymbol{E}-\boldsymbol{A})\boldsymbol{x}=\boldsymbol{0}$，即

$$\begin{bmatrix}-2 & -2 & 0\\ -2 & -3 & 2\\ 0 & 2 & -4\end{bmatrix}\begin{bmatrix}x_1\\ x_2\\ x_3\end{bmatrix}=\begin{bmatrix}0\\ 0\\ 0\end{bmatrix}$$

对系数矩阵施行初等行变换,得

$$\begin{bmatrix}-2 & -2 & 0\\ -2 & -3 & 2\\ 0 & 2 & -4\end{bmatrix}\to\begin{bmatrix}1 & 0 & 2\\ 0 & 1 & -2\\ 0 & 0 & 0\end{bmatrix}$$

解得基础解系即特征向量为 $\boldsymbol{x}_3=(-2,2,1)^{\mathrm{T}}$.

(1) 相似变换矩阵 $\boldsymbol{P}$ 与相似对角矩阵 $\boldsymbol{D}$ 分别为

$$\boldsymbol{P}=(\boldsymbol{x}_1,\boldsymbol{x}_2,\boldsymbol{x}_3)=\begin{bmatrix}2 & -1 & -2\\ 1 & -2 & 2\\ 2 & 2 & 1\end{bmatrix},\quad \boldsymbol{D}=\mathrm{diag}(2,5,-1)$$

使得 $\boldsymbol{P}^{-1}\boldsymbol{AP}=\boldsymbol{D}$.

(2) 将特征向量 $\boldsymbol{x}_1,\boldsymbol{x}_2,\boldsymbol{x}_3$ 单位化得

$$\boldsymbol{y}_1=\frac{1}{|\boldsymbol{x}_1|}\boldsymbol{x}_1=\frac{1}{3}\begin{bmatrix}2\\ 1\\ 2\end{bmatrix},\ \boldsymbol{y}_2=\frac{1}{|\boldsymbol{x}_2|}\boldsymbol{x}_2=\frac{1}{3}\begin{bmatrix}-1\\ -2\\ 2\end{bmatrix},\ \boldsymbol{y}_3=\frac{1}{|\boldsymbol{x}_3|}\boldsymbol{x}_3=\frac{1}{3}\begin{bmatrix}-2\\ 2\\ 1\end{bmatrix}$$

则正交变换矩阵 $\boldsymbol{Z}$ 与正交相似对角矩阵 $\boldsymbol{D}$ 分别为

$$\boldsymbol{Z}=(\boldsymbol{y}_1,\boldsymbol{y}_2,\boldsymbol{y}_3)=\frac{1}{3}\begin{bmatrix}2 & -1 & -2\\ 1 & -2 & 2\\ 2 & 2 & 1\end{bmatrix},\quad \boldsymbol{D}=\mathrm{diag}(2,5,-1)$$

使得 $\boldsymbol{Z}^{-1}\boldsymbol{AZ}=\boldsymbol{D}$.

**例 3** 将矩阵 $\boldsymbol{A}=\begin{bmatrix}3 & 2 & 4\\ 2 & 0 & 2\\ 4 & 2 & 3\end{bmatrix}$ 正交相似对角化,写出正交变换矩阵和正交相似对角矩阵.

**解** 在第 5.2.4 小节例 4(3) 中我们已经将 $\boldsymbol{A}$ 相似对角化,已求得 $\boldsymbol{A}$ 的特征值为 $\lambda=8,-1,-1$,矩阵 $\boldsymbol{A}$ 属于 $\lambda=8$ 的特征向量为 $\boldsymbol{x}_1=(2,1,2)^{\mathrm{T}}$,矩阵 $\boldsymbol{A}$ 属于 $\lambda=-1$ 的线性无关的特征向量为 $\boldsymbol{x}_2=(-1,2,0)^{\mathrm{T}},\boldsymbol{x}_3=(-1,0,1)^{\mathrm{T}}$.

将特征向量 $\boldsymbol{x}_1=(2,1,2)^{\mathrm{T}}$ 规范化得 $\boldsymbol{\gamma}_1=\frac{1}{3}(2,1,2)^{\mathrm{T}}$. 下面应用施密特正交规范化方法将特征向量组 $\boldsymbol{x}_2=(-1,2,0)^{\mathrm{T}},\boldsymbol{x}_3=(-1,0,1)^{\mathrm{T}}$ 化为标准正交向量组. 先正交化,令

$$\boldsymbol{\beta}_2=\boldsymbol{x}_2=(-1,2,0)^{\mathrm{T}}$$

$$\boldsymbol{x}_3-\frac{(\boldsymbol{x}_3,\boldsymbol{\beta}_2)}{(\boldsymbol{\beta}_2,\boldsymbol{\beta}_2)}\boldsymbol{\beta}_2=(-1,0,1)^{\mathrm{T}}-\frac{(-1,0,1)(-1,2,0)^{\mathrm{T}}}{(-1,2,0)(-1,2,0)^{\mathrm{T}}}(-1,2,0)^{\mathrm{T}}$$

$$=(-1,0,1)^{\mathrm{T}}-\frac{1}{5}(-1,2,0)^{\mathrm{T}}=\frac{1}{5}(-4,-2,5)^{\mathrm{T}}$$

取 $\boldsymbol{\beta}_3=(-4,-2,5)^{\mathrm{T}}$. 再规范化,令

$$\boldsymbol{\gamma}_2=\frac{1}{|\boldsymbol{\beta}_2|}\boldsymbol{\beta}_2=\frac{\sqrt{5}}{5}(-1,2,0)^{\mathrm{T}},\quad \boldsymbol{\gamma}_3=\frac{1}{|\boldsymbol{\beta}_3|}\boldsymbol{\beta}_3=\frac{\sqrt{5}}{15}(-4,-2,5)^{\mathrm{T}}$$

于是正交变换矩阵 $\boldsymbol{Z}$ 与正交相似对角矩阵 $\boldsymbol{D}$ 分别为

$$\boldsymbol{Z}=(\boldsymbol{\gamma}_1,\boldsymbol{\gamma}_2,\boldsymbol{\gamma}_3)=\frac{1}{15}\begin{bmatrix}10 & -3\sqrt{5} & -4\sqrt{5}\\ 5 & 6\sqrt{5} & -2\sqrt{5}\\ 10 & 0 & 5\sqrt{5}\end{bmatrix},\quad \boldsymbol{D}=\mathrm{diag}(8,-1,-1)$$

使得 $\boldsymbol{Z}^{-1}\boldsymbol{A}\boldsymbol{Z}=\boldsymbol{D}$.

## 习题 6.3

### A 组

1. 设 $\boldsymbol{A}$ 为 $n$ 阶实对称矩阵,且 $\boldsymbol{A}^2=\boldsymbol{E}$,求证:存在正交矩阵 $\boldsymbol{Z}$,使得

$$\boldsymbol{Z}^{-1}\boldsymbol{A}\boldsymbol{Z}=\boldsymbol{Z}^{\mathrm{T}}\boldsymbol{A}\boldsymbol{Z}=\begin{bmatrix}\boldsymbol{E}_r & \boldsymbol{O}\\ \boldsymbol{O} & -\boldsymbol{E}_{n-r}\end{bmatrix}\quad(0\leqslant r\leqslant n)$$

2. 设 $\boldsymbol{A}$ 为实对称矩阵,$\boldsymbol{A}$ 的所有特征值的绝对值都是 1,求证:$\boldsymbol{A}$ 是正交矩阵.

3. 证明:任一实对称矩阵可以表示为另一实对称矩阵的 3 次幂.

4. 证明:一个秩为 $r$ 的实对称矩阵可以表示为 $r$ 个秩为 1 的实对称矩阵之和.

5. 将下列实对称矩阵正交相似对角化,写出正交变换矩阵和正交相似对角矩阵:

(1) $\begin{bmatrix}0 & 1 & 0\\ 1 & 0 & 1\\ 0 & 1 & 0\end{bmatrix}$; (2) $\begin{bmatrix}4 & 2 & 2\\ 2 & 4 & 2\\ 2 & 2 & 4\end{bmatrix}$; (3) $\begin{bmatrix}2 & 0 & 4\\ 0 & 6 & 0\\ 4 & 0 & 2\end{bmatrix}$.

6. 设 $\boldsymbol{A}$ 为 3 阶实对称矩阵,$\boldsymbol{A}$ 的特征值为 $\lambda_1=1,\lambda_2=1,\lambda_3=-1$,且对应于 $\lambda_3$ 的特征向量为 $\boldsymbol{\alpha}_3=(1,0,1)^{\mathrm{T}}$,试求矩阵 $\boldsymbol{A}$.

7. 设 $\boldsymbol{A}$ 为 3 阶实对称矩阵,$\boldsymbol{A}$ 的特征值为 $\lambda_1=1,\lambda_2=2,\lambda_3=-2$,且对应于 $\lambda_1$ 的特征向量为 $\boldsymbol{\alpha}_1=(1,-1,1)^{\mathrm{T}}$. 记 $\boldsymbol{B}=\boldsymbol{A}^5-4\boldsymbol{A}^3+\boldsymbol{E}$,试求矩阵 $\boldsymbol{B}$ 的特征值和全部特征向量,并求矩阵 $\boldsymbol{B}$.

8. 设 $\boldsymbol{A}$ 为 3 阶实对称矩阵,$\boldsymbol{A}$ 的各行元素之和为 1,且线性方程组 $\boldsymbol{A}\boldsymbol{x}=\boldsymbol{0}$ 有两

个解 $\boldsymbol{\alpha}=(1,-2,1)^{\mathrm{T}},\boldsymbol{\beta}=(1,-1,0)^{\mathrm{T}}$.

(1) 求矩阵 $\boldsymbol{A}$ 的特征值与全部特征向量;

(2) 求正交矩阵 $\boldsymbol{Z}$ 和对角矩阵 $\boldsymbol{D}$,使得 $\boldsymbol{Z}^{-1}\boldsymbol{A}\boldsymbol{Z}=\boldsymbol{D}$;

(3) 求矩阵 $\boldsymbol{A}$.

**B 组**

9. 设 $\boldsymbol{A}$ 为实反对称矩阵,证明:$\boldsymbol{A}$ 的特征值为纯虚数.

10. 设 $\boldsymbol{A}$ 为实对称矩阵,$\boldsymbol{B}$ 为实反对称矩阵,满足 $\boldsymbol{AB}=\boldsymbol{BA}$,且 $\boldsymbol{A}-\boldsymbol{B}$ 可逆,求证:矩阵 $(\boldsymbol{A}+\boldsymbol{B})(\boldsymbol{A}-\boldsymbol{B})^{-1}$ 为正交矩阵.

11. 证明:正交矩阵的特征值的模等于 1.

12. 若正交矩阵 $\boldsymbol{A}$ 的行列式 $|\boldsymbol{A}|=-1$,证明:矩阵 $\boldsymbol{A}$ 必有特征值 $-1$.

# 复习题 6

1. 设 $\boldsymbol{A},\boldsymbol{B}$ 是两个同阶正交矩阵,且 $|\boldsymbol{A}|=-|\boldsymbol{B}|$,求证:$|\boldsymbol{A}+\boldsymbol{B}|=0$.

2. 设 $\boldsymbol{A}$ 是 $n$ 阶可逆矩阵,且 $\boldsymbol{A}=(\boldsymbol{\alpha}_1,\boldsymbol{\alpha}_2,\cdots,\boldsymbol{\alpha}_n)$,采用施密特正交规范化方法,由 $\boldsymbol{\alpha}_1,\boldsymbol{\alpha}_2,\cdots,\boldsymbol{\alpha}_n$ 出发得到正交组 $\boldsymbol{\beta}_1,\boldsymbol{\beta}_2,\cdots,\boldsymbol{\beta}_n$,记 $\boldsymbol{B}=(\boldsymbol{\beta}_1,\boldsymbol{\beta}_2,\cdots,\boldsymbol{\beta}_n)$,求证:

$$|\boldsymbol{A}|=|\boldsymbol{B}|,\quad |\boldsymbol{B}|^2=\prod_{i=1}^{n}|\boldsymbol{\beta}_i|^2\leqslant\prod_{i=1}^{n}|\boldsymbol{\alpha}_i|^2$$

3. 已知 $n$ 阶矩阵

$$\boldsymbol{A}=\begin{bmatrix}1&1&\cdots&1\\1&1&\cdots&1\\\vdots&\vdots&&\vdots\\1&1&\cdots&1\end{bmatrix},\quad \boldsymbol{B}=\begin{bmatrix}0&\cdots&0&1\\0&\cdots&0&2\\\vdots&&\vdots&\vdots\\0&\cdots&0&n\end{bmatrix}$$

求证:$\boldsymbol{A}\sim\boldsymbol{B}$.

4. 设 $\boldsymbol{A}$ 为 3 阶实对称矩阵,$\mathrm{r}(\boldsymbol{A})=2$,且满足 $\boldsymbol{AB}=\boldsymbol{C}$,这里

$$\boldsymbol{B}=\begin{bmatrix}1&1\\1&-1\\0&0\end{bmatrix},\quad \boldsymbol{C}=\begin{bmatrix}1&-1\\1&1\\0&0\end{bmatrix}$$

(1) 求 $\boldsymbol{A}$ 的特征值和全部特征向量;

(2) 求矩阵 $\boldsymbol{A}$.

# 7 二次型

在空间解析几何中我们曾讲过，关于 $x,y,z$ 的二次齐次多项式

$$a_{11}x^2+a_{22}y^2+a_{33}z^2+2a_{12}xy+2a_{13}xz++2a_{23}yz$$

通过适当的坐标系的旋转变换

$$\begin{bmatrix}x\\y\\z\end{bmatrix}=\begin{bmatrix}\cos\alpha_1 & \cos\alpha_2 & \cos\alpha_3\\ \cos\beta_1 & \cos\beta_2 & \cos\beta_3\\ \cos\gamma_1 & \cos\gamma_2 & \cos\gamma_3\end{bmatrix}\begin{bmatrix}x_1\\y_1\\z_1\end{bmatrix}$$

可将乘积项 $xy,yz,zx$ 消去，化为只含平方项

$$a'_{11}x_1^2+a'_{22}y_1^2+a'_{33}z_1^2$$

的形式，从而容易判别出二次曲面的类型. 这里变换矩阵是正交矩阵.

在本章，我们要将含 3 个变量的二次齐次多项式推广为含 $n$ 个变量 $x_1,x_2,\cdots,x_n$ 的二次齐次多项式，在理论上证明上述方法的可行性，并给出多个实施方法.

## 7.1 二次型基本概念

### 7.1.1 二次型的矩阵表示

**定义 7.1.1(二次型)** 设 $a_{ij}\in F(i,j=1,2,\cdots,n)$，变量 $x_1,x_2,\cdots,x_n$ 的二次齐次多项式

$$f(x_1,x_2,\cdots,x_n)=a_{11}x_1^2+a_{22}x_2^2+\cdots+a_{nn}x_n^2+2a_{12}x_1x_2+2a_{13}x_1x_3+\cdots\\+2a_{23}x_2x_3+\cdots+2a_{34}x_3x_4+\cdots+2a_{n-1,n}x_{n-1}x_n \quad (7.1.1)$$

称为数域 $F$ 上的 $n$ **元二次型**. 且当 $\forall a_{ij}\in\mathbf{R}(i,j=1,2,\cdots,n)$ 时，称式(7.1.1) 为**实二次型**；当 $\forall a_{ij}\in\mathbf{C}(i,j=1,2,\cdots,n)$ 时，称式(7.1.1) 为**复二次型**.

**定义 7.1.2(二次型的矩阵表示)** 设 $a_{ij}\in F(i,j=1,2,\cdots,n)$，记

$$\mathbf{A}=\begin{bmatrix}a_{11} & a_{12} & \cdots & a_{1n}\\ a_{12} & a_{22} & \cdots & a_{2n}\\ \vdots & \vdots & & \vdots\\ a_{1n} & a_{2n} & \cdots & a_{nn}\end{bmatrix},\quad \boldsymbol{x}=\begin{bmatrix}x_1\\x_2\\\vdots\\x_n\end{bmatrix}$$

这里 $\boldsymbol{A}$ 为对称矩阵，则式(7.1.1)可写为

$$f(\boldsymbol{x})=(x_1,x_2,\cdots,x_n)\begin{bmatrix}a_{11}&a_{12}&\cdots&a_{1n}\\a_{12}&a_{22}&\cdots&a_{2n}\\\vdots&\vdots&&\vdots\\a_{1n}&a_{2n}&\cdots&a_{nn}\end{bmatrix}\begin{bmatrix}x_1\\x_2\\\vdots\\x_n\end{bmatrix}=\boldsymbol{x}^{\mathrm{T}}\boldsymbol{A}\boldsymbol{x}$$

此式称为**二次型 $f(\boldsymbol{x})$ 的矩阵表示**，并称矩阵 $\boldsymbol{A}$ 为**二次型 $f(\boldsymbol{x})$ 的矩阵**. 若矩阵 $\boldsymbol{A}$ 的秩为 $r$，则称**二次型 $f(\boldsymbol{x})$ 的秩为 $r$**.

当二次型式(7.1.1)中只含平方项时，此二次型的矩阵是对角矩阵.

**定理 7.1.1**　若 $\forall\boldsymbol{x}\in F^n$ 有 $f(x_1,x_2,\cdots,x_n)=\boldsymbol{x}^{\mathrm{T}}\boldsymbol{A}\boldsymbol{x}=0$，则 $\boldsymbol{A}=\boldsymbol{O}$.

**证**　不失一般性，下面就 $n=3$ 给出证明. 令

$$f(x_1,x_2,x_3)=a_{11}x_1^2+a_{22}x_2^2+a_{33}x_3^2+2a_{12}x_1x_2+2a_{13}x_1x_3+2a_{23}x_2x_3 \tag{7.1.2}$$

分别取 $(x_1,x_2,x_3)=(1,0,0),(0,1,0),(0,0,1)$，代入式(7.1.2)可得 $a_{11}=0$，$a_{22}=0,a_{33}=0$；再取 $(x_1,x_2,x_3)=(1,1,0),(0,1,1),(1,0,1)$，代入式(7.1.2)可得 $a_{12}=0,a_{23}=0,a_{13}=0$. 所以 $\boldsymbol{A}=\boldsymbol{O}$. □

**定理 7.1.2**　二次型 $f(\boldsymbol{x})$ 的矩阵是唯一的.

**证**　设

$$f(x_1,x_2,\cdots,x_n)=\boldsymbol{x}^{\mathrm{T}}\boldsymbol{A}\boldsymbol{x},\quad f(x_1,x_2,\cdots,x_n)=\boldsymbol{x}^{\mathrm{T}}\boldsymbol{B}\boldsymbol{x}$$

则 $\forall\boldsymbol{x}\in F^n,\boldsymbol{x}^{\mathrm{T}}\boldsymbol{A}\boldsymbol{x}-\boldsymbol{x}^{\mathrm{T}}\boldsymbol{B}\boldsymbol{x}=\boldsymbol{x}^{\mathrm{T}}(\boldsymbol{A}-\boldsymbol{B})\boldsymbol{x}=0$. 应用定理 7.1.1 得 $\boldsymbol{A}=\boldsymbol{B}$，所以二次型 $f(\boldsymbol{x})$ 的矩阵 $\boldsymbol{A}$ 是唯一的. □

**例 1**　写出二次型 $f(x_1,x_2,x_3)=2x_1^2-x_2^2+3x_3^2-4x_1x_2+6x_1x_3-8x_2x_3$ 的矩阵和矩阵表示，并求该二次型的秩.

**解**　二次型 $f(x_1,x_2,x_3)$ 的矩阵为 $\boldsymbol{A}=\begin{bmatrix}2&-2&3\\-2&-1&-4\\3&-4&3\end{bmatrix}$，再设 $\boldsymbol{x}=\begin{bmatrix}x_1\\x_2\\x_3\end{bmatrix}$，则二次型 $f(x_1,x_2,x_3)$ 可表示为 $f(x_1,x_2,x_3)=\boldsymbol{x}^{\mathrm{T}}\boldsymbol{A}\boldsymbol{x}$. 由于

$$\boldsymbol{A}=\begin{bmatrix}2&-2&3\\-2&-1&-4\\3&-4&3\end{bmatrix}\xrightarrow[(1)\leftrightarrow(3)]{\substack{(2)+(1)\\(3)-(1)}}\begin{bmatrix}1&-2&0\\0&-3&-1\\2&-2&3\end{bmatrix}$$

$$\xrightarrow{\substack{(3)-2(1)\\(2)+(3)}}\begin{bmatrix}1&-2&0\\0&-1&2\\0&2&3\end{bmatrix}\xrightarrow{(3)+2(2)}\begin{bmatrix}1&-2&0\\0&-1&2\\0&0&7\end{bmatrix}$$

所以 $\mathrm{r}(\boldsymbol{A})=3$，于是二次型 $f(\boldsymbol{x})$ 的秩是 3.

**例 2** 已知对称矩阵 $\boldsymbol{A}=\begin{bmatrix}3 & 2 & -4\\ 2 & \mathrm{i} & 5\mathrm{i}\\ -4 & 5\mathrm{i} & -6\end{bmatrix}$，求二次型 $f(x,y,z)$，使该二次型的矩阵为 $\boldsymbol{A}$.

**解** 所求二次型为

$$f(x,y,z)=3x^2+\mathrm{i}y^2-6z^2+4xy-8xz+10\mathrm{i}yz$$

### 7.1.2 二次型的等价

**定义 7.1.3(线性变换)** 设 $p_{ij}\in F(i,j=1,2,\cdots,n)$，记

$$\boldsymbol{P}=\begin{bmatrix}p_{11} & p_{12} & \cdots & p_{1n}\\ p_{21} & p_{22} & \cdots & p_{2n}\\ \vdots & \vdots & & \vdots\\ p_{n1} & p_{n2} & \cdots & p_{nn}\end{bmatrix},\quad \boldsymbol{x}=\begin{bmatrix}x_1\\ x_2\\ \vdots\\ x_n\end{bmatrix},\quad \boldsymbol{y}=\begin{bmatrix}y_1\\ y_2\\ \vdots\\ y_n\end{bmatrix}$$

两组变量 $x_1,x_2,\cdots,x_n$ 和 $y_1,y_2,\cdots,y_n$ 之间的关系式 $\boldsymbol{x}=\boldsymbol{P}\boldsymbol{y}$ 称为由 $x_1,x_2,\cdots,x_n$ 到 $y_1,y_2,\cdots,y_n$ 的**线性变换**，并称 $\boldsymbol{P}$ 为**线性变换矩阵**.

若 $\boldsymbol{P}$ 是可逆矩阵，则称 $\boldsymbol{x}=\boldsymbol{P}\boldsymbol{y}$ 为**可逆线性变换(或非退化线性变换)**；特别的，当 $\boldsymbol{P}$ 是正交矩阵时，称 $\boldsymbol{x}=\boldsymbol{P}\boldsymbol{y}$ 为**正交变换**. 下文中我们只考虑可逆线性变换.

在可逆线性变换 $\boldsymbol{x}=\boldsymbol{P}\boldsymbol{y}$ 下，二次型 $f(x_1,x_2,\cdots,x_n)$ 化为

$$f(\boldsymbol{x})=\boldsymbol{x}^{\mathrm{T}}\boldsymbol{A}\boldsymbol{x}=(\boldsymbol{P}\boldsymbol{y})^{\mathrm{T}}\boldsymbol{A}(\boldsymbol{P}\boldsymbol{y})=\boldsymbol{y}^{\mathrm{T}}(\boldsymbol{P}^{\mathrm{T}}\boldsymbol{A}\boldsymbol{P})\boldsymbol{y}=g(\boldsymbol{y})$$

记 $\boldsymbol{B}=\boldsymbol{P}^{\mathrm{T}}\boldsymbol{A}\boldsymbol{P}$，则 $g(\boldsymbol{y})=\boldsymbol{y}^{\mathrm{T}}\boldsymbol{B}\boldsymbol{y}$ 是关于 $y_1,y_2,\cdots,y_n$ 的二次型，此二次型的矩阵为 $\boldsymbol{B}$，并称二次型 $f(\boldsymbol{x})$ 与二次型 $g(\boldsymbol{y})$ **等价**. 当矩阵 $\boldsymbol{B}$ 是对角矩阵时，二次型 $g(\boldsymbol{y})$ 中只含关于变量 $y_1,y_2,\cdots,y_n$ 的平方项.

## 习题 7.1

### A 组

1. 写出下列二次型的矩阵表示式，并求二次型的秩：

(1) $f(x_1,x_2,x_3)=x_1^2+4x_2^2+2x_3^2-4x_1x_2+2x_1x_3$；

(2) $f(x_1,x_2,x_3)=2x_1x_2+2x_1x_3$；

(3) $f(x_1,x_2,x_3)=x_1^2+2x_2^2+3x_3^2+4x_1x_2-4x_2x_3$；

(4) $f(x_1,x_2,x_3,x_4)=x_1^2+x_3^2+2x_4^2+4x_1x_2+2x_1x_3+4x_1x_4+2x_2x_3+$

$2x_2x_4 + 2x_3x_4$.

2. 求二次型 $f(x_1, x_2, x_3) = (a_1x_1 + a_2x_2 + a_3x_3)^2$ 的矩阵表示式.

3. 求二次型 $f(x_1, x_2, x_3)$，使它的矩阵为下列矩阵：

(1) $\begin{bmatrix} 2 & 0 & 0 \\ 0 & 4 & 0 \\ 0 & 0 & -1 \end{bmatrix}$；　(2) $\begin{bmatrix} 0 & 1 & 2 \\ 1 & -1 & 3 \\ 2 & 3 & 4 \end{bmatrix}$；　(3) $\begin{bmatrix} 2 & 2 & -4 \\ 2 & 3 & 6 \\ -4 & 6 & 4 \end{bmatrix}$.

4. 求二次型 $f(x_1, x_2, x_3, x_4)$，使它的矩阵为 $\begin{bmatrix} 0 & 0 & 0 & 3 \\ 0 & 3 & -6 & 0 \\ 0 & -6 & 12 & -4 \\ 3 & 0 & -4 & 0 \end{bmatrix}$.

5. 设二次型 $f(\boldsymbol{x}) = \boldsymbol{x}^{\mathrm{T}}\boldsymbol{A}\boldsymbol{x}$ 与二次型 $g(\boldsymbol{y}) = \boldsymbol{y}^{\mathrm{T}}\boldsymbol{B}\boldsymbol{y}$ 等价，求证：二次型 $f(\boldsymbol{x})$ 的秩等于二次型 $g(\boldsymbol{y})$ 的秩.

6. 设 $n$ 元二次型 $f(\boldsymbol{x}) = \boldsymbol{x}^{\mathrm{T}}\boldsymbol{A}\boldsymbol{x}$ 的矩阵 $\boldsymbol{A}$ 有特征值 $\lambda_0$，求证：存在 $\boldsymbol{x}_0 = (a_1, a_2, \cdots, a_n)^{\mathrm{T}}$，使得

$$f(\boldsymbol{x}_0) = \boldsymbol{x}_0^{\mathrm{T}}\boldsymbol{A}\boldsymbol{x}_0 = \lambda_0(a_1^2 + a_2^2 + \cdots + a_n^2)$$

## 7.2　矩阵的合同对角化

### 7.2.1　合同矩阵

**定义 7.2.1(合同矩阵)**　设 $\boldsymbol{A}, \boldsymbol{B}$ 是 $n$ 阶矩阵，若存在 $n$ 阶可逆矩阵 $\boldsymbol{P}$，使得

$$\boldsymbol{P}^{\mathrm{T}}\boldsymbol{A}\boldsymbol{P} = \boldsymbol{B}$$

则称 $\boldsymbol{A}, \boldsymbol{B}$ 为合同矩阵，或称 $\boldsymbol{A}$ 合同于 $\boldsymbol{B}$，记为 $\boldsymbol{A} \simeq \boldsymbol{B}$，并称 $\boldsymbol{P}$ 为合同变换矩阵.

下面我们来研究合同矩阵的性质.

**定理 7.2.1**　合同矩阵具有自反性、对称性、传递性.

**证**　(1) 因为 $\boldsymbol{E}^{\mathrm{T}}\boldsymbol{A}\boldsymbol{E} = \boldsymbol{A}$，所以 $\boldsymbol{A} \simeq \boldsymbol{A}$，即自反性成立；

(2) 设 $\boldsymbol{P}^{\mathrm{T}}\boldsymbol{A}\boldsymbol{P} = \boldsymbol{B}$，令 $\boldsymbol{P}^{-1} = \boldsymbol{Q}$，则有 $\boldsymbol{Q}^{\mathrm{T}}\boldsymbol{B}\boldsymbol{Q} = \boldsymbol{A}$，所以 $\boldsymbol{B} \simeq \boldsymbol{A}$，即对称性成立；

(3) 设 $\boldsymbol{P}^{\mathrm{T}}\boldsymbol{A}\boldsymbol{P} = \boldsymbol{B}, \boldsymbol{Q}^{\mathrm{T}}\boldsymbol{B}\boldsymbol{Q} = \boldsymbol{C}$，令 $\boldsymbol{P}\boldsymbol{Q} = \boldsymbol{M}$，则 $\boldsymbol{M}$ 可逆，且有

$$\boldsymbol{M}^{\mathrm{T}}\boldsymbol{A}\boldsymbol{M} = (\boldsymbol{P}\boldsymbol{Q})^{\mathrm{T}}\boldsymbol{A}(\boldsymbol{P}\boldsymbol{Q}) = \boldsymbol{Q}^{\mathrm{T}}(\boldsymbol{P}^{\mathrm{T}}\boldsymbol{A}\boldsymbol{P})\boldsymbol{Q} = \boldsymbol{Q}^{\mathrm{T}}\boldsymbol{B}\boldsymbol{Q} = \boldsymbol{C}$$

所以 $\boldsymbol{A} \simeq \boldsymbol{C}$，即传递性成立.　□

**定理 7.2.2(合同矩阵的性质)**　设 $\boldsymbol{A} \simeq \boldsymbol{B}$，合同变换矩阵为 $\boldsymbol{P}$，即 $\boldsymbol{P}^{\mathrm{T}}\boldsymbol{A}\boldsymbol{P} = \boldsymbol{B}$，则

(1) $\boldsymbol{A}$ 与 $\boldsymbol{B}$ 有相同的秩,即 $\mathrm{r}(\boldsymbol{A}) = \mathrm{r}(\boldsymbol{B})$;

(2) $\boldsymbol{A}^{\mathrm{T}} \simeq \boldsymbol{B}^{\mathrm{T}}$,合同变换矩阵为 $\boldsymbol{P}$;

(3) 当 $\boldsymbol{A}$ 可逆时,$\boldsymbol{A}^{-1} \simeq \boldsymbol{B}^{-1}$,$\boldsymbol{A}^{*} \simeq \boldsymbol{B}^{*}$.

**证** (1) 矩阵 $\boldsymbol{A}$ 左乘可逆矩阵 $\boldsymbol{P}^{\mathrm{T}}$ 等价于对 $\boldsymbol{A}$ 施行一系列初等行变换,矩阵 $\boldsymbol{P}^{\mathrm{T}}\boldsymbol{A}$ 右乘可逆矩阵 $\boldsymbol{P}$ 等价于对 $\boldsymbol{P}^{\mathrm{T}}\boldsymbol{A}$ 再施行一系列初等列变换,由于初等变换不改变矩阵的秩,所以 $\boldsymbol{A}$ 与 $\boldsymbol{B}$ 有相同的秩.

(2) 对 $\boldsymbol{P}^{\mathrm{T}}\boldsymbol{A}\boldsymbol{P} = \boldsymbol{B}$ 两边取转置得

$$(\boldsymbol{P}^{\mathrm{T}}\boldsymbol{A}\boldsymbol{P})^{\mathrm{T}} = \boldsymbol{P}^{\mathrm{T}}\boldsymbol{A}^{\mathrm{T}}\boldsymbol{P} = \boldsymbol{B}^{\mathrm{T}}$$

此式表明 $\boldsymbol{A}^{\mathrm{T}} \simeq \boldsymbol{B}^{\mathrm{T}}$,且合同变换矩阵仍为 $\boldsymbol{P}$.

(3) 对 $\boldsymbol{B} = \boldsymbol{P}^{\mathrm{T}}\boldsymbol{A}\boldsymbol{P}$ 两边取逆得

$$(\boldsymbol{P}^{\mathrm{T}}\boldsymbol{A}\boldsymbol{P})^{-1} = \boldsymbol{P}^{-1}\boldsymbol{A}^{-1}(\boldsymbol{P}^{\mathrm{T}})^{-1} = \boldsymbol{P}^{-1}\boldsymbol{A}^{-1}(\boldsymbol{P}^{-1})^{\mathrm{T}} = \boldsymbol{B}^{-1}$$

取 $\boldsymbol{Q} = (\boldsymbol{P}^{-1})^{\mathrm{T}}$,则 $\boldsymbol{Q}$ 为可逆矩阵,上式化为 $\boldsymbol{Q}^{\mathrm{T}}\boldsymbol{A}^{-1}\boldsymbol{Q} = \boldsymbol{B}^{-1}$,故 $\boldsymbol{A}^{-1} \simeq \boldsymbol{B}^{-1}$.

等式 $\boldsymbol{Q}^{\mathrm{T}}\boldsymbol{A}^{-1}\boldsymbol{Q} = \boldsymbol{B}^{-1}$ 两边分别乘以 $|\boldsymbol{P}|^2|\boldsymbol{A}|$ 与 $|\boldsymbol{B}|$,因 $|\boldsymbol{P}|^2|\boldsymbol{A}| = |\boldsymbol{B}|$,所以

$$|\boldsymbol{P}|^2|\boldsymbol{A}|(\boldsymbol{Q}^{\mathrm{T}}\boldsymbol{A}^{-1}\boldsymbol{Q}) = (|\boldsymbol{P}|\boldsymbol{Q})^{\mathrm{T}}(|\boldsymbol{A}|\boldsymbol{A}^{-1})(|\boldsymbol{P}|\boldsymbol{Q}) = |\boldsymbol{B}|\boldsymbol{B}^{-1}$$

因为 $\boldsymbol{B}^{*} = |\boldsymbol{B}|\boldsymbol{B}^{-1}$,$\boldsymbol{A}^{*} = |\boldsymbol{A}|\boldsymbol{A}^{-1}$,令 $\boldsymbol{M} = |\boldsymbol{P}|\boldsymbol{Q}$,代入上式得

$$\boldsymbol{M}^{\mathrm{T}}\boldsymbol{A}^{*}\boldsymbol{M} = \boldsymbol{B}^{*}$$

此式表明 $\boldsymbol{A}^{*} \simeq \boldsymbol{B}^{*}$. □

### 7.2.2 矩阵合同对角化的定义

**定义 7.2.2(合同对角化)** 设 $\boldsymbol{A}$ 是 $n$ 阶矩阵,若存在可逆矩阵 $\boldsymbol{P}$ 和对角矩阵 $\boldsymbol{D}$,使得

$$\boldsymbol{P}^{\mathrm{T}}\boldsymbol{A}\boldsymbol{P} = \boldsymbol{D}, \quad \boldsymbol{D} = \mathrm{diag}(d_1, d_2, \cdots, d_n)$$

则称矩阵 $\boldsymbol{A}$ **可合同对角化**,称 $\boldsymbol{P}$ 为**合同变换矩阵**,并称 $\boldsymbol{D}$ 为**合同对角矩阵**.

关于一般的 $n$ 阶矩阵合同对角化的问题,这里不予讨论.下面我们只研究与二次型有着密切联系的对称矩阵的合同对角化.

### 7.2.3 对称矩阵可合同对角化

**定理 7.2.3** 设 $\boldsymbol{A}$ 是 $n$ 阶(实或复)对称矩阵,则存在可逆矩阵 $\boldsymbol{P}$ 和对角矩阵 $\boldsymbol{D}$,使得

$$\boldsymbol{P}^{\mathrm{T}}\boldsymbol{A}\boldsymbol{P} = \boldsymbol{D}, \quad \boldsymbol{D} = \mathrm{diag}(d_1, d_2, \cdots, d_n) \tag{7.2.1}$$

即对称矩阵一定可合同对角化.

*证　下面证明存在 $n$ 阶初等矩阵 $\boldsymbol{T}_1,\boldsymbol{T}_2,\cdots,\boldsymbol{T}_s$，使得 $\boldsymbol{P}=\boldsymbol{T}_1\boldsymbol{T}_2\cdots\boldsymbol{T}_s$，且

$$\boldsymbol{P}^{\mathrm{T}}\boldsymbol{A}\boldsymbol{P}=\boldsymbol{T}_s^{\mathrm{T}}\boldsymbol{T}_{s-1}^{\mathrm{T}}\cdots\boldsymbol{T}_2^{\mathrm{T}}\boldsymbol{T}_1^{\mathrm{T}}\boldsymbol{A}\boldsymbol{T}_1\boldsymbol{T}_2\cdots\boldsymbol{T}_{s-1}\boldsymbol{T}_s=\boldsymbol{D} \tag{7.2.2}$$

这里 $\boldsymbol{D}$ 为对角矩阵.

对 $\boldsymbol{A}$ 的阶数 $n$ 使用数学归纳法. 当 $n=1$ 时，式(7.2.2) 显然成立. 假设对 $n-1$ 阶对称矩阵结论(7.2.2) 成立，现考虑 $n$ 阶对称矩阵 $\boldsymbol{A}=(a_{ij})_{n\times n}$. 分两种情况：

(1) 设矩阵 $\boldsymbol{A}$ 的主对角元不全为 0. 若 $a_{11}\neq 0$，则令 $d_1=a_{11}$；若 $a_{11}=0$，则 $\exists a_{ii}\neq 0(i\neq 1)$，此时互换 $\boldsymbol{A}$ 的第一列与第 $i$ 列，再互换 $\boldsymbol{A}$ 的第一行与第 $i$ 行，这相当于 $\boldsymbol{E}_{1i}\boldsymbol{A}\boldsymbol{E}_{1i}$，由于 $\boldsymbol{E}_{1i}^{\mathrm{T}}=\boldsymbol{E}_{1i}$，则 $\boldsymbol{E}_{1i}^{\mathrm{T}}\boldsymbol{A}\boldsymbol{E}_{1i}$ 的(1,1) 元变为 $d_1=a_{ii}\neq 0$，且 $\boldsymbol{E}_{1i}^{\mathrm{T}}\boldsymbol{A}\boldsymbol{E}_{1i}$ 为 $n$ 阶对称矩阵. 所以不妨设 $\boldsymbol{A}$ 的(1,1) 元为 $d_1\neq 0$. 若 $\boldsymbol{A}$ 中 $a_{1j}\neq 0(2\leqslant j\leqslant n)$，将 $\boldsymbol{A}$ 的第一列的 $k\left(k=-\dfrac{a_{1j}}{d_1}\right)$ 倍加到第 $j$ 列，再将 $\boldsymbol{A}$ 的第一行的 $k$ 倍加到第 $j$ 行，这相当于 $\boldsymbol{E}_{j1}(k)\boldsymbol{A}\boldsymbol{E}_{1j}(k)$，由于 $\boldsymbol{E}_{j1}(k)=\boldsymbol{E}_{1j}^{\mathrm{T}}(k)$，则 $\boldsymbol{E}_{1j}^{\mathrm{T}}(k)\boldsymbol{A}\boldsymbol{E}_{1j}(k)$ 的 $(1,j)$ 元与 $(j,1)$ 元皆变为 0. 将 $j$ 取遍 $2,3,\cdots,n$，逐次进行上述初等变换，因此存在 $n$ 阶初等矩阵 $\boldsymbol{T}_1,\cdots,\boldsymbol{T}_l$，使得

$$\boldsymbol{T}_l^{\mathrm{T}}\cdots\boldsymbol{T}_1^{\mathrm{T}}\boldsymbol{A}\boldsymbol{T}_1\cdots\boldsymbol{T}_l=\begin{bmatrix}d_1 & \boldsymbol{0}^{\mathrm{T}}\\ \boldsymbol{0} & \boldsymbol{A}_1\end{bmatrix}$$

由于此式左边为 $n$ 阶对称矩阵，所以 $\boldsymbol{A}_1$ 为 $n-1$ 阶对称矩阵. 又由归纳假设知存在 $n-1$ 阶初等矩阵 $\boldsymbol{K}_{l+1},\cdots,\boldsymbol{K}_s$，使得

$$\boldsymbol{K}_s^{\mathrm{T}}\cdots\boldsymbol{K}_{l+1}^{\mathrm{T}}\boldsymbol{A}_1\boldsymbol{K}_{l+1}\cdots\boldsymbol{K}_s=\mathrm{diag}(d_2,\cdots,d_n)$$

令 $\boldsymbol{T}_i=\begin{bmatrix}1 & \boldsymbol{0}^{\mathrm{T}}\\ \boldsymbol{0} & \boldsymbol{K}_i\end{bmatrix}(i=l+1,\cdots,s)$，这里 $\boldsymbol{T}_i$ 显然是 $n$ 阶初等矩阵，且有

$$\begin{aligned}
&\boldsymbol{T}_s^{\mathrm{T}}\cdots\boldsymbol{T}_{l+1}^{\mathrm{T}}\boldsymbol{T}_l^{\mathrm{T}}\cdots\boldsymbol{T}_1^{\mathrm{T}}\boldsymbol{A}\boldsymbol{T}_1\cdots\boldsymbol{T}_l\boldsymbol{T}_{l+1}\cdots\boldsymbol{T}_s\\
&=\boldsymbol{T}_s^{\mathrm{T}}\cdots\boldsymbol{T}_{l+1}^{\mathrm{T}}(\boldsymbol{T}_l^{\mathrm{T}}\cdots\boldsymbol{T}_1^{\mathrm{T}}\boldsymbol{A}\boldsymbol{T}_1\cdots\boldsymbol{T}_l)\boldsymbol{T}_{l+1}\cdots\boldsymbol{T}_s\\
&=\begin{bmatrix}1 & \boldsymbol{0}^{\mathrm{T}}\\ \boldsymbol{0} & \boldsymbol{K}_s^{\mathrm{T}}\end{bmatrix}\cdots\begin{bmatrix}1 & \boldsymbol{0}^{\mathrm{T}}\\ \boldsymbol{0} & \boldsymbol{K}_{l+1}^{\mathrm{T}}\end{bmatrix}\begin{bmatrix}d_1 & \boldsymbol{0}^{\mathrm{T}}\\ \boldsymbol{0} & \boldsymbol{A}_1\end{bmatrix}\begin{bmatrix}1 & \boldsymbol{0}^{\mathrm{T}}\\ \boldsymbol{0} & \boldsymbol{K}_{l+1}\end{bmatrix}\cdots\begin{bmatrix}1 & \boldsymbol{0}^{\mathrm{T}}\\ \boldsymbol{0} & \boldsymbol{K}_s\end{bmatrix}\\
&=\begin{bmatrix}d_1 & \boldsymbol{0}^{\mathrm{T}}\\ \boldsymbol{0} & \boldsymbol{K}_s^{\mathrm{T}}\cdots\boldsymbol{K}_{l+1}^{\mathrm{T}}\boldsymbol{A}_1\boldsymbol{K}_{l+1}\cdots\boldsymbol{K}_s\end{bmatrix}=\begin{bmatrix}d_1 & \boldsymbol{0}^{\mathrm{T}}\\ \boldsymbol{0} & \mathrm{diag}(d_2,\cdots,d_n)\end{bmatrix}\\
&=\mathrm{diag}(d_1,d_2,\cdots,d_n)
\end{aligned}$$

因此式(7.2.2) 成立.

(2) 设 $a_{ii}=0(i=1,2,\cdots,n)$，由于 $\boldsymbol{A}\neq\boldsymbol{O}$，所以 $\exists a_{ij}\neq 0(i\neq j)$. 将矩阵 $\boldsymbol{A}$ 的第 $j$ 列加到第 $i$ 列，再将矩阵 $\boldsymbol{A}$ 的第 $j$ 行加到第 $i$ 行，这相当于 $\boldsymbol{E}_{ij}(1)\boldsymbol{A}\boldsymbol{E}_{ji}(1)$，由于

$\boldsymbol{E}_{ij}(1)=\boldsymbol{E}_{ji}^{\mathrm{T}}(1)$,则 $\boldsymbol{E}_{ji}^{\mathrm{T}}(1)\boldsymbol{A}\boldsymbol{E}_{ji}(1)$ 的$(i,i)$ 元化为 $2a_{ij}\neq 0$,从而问题化为上述第(1) 种情况. 因此式(7.2.2) 成立. □

### *7.2.4 用初等变换将对称矩阵合同对角化

定理 7.2.3 不但在理论上证明了(实或复) 对称矩阵一定可合同于对角矩阵,而且定理证明的过程给出了将对称矩阵合同于对角矩阵的具体方法. 为了方便使用,我们将此方法称为**成对的初等行、列变换法**,简称为**初等变换法**. 用此方法可同时求得合同变换矩阵与合同对角矩阵,具体步骤如下:

采用定理 7.2.3 中的记号,存在初等矩阵 $\boldsymbol{T}_1,\boldsymbol{T}_2,\cdots,\boldsymbol{T}_s$ 使得

$$\boldsymbol{P}=\boldsymbol{T}_1\cdots\boldsymbol{T}_s=\boldsymbol{E}\boldsymbol{T}_1\cdots\boldsymbol{T}_s$$

$$\boldsymbol{P}^{\mathrm{T}}\boldsymbol{A}\boldsymbol{P}=\boldsymbol{T}_s^{\mathrm{T}}\cdots\boldsymbol{T}_1^{\mathrm{T}}\boldsymbol{A}\boldsymbol{T}_1\cdots\boldsymbol{T}_s=\boldsymbol{D}=\mathrm{diag}(d_1,\cdots,d_n)$$

即对 $\boldsymbol{A}$ 施行成对的初等行、列变换可化为对角矩阵 $\boldsymbol{D}$,而对 $\boldsymbol{E}$ 施行其中的初等列变换可化为 $\boldsymbol{P}$. 也即

$$\begin{bmatrix}\boldsymbol{A}\\\boldsymbol{E}\end{bmatrix}\xrightarrow[\boldsymbol{E}\text{ 跟着 }\boldsymbol{A}\text{ 列变换}]{\text{对 }\boldsymbol{A}\text{ 施行成对的行、列变换}}\begin{bmatrix}\boldsymbol{D}\\\boldsymbol{P}\end{bmatrix},\quad \boldsymbol{D}=\mathrm{diag}(d_1,\cdots,d_n)$$

**例 1** 设矩阵 $\boldsymbol{A}=\begin{bmatrix}0&-\mathrm{i}&1\\-\mathrm{i}&1&0\\1&0&\mathrm{i}\end{bmatrix}$,试求变换矩阵 $\boldsymbol{P}$ 和对角矩阵 $\boldsymbol{D}$,使得 $\boldsymbol{A}$ 与 $\boldsymbol{D}$ 合同.

**解** 采用成对的初等行、列变换,有

$$\begin{bmatrix}\boldsymbol{A}\\\boldsymbol{E}\end{bmatrix}=\begin{bmatrix}0&-\mathrm{i}&1\\-\mathrm{i}&1&0\\1&0&\mathrm{i}\\1&0&0\\0&1&0\\0&0&1\end{bmatrix}\xrightarrow[(1)\leftrightarrow(2)]{(1)\leftrightarrow(2)}\begin{bmatrix}1&-\mathrm{i}&0\\-\mathrm{i}&0&1\\0&1&\mathrm{i}\\0&1&0\\1&0&0\\0&0&1\end{bmatrix}$$

$$\xrightarrow[(2)+\mathrm{i}(1)]{(2)+\mathrm{i}(1)}\begin{bmatrix}1&0&0\\0&1&1\\0&1&\mathrm{i}\\0&1&0\\1&\mathrm{i}&0\\0&0&1\end{bmatrix}\xrightarrow[(3)-(2)]{(3)-(2)}\begin{bmatrix}1&0&0\\0&1&0\\0&0&\mathrm{i}-1\\0&1&-1\\1&\mathrm{i}&-\mathrm{i}\\0&0&1\end{bmatrix}$$

于是合同变换矩阵为 $\boldsymbol{P}=\begin{bmatrix}0 & 1 & -1\\ 1 & \mathrm{i} & -\mathrm{i}\\ 0 & 0 & 1\end{bmatrix}$，合同对角矩阵为 $\boldsymbol{D}=\mathrm{diag}(1,1,\mathrm{i}-1)$.

### 7.2.5　矩阵正交合同对角化的定义

**定义 7.2.3(正交合同对角化)**　设 $\boldsymbol{A}$ 是 $n$ 阶矩阵，若存在正交矩阵 $\boldsymbol{Z}$ 和对角矩阵 $\boldsymbol{D}$，使得

$$\boldsymbol{Z}^{\mathrm{T}}\boldsymbol{A}\boldsymbol{Z}=\boldsymbol{D},\quad \boldsymbol{D}=\mathrm{diag}(d_1,d_2,\cdots,d_n)$$

则称矩阵 $\boldsymbol{A}$ **可正交合同对角化**，称 $\boldsymbol{Z}$ 为**正交变换矩阵**，称 $\boldsymbol{D}$ 为**合同对角矩阵**.

关于一般的 $n$ 阶矩阵正交合同对角化的问题，这里不予讨论. 下面我们只研究与二次型有着密切联系的实对称矩阵的正交合同对角化.

### 7.2.6　实对称矩阵可正交合同对角化

设 $\boldsymbol{A}$ 是 $n$ 阶实对称矩阵，$\boldsymbol{A}$ 的特征值是 $\lambda_1,\lambda_2,\cdots,\lambda_n$，根据定理 6.3.3，一定存在正交矩阵 $\boldsymbol{Z}$，使得

$$\boldsymbol{Z}^{-1}\boldsymbol{A}\boldsymbol{Z}=\boldsymbol{Z}^{\mathrm{T}}\boldsymbol{A}\boldsymbol{Z}=\boldsymbol{D},\quad \boldsymbol{D}=\mathrm{diag}(\lambda_1,\lambda_2,\cdots,\lambda_n)$$

这表明实对称矩阵的正交合同对角化等价于正交相似对角化.

**例 2**　设矩阵 $\boldsymbol{A}=\begin{bmatrix}0 & -1 & 1\\ -1 & 1 & 0\\ 1 & 0 & 1\end{bmatrix}$，试求正交矩阵 $\boldsymbol{T}$ 和对角矩阵 $\boldsymbol{D}$，使得 $\boldsymbol{A}$ 正交合同于 $\boldsymbol{D}$.

**解**　矩阵 $\boldsymbol{A}$ 的特征方程为

$$|\lambda\boldsymbol{E}-\boldsymbol{A}|=\begin{vmatrix}\lambda & 1 & -1\\ 1 & \lambda-1 & 0\\ -1 & 0 & \lambda-1\end{vmatrix}=\lambda(\lambda-1)^2+0+0-2(\lambda-1)$$
$$=(\lambda-1)(\lambda-2)(\lambda+1)=0$$

解得 $\boldsymbol{A}$ 的特征值为 $\lambda=1,2,-1$. 容易求得对应的单位特征向量(过程从略) 为

$$\boldsymbol{\gamma}_1=\left(0,\frac{1}{\sqrt{2}},\frac{1}{\sqrt{2}}\right)^{\mathrm{T}},\quad \boldsymbol{\gamma}_2=\left(\frac{1}{\sqrt{3}},\frac{-1}{\sqrt{3}},\frac{1}{\sqrt{3}}\right)^{\mathrm{T}},\quad \boldsymbol{\gamma}_3=\left(\frac{-2}{\sqrt{6}},\frac{-1}{\sqrt{6}},\frac{1}{\sqrt{6}}\right)^{\mathrm{T}}$$

于是正交变换矩阵 $\boldsymbol{Z}$ 与合同对角矩阵 $\boldsymbol{D}$ 分别为

$$\boldsymbol{Z}=(\boldsymbol{\gamma}_1,\boldsymbol{\gamma}_2,\boldsymbol{\gamma}_3)=\frac{1}{6}\begin{bmatrix}0 & 2\sqrt{3} & -2\sqrt{6}\\ 3\sqrt{2} & -2\sqrt{3} & -\sqrt{6}\\ 3\sqrt{2} & 2\sqrt{3} & \sqrt{6}\end{bmatrix},\quad \boldsymbol{D}=\operatorname{diag}(1,2,-1)$$

使得 $\boldsymbol{Z}^{\mathrm{T}}\boldsymbol{A}\boldsymbol{Z}=\boldsymbol{D}$.

## 习题 7.2

### A 组

1. 设 $\boldsymbol{A}$ 是可逆对称矩阵,证明:$\boldsymbol{A}^{-1}$ 与 $\boldsymbol{A}$ 是合同矩阵.

2. 设

$$\boldsymbol{A}=\begin{bmatrix}\lambda_1 & & & \boldsymbol{O}\\ & \lambda_2 & & \\ & & \ddots & \\ \boldsymbol{O} & & & \lambda_n\end{bmatrix},\quad \boldsymbol{B}=\begin{bmatrix}\lambda_n & & & \boldsymbol{O}\\ & \lambda_{n-1} & & \\ & & \ddots & \\ \boldsymbol{O} & & & \lambda_1\end{bmatrix}$$

其中 $\lambda_i\in\mathbf{R}(i=1,2,\cdots,n)$,证明:$\boldsymbol{A}\simeq\boldsymbol{B}$.

3. 对下列矩阵 $\boldsymbol{A}$,用成对的初等行、列变换求可逆矩阵 $\boldsymbol{P}$,使得 $\boldsymbol{A}$ 合同于对角矩阵 $\boldsymbol{D}$:

(1) $\boldsymbol{A}=\begin{bmatrix}0 & 1 & 2\\ 1 & -1 & 3\\ 2 & 3 & 4\end{bmatrix}$; (2) $\boldsymbol{A}=\begin{bmatrix}1 & 0 & -1\\ 0 & 2 & 6\\ -1 & 6 & -1\end{bmatrix}$.

4. 对下列矩阵 $\boldsymbol{A}$,求正交矩阵 $\boldsymbol{Z}$,使得 $\boldsymbol{A}$ 正交合同于对角矩阵 $\boldsymbol{D}$:

(1) $\boldsymbol{A}=\begin{bmatrix}3 & -2 & 0\\ -2 & 2 & -2\\ 0 & -2 & 1\end{bmatrix}$; (2) $\boldsymbol{A}=\begin{bmatrix}1 & 2 & 4\\ 2 & -2 & 2\\ 4 & 2 & 1\end{bmatrix}$.

# 7.3 二次型的标准形

## 7.3.1 二次型的标准形与规范形

**定义 7.3.1(二次型的标准形与规范形)** 只含变量 $x_1,x_2,\cdots,x_n$ 的平方项的二次型

$$f(x_1,x_2,\cdots,x_n)=d_1x_1^2+d_2x_2^2+\cdots+d_nx_n^2 \tag{7.3.1}$$

称为**二次型的标准形**(其中 $d_i \in F(i=1,2,\cdots,n)$ 且不全为零). 特别的,若实二次型的标准形(7.3.1)中系数 $d_i$ 为1或−1或0时($i=1,2,\cdots,n$),则称式(7.3.1)为**实二次型的规范形**.

**定理 7.3.1** 二次型 $f(\boldsymbol{x})=\boldsymbol{x}^{\mathrm{T}}\boldsymbol{A}\boldsymbol{x}$ 与二次型 $g(\boldsymbol{y})=\boldsymbol{y}^{\mathrm{T}}\boldsymbol{B}\boldsymbol{y}$ 等价的充要条件是矩阵 $\boldsymbol{A}$ 与 $\boldsymbol{B}$ 合同.

**证** (**必要性**)若二次型 $f(\boldsymbol{x})=\boldsymbol{x}^{\mathrm{T}}\boldsymbol{A}\boldsymbol{x}$ 与二次型 $g(\boldsymbol{y})=\boldsymbol{y}^{\mathrm{T}}\boldsymbol{B}\boldsymbol{y}$ 等价,则存在可逆线性变换 $\boldsymbol{x}=\boldsymbol{P}\boldsymbol{y}(|\boldsymbol{P}|\neq 0)$,使得

$$f(\boldsymbol{x})=\boldsymbol{x}^{\mathrm{T}}\boldsymbol{A}\boldsymbol{x}=(\boldsymbol{P}\boldsymbol{y})^{\mathrm{T}}\boldsymbol{A}(\boldsymbol{P}\boldsymbol{y})=\boldsymbol{y}^{\mathrm{T}}(\boldsymbol{P}^{\mathrm{T}}\boldsymbol{A}\boldsymbol{P})\boldsymbol{y}=\boldsymbol{y}^{\mathrm{T}}\boldsymbol{B}\boldsymbol{y}=g(\boldsymbol{y})$$

应用定理 7.1.2 得 $\boldsymbol{P}^{\mathrm{T}}\boldsymbol{A}\boldsymbol{P}=\boldsymbol{B}$,即 $\boldsymbol{A}$ 与 $\boldsymbol{B}$ 合同.

(**充分性**)若 $\boldsymbol{A}$ 与 $\boldsymbol{B}$ 合同,即存在矩阵 $\boldsymbol{P}(|\boldsymbol{P}|\neq 0)$ 使得 $\boldsymbol{P}^{\mathrm{T}}\boldsymbol{A}\boldsymbol{P}=\boldsymbol{B}$. 令 $\boldsymbol{x}=\boldsymbol{P}\boldsymbol{y}$,则

$$f(\boldsymbol{x})=\boldsymbol{x}^{\mathrm{T}}\boldsymbol{A}\boldsymbol{x}=(\boldsymbol{P}\boldsymbol{y})^{\mathrm{T}}\boldsymbol{A}(\boldsymbol{P}\boldsymbol{y})=\boldsymbol{y}^{\mathrm{T}}(\boldsymbol{P}^{\mathrm{T}}\boldsymbol{A}\boldsymbol{P})\boldsymbol{y}=\boldsymbol{y}^{\mathrm{T}}\boldsymbol{B}\boldsymbol{y}=g(\boldsymbol{y})$$

所以二次型 $f(\boldsymbol{x})=\boldsymbol{x}^{\mathrm{T}}\boldsymbol{A}\boldsymbol{x}$ 与二次型 $g(\boldsymbol{y})=\boldsymbol{y}^{\mathrm{T}}\boldsymbol{B}\boldsymbol{y}$ 等价. □

二次型的标准形(7.3.1)的矩阵为 $\boldsymbol{D}=\mathrm{diag}(d_1,d_2,\cdots,d_n)$,实二次型的规范形的矩阵为

$$\boldsymbol{D}=\mathrm{diag}(\underbrace{1,1,\cdots,1}_{p\text{个}},\underbrace{-1,-1,\cdots,-1}_{(r-p)\text{个}},\underbrace{0,0,\cdots,0}_{(n-r)\text{个}})$$

显然它们都是对角矩阵. 由于二次型与其矩阵一一对应,所以将二次型化为标准形或规范形等价于将二次型的矩阵(对称矩阵)合同于对角矩阵.

将定理 7.2.3 与定理 6.3.3 应用于二次型,我们有下面的定理.

**定理 7.3.2** 对二次型 $f(\boldsymbol{x})=\boldsymbol{x}^{\mathrm{T}}\boldsymbol{A}\boldsymbol{x}$,一定存在可逆线性变换 $\boldsymbol{x}=\boldsymbol{P}\boldsymbol{y}$,将二次型 $f(\boldsymbol{x})$ 化为标准形,即

$$f(\boldsymbol{x})=x^{\mathrm{T}}\boldsymbol{A}\boldsymbol{x}=\boldsymbol{y}^{\mathrm{T}}\boldsymbol{D}\boldsymbol{y}=d_1y_1^2+d_2y_2^2+\cdots+d_ny_n^2$$

其中 $\boldsymbol{P}$ 为可逆矩阵,$\boldsymbol{D}=\boldsymbol{P}^{\mathrm{T}}\boldsymbol{A}\boldsymbol{P}=\mathrm{diag}(d_1,d_2,\cdots,d_n)$,$d_i\in F(i=1,2,\cdots,n)$ 且不全为零.

**定理 7.3.3** 对实二次型 $f(\boldsymbol{x})=\boldsymbol{x}^{\mathrm{T}}\boldsymbol{A}\boldsymbol{x}$,一定存在正交变换 $\boldsymbol{x}=\boldsymbol{Z}\boldsymbol{y}$,将实二次型 $f(\boldsymbol{x})$ 化为标准形,即

$$f(\boldsymbol{x})=\boldsymbol{x}^{\mathrm{T}}\boldsymbol{A}\boldsymbol{x}=\boldsymbol{y}^{\mathrm{T}}\boldsymbol{D}\boldsymbol{y}=\lambda_1y_1^2+\lambda_2y_2^2+\cdots+\lambda_ny_n^2$$

其中 $\boldsymbol{Z}$ 为正交矩阵,$\boldsymbol{D}=\boldsymbol{Z}^{\mathrm{T}}\boldsymbol{A}\boldsymbol{Z}=\mathrm{diag}(\lambda_1,\lambda_2,\cdots,\lambda_n)$,$\lambda_1,\lambda_2,\cdots,\lambda_n$ 是矩阵 $\boldsymbol{A}$ 的特征值.

上述两个定理从理论上说明了二次型一定可化为标准形,下面我们讨论将实二次型化为规范形的问题.

**定理 7.3.4** 对实二次型 $f(\boldsymbol{x})=\boldsymbol{x}^{\mathrm{T}}\boldsymbol{A}\boldsymbol{x}$,一定存在可逆线性变换 $\boldsymbol{x}=\boldsymbol{Q}\boldsymbol{z}$,将实二次型 $f(\boldsymbol{x})$ 化为规范形,即

$$f(\boldsymbol{x})=\boldsymbol{x}^{\mathrm{T}}\boldsymbol{A}\boldsymbol{x}=\boldsymbol{z}^{\mathrm{T}}(\boldsymbol{Q}^{\mathrm{T}}\boldsymbol{A}\boldsymbol{Q})\boldsymbol{z}=z_1^2+z_2^2+\cdots+z_p^2-z_{p+1}^2-\cdots-z_r^2\quad(r\leqslant n)$$

其中 $\boldsymbol{Q}$ 是可逆矩阵,$\boldsymbol{Q}^{\mathrm{T}}\boldsymbol{A}\boldsymbol{Q}=\mathrm{diag}(\underbrace{1,1,\cdots,1}_{p个},\underbrace{-1,-1,\cdots,-1}_{(r-p)个},\underbrace{0,0,\cdots,0}_{(n-r)个})$.

**证** 首先应用定理 7.3.2,令 $\boldsymbol{x}=\boldsymbol{P}\boldsymbol{y}(|\boldsymbol{P}|\neq 0)$,将实二次型 $f(\boldsymbol{x})$ 化为标准形,即

$$f(\boldsymbol{x})=\boldsymbol{x}^{\mathrm{T}}\boldsymbol{A}\boldsymbol{x}=\boldsymbol{y}^{\mathrm{T}}\boldsymbol{D}\boldsymbol{y}=d_1y_1^2+d_2y_2^2+\cdots+d_ny_n^2$$

其中 $\boldsymbol{D}=\boldsymbol{P}^{\mathrm{T}}\boldsymbol{A}\boldsymbol{P}=\mathrm{diag}(d_1,d_2,\cdots,d_n)$. 因 $\boldsymbol{A}$ 为实矩阵,所以 $d_i\in\mathbf{R}(i=1,2,\cdots,n)$. 不妨设

$$d_1>0,\cdots,d_p>0,\quad d_{p+1}<0,\cdots,d_r<0,\quad d_{r+1}=0,\cdots,d_n=0$$

继续施行可逆线性变换 $\boldsymbol{y}=\boldsymbol{P}_1\boldsymbol{z}$,其中

$$\boldsymbol{z}=(z_1,z_2,\cdots,z_n)^{\mathrm{T}}$$

$$\boldsymbol{P}_1=\mathrm{diag}\Big(\underbrace{\frac{1}{\sqrt{d_1}},\frac{1}{\sqrt{d_2}},\cdots,\frac{1}{\sqrt{d_p}}}_{p个},\underbrace{\frac{1}{\sqrt{-d_{p+1}}},\frac{1}{\sqrt{-d_{p+2}}},\cdots,\frac{1}{\sqrt{-d_r}}}_{(r-p)个},\underbrace{1,1,\cdots,1}_{(n-r)个}\Big)$$

则 $\boldsymbol{x}=\boldsymbol{P}\boldsymbol{y}=\boldsymbol{P}\boldsymbol{P}_1\boldsymbol{z}=\boldsymbol{Q}\boldsymbol{z}(\boldsymbol{Q}=\boldsymbol{P}\boldsymbol{P}_1)$,使得

$$\begin{aligned}\boldsymbol{Q}^{\mathrm{T}}\boldsymbol{A}\boldsymbol{Q}&=(\boldsymbol{P}\boldsymbol{P}_1)^{\mathrm{T}}\boldsymbol{A}(\boldsymbol{P}\boldsymbol{P}_1)=\boldsymbol{P}_1^{\mathrm{T}}(\boldsymbol{P}^{\mathrm{T}}\boldsymbol{A}\boldsymbol{P})\boldsymbol{P}_1=\boldsymbol{P}_1^{\mathrm{T}}\boldsymbol{D}\boldsymbol{P}_1\\&=\mathrm{diag}\{\underbrace{1,1,\cdots,1}_{p个},\underbrace{-1,-1,\cdots,-1}_{(r-p)个},\underbrace{0,0,\cdots,0}_{(n-r)个}\}\end{aligned}$$

于是有

$$f(\boldsymbol{x})=\boldsymbol{x}^{\mathrm{T}}\boldsymbol{A}\boldsymbol{x}=\boldsymbol{z}^{\mathrm{T}}(\boldsymbol{Q}^{\mathrm{T}}\boldsymbol{A}\boldsymbol{Q})\boldsymbol{z}=z_1^2+z_2^2+\cdots+z_p^2-z_{p+1}^2-\cdots-z_r^2\quad(r\leqslant n)$$

□

这一定理不但在理论上证明了实二次型一定可化为规范形,而且定理证明的过程同时给出了将实二次型化为规范形的具体方法.

***例 1** 用初等变换将复二次型 $f(x_1,x_2,x_3)=x_2^2+\mathrm{i}x_3^2-2\mathrm{i}x_1x_2+2x_1x_3$ 化为标准形,并写出所用的可逆线性变换.

**解** 二次型 $f(x_1,x_2,x_3)$ 的矩阵为 $\boldsymbol{A}=\begin{bmatrix}0&-\mathrm{i}&1\\-\mathrm{i}&1&0\\1&0&\mathrm{i}\end{bmatrix}$,在第 7.2 节的例 1 中我们已求得变换矩阵 $\boldsymbol{P}=\begin{bmatrix}0&1&-1\\1&\mathrm{i}&-\mathrm{i}\\0&0&1\end{bmatrix}$,合同对角矩阵 $\boldsymbol{D}=\mathrm{diag}(1,1,\mathrm{i}-1)$,使得 $\boldsymbol{P}^{\mathrm{T}}\boldsymbol{A}\boldsymbol{P}=\boldsymbol{D}$. 所以用可逆线性变换

$$\begin{bmatrix} x_1 \\ x_2 \\ x_3 \end{bmatrix} = \begin{bmatrix} 0 & 1 & -1 \\ 1 & \mathrm{i} & -\mathrm{i} \\ 0 & 0 & 1 \end{bmatrix} \begin{bmatrix} y_1 \\ y_2 \\ y_3 \end{bmatrix}$$

原二次型化为标准形为

$$f(x_1, x_2, x_3) = g(y_1, y_2, y_3) = y_1^2 + y_2^2 + (\mathrm{i} - 1)y_3^2$$

**例 2**　设向量 $\boldsymbol{\alpha} = (a_1, a_2, a_3)^{\mathrm{T}}, \boldsymbol{\beta} = (b_1, b_2, b_3)^{\mathrm{T}} \in \mathbf{R}^3$，$|\boldsymbol{\alpha}| = |\boldsymbol{\beta}| = 1$，且 $\boldsymbol{\alpha}$ 与 $\boldsymbol{\beta}$ 正交，试求实二次型

$$f(x_1, x_2, x_3) = (a_1x_1 + a_2x_2 + a_3x_3)^2 - (b_1x_1 + b_2x_2 + b_3x_3)^2 \quad (7.3.2)$$

的规范形.

**解法 1**　令 $\boldsymbol{x} = (x_1, x_2, x_3)^{\mathrm{T}}$，则

$$\boldsymbol{x}^{\mathrm{T}}\boldsymbol{\alpha} = \boldsymbol{\alpha}^{\mathrm{T}}\boldsymbol{x} = a_1x_1 + a_2x_2 + a_3x_3, \quad \boldsymbol{x}^{\mathrm{T}}\boldsymbol{\beta} = \boldsymbol{\beta}^{\mathrm{T}}\boldsymbol{x} = b_1x_1 + b_2x_2 + b_3x_3$$

$$f(\boldsymbol{x}) = (\boldsymbol{x}^{\mathrm{T}}\boldsymbol{\alpha})(\boldsymbol{\alpha}^{\mathrm{T}}\boldsymbol{x}) - (\boldsymbol{x}^{\mathrm{T}}\boldsymbol{\beta})(\boldsymbol{\beta}^{\mathrm{T}}\boldsymbol{x}) = \boldsymbol{x}^{\mathrm{T}}(\boldsymbol{\alpha\alpha}^{\mathrm{T}})\boldsymbol{x} - \boldsymbol{x}^{\mathrm{T}}(\boldsymbol{\beta\beta}^{\mathrm{T}})\boldsymbol{x} = \boldsymbol{x}^{\mathrm{T}}(\boldsymbol{\alpha\alpha}^{\mathrm{T}} - \boldsymbol{\beta\beta}^{\mathrm{T}})\boldsymbol{x}$$

所以二次型(7.3.2)的矩阵为 $\boldsymbol{A} = \boldsymbol{\alpha\alpha}^{\mathrm{T}} - \boldsymbol{\beta\beta}^{\mathrm{T}}$. 由于

$$\boldsymbol{A}^{\mathrm{T}} = (\boldsymbol{\alpha\alpha}^{\mathrm{T}} - \boldsymbol{\beta\beta}^{\mathrm{T}})^{\mathrm{T}} = (\boldsymbol{\alpha\alpha}^{\mathrm{T}})^{\mathrm{T}} - (\boldsymbol{\beta\beta}^{\mathrm{T}})^{\mathrm{T}} = \boldsymbol{\alpha\alpha}^{\mathrm{T}} - \boldsymbol{\beta\beta}^{\mathrm{T}} = \boldsymbol{A}$$

$$\boldsymbol{A\alpha} = (\boldsymbol{\alpha\alpha}^{\mathrm{T}} - \boldsymbol{\beta\beta}^{\mathrm{T}})\boldsymbol{\alpha} = \boldsymbol{\alpha\alpha}^{\mathrm{T}}\boldsymbol{\alpha} - \boldsymbol{\beta\beta}^{\mathrm{T}}\boldsymbol{\alpha} = \boldsymbol{\alpha}(\boldsymbol{\alpha}^{\mathrm{T}}\boldsymbol{\alpha}) - \boldsymbol{\beta}(\boldsymbol{\beta}^{\mathrm{T}}\boldsymbol{\alpha}) = \boldsymbol{\alpha} - \boldsymbol{0} = \boldsymbol{\alpha}$$

$$\boldsymbol{A\beta} = (\boldsymbol{\alpha\alpha}^{\mathrm{T}} - \boldsymbol{\beta\beta}^{\mathrm{T}})\boldsymbol{\beta} = \boldsymbol{\alpha\alpha}^{\mathrm{T}}\boldsymbol{\beta} - \boldsymbol{\beta\beta}^{\mathrm{T}}\boldsymbol{\beta} = \boldsymbol{\alpha}(\boldsymbol{\alpha}^{\mathrm{T}}\boldsymbol{\beta}) - \boldsymbol{\beta}(\boldsymbol{\beta}^{\mathrm{T}}\boldsymbol{\beta}) = \boldsymbol{0} - \boldsymbol{\beta} = -\boldsymbol{\beta}$$

所以 $\boldsymbol{A}$ 是实对称矩阵，有特征值 $\lambda = 1, -1$，且对应的特征向量分别为 $\boldsymbol{\alpha}$ 与 $\boldsymbol{\beta}$. 由于

$$\mathrm{r}(\boldsymbol{A}) = \mathrm{r}(\boldsymbol{\alpha\alpha}^{\mathrm{T}} - \boldsymbol{\beta\beta}^{\mathrm{T}}) \leqslant \mathrm{r}(\boldsymbol{\alpha\alpha}^{\mathrm{T}}) + \mathrm{r}(\boldsymbol{\beta\beta}^{\mathrm{T}}) = 2$$

故 $|\boldsymbol{A}| = 0$，因此 $\boldsymbol{A}$ 还有一个特征值 $\lambda = 0$. 于是所求二次型的规范形为 $y_1^2 - y_2^2$.

**解法 2**　取向量 $\boldsymbol{\gamma} = (c_1, c_2, c_3)$，使得 $\boldsymbol{\gamma}$ 与 $\boldsymbol{\alpha}, \boldsymbol{\beta}$ 皆正交，且 $|\boldsymbol{\gamma}| = 1$. 令

$$\begin{cases} a_1x_1 + a_2x_2 + a_3x_3 = y_1, \\ b_1x_1 + b_2x_2 + b_3x_3 = y_2, \\ c_1x_1 + c_2x_2 + c_3x_3 = y_3 \end{cases}$$

由于 $\boldsymbol{\alpha}, \boldsymbol{\beta}, \boldsymbol{\gamma}$ 是标准正交组，所以 $\boldsymbol{Z} = \begin{bmatrix} a_1 & a_2 & a_3 \\ b_1 & b_2 & b_3 \\ c_1 & c_2 & c_3 \end{bmatrix}$ 是正交矩阵，则

$$\boldsymbol{Z}^{-1} = \boldsymbol{Z}^{\mathrm{T}} = \begin{bmatrix} a_1 & b_1 & c_1 \\ a_2 & b_2 & c_2 \\ a_3 & b_3 & c_3 \end{bmatrix}$$

也是正交矩阵，在正交变换 $\boldsymbol{x} = \boldsymbol{Z}^{\mathrm{T}}\boldsymbol{y}$ 下，原二次型化为规范形为 $f(\boldsymbol{x}) = y_1^2 - y_2^2$.

本章下面讨论的都是针对实二次型，首先介绍二次型化为标准形的各种方法.

### 7.3.2 通过配方化实二次型为标准形

**例 3** 已知二次型

$$f(x_1,x_2,x_3)=2x_1^2+2x_2^2+3x_3^2+2x_1x_2 \tag{7.3.3}$$

(1) 通过配方将式(7.3.3)化为标准形,并写出所用的可逆线性变换;

(2) 将式(7.3.3)化为规范形,并写出所用的可逆线性变换.

**解** (1) 先将所有含 $x_1$ 的项集中在一起配成完全平方,再将所有含 $x_2$ 的项集中在一起配成完全平方,最后将所有含 $x_3$ 的项集中在一起配成完全平方,得

$$f(x_1,x_2,x_3)=2x_1^2+2x_1x_2+2x_2^2+3x_3^2=\frac{1}{2}(2x_1+x_2)^2+\frac{3}{2}x_2^2+3x_3^2$$

令

$$\begin{cases}y_1=2x_1+x_2,\\ y_2=x_2,\\ y_3=x_3\end{cases}\quad \text{得可逆线性变换为}\quad \begin{cases}x_1=\dfrac{1}{2}(y_1-y_2),\\ x_2=y_2,\\ x_3=y_3\end{cases}$$

则原二次型化为标准形为

$$f(x_1,x_2,x_3)=g(y_1,y_2,y_3)=\frac{1}{2}y_1^2+\frac{3}{2}y_2^2+3y_3^2$$

(2) 利用上述标准形,令

$$\begin{cases}y_1=\sqrt{2}z_1,\\ y_2=\dfrac{\sqrt{6}}{3}z_2,\\ y_3=\dfrac{\sqrt{3}}{3}z_3\end{cases}\quad \text{得可逆线性变换为}\quad \begin{cases}x_1=\dfrac{\sqrt{2}}{2}z_1-\dfrac{\sqrt{6}}{6}z_2,\\ x_2=\dfrac{\sqrt{6}}{3}z_2,\\ x_3=\dfrac{\sqrt{3}}{3}z_3\end{cases}$$

原二次型 $f(x_1,x_2,x_3)$ 化为规范形为

$$f(x_1,x_2,x_3)=h(z_1,z_2,z_3)=z_1^2+z_2^2+z_3^2$$

**例 4** 通过配方将二次型 $f(x_1,x_2,x_3)=x_1x_2+x_1x_3-3x_2x_3$ 化为标准形,并写出所用的可逆线性变换.

**解** 这里的二次型中不含平方项,先利用乘积项 $x_1x_2$ 导出平方项.令

$$\begin{cases}x_1=z_1+z_2,\\ x_2=z_1-z_2,\\ x_3=z_3\end{cases}$$

则

$$\begin{aligned} f(x_1,x_2,x_3) &= (z_1+z_2)(z_1-z_2)+(z_1+z_2)z_3-3(z_1-z_2)z_3 \\ &= z_1^2-z_2^2-2z_1z_3+4z_2z_3 \end{aligned}$$

配成完全平方得

$$\begin{aligned} f(x_1,x_2,x_3) &= (z_1-z_3)^2-z_2^2+4z_2z_3-z_3^2 \\ &= (z_1-z_3)^2-(z_2-2z_3)^2+3z_3^2 \end{aligned}$$

再令$\begin{cases} y_1=z_1-z_3, \\ y_2=z_2-2z_3, \\ y_3=z_3, \end{cases}$即$\begin{cases} z_1=y_1+y_3, \\ z_2=y_2+2y_3, \\ z_3=y_3, \end{cases}$得可逆线性变换为$\begin{cases} x_1=y_1+y_2+3y_3, \\ x_2=y_1-y_2-y_3, \\ x_3=y_3, \end{cases}$

原二次型化为标准形为

$$f(x_1,x_2,x_3)=g(y_1,y_2,y_3)=y_1^2-y_2^2+3y_3^2$$

### 7.3.3　通过正交变换化实二次型为标准形

**例 5**(同例 3)　通过正交变换将二次型

$$f(x_1,x_2,x_3)=2x_1^2+2x_2^2+3x_3^2+2x_1x_2$$

化为标准形,并写出所用的正交变换.

**解**　二次型 $f(x_1,x_2,x_3)$ 的矩阵为 $\boldsymbol{A}=\begin{bmatrix} 2 & 1 & 0 \\ 1 & 2 & 0 \\ 0 & 0 & 3 \end{bmatrix}$. 矩阵 $\boldsymbol{A}$ 的特征方程为

$$|\lambda\boldsymbol{E}-\boldsymbol{A}|=\begin{vmatrix} \lambda-2 & -1 & 0 \\ -1 & \lambda-2 & 0 \\ 0 & 0 & \lambda-3 \end{vmatrix}=(\lambda-1)(\lambda-3)^2=0$$

解得 $\boldsymbol{A}$ 的特征值为 $\lambda=1,3,3$.

当 $\lambda=1$ 时,解方程组 $(\boldsymbol{E}-\boldsymbol{A})\boldsymbol{x}=\boldsymbol{0}$,即

$$\begin{bmatrix} -1 & -1 & 0 \\ -1 & -1 & 0 \\ 0 & 0 & -2 \end{bmatrix}\begin{bmatrix} x_1 \\ x_2 \\ x_3 \end{bmatrix}=\begin{bmatrix} 0 \\ 0 \\ 0 \end{bmatrix}$$

对系数矩阵施行初等行变换,得

$$\begin{bmatrix} -1 & -1 & 0 \\ -1 & -1 & 0 \\ 0 & 0 & -2 \end{bmatrix}\rightarrow\begin{bmatrix} 1 & 1 & 0 \\ 0 & 0 & 1 \\ 0 & 0 & 0 \end{bmatrix}$$

解得基础解系 $\boldsymbol{x}_1=(-1,1,0)^{\mathrm{T}}$，规范化得 $\boldsymbol{\gamma}_1=\left(-\frac{1}{\sqrt{2}},\frac{1}{\sqrt{2}},0\right)^{\mathrm{T}}$.

当 $\lambda=3$ 时，解方程组 $(3\boldsymbol{E}-\boldsymbol{A})\boldsymbol{x}=\boldsymbol{0}$，即

$$\begin{bmatrix}1&-1&0\\-1&1&0\\0&0&0\end{bmatrix}\begin{bmatrix}x_1\\x_2\\x_3\end{bmatrix}=\begin{bmatrix}0\\0\\0\end{bmatrix}$$

对系数矩阵施行初等行变换，得

$$\begin{bmatrix}1&-1&0\\-1&1&0\\0&0&0\end{bmatrix}\rightarrow\begin{bmatrix}1&-1&0\\0&0&0\\0&0&0\end{bmatrix}$$

解得基础解系为 $\boldsymbol{x}_2=(1,1,0)^{\mathrm{T}}$，$\boldsymbol{x}_3=(0,0,1)^{\mathrm{T}}$. 由于 $\boldsymbol{x}_2$ 与 $\boldsymbol{x}_3$ 已正交，所以只要规范化，得 $\boldsymbol{\gamma}_2=\left(\frac{1}{\sqrt{2}},\frac{1}{\sqrt{2}},0\right)^{\mathrm{T}}$，$\boldsymbol{\gamma}_3=(0,0,1)^{\mathrm{T}}$.

于是正交矩阵 $\boldsymbol{Z}$ 与合同对角矩阵 $\boldsymbol{D}$ 分别为

$$\boldsymbol{Z}=(\boldsymbol{\gamma}_1,\boldsymbol{\gamma}_2,\boldsymbol{\gamma}_3)=\frac{1}{2}\begin{bmatrix}-\sqrt{2}&\sqrt{2}&0\\\sqrt{2}&\sqrt{2}&0\\0&0&2\end{bmatrix},\quad \boldsymbol{D}=\mathrm{diag}(1,3,3)$$

取正交变换

$$\begin{bmatrix}x_1\\x_2\\x_3\end{bmatrix}=\frac{1}{2}\begin{bmatrix}-\sqrt{2}&\sqrt{2}&0\\\sqrt{2}&\sqrt{2}&0\\0&0&2\end{bmatrix}\begin{bmatrix}y_1\\y_2\\y_3\end{bmatrix}$$

则原二次型化为标准形为

$$f(x_1,x_2,x_3)=g(y_1,y_2,y_3)=y_1^2+3y_2^2+3y_3^2$$

**例 6** 设二次曲面

$$2x_1^2+3x_2^2+ax_3^2+2bx_2x_3=1\quad(b>0)$$

经正交变换化为椭球面 $y_1^2+2y_2^2+5y_3^2=1$，求常数 $a,b$ 的值，并求所用的正交变换.

**解** 原二次型 $f=2x_1^2+3x_2^2+ax_3^2+2bx_2x_3$ 的矩阵为 $\boldsymbol{A}=\begin{bmatrix}2&0&0\\0&3&b\\0&b&a\end{bmatrix}$. 因为是正交变换，故二次型 $f$ 的标准形中平方项的系数为矩阵 $\boldsymbol{A}$ 的特征值，即 $\lambda=1,2,5$. 应用定理 5.1.1 得 $|\boldsymbol{A}|=2(3a-b^2)=10$，且 $\boldsymbol{A}$ 的主对角元之和为 $5+a=8$，于

是 $a=3, b=2$，得 $\boldsymbol{A}=\begin{bmatrix}2&0&0\\0&3&2\\0&2&3\end{bmatrix}$.

当 $\lambda=1,2,5$ 时，分别解方程组

$$(1\boldsymbol{E}-\boldsymbol{A})\boldsymbol{x}=\boldsymbol{0},\quad (2\boldsymbol{E}-\boldsymbol{A})\boldsymbol{x}=\boldsymbol{0},\quad (5\boldsymbol{E}-\boldsymbol{A})\boldsymbol{x}=\boldsymbol{0}$$

即

$$\begin{bmatrix}-1&0&0\\0&-2&-2\\0&-2&-2\end{bmatrix}\begin{bmatrix}x_1\\x_2\\x_3\end{bmatrix}=\begin{bmatrix}0\\0\\0\end{bmatrix},\quad \begin{bmatrix}0&0&0\\0&-1&-2\\0&-2&-1\end{bmatrix}\begin{bmatrix}x_1\\x_2\\x_3\end{bmatrix}=\begin{bmatrix}0\\0\\0\end{bmatrix}$$

$$\begin{bmatrix}3&0&0\\0&2&-2\\0&-2&2\end{bmatrix}\begin{bmatrix}x_1\\x_2\\x_3\end{bmatrix}=\begin{bmatrix}0\\0\\0\end{bmatrix}$$

对系数矩阵分别施行初等行变换，得

$$\begin{bmatrix}-1&0&0\\0&-2&-2\\0&-2&-2\end{bmatrix}\to\begin{bmatrix}1&0&0\\0&1&1\\0&0&0\end{bmatrix},\quad \begin{bmatrix}0&0&0\\0&-1&-2\\0&-2&-1\end{bmatrix}\to\begin{bmatrix}0&1&0\\0&0&1\\0&0&0\end{bmatrix}$$

$$\begin{bmatrix}3&0&0\\0&2&-2\\0&-2&2\end{bmatrix}\to\begin{bmatrix}1&0&0\\0&1&-1\\0&0&0\end{bmatrix}$$

由此可得属于特征值 $\lambda=1,2,5$ 的单位特征向量分别为

$$\boldsymbol{\gamma}_1=\left(0,\frac{-\sqrt{2}}{2},\frac{\sqrt{2}}{2}\right)^{\mathrm{T}},\quad \boldsymbol{\gamma}_2=(1,0,0)^{\mathrm{T}},\quad \boldsymbol{\gamma}_3=\left(0,\frac{\sqrt{2}}{2},\frac{\sqrt{2}}{2}\right)^{\mathrm{T}}$$

于是所求的正交变换为

$$\boldsymbol{x}=\boldsymbol{Z}\boldsymbol{y},\quad 其中\quad \boldsymbol{Z}=(\boldsymbol{\gamma}_1,\boldsymbol{\gamma}_2,\boldsymbol{\gamma}_3)=\frac{\sqrt{2}}{2}\begin{bmatrix}0&\sqrt{2}&0\\-1&0&1\\1&0&1\end{bmatrix}$$

### *7.3.4 通过初等变换化实二次型为标准形

**例 7**(同例 3) 通过初等变换将二次型

$$f(x_1,x_2,x_3)=2x_1^2+2x_2^2+3x_3^2+2x_1x_2$$

化为标准形，并写出所用的可逆线性变换.

**解** 二次型 $f(x_1,x_2,x_3)$ 的矩阵为 $\begin{bmatrix}2&1&0\\1&2&0\\0&0&3\end{bmatrix}$. 应用成对的初等行、列变换,有

$$\begin{bmatrix}2&1&0\\1&2&0\\0&0&3\\1&0&0\\0&1&0\\0&0&1\end{bmatrix}\xrightarrow{(2)-\frac{1}{2}(1)}\begin{bmatrix}2&0&0\\1&3/2&0\\0&0&3\\1&-1/2&0\\0&1&0\\0&0&1\end{bmatrix}\xrightarrow{(2)-\frac{1}{2}(1)}\begin{bmatrix}2&0&0\\0&3/2&0\\0&0&3\\1&-1/2&0\\0&1&0\\0&0&1\end{bmatrix}$$

所以变换矩阵与合同对角矩阵分别为

$$\boldsymbol{P}=\begin{bmatrix}1&-1/2&0\\0&1&0\\0&0&1\end{bmatrix},\quad \boldsymbol{D}=\begin{bmatrix}2&0&0\\0&3/2&0\\0&0&3\end{bmatrix}$$

取可逆线性变换 $\begin{bmatrix}x_1\\x_2\\x_3\end{bmatrix}=\begin{bmatrix}1&-1/2&0\\0&1&0\\0&0&1\end{bmatrix}\begin{bmatrix}y_1\\y_2\\y_3\end{bmatrix}$,则原二次型化为标准形为

$$f(x_1,x_2,x_3)=g(y_1,y_2,y_3)=2y_1^2+\frac{3}{2}y_2^2+3y_3^2$$

### 7.3.5 惯性定理

实二次型 $f=\boldsymbol{x}^{\mathrm{T}}\boldsymbol{A}\boldsymbol{x}$ 可用多种线性变换化为标准形(规范形),而且这些标准形(规范形)在形式可以不同,但它们有一些共性:其一,标准形中所含平方项的项数总等于二次型的秩,也等于矩阵 $\boldsymbol{A}$ 的非零特征值的个数;其二,规范形中系数为 $+1$ 的平方项的项数也是唯一确定的. 这就是著名的惯性定理.

**定理 7.3.5(惯性定理)** 实二次型 $f(\boldsymbol{x})=\boldsymbol{x}^{\mathrm{T}}\boldsymbol{A}\boldsymbol{x}$ 利用可逆线性变换化为规范形,其规范形中系数为 $+1$ 的平方项的项数 $p$ 与系数为 $-1$ 的平方项的项数 $q$ 都是唯一确定的.

**证** 用反证法. 假设采用两种可逆线性变换

$$\boldsymbol{x}=\boldsymbol{P}\boldsymbol{y}\quad(|\boldsymbol{P}|\neq 0)\quad 与\quad \boldsymbol{x}=\boldsymbol{Q}\boldsymbol{z}\quad(|\boldsymbol{Q}|\neq 0)$$

将原二次型化为两个规范形

$$f(\boldsymbol{x})=y_1^2+y_2^2+\cdots+y_p^2-y_{p+1}^2-\cdots-y_r^2 \tag{7.3.4}$$

$$f(\boldsymbol{x})=z_1^2+z_2^2+\cdots+z_l^2-z_{l+1}^2-\cdots-z_r^2 \tag{7.3.5}$$

不妨设 $0 \leqslant l < p \leqslant r$. 记 $\boldsymbol{Q}^{-1}\boldsymbol{P} = \boldsymbol{C} = (c_{ij})$，则 $\boldsymbol{z} = \boldsymbol{Q}^{-1}\boldsymbol{P}\boldsymbol{y} = \boldsymbol{C}\boldsymbol{y}$. 考虑线性方程组

$$\begin{cases} c_{11}y_1 + c_{12}y_2 + \cdots + c_{1n}y_n = 0, \\ \vdots \\ c_{l1}y_1 + c_{l2}y_2 + \cdots + c_{ln}y_n = 0, \\ y_{p+1} = 0, \\ \vdots \\ y_n = 0 \end{cases} \tag{7.3.6}$$

前 $l$ 个方程即 $z_1 = 0, z_2 = 0, \cdots, z_l = 0$. 此方程组的系数矩阵 $\boldsymbol{A}_1$ 是 $m \times n$ 矩阵，其中 $m = l + (n - p) = n - (p - l) < n$，所以 $r(\boldsymbol{A}_1) \leqslant m < n$. 因此方程组(7.3.6)有非零解，记为

$$\boldsymbol{y}_0 = (y_1^0, y_2^0, \cdots, y_l^0, y_{l+1}^0, \cdots, y_p^0, 0, \cdots, 0)^{\mathrm{T}} \tag{7.3.7}$$

其中 $y_1^0, y_2^0, \cdots, y_l^0, y_{l+1}^0, \cdots, y_p^0$ 不全为零. 将式(7.3.7) 代入 $\boldsymbol{z} = \boldsymbol{C}\boldsymbol{y}$ 得

$$\boldsymbol{z}_0 = (0, 0, \cdots, 0, z_{l+1}^0, \cdots, z_p^0, z_{p+1}^0, \cdots, z_n^0)^{\mathrm{T}}$$

由此得 $\boldsymbol{x}_0 = \boldsymbol{P}\boldsymbol{y}_0$ 与 $\boldsymbol{x}_0 = \boldsymbol{Q}\boldsymbol{z}_0$，分别代入式(7.3.4) 与式(7.3.5) 得

$$f(\boldsymbol{x}_0) = (y_1^0)^2 + (y_2^0)^2 + \cdots + (y_p^0)^2 > 0$$

与

$$f(\boldsymbol{x}_0) = -(z_{l+1}^0)^2 - (z_{l+2}^0)^2 - \cdots - (z_r^0)^2 \leqslant 0$$

此为矛盾式. 于是式(7.3.4) 与式(7.3.5) 中 $p = l$，即 $f(\boldsymbol{x})$ 的规范形中系数为 $+1$ 的平方项的项数 $p$ 是唯一确定的.

由于 $f(\boldsymbol{x})$ 的规范形中平方项的总项数为 $\mathrm{r}(\boldsymbol{A}) = r$，所以 $f(\boldsymbol{x})$ 的规范形中系数为 $-1$ 的平方项的项数 $q = r - p$ 也是唯一确定的. □

**定义 7.3.2(惯性指数)** 设实二次型 $f(\boldsymbol{x})$ 的矩阵为 $\boldsymbol{A}$，$f(\boldsymbol{x})$ 的规范形中系数为 $+1$ 的平方项的项数 $p$ 称为该二次型 $f(\boldsymbol{x})$(或 $\boldsymbol{A}$) 的**正惯性指数**，系数为 $-1$ 的平方项的项数 $q$ 称为该二次型 $f(\boldsymbol{x})$(或 $\boldsymbol{A}$) 的**负惯性指数**，并称 $p - q$ 为**符号差**.

实二次型可通过正交变换化为标准形的结论表明：实二次型的正惯性指数等于二次型的矩阵 $\boldsymbol{A}$ 的正特征值的个数，负惯性指数等于负特征值的个数. 因此，实二次型的规范形是唯一的(这里约定先写系数为 $+1$ 的平方项).

**例 8** 下列实对称矩阵中，哪些是合同矩阵？哪些是相似矩阵？

$$\boldsymbol{A} = \begin{bmatrix} 1 & 1 & 0 & 0 \\ 1 & 1 & 0 & 0 \\ 0 & 0 & 2 & 0 \\ 0 & 0 & 0 & 1 \end{bmatrix}, \quad \boldsymbol{B} = \begin{bmatrix} 1 & 0 & 0 & 0 \\ 0 & 2 & 0 & 0 \\ 0 & 0 & 0 & 0 \\ 0 & 0 & 0 & 3 \end{bmatrix}, \quad \boldsymbol{C} = \begin{bmatrix} 1 & 0 & 0 & 0 \\ 0 & 3 & 0 & 0 \\ 0 & 0 & 1 & 1 \\ 0 & 0 & 1 & 1 \end{bmatrix}$$

$$D=\begin{bmatrix}1&0&0&0\\0&-1&0&0\\0&0&1&1\\0&0&1&1\end{bmatrix},\quad E=\begin{bmatrix}0&0&0&0\\0&3&0&0\\0&0&0&1\\0&0&1&0\end{bmatrix},\quad F=\begin{bmatrix}1&0&0&0\\0&2&0&0\\0&0&1&-1\\0&0&-1&1\end{bmatrix}$$

**解**　两个实对称矩阵相似的充要条件是它们有相同的特征值，两个实对称矩阵合同的充要条件是它们的特征值有相同的符号（证明留作习题）．这 6 个矩阵的特征值容易求得，现直接列表如下：

| 矩阵 | $A$ | $B$ | $C$ | $D$ | $E$ | $F$ |
|---|---|---|---|---|---|---|
| 特征值 | 1,2,2,0 | 1,2,3,0 | 1,2,3,0 | 1,2,−1,0 | 1,3,−1,0 | 1,2,2,0 |
| 正特征值个数 | 3 | 3 | 3 | 2 | 2 | 3 |
| 负特征值个数 | 0 | 0 | 0 | 1 | 1 | 0 |

由表中可以看出：合同的是 $A\simeq B\simeq C\simeq F, D\simeq E$；相似的是 $A\sim F, B\sim C$.

### 7.3.6　二次曲面类型的判别

下面举例介绍应用二次型的知识判别二次曲面的类型．

**例 9**　判别二次方程 $2x^2+2y^2-2xy-2yz-2zx=1$ 所表示的曲面．

**解**　令 $f(x,y,z)=2x^2+2y^2-2xy-2yz-2zx$，则该二次型的矩阵为

$$A=\begin{bmatrix}2&-1&-1\\-1&2&-1\\-1&-1&0\end{bmatrix}$$

矩阵 $A$ 的特征方程为

$$|\lambda E-A|=\begin{vmatrix}\lambda-2&1&1\\1&\lambda-2&1\\1&1&\lambda\end{vmatrix}=(\lambda-2)(\lambda-3)(\lambda+1)=0$$

特征值为 $\lambda=2,3,-1$. 因为 $A$ 是实对称矩阵，所以存在正交变换使得二次型化为

$$f(x,y,z)=g(x_1,y_1,z_1)=2x_1^2+3y_1^2-z_1^2$$

则原方程化为 $2x_1^2+3y_1^2-z_1^2=1$. 此方程表示单叶双曲面．

## 习题 7.3

### A 组

1. 通过配方将下列二次型化为标准形：

(1) $f(x_1,x_2,x_3)=x_1^2+4x_2^2+2x_3^2-4x_1x_2+2x_1x_3$；

(2) $f(x_1,x_2,x_3)=2x_1x_2+2x_1x_3$；

(3) $f(x_1,x_2,x_3)=x_1^2+2x_2^2+3x_3^2+4x_1x_2-4x_2x_3$.

2. 通过正交变换将下列二次型化为标准形：

(1) $f(x_1,x_2,x_3)=x_1^2+x_2^2+x_3^2+4x_1x_2+4x_1x_3+4x_2x_3$；

(2) $f(x_1,x_2,x_3)=2x_1^2+5x_2^2+5x_3^2+4x_1x_2-4x_1x_3-8x_2x_3$；

(3) $f(x_1,x_2,x_3)=2x_1^2+2x_2^2+2x_3^2-2x_1x_2-2x_1x_3-2x_2x_3$.

3. 写出二次型 $f(x_1,x_2,\cdots,x_n)=\sum\limits_{1\leqslant i<j\leqslant n}x_ix_j$ 的矩阵 $\boldsymbol{A}$，求出 $\boldsymbol{A}$ 的特征值，并写出二次型的规范形.

4. 设实对称矩阵 $\boldsymbol{A}$ 合同于 $\boldsymbol{B}=\begin{bmatrix}0&1&0\\1&0&0\\0&0&-2\end{bmatrix}$，求二次型 $\boldsymbol{x}^{\mathrm{T}}\boldsymbol{A}\boldsymbol{x}$ 的规范形.

5. 证明：(1) 两个实对称矩阵相似的充要条件是它们有相同的特征值；

(2) 两个实对称矩阵合同的充要条件是它们的特征值有相同的符号.

6. 下列矩阵中，哪些是合同矩阵？哪些是相似矩阵？

$$\boldsymbol{A}=\begin{bmatrix}1&1&0\\1&1&0\\0&0&4\end{bmatrix},\quad \boldsymbol{B}=\begin{bmatrix}3&0&0\\0&1&1\\0&1&1\end{bmatrix},\quad \boldsymbol{C}=\begin{bmatrix}2&0&0\\0&2&2\\0&2&2\end{bmatrix},\quad \boldsymbol{D}=\begin{bmatrix}2&2&0\\2&2&0\\0&0&0\end{bmatrix}$$

7. 已知二次型

$$f(x_1,x_2,x_3)=x_1^2+(1-a)x_2^2+(1-a)x_3^2+2(1+a)x_2x_3$$

的秩为 2.

(1) 求 $a$ 的值；

(2) 用正交变换将 $f(x_1,x_2,x_3)$ 化成标准形.

8. 设二次型

$$f(x_1,x_2,x_3)=x_1^2+x_2^2+x_3^2+2ax_1x_2+2x_1x_3+2bx_2x_3$$

经正交变换 $\boldsymbol{x}=\boldsymbol{Z}\boldsymbol{y}$ 化为标准形 $f=y_2^2+2y_3^2$，求常数 $a,b$ 的值，并求所用的正交变换矩阵 $\boldsymbol{Z}$.

9. 已知二次型 $f(x_1,x_2,x_3)=(x_1-x_2+x_3)^2+(2x_1-2x_2+3x_3)^2$.

(1) 求 $f(x_1,x_2,x_3)=0$ 的解；

(2) 求 $f(x_1,x_2,x_3)=0$ 的规范形，并写出所用的可逆线性变换.

10. 判别下列二次方程表示什么曲面：

(1) $3x^2+5y^2+3z^2+2xy+2yz+2zx=1$；

(2) $6xy-8yz=1$.

11. 将 3 阶实对称矩阵的集合按合同关系分类,可以分为多少类?每一类里请写出一个最简单的矩阵.

**B 组**

12. 设二次型

$$f(x_1,x_2,x_3)=x_1^2-x_2^2+2ax_1x_3+4x_2x_3$$

的负惯性指数为 $n$,分别就 $n=1$ 与 $n=2$ 两种情况写出常数 $a$ 的取值范围.

13. 用成对的初等行、列变换化下列二次型为标准形,并写出可逆线性变换:

(1) $f(x_1,x_2,x_3)=x_1^2+x_2^2+x_3^2+4x_1x_2+4x_1x_3+4x_2x_3$;

(2) $f(x_1,x_2,x_3)=x_1^2+5x_2^2+x_3^2-4x_1x_2+6x_1x_3-8x_2x_3$.

# 7.4 正定二次型与正定矩阵

## 7.4.1 二次型的分类

$n$ 元实二次型 $f(\boldsymbol{x})=\boldsymbol{x}^{\mathrm{T}}\boldsymbol{A}\boldsymbol{x}$ 是定义在 $\mathbf{R}^n$ 上的 $n$ 元函数,当 $\boldsymbol{x}=\boldsymbol{0}$ 时,$f(\boldsymbol{0})=0$;当 $\boldsymbol{x}\neq\boldsymbol{0}$ 时,$f(\boldsymbol{x})\in\mathbf{R}$. 下面我们只考虑实二次型,并简称其为二次型.

**定义 7.4.1(二次型的分类)** 对于二次型 $f(\boldsymbol{x})=\boldsymbol{x}^{\mathrm{T}}\boldsymbol{A}\boldsymbol{x}$:

(1) 若 $\forall\,\boldsymbol{x}\neq\boldsymbol{0}$,$f(\boldsymbol{x})=\boldsymbol{x}^{\mathrm{T}}\boldsymbol{A}\boldsymbol{x}>0(<0)$,则称 $f(\boldsymbol{x})$ 为**正(负)定二次型**,称 $\boldsymbol{A}$ 为**正(负)定矩阵**;

(2) 若 $\forall\,\boldsymbol{x}\neq\boldsymbol{0}$,$f(\boldsymbol{x})=\boldsymbol{x}^{\mathrm{T}}\boldsymbol{A}\boldsymbol{x}\geqslant 0(\leqslant 0)$,则称 $f(\boldsymbol{x})$ 为**半正(负)定二次型**,称 $\boldsymbol{A}$ 为**半正(负)定矩阵**;

(3) 若 $\exists\,\boldsymbol{x}_1,\boldsymbol{x}_2$,使得 $f(\boldsymbol{x}_1)>0$,$f(\boldsymbol{x}_2)<0$,则称 $f(\boldsymbol{x})$ 为**不定二次型**,称 $\boldsymbol{A}$ 为**不定矩阵**.

下面我们重点研究正定二次型和正定矩阵.

## 7.4.2 正定二次型与正定矩阵的判别法

**定理 7.4.1** $n$ 元二次型 $f(\boldsymbol{x})=\boldsymbol{x}^{\mathrm{T}}\boldsymbol{A}\boldsymbol{x}$ 为正定二次型的充要条件是二次型 $f(\boldsymbol{x})$ 的正惯性指数 $p=n$.

**证** 设二次型 $f(\boldsymbol{x})=\boldsymbol{x}^{\mathrm{T}}\boldsymbol{A}\boldsymbol{x}$ 经线性变换 $\boldsymbol{x}=\boldsymbol{P}\boldsymbol{y}(|\boldsymbol{P}|\neq 0)$ 化为标准形

$$f(\boldsymbol{x})=\boldsymbol{x}^{\mathrm{T}}\boldsymbol{A}\boldsymbol{x}=g(\boldsymbol{y})=\boldsymbol{y}^{\mathrm{T}}\boldsymbol{D}\boldsymbol{y}=d_1y_1^2+d_2y_2^2+\cdots+d_ny_n^2$$

(**充分性**) 设 $f(\boldsymbol{x})$ 的正惯性指数 $p=n$,则 $d_i>0(i=1,2,\cdots,n)$. $\forall\,\boldsymbol{x}\neq\boldsymbol{0}$,有 $\boldsymbol{y}=\boldsymbol{P}^{-1}\boldsymbol{x}\neq\boldsymbol{0}$,于是

$$f(\boldsymbol{x}) = \boldsymbol{x}^{\mathrm{T}}\boldsymbol{A}\boldsymbol{x} = g(\boldsymbol{y}) = \boldsymbol{y}^{\mathrm{T}}\boldsymbol{D}\boldsymbol{y} = d_1y_1^2 + d_2y_2^2 + \cdots + d_ny_n^2 > 0$$

因此二次型 $f(\boldsymbol{x}) = \boldsymbol{x}^{\mathrm{T}}\boldsymbol{A}\boldsymbol{x}$ 是正定二次型.

（**必要性**）设 $f(\boldsymbol{x}) = \boldsymbol{x}^{\mathrm{T}}\boldsymbol{A}\boldsymbol{x}$ 是正定二次型. 若正惯性指数 $p<n$，不妨设 $d_n \leqslant 0$. 取 $\boldsymbol{y}_0 = (0,0,\cdots,0,1)$，记 $\boldsymbol{x}_0 = \boldsymbol{P}\boldsymbol{y}_0$，则 $\boldsymbol{x}_0 \neq \boldsymbol{0}$，且有 $f(\boldsymbol{x}_0) = \boldsymbol{x}_0^{\mathrm{T}}\boldsymbol{A}\boldsymbol{x}_0 = d_n \leqslant 0$，此与二次型 $f(\boldsymbol{x}) = \boldsymbol{x}^{\mathrm{T}}\boldsymbol{A}\boldsymbol{x}$ 是正定二次型的条件矛盾. 所以正惯性指数 $p = n$.　□

**定理 7.4.2**　设 $\boldsymbol{A}$ 为 $n$ 阶实矩阵，则下列陈述相互等价：

(1) $\boldsymbol{A}$ 为正定矩阵；

(2) $\boldsymbol{A}$ 是实对称矩阵，且 $\boldsymbol{A}$ 的 $n$ 个特征值皆为正数；

(3) $\boldsymbol{A} \simeq \boldsymbol{E}$；

(4) 存在可逆矩阵 $\boldsymbol{C}$，使得 $\boldsymbol{A} = \boldsymbol{C}^{\mathrm{T}}\boldsymbol{C}$.

**证**　证明的次序是(1)⇒(2)⇒(3)⇔(4)⇒(1).

(1)⇒(2)　设 $\boldsymbol{A}$ 为正定矩阵，则 $\boldsymbol{A}$ 是实对称矩阵，且二次型 $f(\boldsymbol{x}) = \boldsymbol{x}^{\mathrm{T}}\boldsymbol{A}\boldsymbol{x}$ 是正定二次型，因此 $\boldsymbol{A}$ 的正惯性指数 $p = n$，故 $\boldsymbol{A}$ 的 $n$ 个特征值全是正数.

(2)⇒(3)　设 $\boldsymbol{A}$ 是实对称矩阵，且 $\boldsymbol{A}$ 的 $n$ 个特征值全是正数，则二次型 $f(\boldsymbol{x})$ 的规范形是

$$f(\boldsymbol{x}) = \boldsymbol{x}^{\mathrm{T}}\boldsymbol{A}\boldsymbol{x} = g(\boldsymbol{y}) = y_1^2 + y_2^2 + \cdots + y_n^2 \tag{7.4.1}$$

由于规范形(7.4.1)的矩阵是单位矩阵 $\boldsymbol{E}$，所以 $\boldsymbol{A} \simeq \boldsymbol{E}$.

(3)⇔(4)　设 $\boldsymbol{A} \simeq \boldsymbol{E}$，等价于存在可逆矩阵 $\boldsymbol{P}$，使得 $\boldsymbol{P}^{\mathrm{T}}\boldsymbol{A}\boldsymbol{P} = \boldsymbol{E}$. 令 $\boldsymbol{C} = \boldsymbol{P}^{-1}$，则 $\boldsymbol{C}$ 可逆，有

$$\boldsymbol{A} = (\boldsymbol{P}^{\mathrm{T}})^{-1}\boldsymbol{E}\boldsymbol{P}^{-1} = \boldsymbol{C}^{\mathrm{T}}\boldsymbol{C}$$

(3)⇒(1)　设 $\boldsymbol{A} \simeq \boldsymbol{E}$，因(3)⇔(4)，则存在可逆矩阵 $\boldsymbol{C}$，使得 $\boldsymbol{A} = \boldsymbol{C}^{\mathrm{T}}\boldsymbol{C}$，故 $\boldsymbol{A}^{\mathrm{T}} = \boldsymbol{A}$，即 $\boldsymbol{A}$ 是实对称矩阵，于是二次型 $f(\boldsymbol{x}) = \boldsymbol{x}^{\mathrm{T}}\boldsymbol{A}\boldsymbol{x}$ 的规范形为

$$f(\boldsymbol{x}) = \boldsymbol{x}^{\mathrm{T}}\boldsymbol{A}\boldsymbol{x} = g(\boldsymbol{y}) = y_1^2 + y_2^2 + \cdots + y_n^2$$

其正惯性指数 $p = n$，所以 $f(\boldsymbol{x}) = \boldsymbol{x}^{\mathrm{T}}\boldsymbol{A}\boldsymbol{x}$ 为正定二次型，$\boldsymbol{A}$ 为正定矩阵.　□

**定理 7.4.3(胡尔维茨[①]定理 1)**　设 $\boldsymbol{A}$ 为 $n$ 阶实对称矩阵，则 $\boldsymbol{A}$ 为正定矩阵的充要条件是由矩阵 $\boldsymbol{A} = (a_{ij})$ 的左上角的元素构成的 1 阶行列式、2 阶行列式，直到 $n$ 阶行列式皆为正数，即

$$|\boldsymbol{A}_1| = a_{11} > 0,\ |\boldsymbol{A}_2| = \begin{vmatrix} a_{11} & a_{12} \\ a_{12} & a_{22} \end{vmatrix} > 0, \cdots,\ |\boldsymbol{A}_n| = \begin{vmatrix} a_{11} & a_{12} & \cdots & a_{1n} \\ a_{12} & a_{22} & \cdots & a_{2n} \\ \vdots & \vdots & & \vdots \\ a_{1n} & a_{2n} & \cdots & a_{nn} \end{vmatrix} > 0$$

①胡尔维茨(Hurwitz)，1859—1919，德国数学家.

并称 $|\boldsymbol{A}_k|$ $(k=1,2,\cdots,n)$ 为矩阵 $\boldsymbol{A}$ 的 $k$ 阶顺序主子式.

*证　(**必要性**) 设 $\boldsymbol{A}$ 为正定矩阵，由定理 7.4.2 得 $|\boldsymbol{A}|>0$. 又 $f(\boldsymbol{x})=\boldsymbol{x}^{\mathrm{T}}\boldsymbol{A}\boldsymbol{x}$ 为正定二次型，则 $\forall\,\boldsymbol{x}\neq\boldsymbol{0}$，有 $\boldsymbol{x}^{\mathrm{T}}\boldsymbol{A}\boldsymbol{x}>0$. 取 $\boldsymbol{x}=(x_1,\cdots,x_k,0,\cdots,0)^{\mathrm{T}}=(\boldsymbol{\alpha}^{\mathrm{T}},\boldsymbol{0}^{\mathrm{T}})^{\mathrm{T}}$，其中 $\boldsymbol{\alpha}=(x_1,\cdots,x_k)^{\mathrm{T}}\neq\boldsymbol{0}$，则

$$\boldsymbol{x}^{\mathrm{T}}\boldsymbol{A}\boldsymbol{x}=(\boldsymbol{\alpha}^{\mathrm{T}},\boldsymbol{0}^{\mathrm{T}})\begin{bmatrix}\boldsymbol{A}_k & \boldsymbol{A}_{12}\\ \boldsymbol{A}_{21} & \boldsymbol{A}_{22}\end{bmatrix}\begin{bmatrix}\boldsymbol{\alpha}\\ \boldsymbol{0}\end{bmatrix}=(\boldsymbol{\alpha}^{\mathrm{T}}\boldsymbol{A}_k,\ *\ )\begin{bmatrix}\boldsymbol{\alpha}\\ \boldsymbol{0}\end{bmatrix}=\boldsymbol{\alpha}^{\mathrm{T}}\boldsymbol{A}_k\boldsymbol{\alpha}>0$$

所以 $\boldsymbol{A}_k$ 是 $k$ 阶正定矩阵，故 $k$ 阶顺序主子式 $|\boldsymbol{A}_k|>0(k=1,2,\cdots,n)$.

(**充分性**) 对矩阵 $\boldsymbol{A}$ 的阶数 $n$ 应用数学归纳法. 当 $n=1$ 时充分性显然成立. 假设结论对 $n-1$ 成立，即顺序主子式 $|\boldsymbol{A}_1|,|\boldsymbol{A}_2|,\cdots,|\boldsymbol{A}_{n-1}|$ 皆大于零时 $\boldsymbol{A}_{n-1}$ 为正定矩阵. 现增加设 $|\boldsymbol{A}_n|=|\boldsymbol{A}|>0$，欲证 $\boldsymbol{A}$ 为正定矩阵. 因 $\boldsymbol{A}_{n-1}$ 为正定矩阵，应用定理 7.4.2，存在 $n-1$ 阶可逆矩阵 $\boldsymbol{P}$，使得 $\boldsymbol{P}^{\mathrm{T}}\boldsymbol{A}_{n-1}\boldsymbol{P}=\boldsymbol{E}_{n-1}$，这里 $\boldsymbol{E}_{n-1}$ 是 $n-1$ 阶单位矩阵. 将矩阵 $\boldsymbol{A}$ 分块为

$$\begin{bmatrix}\boldsymbol{A}_{n-1} & \boldsymbol{\alpha}\\ \boldsymbol{\alpha}^{\mathrm{T}} & a_{nn}\end{bmatrix},\quad 其中\quad \boldsymbol{\alpha}=(a_{1n},a_{2n},\cdots,a_{n-1,n})^{\mathrm{T}}$$

令 $\boldsymbol{Q}=\begin{bmatrix}\boldsymbol{P} & \boldsymbol{\gamma}\\ \boldsymbol{0}^{\mathrm{T}} & 1\end{bmatrix}$，其中 $\boldsymbol{\gamma}=-\boldsymbol{A}_{n-1}^{-1}\boldsymbol{\alpha}$. 由于 $|\boldsymbol{Q}|=|\boldsymbol{P}|\neq 0$，所以 $\boldsymbol{Q}$ 是可逆矩阵，使得

$$\begin{aligned}\boldsymbol{Q}^{\mathrm{T}}\boldsymbol{A}\boldsymbol{Q}&=\begin{bmatrix}\boldsymbol{P} & \boldsymbol{\gamma}\\ \boldsymbol{0}^{\mathrm{T}} & 1\end{bmatrix}^{\mathrm{T}}\begin{bmatrix}\boldsymbol{A}_{n-1} & \boldsymbol{\alpha}\\ \boldsymbol{\alpha}^{\mathrm{T}} & a_{nn}\end{bmatrix}\begin{bmatrix}\boldsymbol{P} & \boldsymbol{\gamma}\\ \boldsymbol{0}^{\mathrm{T}} & 1\end{bmatrix}=\begin{bmatrix}\boldsymbol{P}^{\mathrm{T}} & \boldsymbol{0}\\ \boldsymbol{\gamma}^{\mathrm{T}} & 1\end{bmatrix}\begin{bmatrix}\boldsymbol{A}_{n-1} & \boldsymbol{\alpha}\\ \boldsymbol{\alpha}^{\mathrm{T}} & a_{nn}\end{bmatrix}\begin{bmatrix}\boldsymbol{P} & \boldsymbol{\gamma}\\ \boldsymbol{0}^{\mathrm{T}} & 1\end{bmatrix}\\&=\begin{bmatrix}\boldsymbol{P}^{\mathrm{T}} & \boldsymbol{0}\\ \boldsymbol{\gamma}^{\mathrm{T}} & 1\end{bmatrix}\begin{bmatrix}\boldsymbol{A}_{n-1}\boldsymbol{P} & \boldsymbol{0}\\ \boldsymbol{\alpha}^{\mathrm{T}}\boldsymbol{P} & \boldsymbol{\alpha}^{\mathrm{T}}\boldsymbol{\gamma}+a_{nn}\end{bmatrix}=\begin{bmatrix}\boldsymbol{E}_{n-1} & \boldsymbol{0}\\ \boldsymbol{0}^{\mathrm{T}} & a_{nn}-\boldsymbol{\alpha}^{\mathrm{T}}\boldsymbol{A}_{n-1}^{-1}\boldsymbol{\alpha}\end{bmatrix}\end{aligned}$$

即矩阵 $\boldsymbol{A}$ 与矩阵 $\begin{bmatrix}\boldsymbol{E}_{n-1} & \boldsymbol{0}\\ \boldsymbol{0}^{\mathrm{T}} & a_{nn}-\boldsymbol{\alpha}^{\mathrm{T}}\boldsymbol{A}_{n-1}^{-1}\boldsymbol{\alpha}\end{bmatrix}$ 合同. 上式两端取行列式得

$$|\boldsymbol{Q}|^2\,|\boldsymbol{A}|=a_{nn}-\boldsymbol{\alpha}^{\mathrm{T}}\boldsymbol{A}_{n-1}^{-1}\boldsymbol{\alpha}$$

因为 $|\boldsymbol{Q}|^2>0$，$|\boldsymbol{A}|>0$，所以 $a_{nn}-\boldsymbol{\alpha}^{\mathrm{T}}\boldsymbol{A}_{n-1}^{-1}\boldsymbol{\alpha}>0$，因此对角矩阵

$$\boldsymbol{D}=\begin{bmatrix}\boldsymbol{E}_{n-1} & \boldsymbol{0}\\ \boldsymbol{0}^{\mathrm{T}} & a_{nn}-\boldsymbol{\alpha}^{\mathrm{T}}\boldsymbol{A}_{n-1}^{-1}\boldsymbol{\alpha}\end{bmatrix}$$

的所有特征值是正数，故 $\boldsymbol{D}$ 是正定矩阵，于是 $\boldsymbol{A}$ 是正定矩阵. □

**定理 7.4.4(胡尔维茨定理 2)**　设 $\boldsymbol{A}$ 为实对称矩阵，则 $\boldsymbol{A}$ 为负定矩阵的充要条件是矩阵 $\boldsymbol{A}$ 的顺序主子式负正相间，即

$$|\boldsymbol{A}_1|=a_{11}<0,\quad |\boldsymbol{A}_2|=\begin{vmatrix}a_{11} & a_{12}\\ a_{12} & a_{22}\end{vmatrix}>0,\quad \cdots,$$

$$|A_n| = \begin{vmatrix} a_{11} & a_{12} & \cdots & a_{1n} \\ a_{12} & a_{22} & \cdots & a_{2n} \\ \vdots & \vdots & & \vdots \\ a_{1n} & a_{2n} & \cdots & a_{nn} \end{vmatrix} \begin{cases} >0, & n\text{ 是偶数;} \\ <0, & n\text{ 是奇数} \end{cases}$$

**证**　由于 $\boldsymbol{x}\neq\boldsymbol{0}$ 时 $\boldsymbol{x}^{\mathrm{T}}\boldsymbol{A}\boldsymbol{x}<0\Leftrightarrow\boldsymbol{x}^{\mathrm{T}}(-\boldsymbol{A})\boldsymbol{x}>0$，因此 $\boldsymbol{A}$ 为负定矩阵的充要条件是 $-\boldsymbol{A}$ 是正定矩阵. 设矩阵 $\boldsymbol{A}$ 的顺序主子式为 $|\boldsymbol{A}_k|$，则矩阵 $-\boldsymbol{A}$ 的顺序主子式为 $(-1)^k|\boldsymbol{A}_k|$，应用胡尔维茨定理 1 得 $-\boldsymbol{A}$ 是正定矩阵的充要条件是

$$(-1)^k|\boldsymbol{A}_k|>0 \Leftrightarrow \begin{cases} |\boldsymbol{A}_k|<0, & k\text{ 是奇数;} \\ |\boldsymbol{A}_k|>0, & k\text{ 是偶数} \end{cases}$$

这表明 $\boldsymbol{A}$ 为负定矩阵的充要条件是矩阵 $\boldsymbol{A}$ 的顺序主子式负正相间. □

**例 1**　判定二次型 $f(x_1,x_2,x_3)=5x_1^2+x_2^2+5x_3^2+4x_1x_2-8x_1x_3-4x_2x_3$ 的正定性.

**解法 1(顺序主子式法)**　$f(x_1,x_2,x_3)$ 的矩阵 $\boldsymbol{A}=\begin{bmatrix} 5 & 2 & -4 \\ 2 & 1 & -2 \\ -4 & -2 & 5 \end{bmatrix}$，它的顺序主子式为

$$|\boldsymbol{A}_1|=5>0,\quad |\boldsymbol{A}_2|=\begin{vmatrix} 5 & 2 \\ 2 & 1 \end{vmatrix}=1>0,\quad |\boldsymbol{A}_3|=\begin{vmatrix} 5 & 2 & -4 \\ 2 & 1 & -2 \\ -4 & -2 & 5 \end{vmatrix}=1>0$$

因顺序主子式皆大于 0，所以二次型 $f(x_1,x_2,x_3)$ 是正定二次型.

**解法 2(特征值法)**　$f(x_1,x_2,x_3)$ 的矩阵 $\boldsymbol{A}$ 的特征方程为

$$\begin{aligned} |\lambda\boldsymbol{E}-\boldsymbol{A}| &= \begin{vmatrix} \lambda-5 & -2 & 4 \\ -2 & \lambda-1 & 2 \\ 4 & 2 & \lambda-5 \end{vmatrix} = \begin{vmatrix} \lambda-1 & -2 & 4 \\ 0 & \lambda-1 & 2 \\ \lambda-1 & 2 & \lambda-5 \end{vmatrix} \\ &= (\lambda-1)\begin{vmatrix} 1 & -2 & 4 \\ 0 & \lambda-1 & 2 \\ 1 & 2 & \lambda-5 \end{vmatrix} = (\lambda-1)\begin{vmatrix} 1 & -2 & 4 \\ 0 & \lambda-1 & 2 \\ 0 & 4 & \lambda-9 \end{vmatrix} \\ &= (\lambda-1)(\lambda^2-10\lambda+1) \end{aligned}$$

解得特征值为 $\lambda_1=1,\lambda_2=5+2\sqrt{6},\lambda_3=5-2\sqrt{6}$，其中 $\lambda_1,\lambda_2$ 显然大于 0，$\lambda_3=5-2\sqrt{6}>5-2\sqrt{6.25}=0$，因此 $\boldsymbol{A}$ 的所有特征值大于 0，所以二次型 $f(x_1,x_2,x_3)$ 为正定二次型.

**解法 3(配方法)**　通过配方化二次型 $f(x_1,x_2,x_3)$ 为标准形，有

$$f(x_1,x_2,x_3)=\frac{1}{5}[(5x_1+2x_2-4x_3)^2+x_2^2-4x_2x_3+9x_3^2]$$
$$=\frac{1}{5}[(5x_1+2x_2-4x_3)^2+(x_2-2x_3)^2+5x_3^2]$$
$$=\frac{1}{5}y_1^2+\frac{1}{5}y_2^2+y_3^2$$

此标准形的系数是 3 个正数，因此二次型 $f(x_1,x_2,x_3)$ 的正惯性指数 $p=3$，所以该二次型为正定二次型.

**例 2** 设 $\boldsymbol{A}$ 为 $m\times n$ 实矩阵，$\boldsymbol{E}$ 为 $n$ 阶单位矩阵，若 $\boldsymbol{B}=\lambda\boldsymbol{E}+\boldsymbol{A}^{\mathrm{T}}\boldsymbol{A}(\lambda>0)$，求证：矩阵 $\boldsymbol{B}$ 为正定矩阵.

**证** 因为

$$\boldsymbol{B}^{\mathrm{T}}=(\lambda\boldsymbol{E}+\boldsymbol{A}^{\mathrm{T}}\boldsymbol{A})^{\mathrm{T}}=(\lambda\boldsymbol{E})^{\mathrm{T}}+(\boldsymbol{A}^{\mathrm{T}}\boldsymbol{A})^{\mathrm{T}}=\lambda\boldsymbol{E}+\boldsymbol{A}^{\mathrm{T}}(\boldsymbol{A}^{\mathrm{T}})^{\mathrm{T}}=\lambda\boldsymbol{E}+\boldsymbol{A}^{\mathrm{T}}\boldsymbol{A}=\boldsymbol{B}$$

所以 $\boldsymbol{B}$ 是实对称矩阵. $\forall\boldsymbol{x}\neq\boldsymbol{0}$，有

$$\boldsymbol{x}^{\mathrm{T}}\boldsymbol{B}\boldsymbol{x}=\boldsymbol{x}^{\mathrm{T}}(\lambda\boldsymbol{E}+\boldsymbol{A}^{\mathrm{T}}\boldsymbol{A})\boldsymbol{x}=\lambda\boldsymbol{x}^{\mathrm{T}}\boldsymbol{x}+\boldsymbol{x}^{\mathrm{T}}(\boldsymbol{A}^{\mathrm{T}}\boldsymbol{A})\boldsymbol{x}$$
$$=\lambda\boldsymbol{x}^{\mathrm{T}}\boldsymbol{x}+(\boldsymbol{A}\boldsymbol{x})^{\mathrm{T}}(\boldsymbol{A}\boldsymbol{x})=\lambda\mid\boldsymbol{x}\mid^2+\mid\boldsymbol{A}\boldsymbol{x}\mid^2$$

由于 $\lambda>0$，$\mid\boldsymbol{x}\mid>0$，$\mid\boldsymbol{A}\boldsymbol{x}\mid\geqslant 0$，因此 $\forall\boldsymbol{x}\neq\boldsymbol{0}$ 有 $\boldsymbol{x}^{\mathrm{T}}\boldsymbol{B}\boldsymbol{x}>0$，所以 $\boldsymbol{B}$ 为正定矩阵.

## 习题 7.4

### A 组

1. 设 $\boldsymbol{A},\boldsymbol{B}$ 为同阶正定矩阵，$k>0,l>0$，证明：$k\boldsymbol{A}+l\boldsymbol{B}$ 为正定矩阵.

2. 设 $\boldsymbol{A}$ 为正定矩阵，证明：

(1) $\boldsymbol{A}^{-1}$ 为正定矩阵；

(2) $\boldsymbol{A}^{*}$ 为正定矩阵；

(3) $\mid\boldsymbol{A}+\boldsymbol{E}\mid>1$.

3. 用两种方法判别下列二次型是否为正定二次型：

(1) $f(x_1,x_2,x_3)=2x_1^2+2x_2^2+2x_3^2-2x_1x_2-2x_1x_3-2x_2x_3$；

(2) $f(x_1,x_2,x_3,x_4)=4x_1^2+4x_2^2+4x_3^2+4x_4^2+2x_1x_2-2x_1x_4-2x_2x_3+2x_3x_4$.

4. 设 $\boldsymbol{A}$ 为实对称矩阵，$\mid\boldsymbol{A}\mid<0$，证明：存在 $\boldsymbol{x}\neq\boldsymbol{0}$，使得 $\boldsymbol{x}^{\mathrm{T}}\boldsymbol{A}\boldsymbol{x}<0$.

5. 设 $\boldsymbol{A}$ 为 $m\times n$ 实矩阵，$\mathrm{r}(\boldsymbol{A})=n$，证明：$\boldsymbol{A}^{\mathrm{T}}\boldsymbol{A}$ 是正定矩阵.

6. 试问实常数 $a_1,a_2,\cdots,a_n$ 满足什么条件时，二次型

$$f(x_1,x_2,\cdots,x_n)=(x_1+a_1x_2)^2+(x_2+a_2x_3)^2+\cdots+(x_{n-1}+a_{n-1}x_n)^2+(x_n+a_nx_1)^2$$

是正定的？

7. 设实二次型 $f(\boldsymbol{x}) = \boldsymbol{x}^{\mathrm{T}}\boldsymbol{A}\boldsymbol{x}$ 在正交变换 $\boldsymbol{x} = \boldsymbol{Z}\boldsymbol{y}$ 下的标准形为 $2y_1^2 + 2y_2^2$，且 $\boldsymbol{Z}$ 的第 3 列为 $\frac{1}{2}(\sqrt{2}, 0, -\sqrt{2})^{\mathrm{T}}$，试求矩阵 $\boldsymbol{A}$，并证明矩阵 $\boldsymbol{A} + \boldsymbol{E}$ 是正定矩阵.

**B 组**

8. 设实二次型 $f(\boldsymbol{x}) = \boldsymbol{x}^{\mathrm{T}}\boldsymbol{A}\boldsymbol{x}$ 为不定二次型，证明：存在 $\boldsymbol{x} \neq \boldsymbol{0}$，使得 $f(\boldsymbol{x}) = 0$.

9. 证明：实二次型 $f(x_1, x_2, \cdots, x_n) = \boldsymbol{x}^{\mathrm{T}}\boldsymbol{A}\boldsymbol{x}$ 在 $\sum_{i=1}^{n} x_i^2 = 1$ 的条件下的最大值等于矩阵 $\boldsymbol{A}$ 的最大特征值.

## 复习题 7

1. 已知 $\boldsymbol{A} = \begin{bmatrix} 1 & 0 & 1 \\ 0 & 1 & 1 \\ -1 & 0 & a \\ 0 & a & -1 \end{bmatrix}$，二次型 $f(x_1, x_2, x_3) = \boldsymbol{x}^{\mathrm{T}}(\boldsymbol{A}^{\mathrm{T}}\boldsymbol{A})\boldsymbol{x}$ 的秩为 2.

(1) 试求实数 $a$ 的值；

(2) 求正交变换 $\boldsymbol{x} = \boldsymbol{Z}\boldsymbol{y}$，将 $f$ 化为标准形.

2. 设 $f(x_1, x_2, \cdots, x_n)$ 是实二次型，$g(x_1, x_2, \cdots, x_n)$ 是正定二次型，证明：存在可逆线性变换 $\boldsymbol{x} = \boldsymbol{Q}\boldsymbol{y}$，分别将二次型 $f$ 与 $g$ 化为

$$f(x_1, x_2, \cdots, x_n) = \lambda_1 y_1^2 + \lambda_2 y_2^2 + \cdots + \lambda_n y_n^2$$

与

$$g(x_1, x_2, \cdots, x_n) = y_1^2 + y_2^2 + \cdots + y_n^2$$

3. 证明：$\boldsymbol{A}$ 为正定矩阵的充要条件是存在实对称可逆矩阵 $\boldsymbol{M}$，使得 $\boldsymbol{A} = \boldsymbol{M}^2$.

4. 设 $\boldsymbol{A}$ 为 $n$ 阶实可逆矩阵，证明：$\boldsymbol{A}$ 一定可表示为正定矩阵与正交矩阵的乘积，即 $\boldsymbol{A} = \boldsymbol{M}\boldsymbol{Z}$，其中 $\boldsymbol{M}$ 是正定矩阵，$\boldsymbol{Z}$ 是正交矩阵.

5. 设 $\boldsymbol{A}, \boldsymbol{B}$ 都是 $n$ 阶正定矩阵，证明：$\boldsymbol{A}\boldsymbol{B}$ 是正定矩阵的充要条件是 $\boldsymbol{A}\boldsymbol{B} = \boldsymbol{B}\boldsymbol{A}$.

# *8　线性空间与线性变换简介

## 8.1　线性空间的基本概念

第 3 章中我们已介绍线性空间的定义，并以向量空间 $F^n$ 为背景详细叙述了线性空间的主要内容，包括线性相关性、向量组的秩、向量空间的基与维数、基变换与坐标变换等，这些内容在一般的线性空间中都成立. 这一节我们先补充几个线性空间的例子，然后介绍线性空间同构的概念.

### 8.1.1　线性空间的例子

**例 1**　求证：区间$[a,b]$上所有连续函数的集合 $V=\mathscr{C}[a,b]$ 是线性空间.

**证**　$\forall f(x),g(x)\in V,k\in\mathbf{R}$，有

$$f(x)+g(x)\in V,\quad kf(x)\in V$$

线性空间 8 条性质的验证从略.

**例 2**　设 $V=\mathbf{R}^+$，在 $V$ 中加法"$\oplus$"与数乘"$\circ$"①定义为 $\forall x,y\in V,k\in\mathbf{R}$，有

$$x\oplus y\xlongequal{\text{def}}xy,\quad k\circ x\xlongequal{\text{def}}x^k$$

求证：$V$ 是一线性空间.

**证**　当 $x,y\in V,k\in\mathbf{R}$ 时

$$x\oplus y=xy\in V,\quad k\circ x=x^k\in V$$

下面逐一验证 8 条性质. 设 $x,y,z\in V,k,l\in\mathbf{R}$，有

(1) $x\oplus y=xy,y\oplus x=yx=xy$，故加法交换律成立；

(2) $(x\oplus y)\oplus z=xy\oplus z=xyz,x\oplus(y\oplus z)=x\oplus yz=xyz$，故加法结合律成立；

(3) $\exists 1\in V$，使得 $x\oplus 1=1\cdot x=x$，故存在零元素 1；

(4) $\exists \dfrac{1}{x}\in V$，使得 $x\oplus\dfrac{1}{x}=x\cdot\dfrac{1}{x}=1$，故存在负元素$\dfrac{1}{x}$；

---

①为与通常意义下的加法"+"和数乘"·"区别，这里加法采用记号"$\oplus$"，数乘采用记号"$\circ$".

(5) 对 $1 \in \mathbf{R}$,有 $1 \circ x = x^1 = x$,故单位律成立;

(6) $k \circ (l \circ x) = k \circ (x^l) = x^{kl}$,$(kl) \circ x = x^{kl}$,故数乘结合律成立;

(7) $k \circ (x \oplus y) = k \circ (xy) = (xy)^k$,$(k \circ x) \oplus (k \circ y) = x^k \oplus y^k = (xy)^k$,故数乘分配律 Ⅰ 成立;

(8) $(k+l) \circ x = x^{k+l}$,$(k \circ x) \oplus (l \circ x) = x^k \oplus x^l = x^{k+l}$,故数乘分配律 Ⅱ 成立.

综上,可知 $V$ 是一线性空间.

### 8.1.2　线性空间的同构

**定义 8.1.1(同构)**　设 $V$ 与 $U$ 是数域 $F$ 上的两个线性空间,若存在一一映射 $\sigma: V \to U$,使得

(1) $\forall \boldsymbol{\alpha}, \boldsymbol{\beta} \in V$,有 $\sigma(\boldsymbol{\alpha} + \boldsymbol{\beta}) = \sigma(\boldsymbol{\alpha}) + \sigma(\boldsymbol{\beta})$;

(2) $\forall \boldsymbol{\alpha} \in V, k \in F$,有 $\sigma(k\boldsymbol{\alpha}) = k\sigma(\boldsymbol{\alpha})$,

则称 $\sigma$ 为 $V \to U$ 的**同构映射**,并称线性空间 $V$ **与** $U$ **同构**,记为 $V \cong U$.

线性空间的同构显然具有自反性、对称性、传递性.

**定理 8.1.1**　设线性空间 $V$ 与 $U$ 同构,$\sigma: V \to U$,则

(1) $\sigma(\mathbf{0}) = \mathbf{0}'$,其中 $\mathbf{0}$ 与 $\mathbf{0}'$ 分别是线性空间 $V$ 与 $U$ 的零向量;

(2) $\forall \boldsymbol{\alpha}_i \in V, k_i \in F(i = 1,2,\cdots,m)$,有 $\sigma\left(\sum\limits_{i=1}^{m} k_i\boldsymbol{\alpha}_i\right) = \sum\limits_{i=1}^{m} k_i\sigma(\boldsymbol{\alpha}_i)$;

(3) $\boldsymbol{\alpha}_1, \boldsymbol{\alpha}_2, \cdots, \boldsymbol{\alpha}_m$ 线性相关($\boldsymbol{\alpha}_i \in V$ 且 $i = 1,2,\cdots,m$)$\Leftrightarrow \sigma(\boldsymbol{\alpha}_1), \sigma(\boldsymbol{\alpha}_2), \cdots, \sigma(\boldsymbol{\alpha}_m)$ 线性相关;

(4) $\boldsymbol{\alpha}_1, \boldsymbol{\alpha}_2, \cdots, \boldsymbol{\alpha}_n$ 是 $V$ 的一个基的充要条件是 $\sigma(\boldsymbol{\alpha}_1), \sigma(\boldsymbol{\alpha}_2), \cdots, \sigma(\boldsymbol{\alpha}_n)$ 是 $U$ 的一个基;

(5) $\boldsymbol{\alpha}$ 在基 $\boldsymbol{\alpha}_1, \boldsymbol{\alpha}_2, \cdots, \boldsymbol{\alpha}_n$ 下的坐标为 $(x_1, x_2, \cdots, x_n)^{\mathrm{T}}$ 的充要条件是 $\sigma(\boldsymbol{\alpha})$ 在基 $\sigma(\boldsymbol{\alpha}_1), \sigma(\boldsymbol{\alpha}_2), \cdots, \sigma(\boldsymbol{\alpha}_n)$ 下的坐标为 $(x_1, x_2, \cdots, x_n)^{\mathrm{T}}$.

**证**　(1) $\sigma(\mathbf{0}) = \sigma(0\mathbf{0}) = 0\sigma(\mathbf{0}) = \mathbf{0}'$.

(2)
$$\begin{aligned}\sigma\left(\sum_{i=1}^{m} k_i\boldsymbol{\alpha}_i\right) &= \sigma\left(k_1\boldsymbol{\alpha}_1 + \sum_{i=2}^{m} k_i\boldsymbol{\alpha}_i\right) = \sigma(k_1\boldsymbol{\alpha}_1) + \sigma\left(\sum_{i=2}^{m} k_i\boldsymbol{\alpha}_i\right)\\ &= k_1\sigma(\boldsymbol{\alpha}_1) + \sigma\left(\sum_{i=2}^{m} k_i\boldsymbol{\alpha}_i\right) = k_1\sigma(\boldsymbol{\alpha}_1) + k_2\sigma(\boldsymbol{\alpha}_2) + \sigma\left(\sum_{i=3}^{m} k_i\boldsymbol{\alpha}_i\right)\\ &= \cdots = k_1\sigma(\boldsymbol{\alpha}_1) + k_2\sigma(\boldsymbol{\alpha}_2) + \cdots + k_m\sigma(\boldsymbol{\alpha}_m)\\ &= \sum_{i=1}^{m} k_i\sigma(\boldsymbol{\alpha}_i).\end{aligned}$$

(3) $\boldsymbol{\alpha}_1, \boldsymbol{\alpha}_2, \cdots, \boldsymbol{\alpha}_m$ 线性相关 $\Leftrightarrow$ 存在不全为零的常数 $k_1, k_2, \cdots, k_m$,使得

$$\sum_{i=1}^{m} k_i\boldsymbol{\alpha}_i = \mathbf{0} \Leftrightarrow \sigma\Big(\sum_{i=1}^{m} k_i\boldsymbol{\alpha}_i\Big) = \sigma(\mathbf{0}) \Leftrightarrow \sum_{i=1}^{m} k_i\sigma(\boldsymbol{\alpha}_i) = \mathbf{0}'$$

即 $\sigma(\boldsymbol{\alpha}_1),\sigma(\boldsymbol{\alpha}_2),\cdots,\sigma(\boldsymbol{\alpha}_m)$ 线性相关.

(4) 由(3) 得 $\boldsymbol{\alpha}_1,\boldsymbol{\alpha}_2,\cdots,\boldsymbol{\alpha}_n$ 线性无关 $\Leftrightarrow\sigma(\boldsymbol{\alpha}_1),\sigma(\boldsymbol{\alpha}_2),\cdots,\sigma(\boldsymbol{\alpha}_n)$ 线性无关,所以 $\boldsymbol{\alpha}_1,\boldsymbol{\alpha}_2,\cdots,\boldsymbol{\alpha}_n$ 是 $V$ 的一个基 $\Leftrightarrow\sigma(\boldsymbol{\alpha}_1),\sigma(\boldsymbol{\alpha}_2),\cdots,\sigma(\boldsymbol{\alpha}_n)$ 是 $U$ 的一个基.

(5) $\boldsymbol{\alpha}$ 在基 $\boldsymbol{\alpha}_1,\boldsymbol{\alpha}_2,\cdots,\boldsymbol{\alpha}_n$ 下的坐标为 $(x_1,x_2,\cdots,x_n)^{\mathrm{T}}$,即

$$\boldsymbol{\alpha} = (\boldsymbol{\alpha}_1,\boldsymbol{\alpha}_2,\cdots,\boldsymbol{\alpha}_n)(x_1,x_2,\cdots,x_n)^{\mathrm{T}} = \sum_{i=1}^{n} x_i\boldsymbol{\alpha}_i$$

$$\Leftrightarrow \qquad \begin{aligned}\sigma(\boldsymbol{\alpha}) &= \sigma\Big(\sum_{i=1}^{n} x_i\boldsymbol{\alpha}_i\Big) = \sum_{i=1}^{n} x_i\sigma(\boldsymbol{\alpha}_i)\\ &= (\sigma(\boldsymbol{\alpha}_1),\sigma(\boldsymbol{\alpha}_2),\cdots,\sigma(\boldsymbol{\alpha}_n))(x_1,x_2,\cdots,x_n)^{\mathrm{T}}\end{aligned}$$

即 $\sigma(\boldsymbol{\alpha})$ 在基 $\sigma(\boldsymbol{\alpha}_1),\sigma(\boldsymbol{\alpha}_2),\cdots,\sigma(\boldsymbol{\alpha}_n)$ 下的坐标仍为 $(x_1,x_2,\cdots,x_n)^{\mathrm{T}}$. □

**定理 8.1.2** 数域 $F$ 上任意的 $n$ 维线性空间 $V$ 都与 $n$ 维向量空间 $F^n$ 同构.

**证** 设 $\boldsymbol{\alpha}_1,\boldsymbol{\alpha}_2,\cdots,\boldsymbol{\alpha}_n$ 是 $V$ 的一个基,$\boldsymbol{\alpha}$ 在基 $\boldsymbol{\alpha}_1,\boldsymbol{\alpha}_2,\cdots,\boldsymbol{\alpha}_n$ 下的坐标为 $(x_1,x_2,\cdots,x_n)^{\mathrm{T}}$,定义映射 $\sigma(\boldsymbol{\alpha}) = (x_1,x_2,\cdots,x_n)^{\mathrm{T}}$. 因为在同一基下,向量 $\boldsymbol{\alpha}$ 与其坐标 $(x_1,x_2,\cdots,x_n)^{\mathrm{T}}$ 一一对应,所以 $\sigma(\boldsymbol{\alpha}) = (x_1,x_2,\cdots,x_n)^{\mathrm{T}}$ 是一一映射. 设 $\boldsymbol{\beta}$ 在基 $\boldsymbol{\alpha}_1,\boldsymbol{\alpha}_2,\cdots,\boldsymbol{\alpha}_n$ 下的坐标为 $(y_1,y_2,\cdots,y_n)^{\mathrm{T}}$,并设 $k_1,k_2\in F$,由于

$$\begin{aligned}\sigma(k_1\boldsymbol{\alpha}+k_2\boldsymbol{\beta}) &= \sigma\Big(k_1\sum_{i=1}^{n} x_i\boldsymbol{\alpha}_i + k_2\sum_{i=1}^{n} y_i\boldsymbol{\alpha}_i\Big)\\ &= \sigma\Big(\sum_{i=1}^{n}(k_1x_i+k_2y_i)\boldsymbol{\alpha}_i\Big)\\ &= (k_1x_1+k_2y_1,k_1x_2+k_2y_2,\cdots,k_1x_n+k_2y_n)^{\mathrm{T}}\\ &= k_1(x_1,x_2,\cdots,x_n)^{\mathrm{T}} + k_2(y_1,y_2,\cdots,y_n)^{\mathrm{T}}\\ &= k_1\sigma(\boldsymbol{\alpha}) + k_2\sigma(\boldsymbol{\beta})\end{aligned}$$

所以 $\sigma(\boldsymbol{\alpha}) = (x_1,x_2,\cdots,x_n)^{\mathrm{T}}$ 是线性映射. 因此,任意 $n$ 维线性空间 $V$ 都与向量空间 $F^n$ 同构. □

由定理 8.1.2 可得下面的推论.

**推论 8.1.3** 任意两个线性空间同构的充要条件是它们的维数相等.

**例 3** 在线性空间 $\mathbf{R}^{2\times 2}$ 中,求由基

$$\boldsymbol{\alpha}_1 = \begin{bmatrix}1 & 1\\0 & 0\end{bmatrix},\quad \boldsymbol{\alpha}_2 = \begin{bmatrix}1 & 0\\0 & 1\end{bmatrix},\quad \boldsymbol{\alpha}_3 = \begin{bmatrix}0 & 0\\1 & 1\end{bmatrix},\quad \boldsymbol{\alpha}_4 = \begin{bmatrix}0 & 1\\1 & 1\end{bmatrix}$$

到基

$$\boldsymbol{\beta}_1=\begin{bmatrix}1&1\\1&-1\end{bmatrix},\quad \boldsymbol{\beta}_2=\begin{bmatrix}1&1\\-1&1\end{bmatrix},\quad \boldsymbol{\beta}_3=\begin{bmatrix}1&-1\\1&1\end{bmatrix},\quad \boldsymbol{\beta}_4=\begin{bmatrix}-1&1\\1&1\end{bmatrix}$$

的过渡矩阵,并求向量 $\boldsymbol{\alpha}=\begin{bmatrix}1&2\\3&4\end{bmatrix}$ 在基 $\boldsymbol{\alpha}_1,\boldsymbol{\alpha}_2,\boldsymbol{\alpha}_3,\boldsymbol{\alpha}_4$ 下的坐标.

**解**　$\forall\begin{bmatrix}a&b\\c&d\end{bmatrix}\in\mathbf{R}^{2\times2}$,定义 $\sigma\left(\begin{bmatrix}a&b\\c&d\end{bmatrix}\right)=(a,b,c,d)^{\mathrm{T}}$,则 $\mathbf{R}^{2\times2}\cong\mathbf{R}^4$. 对 $4\times9$ 矩阵

$$\begin{aligned}\boldsymbol{A}_{4\times9}&=(\sigma(\boldsymbol{\alpha}_1),\sigma(\boldsymbol{\alpha}_2),\sigma(\boldsymbol{\alpha}_3),\sigma(\boldsymbol{\alpha}_4)\;\vdots\;\sigma(\boldsymbol{\beta}_1),\sigma(\boldsymbol{\beta}_2),\sigma(\boldsymbol{\beta}_3),\sigma(\boldsymbol{\beta}_4)\;\vdots\;\sigma(\boldsymbol{\alpha}))\\&=\left[\begin{array}{cccc:cccc:c}1&1&0&0&1&1&1&-1&1\\1&0&0&1&1&1&-1&1&2\\0&0&1&1&1&-1&1&1&3\\0&1&1&1&-1&1&1&1&4\end{array}\right]\end{aligned}$$

施行初等行变换化为最简阶梯形(过程从略),有

$$\boldsymbol{A}_{4\times9}\to\left[\begin{array}{cccc:cccc:c}1&1&0&0&1&1&1&-1&1\\0&1&1&1&-1&1&1&1&4\\0&0&1&1&1&-1&1&1&3\\0&0&0&1&-2&2&-2&2&2\end{array}\right]$$
$$\to\left[\begin{array}{cccc:cccc:c}1&0&0&0&3&-1&1&-1&0\\0&1&0&0&-2&2&0&0&1\\0&0&1&0&3&-3&3&-1&1\\0&0&0&1&-2&2&-2&2&2\end{array}\right]$$

则在 $\mathbf{R}^4$ 中,由基 $\sigma(\boldsymbol{\alpha}_1),\sigma(\boldsymbol{\alpha}_2),\sigma(\boldsymbol{\alpha}_3),\sigma(\boldsymbol{\alpha}_4)$ 到基 $\sigma(\boldsymbol{\beta}_1),\sigma(\boldsymbol{\beta}_2),\sigma(\boldsymbol{\beta}_3),\sigma(\boldsymbol{\beta}_4)$ 的过渡矩阵为

$$\boldsymbol{C}=\begin{bmatrix}3&-1&1&-1\\-2&2&0&0\\3&-3&3&-1\\-2&2&-2&2\end{bmatrix}$$

$\sigma(\boldsymbol{\alpha})$ 在基 $\sigma(\boldsymbol{\alpha}_1),\sigma(\boldsymbol{\alpha}_2),\sigma(\boldsymbol{\alpha}_3),\sigma(\boldsymbol{\alpha}_4)$ 下的坐标为 $\boldsymbol{x}=(0,1,1,2)^{\mathrm{T}}$. 因此在 $\mathbf{R}^{2\times2}$ 中,由基 $\boldsymbol{\alpha}_1,\boldsymbol{\alpha}_2,\boldsymbol{\alpha}_3,\boldsymbol{\alpha}_4$ 到基 $\boldsymbol{\beta}_1,\boldsymbol{\beta}_2,\boldsymbol{\beta}_3,\boldsymbol{\beta}_4$ 的过渡矩阵也为 $\boldsymbol{C}$,向量 $\boldsymbol{\alpha}$ 在基 $\boldsymbol{\alpha}_1,\boldsymbol{\alpha}_2,\boldsymbol{\alpha}_3,\boldsymbol{\alpha}_4$ 下的坐标也为 $\boldsymbol{x}=(0,1,1,2)^{\mathrm{T}}$.

### 习题 8.1

#### A 组

1. 对于下列 $n$ 阶矩阵的集合构成的线性空间，分别求它们的一个基与维数：

(1) 上三角矩阵；

(2) 对称矩阵；

(3) 反对称矩阵；

(4) 主对角元之和等于零的矩阵.

2. 在线性空间 $R[x]_4=\{a_0+a_1x+a_2x^2+a_3x^3 \mid x\in\mathbf{C}, a_i\in\mathbf{R}, 0\leqslant i\leqslant 3\}$ 中，已知两个基：(Ⅰ) $1,x,x^2,x^3$ 与 (Ⅱ) $1,1+x,(1+x)^2,(1+x)^3$.

(1) 求由基(Ⅰ)到基(Ⅱ)的过渡矩阵；

(2) 求 $f(x)=a_0+a_1x+a_2x^2+a_3x^3$ 在基(Ⅱ)下的坐标.

3. 在线性空间 $\mathbf{R}^{2\times 2}$ 中，证明下列两组矩阵

$$\boldsymbol{\alpha}_1=\begin{bmatrix}1 & 1\\0 & 0\end{bmatrix},\quad \boldsymbol{\alpha}_2=\begin{bmatrix}0 & 1\\1 & 0\end{bmatrix},\quad \boldsymbol{\alpha}_3=\begin{bmatrix}0 & 0\\1 & 1\end{bmatrix},\quad \boldsymbol{\alpha}_4=\begin{bmatrix}1 & 0\\0 & 2\end{bmatrix}$$

与

$$\boldsymbol{\beta}_1=\begin{bmatrix}1 & 0\\0 & 0\end{bmatrix},\quad \boldsymbol{\beta}_2=\begin{bmatrix}1 & 2\\0 & 0\end{bmatrix},\quad \boldsymbol{\beta}_3=\begin{bmatrix}1 & 2\\3 & 0\end{bmatrix},\quad \boldsymbol{\beta}_4=\begin{bmatrix}1 & 2\\3 & 4\end{bmatrix}$$

都是 $\mathbf{R}^{2\times 2}$ 的基，求由基 $\boldsymbol{\alpha}_1,\boldsymbol{\alpha}_2,\boldsymbol{\alpha}_3,\boldsymbol{\alpha}_4$ 到基 $\boldsymbol{\beta}_1,\boldsymbol{\beta}_2,\boldsymbol{\beta}_3,\boldsymbol{\beta}_4$ 的过渡矩阵及 $\boldsymbol{\alpha}=\begin{bmatrix}1 & 1\\1 & 1\end{bmatrix}$ 在这两组基下的坐标.

## 8.2 线性变换的基本概念

### 8.2.1 线性变换的定义

线性变换是线性空间到其自身的一类特殊映射.

**定义 8.2.1(线性映射)** 设 $V$ 和 $U$ 是同一数域 $F$ 上的两个线性空间，映射 $\sigma$: $V\rightarrow U$ 满足下列两个条件：

(1) $\forall\boldsymbol{\alpha},\boldsymbol{\beta}\in V$，则 $\sigma(\boldsymbol{\alpha}+\boldsymbol{\beta})=\sigma(\boldsymbol{\alpha})+\sigma(\boldsymbol{\beta})$；

(2) $\forall\boldsymbol{\alpha}\in V, k\in F$，则 $\sigma(k\boldsymbol{\alpha})=k\sigma(\boldsymbol{\alpha})$，

则称 $\sigma$ 为 $V\rightarrow U$ 上的**线性映射**.

**定义 8.2.2(线性变换)** 设 $V$ 是数域 $F$ 上的线性空间，$\sigma$ 为 $V\rightarrow V$ 的线性映射，则称 $\sigma$ 为 $V$ 上的**线性变换**.

**例 1** 设$V=\mathscr{C}[a,b]$，$\forall f(x)\in V$，$\sigma(f(x))\xlongequal{\text{def}}\int_a^b f(x)\mathrm{d}x$，利用定积分的性质容易证明$\sigma$是$V\to\mathbf{R}$的线性映射，但不是线性变换.

**例 2** 设

$$R[x]=\{a_0x^k+a_1x^{k-1}+\cdots+a_{k-1}x+a_k\mid x\in\mathbf{C},a_i\in\mathbf{R},0\leqslant i\leqslant k<+\infty\}$$

$\forall f(x)\in R[x]$，$\sigma(f(x))\xlongequal{\text{def}}f'(x)$，利用导数的计算公式容易证明$\sigma$是$R[x]$上的线性变换.

**例 3** 设$\boldsymbol{A}$是$m\times n$矩阵，$\forall\boldsymbol{x}\in F^{n\times1}$，$\sigma(\boldsymbol{x})\xlongequal{\text{def}}\boldsymbol{Ax}$，利用矩阵的运算性质容易证明：当$m\neq n$时，$\sigma$是$F^{n\times1}\to F^{m\times1}$的线性映射；当$m=n$时，$\sigma$是$F^{n\times1}$上的线性变换.

### 8.2.2 线性变换的像与核

**定义 8.2.3(线性变换的像与核)** 设$V$是数域$F$上的线性空间，$\sigma$为$V$上的线性变换. $V$的子空间

$$\mathrm{Im}(\sigma)\xlongequal{\text{def}}\{\sigma(\boldsymbol{\alpha})\mid\boldsymbol{\alpha}\in V\}$$

称为**线性变换$\sigma$的像**，$V$的子空间

$$\mathrm{Ker}(\sigma)\xlongequal{\text{def}}\{\boldsymbol{\alpha}\mid\boldsymbol{\alpha}\in V,\sigma(\boldsymbol{\alpha})=\mathbf{0}\}$$

称为**线性变换$\sigma$的核**，并称子空间$\mathrm{Im}(\sigma)$的维数为**线性变换$\sigma$的秩**，记为$\mathrm{r}(\sigma)$，称子空间$\mathrm{Ker}(\sigma)$的维数为**线性变换$\sigma$的零度**，记为$\mathrm{N}(\sigma)$.

**定理 8.2.1** 设$V$是$n$维线性空间，$\sigma$是$V$上的线性变换，则

$$\mathrm{r}(\sigma)+\mathrm{N}(\sigma)=n$$

***证** 设$\mathrm{N}(\sigma)=s(0\leqslant s\leqslant n)$，取$\mathrm{Ker}(\sigma)$的一个基$\boldsymbol{\alpha}_1,\boldsymbol{\alpha}_2,\cdots,\boldsymbol{\alpha}_s$，则在$V$中存在$\boldsymbol{\beta}_{s+1},\cdots,\boldsymbol{\beta}_n$，使得$\boldsymbol{\alpha}_1,\boldsymbol{\alpha}_2,\cdots,\boldsymbol{\alpha}_s,\boldsymbol{\beta}_{s+1},\cdots,\boldsymbol{\beta}_n$是$V$的一个基. 又$\forall\boldsymbol{\beta}\in\mathrm{Im}(\sigma)$，存在$\boldsymbol{\alpha}\in V$，使得$\boldsymbol{\beta}=\sigma(\boldsymbol{\alpha})$，由于

$$\boldsymbol{\alpha}=k_1\boldsymbol{\alpha}_1+\cdots+k_s\boldsymbol{\alpha}_s+k_{s+1}\boldsymbol{\beta}_{s+1}+\cdots+k_n\boldsymbol{\beta}_n$$

所以

$$\begin{aligned}\boldsymbol{\beta}=\sigma(\boldsymbol{\alpha})&=\sigma(k_1\boldsymbol{\alpha}_1+\cdots+k_s\boldsymbol{\alpha}_s+k_{s+1}\boldsymbol{\beta}_{s+1}+\cdots+k_n\boldsymbol{\beta}_n)\\&=k_1\sigma(\boldsymbol{\alpha}_1)+\cdots+k_s\sigma(\boldsymbol{\alpha}_s)+k_{s+1}\sigma(\boldsymbol{\beta}_{s+1})+\cdots+k_n\sigma(\boldsymbol{\beta}_n)\\&=k_{s+1}\sigma(\boldsymbol{\beta}_{s+1})+\cdots+k_n\sigma(\boldsymbol{\beta}_n)\end{aligned}$$

这表明$\boldsymbol{\beta}$可由$\sigma(\boldsymbol{\beta}_{s+1}),\cdots,\sigma(\boldsymbol{\beta}_n)$线性表示. 令$k_{s+1}\sigma(\boldsymbol{\beta}_{s+1})+\cdots+k_n\sigma(\boldsymbol{\beta}_n)=\mathbf{0}$，此等价

于

$$\sigma(k_{s+1}\boldsymbol{\beta}_{s+1}+\cdots+k_n\boldsymbol{\beta}_n)=\mathbf{0}$$

所以 $k_{s+1}\boldsymbol{\beta}_{s+1}+\cdots+k_n\boldsymbol{\beta}_n\in\mathrm{Ker}(\sigma)$，故存在常数 $c_1,c_2,\cdots,c_s$ 使得

$$k_{s+1}\boldsymbol{\beta}_{s+1}+\cdots+k_n\boldsymbol{\beta}_n=c_1\boldsymbol{\alpha}_1+c_2\boldsymbol{\alpha}_2+\cdots+c_s\boldsymbol{\alpha}_s$$

$$\Leftrightarrow\qquad -c_1\boldsymbol{\alpha}_1-c_2\boldsymbol{\alpha}_2-\cdots-c_s\boldsymbol{\alpha}_s+k_{s+1}\boldsymbol{\beta}_{s+1}+\cdots+k_n\boldsymbol{\beta}_n=\mathbf{0}$$

而向量组 $\boldsymbol{\alpha}_1,\boldsymbol{\alpha}_2,\cdots,\boldsymbol{\alpha}_s,\boldsymbol{\beta}_{s+1},\cdots,\boldsymbol{\beta}_n$ 线性无关，因此 $c_1,c_2,\cdots,c_s,k_{s+1},\cdots,k_n$ 全等于零，所以向量组 $\sigma(\boldsymbol{\beta}_{s+1}),\cdots,\sigma(\boldsymbol{\beta}_n)$ 线性无关，它们构成 $\mathrm{Im}(\sigma)$ 的一个基，故 $\mathrm{Im}(\sigma)$ 的维数为 $n-s$. □

**例 4** 设矩阵

$$\boldsymbol{A}=\begin{bmatrix}1&2&1&5&0\\2&4&1&8&-1\\3&6&-1&7&-4\\1&2&0&3&-1\\1&2&-1&1&-2\end{bmatrix}$$

在向量空间 $\mathbf{R}^5$ 中，$\forall\boldsymbol{\alpha}\in\mathbf{R}^5$，线性变换 $\sigma$ 定义为 $\sigma(\boldsymbol{\alpha})=\boldsymbol{A\alpha}$，试求线性变换 $\sigma$ 的像和核的一个基，并求线性变换 $\sigma$ 的秩 $\mathrm{r}(\sigma)$ 与零度 $\mathrm{N}(\sigma)$.

**解** 先求线性方程组 $\boldsymbol{Ax}=\mathbf{0}$ 的一个基础解系. 对 $\boldsymbol{A}$ 施行初等行变换，有

$$\boldsymbol{A}=\begin{bmatrix}1&2&1&5&0\\2&4&1&8&-1\\3&6&-1&7&-4\\1&2&0&3&-1\\1&2&-1&1&-2\end{bmatrix}\to\begin{bmatrix}1&2&0&3&-1\\0&0&1&2&1\\0&0&0&0&0\\0&0&0&0&0\\0&0&0&0&0\end{bmatrix}=\boldsymbol{G}$$

则与主 1 对应的 $x_1,x_3$ 是主未知量，余下的 $x_2,x_4,x_5$ 是自由未知量. 将自由未知量按自然基的顺序取值，然后写出基础解系的形式为

$$\begin{bmatrix}x_1\\x_2\\x_3\\x_4\\x_5\end{bmatrix}=\begin{bmatrix}\square\\1\\\square\\0\\0\end{bmatrix},\begin{bmatrix}\square\\0\\\square\\1\\0\end{bmatrix},\begin{bmatrix}\square\\0\\\square\\0\\1\end{bmatrix}$$

其中主未知量 $x_1,x_3$ 的位置空着. 在矩阵 $\boldsymbol{A}$ 的最简阶梯形 $\boldsymbol{G}$ 中自由未知量所对应的 2,4,5 列，依次各取两个数并改变符号为 $\begin{bmatrix}-2\\0\end{bmatrix},\begin{bmatrix}-3\\-2\end{bmatrix},\begin{bmatrix}1\\-1\end{bmatrix}$，填入上式的空格

中得到基础解系为

$$\boldsymbol{\alpha}_1=\begin{bmatrix}-2\\1\\0\\0\\0\end{bmatrix},\quad \boldsymbol{\alpha}_2=\begin{bmatrix}-3\\0\\-2\\1\\0\end{bmatrix},\quad \boldsymbol{\alpha}_3=\begin{bmatrix}1\\0\\-1\\0\\1\end{bmatrix}$$

这就是线性变换 $\sigma$ 的核的一个基.

取 $\mathbf{R}^5$ 的自然基 $\boldsymbol{e}_1,\boldsymbol{e}_2,\boldsymbol{e}_3,\boldsymbol{e}_4,\boldsymbol{e}_5$，由于

$$(\boldsymbol{Ae}_1,\boldsymbol{Ae}_2,\boldsymbol{Ae}_3,\boldsymbol{Ae}_4,\boldsymbol{Ae}_5)=\boldsymbol{A}(\boldsymbol{e}_1,\boldsymbol{e}_2,\boldsymbol{e}_3,\boldsymbol{e}_4,\boldsymbol{e}_5)=\boldsymbol{AE}=\boldsymbol{A}$$

所以矩阵 $\boldsymbol{A}$ 的列向量组的一个极大无关组就是线性变换 $\sigma$ 的像的一个基. 又因为 $\boldsymbol{A}$ 的最简阶梯形中主 1 对应的列是第 1,3 列，所以矩阵 $\boldsymbol{A}$ 的第 1,3 列

$$\boldsymbol{\beta}_1=(1,2,3,1,1)^{\mathrm{T}},\quad \boldsymbol{\beta}_2=(1,1,-1,0,-1)^{\mathrm{T}}$$

就是线性变换 $\sigma$ 的像的一个基.

于是 $\mathrm{N}(\sigma)=3,\mathrm{r}(\sigma)=2$.

### 8.2.3　线性变换在基下的矩阵

**定义 8.2.4**　设 $V$ 是 $n$ 维线性空间，$\sigma$ 是 $V$ 上的线性变换，向量 $\boldsymbol{\alpha}_1,\boldsymbol{\alpha}_2,\cdots,\boldsymbol{\alpha}_n$ 是 $V$ 的一个基，如果 $\sigma(\boldsymbol{\alpha}_i)$ 在基 $\boldsymbol{\alpha}_1,\boldsymbol{\alpha}_2,\cdots,\boldsymbol{\alpha}_n$ 下的坐标为 $\boldsymbol{x}_i(i=1,2,\cdots,n)$，记 $\boldsymbol{A}=(\boldsymbol{x}_1,\boldsymbol{x}_2,\cdots,\boldsymbol{x}_n)$，称矩阵 $\boldsymbol{A}=(a_{ij})_{n\times n}$ **为线性变换 $\sigma$ 在基 $\boldsymbol{\alpha}_1,\boldsymbol{\alpha}_2,\cdots,\boldsymbol{\alpha}_n$ 下的矩阵**.

若 $\boldsymbol{A}=(a_{ij})_{n\times n}$ 是线性变换 $\sigma$ 在基 $\boldsymbol{\alpha}_1,\boldsymbol{\alpha}_2,\cdots,\boldsymbol{\alpha}_n$ 下的矩阵，则有

$$\sigma(\boldsymbol{\alpha}_1,\boldsymbol{\alpha}_2,\cdots,\boldsymbol{\alpha}_n)\xlongequal{\text{def}}(\sigma(\boldsymbol{\alpha}_1),\sigma(\boldsymbol{\alpha}_2),\cdots,\sigma(\boldsymbol{\alpha}_n))=(\boldsymbol{\alpha}_1,\boldsymbol{\alpha}_2,\cdots,\boldsymbol{\alpha}_n)(a_{ij})_{n\times n}$$

先证明一个预备定理.

**引理 8.2.2**　设 $V$ 是 $n$ 维线性空间，向量 $\boldsymbol{\alpha}_1,\boldsymbol{\alpha}_2,\cdots,\boldsymbol{\alpha}_n$ 是 $V$ 的一个基，$\sigma$ 是 $V$ 上的线性变换，$\boldsymbol{C}=(c_{ij})_{n\times m}$ 是任一 $n\times m$ 矩阵，则

$$\sigma((\boldsymbol{\alpha}_1,\boldsymbol{\alpha}_2,\cdots,\boldsymbol{\alpha}_n)(c_{ij})_{n\times m})=\sigma(\boldsymbol{\alpha}_1,\boldsymbol{\alpha}_2,\cdots,\boldsymbol{\alpha}_n)(c_{ij})_{n\times m}$$

**证**　应用线性变换 $\sigma$ 的线性性质，有

$$\begin{aligned}\sigma((\boldsymbol{\alpha}_1,\boldsymbol{\alpha}_2,\cdots,\boldsymbol{\alpha}_n)(c_{ij})_{n\times m})&=\sigma\Big(\Big(\sum_{i=1}^{n}c_{i1}\boldsymbol{\alpha}_i\Big),\Big(\sum_{i=1}^{n}c_{i2}\boldsymbol{\alpha}_i\Big),\cdots,\Big(\sum_{i=1}^{n}c_{im}\boldsymbol{\alpha}_i\Big)\Big)\\&=\Big(\sigma\Big(\sum_{i=1}^{n}c_{i1}\boldsymbol{\alpha}_i\Big),\sigma\Big(\sum_{i=1}^{n}c_{i2}\boldsymbol{\alpha}_i\Big),\cdots,\sigma\Big(\sum_{i=1}^{n}c_{im}\boldsymbol{\alpha}_i\Big)\Big)\\&=\Big(\sum_{i=1}^{n}c_{i1}\sigma(\boldsymbol{\alpha}_i),\sum_{i=1}^{n}c_{i2}\sigma(\boldsymbol{\alpha}_i),\cdots,\sum_{i=1}^{n}c_{im}\sigma(\boldsymbol{\alpha}_i)\Big)\end{aligned}$$

$$= (\sigma(\boldsymbol{\alpha}_1), \sigma(\boldsymbol{\alpha}_2), \cdots, \sigma(\boldsymbol{\alpha}_n))(c_{ij})_{n\times m}$$
$$= \sigma(\boldsymbol{\alpha}_1, \boldsymbol{\alpha}_2, \cdots, \boldsymbol{\alpha}_n)(c_{ij})_{n\times m} \qquad \square$$

**定理 8.2.3** 设$V$是$n$维线性空间,$\sigma$是$V$上的线性变换,向量$\boldsymbol{\alpha}_1,\boldsymbol{\alpha}_2,\cdots,\boldsymbol{\alpha}_n$是$V$的一个基,$\sigma$在基$\boldsymbol{\alpha}_1,\boldsymbol{\alpha}_2,\cdots,\boldsymbol{\alpha}_n$下的矩阵为$\boldsymbol{A}$,若向量$\boldsymbol{\alpha}\in V$,且$\boldsymbol{\alpha}$在基$\boldsymbol{\alpha}_1,\boldsymbol{\alpha}_2,\cdots,\boldsymbol{\alpha}_n$下的坐标为$\boldsymbol{x}$,$\sigma(\boldsymbol{\alpha})$在基$\boldsymbol{\alpha}_1,\boldsymbol{\alpha}_2,\cdots,\boldsymbol{\alpha}_n$下的坐标为$\boldsymbol{y}$,则$\boldsymbol{y}=\boldsymbol{A}\boldsymbol{x}$.

**证** 设$\boldsymbol{x}=(x_1,x_2,\cdots,x_n)^{\mathrm{T}}$,$\boldsymbol{y}=(y_1,y_2,\cdots,y_n)^{\mathrm{T}}$. 因为

$$\boldsymbol{\alpha} = (\boldsymbol{\alpha}_1,\boldsymbol{\alpha}_2,\cdots,\boldsymbol{\alpha}_n)(x_1,x_2,\cdots,x_n)^{\mathrm{T}}$$

又应用引理 8.2.2 得

$$\begin{aligned}\sigma(\boldsymbol{\alpha}) &= \sigma((\boldsymbol{\alpha}_1,\boldsymbol{\alpha}_2,\cdots,\boldsymbol{\alpha}_n)(x_1,x_2,\cdots,x_n)^{\mathrm{T}})\\ &= \sigma(\boldsymbol{\alpha}_1,\boldsymbol{\alpha}_2,\cdots,\boldsymbol{\alpha}_n)(x_1,x_2,\cdots,x_n)^{\mathrm{T}}\\ &= (\boldsymbol{\alpha}_1,\boldsymbol{\alpha}_2,\cdots,\boldsymbol{\alpha}_n)(a_{ij})_{n\times n}(x_1,x_2,\cdots,x_n)^{\mathrm{T}}\\ &= (\boldsymbol{\alpha}_1,\boldsymbol{\alpha}_2,\cdots,\boldsymbol{\alpha}_n)(y_1,y_2,\cdots,y_n)^{\mathrm{T}}\end{aligned}$$

则由向量的坐标表示的唯一性得

$$\boldsymbol{y} = (y_1,y_2,\cdots,y_n)^{\mathrm{T}} = (a_{ij})_{n\times n}(x_1,x_2,\cdots,x_n)^{\mathrm{T}} = \boldsymbol{A}\boldsymbol{x} \qquad \square$$

**例 5** 在线性空间$\mathbf{R}^3$中,线性变换$\sigma$定义为

$$\sigma\begin{bmatrix}x\\y\\z\end{bmatrix} \xlongequal{\text{def}} \begin{bmatrix}2y\\y-x\\y+z\end{bmatrix}$$

已知$\mathbf{R}^3$的基

$$\boldsymbol{\alpha}_1=\begin{bmatrix}1\\0\\0\end{bmatrix},\quad \boldsymbol{\alpha}_2=\begin{bmatrix}1\\1\\0\end{bmatrix},\quad \boldsymbol{\alpha}_3=\begin{bmatrix}1\\1\\1\end{bmatrix}$$

(1) 求线性变换$\sigma$在基$\boldsymbol{\alpha}_1,\boldsymbol{\alpha}_2,\boldsymbol{\alpha}_3$下的矩阵$\boldsymbol{A}$;

(2) 求向量$\boldsymbol{\alpha}=(1,2,3)^{\mathrm{T}}$与$\sigma(\boldsymbol{\alpha})$在基$\boldsymbol{\alpha}_1,\boldsymbol{\alpha}_2,\boldsymbol{\alpha}_3$下的坐标.

**解** (1) 由于

$$\begin{aligned}\sigma(\boldsymbol{\alpha}_1,\boldsymbol{\alpha}_2,\boldsymbol{\alpha}_3) &= (\sigma(\boldsymbol{\alpha}_1),\sigma(\boldsymbol{\alpha}_2),\sigma(\boldsymbol{\alpha}_3)) = \begin{bmatrix}0&2&2\\-1&0&0\\0&1&2\end{bmatrix}\\ &= (\boldsymbol{\alpha}_1,\boldsymbol{\alpha}_2,\boldsymbol{\alpha}_3)(a_{ij})_{3\times 3} = \begin{bmatrix}1&1&1\\0&1&1\\0&0&1\end{bmatrix}(a_{ij})_{3\times 3}\end{aligned}$$

所以

$$A=(a_{ij})_{3\times3}=\begin{bmatrix}1&1&1\\0&1&1\\0&0&1\end{bmatrix}^{-1}\begin{bmatrix}0&2&2\\-1&0&0\\0&1&2\end{bmatrix}$$

施行初等行变换,有

$$(\boldsymbol{\alpha}_1,\boldsymbol{\alpha}_2,\boldsymbol{\alpha}_3\mid\sigma(\boldsymbol{\alpha}_1),\sigma(\boldsymbol{\alpha}_2),\sigma(\boldsymbol{\alpha}_3))=\left[\begin{array}{ccc|ccc}1&1&1&0&2&2\\0&1&1&-1&0&0\\0&0&1&0&1&2\end{array}\right]$$

$$\xrightarrow[(2)-(3)]{(1)-(2)}\left[\begin{array}{ccc|ccc}1&0&0&1&2&2\\0&1&0&-1&-1&-2\\0&0&1&0&1&2\end{array}\right]$$

故线性变换 $\sigma$ 在基 $\boldsymbol{\alpha}_1,\boldsymbol{\alpha}_2,\boldsymbol{\alpha}_3$ 下的矩阵为 $A=\begin{bmatrix}1&2&2\\-1&-1&-2\\0&1&2\end{bmatrix}$.

(2) 由

$$\boldsymbol{\alpha}=(1,2,3)^{\mathrm{T}}=(\boldsymbol{\alpha}_1,\boldsymbol{\alpha}_2,\boldsymbol{\alpha}_3)(x_i)_{3\times1}=\begin{bmatrix}1&1&1\\0&1&1\\0&0&1\end{bmatrix}(x_i)_{3\times1}$$

$$\sigma(\boldsymbol{\alpha})=(4,1,5)^{\mathrm{T}}=(\boldsymbol{\alpha}_1,\boldsymbol{\alpha}_2,\boldsymbol{\alpha}_3)(y_i)_{3\times1}=\begin{bmatrix}1&1&1\\0&1&1\\0&0&1\end{bmatrix}(y_i)_{3\times1}$$

所以

$$\boldsymbol{x}=(x_i)_{3\times1}=\begin{bmatrix}1&1&1\\0&1&1\\0&0&1\end{bmatrix}^{-1}\begin{bmatrix}1\\2\\3\end{bmatrix},\quad \boldsymbol{y}=(y_i)_{3\times1}=\begin{bmatrix}1&1&1\\0&1&1\\0&0&1\end{bmatrix}^{-1}\begin{bmatrix}4\\1\\5\end{bmatrix}$$

施行初等行变换,有

$$(\boldsymbol{\alpha}_1,\boldsymbol{\alpha}_2,\boldsymbol{\alpha}_3\mid\boldsymbol{\alpha}\mid\sigma(\boldsymbol{\alpha}))=\left[\begin{array}{ccc|c|c}1&1&1&1&4\\0&1&1&2&1\\0&0&1&3&5\end{array}\right]\xrightarrow[(2)-(3)]{(1)-(2)}\left[\begin{array}{ccc|c|c}1&0&0&-1&3\\0&1&0&-1&-4\\0&0&1&3&5\end{array}\right]$$

于是向量 $\boldsymbol{\alpha}$ 与 $\sigma(\boldsymbol{\alpha})$ 在基 $\boldsymbol{\alpha}_1,\boldsymbol{\alpha}_2,\boldsymbol{\alpha}_3$ 下的坐标分别为

$$\boldsymbol{x}=(-1,-1,3)^{\mathrm{T}}\quad 与\quad \boldsymbol{y}=(3,-4,5)^{\mathrm{T}}$$

### 8.2.4 线性变换在不同基下矩阵的关系

下面研究线性变换在不同基下矩阵的关系.

**定理 8.2.4** 设$V$是$n$维线性空间,$\sigma$是$V$上的线性变换,向量$\boldsymbol{\alpha}_1,\boldsymbol{\alpha}_2,\cdots,\boldsymbol{\alpha}_n$与向量$\boldsymbol{\beta}_1,\boldsymbol{\beta}_2,\cdots,\boldsymbol{\beta}_n$是$V$的两个基,$\sigma$在基$\boldsymbol{\alpha}_1,\boldsymbol{\alpha}_2,\cdots,\boldsymbol{\alpha}_n$与基$\boldsymbol{\beta}_1,\boldsymbol{\beta}_2,\cdots,\boldsymbol{\beta}_n$下的矩阵分别为$\boldsymbol{A}$与$\boldsymbol{B}$,若由基$\boldsymbol{\alpha}_1,\boldsymbol{\alpha}_2,\cdots,\boldsymbol{\alpha}_n$到基$\boldsymbol{\beta}_1,\boldsymbol{\beta}_2,\cdots,\boldsymbol{\beta}_n$的过渡矩阵是$\boldsymbol{C}$,则矩阵$\boldsymbol{A}$相似于矩阵$\boldsymbol{B}$,且相似变换矩阵为$\boldsymbol{C}$,即$\boldsymbol{C}^{-1}\boldsymbol{AC}=\boldsymbol{B}$.

**证** 设$\boldsymbol{A}=(a_{ij})_{n\times n},\boldsymbol{B}=(b_{ij})_{n\times n},\boldsymbol{C}=(c_{ij})_{n\times n}$,由条件得

$$\sigma(\boldsymbol{\alpha}_1,\boldsymbol{\alpha}_2,\cdots,\boldsymbol{\alpha}_n)=(\sigma(\boldsymbol{\alpha}_1),\sigma(\boldsymbol{\alpha}_2),\cdots,\sigma(\boldsymbol{\alpha}_n))=(\boldsymbol{\alpha}_1,\boldsymbol{\alpha}_2,\cdots,\boldsymbol{\alpha}_n)(a_{ij})_{n\times n}$$

$$\sigma(\boldsymbol{\beta}_1,\boldsymbol{\beta}_2,\cdots,\boldsymbol{\beta}_n)=(\sigma(\boldsymbol{\beta}_1),\sigma(\boldsymbol{\beta}_2),\cdots,\sigma(\boldsymbol{\beta}_n))=(\boldsymbol{\beta}_1,\boldsymbol{\beta}_2,\cdots,\boldsymbol{\beta}_n)(b_{ij})_{n\times n}$$

$$(\boldsymbol{\beta}_1,\boldsymbol{\beta}_2,\cdots,\boldsymbol{\beta}_n)=(\boldsymbol{\alpha}_1,\boldsymbol{\alpha}_2,\cdots,\boldsymbol{\alpha}_n)(c_{ij})_{n\times n}$$

于是

$$\sigma(\boldsymbol{\beta}_1,\boldsymbol{\beta}_2,\cdots,\boldsymbol{\beta}_n)=(\boldsymbol{\alpha}_1,\boldsymbol{\alpha}_2,\cdots,\boldsymbol{\alpha}_n)(c_{ij})_{n\times n}(b_{ij})_{n\times n} \tag{8.2.1}$$

又由引理 8.2.2 可得

$$\begin{aligned}\sigma(\boldsymbol{\beta}_1,\boldsymbol{\beta}_2,\cdots,\boldsymbol{\beta}_n)&=\sigma((\boldsymbol{\alpha}_1,\boldsymbol{\alpha}_2,\cdots,\boldsymbol{\alpha}_n)(c_{ij})_{n\times n})=\sigma(\boldsymbol{\alpha}_1,\boldsymbol{\alpha}_2,\cdots,\boldsymbol{\alpha}_n)(c_{ij})_{n\times n}\\&=(\boldsymbol{\alpha}_1,\boldsymbol{\alpha}_2,\cdots,\boldsymbol{\alpha}_n)(a_{ij})_{n\times n}(c_{ij})_{n\times n}\end{aligned} \tag{8.2.2}$$

比较(8.2.1)和(8.2.2)两式,由于$\boldsymbol{\alpha}_1,\boldsymbol{\alpha}_2,\cdots,\boldsymbol{\alpha}_n$线性无关,即得$\boldsymbol{CB}=\boldsymbol{AC}$.又因过渡矩阵$\boldsymbol{C}$可逆,故有$\boldsymbol{C}^{-1}\boldsymbol{AC}=\boldsymbol{B}$. □

**例 6** 在线性空间$\mathbf{R}^3$中,线性变换$\sigma$定义为

$$\sigma\begin{bmatrix}x\\y\\z\end{bmatrix}\xlongequal{\text{def}}\begin{bmatrix}2y\\y-x\\y+z\end{bmatrix}$$

已知$\mathbf{R}^3$的两个基

$$\boldsymbol{\alpha}_1=\begin{bmatrix}1\\0\\0\end{bmatrix},\quad\boldsymbol{\alpha}_2=\begin{bmatrix}1\\1\\0\end{bmatrix},\quad\boldsymbol{\alpha}_3=\begin{bmatrix}1\\1\\1\end{bmatrix};\quad\boldsymbol{\beta}_1=\begin{bmatrix}1\\-1\\0\end{bmatrix},\quad\boldsymbol{\beta}_2=\begin{bmatrix}0\\1\\1\end{bmatrix},\quad\boldsymbol{\beta}_3=\begin{bmatrix}1\\1\\-1\end{bmatrix}$$

(1) 求线性变换$\sigma$在基$\boldsymbol{\alpha}_1,\boldsymbol{\alpha}_2,\boldsymbol{\alpha}_3$与$\boldsymbol{\beta}_1,\boldsymbol{\beta}_2,\boldsymbol{\beta}_3$下的矩阵$\boldsymbol{A}$与$\boldsymbol{B}$;

(2) 求由基$\boldsymbol{\alpha}_1,\boldsymbol{\alpha}_2,\boldsymbol{\alpha}_3$到基$\boldsymbol{\beta}_1,\boldsymbol{\beta}_2,\boldsymbol{\beta}_3$的过渡矩阵$\boldsymbol{C}$;

(3) 验证矩阵$\boldsymbol{A}$与$\boldsymbol{B}$的关系.

**解** (1) 例 5 中已求得线性变换$\sigma$在基$\boldsymbol{\alpha}_1,\boldsymbol{\alpha}_2,\boldsymbol{\alpha}_3$下的矩阵为

$$A=\begin{bmatrix}1&2&2\\-1&-1&-2\\0&1&2\end{bmatrix}$$

$$\sigma(\boldsymbol{\beta}_1,\boldsymbol{\beta}_2,\boldsymbol{\beta}_3)=(\sigma(\boldsymbol{\beta}_1),\sigma(\boldsymbol{\beta}_2),\sigma(\boldsymbol{\beta}_3))=\begin{bmatrix}-2&2&2\\-2&1&0\\-1&2&0\end{bmatrix}$$

$$=(\boldsymbol{\beta}_1,\boldsymbol{\beta}_2,\boldsymbol{\beta}_3)(b_{ij})_{3\times3}=\begin{bmatrix}1&0&1\\-1&1&1\\0&1&-1\end{bmatrix}(b_{ij})_{3\times3}$$

所以

$$\boldsymbol{B}=(b_{ij})_{3\times3}=\begin{bmatrix}1&0&1\\-1&1&1\\0&1&-1\end{bmatrix}^{-1}\begin{bmatrix}-2&2&2\\-2&1&0\\-1&2&0\end{bmatrix}$$

施行初等行变换,有

$$(\boldsymbol{\beta}_1,\boldsymbol{\beta}_2,\boldsymbol{\beta}_3\mid\sigma(\boldsymbol{\beta}_1),\sigma(\boldsymbol{\beta}_2),\sigma(\boldsymbol{\beta}_3))$$
$$=\left[\begin{array}{ccc:ccc}1&0&1&-2&2&2\\-1&1&1&-2&1&0\\0&1&-1&-1&2&0\end{array}\right]\to\left[\begin{array}{ccc:ccc}1&0&0&-1&5/3&4/3\\0&1&0&-2&7/3&2/3\\0&0&1&-1&1/3&2/3\end{array}\right]$$

于是线性变换 $\sigma$ 在基 $\boldsymbol{\beta}_1,\boldsymbol{\beta}_2,\boldsymbol{\beta}_3$ 下的矩阵为 $\boldsymbol{B}=\dfrac{1}{3}\begin{bmatrix}-3&5&4\\-6&7&2\\-3&1&2\end{bmatrix}$.

(2) 因 $\boldsymbol{C}=(\boldsymbol{\alpha}_1,\boldsymbol{\alpha}_2,\boldsymbol{\alpha}_3)^{-1}(\boldsymbol{\beta}_1,\boldsymbol{\beta}_2,\boldsymbol{\beta}_3)$,施行初等行变换,有

$$(\boldsymbol{\alpha}_1,\boldsymbol{\alpha}_2,\boldsymbol{\alpha}_3\mid\boldsymbol{\beta}_1,\boldsymbol{\beta}_2,\boldsymbol{\beta}_3)$$
$$=\left[\begin{array}{ccc:ccc}1&1&1&1&0&1\\0&1&1&-1&1&1\\0&0&1&0&1&-1\end{array}\right]\xrightarrow[(2)-(3)]{(1)-(2)}\left[\begin{array}{ccc:ccc}1&0&0&2&-1&0\\0&1&0&-1&0&2\\0&0&1&0&1&-1\end{array}\right]$$

于是由基 $\boldsymbol{\alpha}_1,\boldsymbol{\alpha}_2,\boldsymbol{\alpha}_3$ 到基 $\boldsymbol{\beta}_1,\boldsymbol{\beta}_2,\boldsymbol{\beta}_3$ 的过渡矩阵为 $\boldsymbol{C}=\begin{bmatrix}2&-1&0\\-1&0&2\\0&1&-1\end{bmatrix}$.

(3) 先求 $\boldsymbol{C}^{-1}$. 施行初等行变换,有

$$(\boldsymbol{C}\mid\boldsymbol{E})=\left[\begin{array}{ccc:ccc}2&-1&0&1&0&0\\-1&0&2&0&1&0\\0&1&-1&0&0&1\end{array}\right]\to\frac{1}{3}\left[\begin{array}{ccc:ccc}3&0&0&2&1&2\\0&3&0&1&2&4\\0&0&3&1&2&1\end{array}\right]$$

所以 $\boldsymbol{C}^{-1}=\frac{1}{3}\begin{bmatrix}2&1&2\\1&2&4\\1&2&1\end{bmatrix}$. 故

$$\boldsymbol{C}^{-1}\boldsymbol{A}\boldsymbol{C}=\frac{1}{3}\begin{bmatrix}2&1&2\\1&2&4\\1&2&1\end{bmatrix}\begin{bmatrix}1&2&2\\-1&-1&-2\\0&1&2\end{bmatrix}\begin{bmatrix}2&-1&0\\-1&0&2\\0&1&-1\end{bmatrix}$$

$$=\frac{1}{3}\begin{bmatrix}-3&5&4\\-6&7&2\\-3&1&2\end{bmatrix}=\boldsymbol{B}$$

## 习题 8.2

### A 组

1. 判断下列变换是不是线性变换:

(1) 在 $\mathbf{R}^3$ 中, $\forall(x,y,z)\in\mathbf{R}^3$, $\sigma(x,y,z)=(x+y,2z,y)$;

(2) 在 $\mathbf{R}^3$ 中, $\forall(x,y,z)\in\mathbf{R}^3$, $\sigma(x,y,z)=(x^2,x+y,2z)$;

(3) 在线性空间 $V$ 中, $\boldsymbol{\alpha}_0$ 为常向量, $\forall\boldsymbol{\alpha}\in V$, $\sigma(\boldsymbol{\alpha})=\boldsymbol{\alpha}_0$;

(4) 在线性空间 $F^{n\times n}$ 中, $\boldsymbol{M}$ 为 $n$ 阶常矩阵, $\forall\mathbf{A}\in F^{n\times n}$, $\sigma(\mathbf{A})=\boldsymbol{M}\boldsymbol{A}$;

(5) 在 $R[x]_4=\{a_0x^k+a_1x^{k-1}+\cdots+a_{k-1}x+a_k \mid x\in\mathbf{C},a_i\in\mathbf{R},0\leqslant i\leqslant k<4\}$ 中, $\forall f(x)\in R[x]_4$, $\sigma(f(x))\overset{\text{def}}{=\!=}xf'(x)$.

2. 设矩阵 $\mathbf{A}=\begin{bmatrix}1&-2&3&-4\\0&1&-1&1\\1&3&0&-3\\1&-4&3&-2\end{bmatrix}$, 在向量空间 $\mathbf{R}^4$ 中, $\forall\boldsymbol{\alpha}\in\mathbf{R}^4$, 线性变换 $\sigma$ 定义为 $\sigma(\boldsymbol{\alpha})=\boldsymbol{A}\boldsymbol{\alpha}$, 试分别求线性变换 $\sigma$ 的像和核的一个基, 并求线性变换 $\sigma$ 的秩 $\mathrm{r}(\sigma)$ 与零度 $\mathrm{N}(\sigma)$.

3. 在 $\mathbf{R}^{2\times2}$ 中证明 $\sigma(\mathbf{A})=\mathbf{A}^*$ 是线性变换, 其中 $\mathbf{A}^*$ 为 $\mathbf{A}$ 的伴随矩阵; 并求 $\sigma$ 在基

$$\boldsymbol{e}_1=\begin{bmatrix}1&0\\0&0\end{bmatrix},\quad \boldsymbol{e}_2=\begin{bmatrix}0&1\\0&0\end{bmatrix},\quad \boldsymbol{e}_3=\begin{bmatrix}0&0\\1&0\end{bmatrix},\quad \boldsymbol{e}_4=\begin{bmatrix}0&0\\0&1\end{bmatrix}$$

下的矩阵.

4. 在 $\mathbf{R}^3$ 中, 定义线性变换 $\sigma$ 为

$$\sigma\begin{bmatrix}x\\y\\z\end{bmatrix}=\begin{bmatrix}x+y\\x-y+z\\2z\end{bmatrix}$$

(1) 求 $\sigma$ 在基 $\boldsymbol{\alpha}_1=(1,0,0)^{\mathrm T},\boldsymbol{\alpha}_2=(0,1,0)^{\mathrm T},\boldsymbol{\alpha}_3=(0,0,1)^{\mathrm T}$ 下的矩阵 $\boldsymbol{A}$；

(2) 设 $\boldsymbol{\beta}_1=(1,0,0)^{\mathrm T},\boldsymbol{\beta}_2=(1,1,0)^{\mathrm T},\boldsymbol{\beta}_3=(1,1,1)^{\mathrm T}$ 为 $\mathbf{R}^3$ 的另一个基，求由基 $\boldsymbol{\alpha}_1,\boldsymbol{\alpha}_2,\boldsymbol{\alpha}_3$ 到基 $\boldsymbol{\beta}_1,\boldsymbol{\beta}_2,\boldsymbol{\beta}_3$ 的过渡矩阵 $\boldsymbol{C}$；

(3) 求 $\sigma$ 在基 $\boldsymbol{\beta}_1,\boldsymbol{\beta}_2,\boldsymbol{\beta}_3$ 下的矩阵 $\boldsymbol{B}$；

(4) 求向量 $\boldsymbol{\alpha}=(1,2,3)^{\mathrm T}$ 在基 $\boldsymbol{\beta}_1,\boldsymbol{\beta}_2,\boldsymbol{\beta}_3$ 下的坐标；

(5) 求 $\sigma(\boldsymbol{\alpha})$ 在上述两个基下的坐标.

## B组

5. 线性空间 $V$ 中，线性变换 $\sigma$ 在基 $\boldsymbol{\alpha}_1,\boldsymbol{\alpha}_2,\boldsymbol{\alpha}_3$ 下的矩阵为

$$\boldsymbol{A}=\begin{bmatrix}a_{11}&a_{12}&a_{13}\\a_{21}&a_{22}&a_{23}\\a_{31}&a_{32}&a_{33}\end{bmatrix}$$

试求：(1) $\sigma$ 在基 $\boldsymbol{\alpha}_3,\boldsymbol{\alpha}_2,\boldsymbol{\alpha}_1$ 下的矩阵 $\boldsymbol{B}_1$；

(2) $\sigma$ 在基 $\boldsymbol{\alpha}_1,k\boldsymbol{\alpha}_2,\boldsymbol{\alpha}_3$ 下的矩阵 $\boldsymbol{B}_2$（其中 $k\neq0$）；

(3) $\sigma$ 在基 $\boldsymbol{\alpha}_1,\boldsymbol{\alpha}_1+\boldsymbol{\alpha}_2,\boldsymbol{\alpha}_3$ 下的矩阵 $\boldsymbol{B}_3$.

6. 证明矩阵

$$\boldsymbol{A}=\begin{bmatrix}1&0&1\\0&1&0\\1&0&-1\end{bmatrix}\quad与\quad\boldsymbol{B}=\begin{bmatrix}0&0&-2\\1&0&2\\0&1&1\end{bmatrix}$$

相似，并求矩阵 $\boldsymbol{P}$，使得 $\boldsymbol{P}^{-1}\boldsymbol{AP}=\boldsymbol{B}$.

7. 已知

$$\boldsymbol{A}=\begin{bmatrix}a&b&c\\b&c&a\\c&a&b\end{bmatrix},\quad\boldsymbol{B}=\begin{bmatrix}b&c&a\\c&a&b\\a&b&c\end{bmatrix},\quad\boldsymbol{C}=\begin{bmatrix}c&a&b\\a&b&c\\b&c&a\end{bmatrix}$$

证明：$\boldsymbol{A}\sim\boldsymbol{B}\sim\boldsymbol{C}$.

# 习题答案与提示

## 习题 1.1

**1.** (提示) 可视零行有公因子 0.

**2.** (提示) 将相同两行中的一行的 $-1$ 倍加到另一行,将该行化为零行,再视零行有公因子 0.

**3.** (1) $-32$;(2) 48;(3) 216.

**4.** (1) $-6$;(2) 17. (提示) 根据代数余子式的定义求.

## 习题 1.2

**1.** (1) 160;(2) $-3pqrs$;(3) 1.

**2.** (提示) 应用行列式的性质 4 将左边化为 8 个行列式的和,再应用性质 2 以及推论得证.

**3.** (1) $5!4!3!2!$;(2) $x=0,a_1,a_2,a_3,a_4$.

**4.** (1) $a^n+(-1)^{n+1}b^n$;(2) $(-b)^{n-1}\left(\sum\limits_{k=1}^{n}a_k-b\right)$;(3) $\prod\limits_{k=1}^{n}k!$;

(4) $(-1)^{\frac{1}{2}(n-1)(n-2)}n!$ (提示) 通过相邻两列多次对调化为对角行列式.

**5.** (1) $n+1$ (提示) 先导出关系式 $D_n-D_{n-1}=D_{n-1}-D_{n-2}$;

(2) $\dfrac{3^{n+1}-3}{2}$ (提示) 将每行提取因子 3 后得到的行列式记为 $D_n$,再按第一行展开得

$$D_n=D_{n-1}+\frac{1}{3^{n-1}}=D_{n-2}+\frac{1}{3^{n-1}}+\frac{1}{3^{n-2}}=D_2+\frac{1}{3^{n-1}}+\frac{1}{3^{n-2}}+\cdots+\frac{1}{3^2}$$

故原式 $=3+3^2+\cdots+3^n$.

## 复习题 1

**1.** (1) 18 (提示) 计算 $\begin{vmatrix}2&3&2&0\\3&4&4&-1\\1&-1&1&-1\\2&-1&2&2\end{vmatrix}$;(2) 11 (提示) 计算 $\begin{vmatrix}2&3&2&0\\3&4&4&-1\\5&3&-2&6\\-1&1&-1&1\end{vmatrix}$.

**2.** $a_0x^n+a_1x^{n-1}+\cdots+a_{n-1}x+a_n$.

**3.** $\dfrac{\alpha^{n+1}-\beta^{n+1}}{\alpha-\beta}$ (提示) 先导出关系式

$$D_n-\alpha D_{n-1}=\beta(D_{n-1}-\alpha D_{n-2}),\quad D_n-\beta D_{n-1}=\alpha(D_{n-1}-\beta D_{n-2})$$

## 习题 2.1

**1.** (1) $\begin{bmatrix} 2 & 0 \\ -2 & 0 \end{bmatrix}$;(2) $\begin{bmatrix} -4 & 3 \\ 9 & 2 \end{bmatrix}$;(3) $\begin{bmatrix} 15 & 15 \\ 4 & 12 \end{bmatrix}$;(4) $\begin{bmatrix} 10 & 15 & 23 \\ 0 & 5 & -1 \\ 5 & 5 & 12 \end{bmatrix}$;(5) $\begin{bmatrix} x & 2x & 3x & 4x \\ y & 2y & 3y & 4y \\ z & 2z & 3z & 4z \\ u & 2u & 3u & 4u \end{bmatrix}$;

(6) $x+2y+3z+4u$.

**2.** $\boldsymbol{A}^2=\begin{bmatrix} \lambda^2 & 2\lambda & 0 \\ 0 & \lambda^2 & 2\lambda \\ 0 & 0 & \lambda^2 \end{bmatrix}$,$\boldsymbol{A}^3=\begin{bmatrix} \lambda^3 & 3\lambda^2 & 3\lambda \\ 0 & \lambda^3 & 3\lambda^2 \\ 0 & 0 & \lambda^3 \end{bmatrix}$,$\boldsymbol{A}^n=\begin{bmatrix} \lambda^n & n\lambda^{n-1} & \dfrac{n(n-1)\lambda^{n-2}}{2} \\ 0 & \lambda^n & n\lambda^{n-1} \\ 0 & 0 & \lambda^n \end{bmatrix}$.

**3.** (提示)$\boldsymbol{A}=\frac{1}{2}(\boldsymbol{A}+\boldsymbol{A}^{\mathrm{T}})+\frac{1}{2}(\boldsymbol{A}-\boldsymbol{A}^{\mathrm{T}})$.

**4.** 皆错.反例:$\boldsymbol{A}=\begin{bmatrix} 1 & 1 \\ -1 & -1 \end{bmatrix}$,$\boldsymbol{B}=\begin{bmatrix} 1 & -1 \\ -1 & 1 \end{bmatrix}$.

**5.** $\begin{bmatrix} 1 & 0 & 3 & 2 \\ -1 & 0 & -3 & -2 \\ -6 & 11 & 19 & 14 \end{bmatrix}$.

**6.** $\boldsymbol{A}^2=\begin{bmatrix} 1 & 2\alpha & 2\beta+\alpha^2 \\ 0 & 1 & 2\alpha \\ 0 & 0 & 1 \end{bmatrix}$,$\boldsymbol{A}^3=\begin{bmatrix} 1 & 3\alpha & 3(\beta+\alpha^2) \\ 0 & 1 & 3\alpha \\ 0 & 0 & 1 \end{bmatrix}$,$\boldsymbol{A}^n=\begin{bmatrix} 1 & n\alpha & n\beta+\dfrac{(n-1)n}{2}\alpha^2 \\ 0 & 1 & n\alpha \\ 0 & 0 & 1 \end{bmatrix}$.

## 习题 2.2

**1.** (1) $\boldsymbol{T}=\begin{bmatrix} 1 & 0 & 0 \\ 0 & 0 & 1 \\ 0 & 1 & 0 \end{bmatrix}$;(2) $\boldsymbol{T}=\begin{bmatrix} 1 & 0 & 0 \\ 0 & 1 & 0 \\ 0 & 2 & 1 \end{bmatrix}$;(3) $\boldsymbol{T}=\begin{bmatrix} 1 & 0 & 0 \\ 0 & 2 & 0 \\ 0 & 0 & 1 \end{bmatrix}$;(4) $\boldsymbol{T}=\begin{bmatrix} 1 & 0 & 0 \\ 0 & 1 & 0 \\ 0 & 2 & 1 \end{bmatrix}$.

**2.** (1) $\boldsymbol{K}=\begin{bmatrix} 0 & 0 & 1 \\ 0 & 1 & 0 \\ 1 & 0 & 0 \end{bmatrix}$;(2) $\boldsymbol{K}=\begin{bmatrix} 1 & 0 & 0 \\ 0 & 1 & 1 \\ 0 & 0 & 1 \end{bmatrix}$.

**3.** $\begin{bmatrix} 1 & 2 & 0 & 3 & 1 \\ 0 & 1 & 2 & 1 & -1 \\ 0 & 0 & 0 & 2 & 3 \\ 0 & 0 & 0 & 0 & 0 \end{bmatrix}$.

**4.** $\begin{bmatrix} 0 & 1 & 0 & 3 & 0 & 3 \\ 0 & 0 & 1 & 2 & 0 & 6 \\ 0 & 0 & 0 & 0 & 1 & 0 \\ 0 & 0 & 0 & 0 & 0 & 0 \end{bmatrix}$.

**5.** $\begin{bmatrix}1&0&0&0&0&0\\0&1&0&0&0&0\\0&0&1&0&0&0\\0&0&0&0&0&0\end{bmatrix}$.

**6.** 2, −1, −2.

**7.** (1) $D_5=\begin{vmatrix}1&3\\2&8\end{vmatrix}\begin{vmatrix}1&0&1\\2&3&2\\3&1&1\end{vmatrix}=-12$;

(2) $D_4=\begin{vmatrix}2&1&0&0\\5&3&0&0\\4&3&1&2\\1&3&3&5\end{vmatrix}=\begin{vmatrix}2&1\\5&3\end{vmatrix}\begin{vmatrix}1&2\\3&5\end{vmatrix}=-1$;

(3) 0 **(提示)** 原式$\xlongequal[(2)\leftrightarrow(5)]{(1)\leftrightarrow(4)}\begin{vmatrix}d_1&d_2&0&0&0\\e_1&e_2&0&0&0\\c_1&c_2&0&0&0\\a_1&a_2&a_3&a_4&a_5\\b_1&b_2&b_3&b_4&b_5\end{vmatrix}=\begin{vmatrix}d_1&d_2\\e_1&e_2\end{vmatrix}\begin{vmatrix}0&0&0\\a_3&a_4&a_5\\b_3&b_4&b_5\end{vmatrix}$.

**8.** $\boldsymbol{PQ}=\begin{bmatrix}\boldsymbol{A}&\boldsymbol{\alpha}\\\boldsymbol{0}^{\mathrm T}&b-\boldsymbol{\alpha}^{\mathrm T}\boldsymbol{\alpha}\end{bmatrix}$, $|\boldsymbol{P}|=1$, $|\boldsymbol{Q}|=(b-\boldsymbol{\alpha}^{\mathrm T}\boldsymbol{\alpha})\,|\boldsymbol{A}|$.

**9.** 0 **(提示)** $\boldsymbol{A}+\boldsymbol{E}=\boldsymbol{A}+\boldsymbol{A}\boldsymbol{A}^{\mathrm T}=\boldsymbol{A}(\boldsymbol{E}+\boldsymbol{A}^{\mathrm T})=\boldsymbol{A}(\boldsymbol{A}+\boldsymbol{E})^{\mathrm T}$, $|\boldsymbol{A}+\boldsymbol{E}|=|\boldsymbol{A}|\,|\boldsymbol{A}+\boldsymbol{E}|$.

**10.** $\begin{bmatrix}1&0&0\\-2&1&0\\-1&1&1\end{bmatrix}$, $\begin{bmatrix}1&0&-2&4\\0&1&1&-2\\0&0&1&0\\0&0&0&1\end{bmatrix}$ **(提示)** 通过初等变换将 $\boldsymbol{A}$ 化为标准形,有

$$\boldsymbol{P}=\boldsymbol{E}_{32}(1)\boldsymbol{E}_{31}(1)\boldsymbol{E}_{21}(-2)=\begin{bmatrix}1&0&0\\0&1&0\\0&1&1\end{bmatrix}\begin{bmatrix}1&0&0\\0&1&0\\1&0&1\end{bmatrix}\begin{bmatrix}1&0&0\\-2&1&0\\0&0&1\end{bmatrix}$$

$$\boldsymbol{Q}=\boldsymbol{E}_{23}(1)\boldsymbol{E}_{24}(-2)\boldsymbol{E}_{13}(-2)\boldsymbol{E}_{14}(4)$$

$$=\begin{bmatrix}1&0&0&0\\0&1&1&0\\0&0&1&0\\0&0&0&1\end{bmatrix}\begin{bmatrix}1&0&0&0\\0&1&0&-2\\0&0&1&0\\0&0&0&1\end{bmatrix}\begin{bmatrix}1&0&-2&0\\0&1&0&0\\0&0&1&0\\0&0&0&1\end{bmatrix}\begin{bmatrix}1&0&0&4\\0&1&0&0\\0&0&1&0\\0&0&0&1\end{bmatrix}$$

## 习题 2.3

**1.** (提示)(1) $|\boldsymbol{A}|\,|\boldsymbol{A}^*|=|\boldsymbol{A}|^n$;

(2) $n=2$ 时$(\boldsymbol{A}^*)^*=\boldsymbol{A}$,$n>2$ 时$(\boldsymbol{A}^*)^*=|\boldsymbol{A}^*|(\boldsymbol{A}^*)^{-1}=|\boldsymbol{A}|^{n-1}(|\boldsymbol{A}|\boldsymbol{A}^{-1})^{-1}=|\boldsymbol{A}|^{n-2}\boldsymbol{A}$.

**2.** $\boldsymbol{B}=\begin{bmatrix}3&0&0\\0&2&0\\0&0&1\end{bmatrix}$ （提示）$\boldsymbol{A}^{-1}\boldsymbol{BA}=6\boldsymbol{A}+\boldsymbol{BA}\Rightarrow\boldsymbol{B}=6(\boldsymbol{A}^{-1}-\boldsymbol{E})^{-1}$.

**3.** （提示）$(\boldsymbol{A}-\boldsymbol{E})(-\boldsymbol{A}^2-\boldsymbol{A}-\boldsymbol{E})=\boldsymbol{E},(\boldsymbol{A}+\boldsymbol{E})(\boldsymbol{A}^2-\boldsymbol{A}+\boldsymbol{E})=\boldsymbol{E}$.

**4.** $\begin{bmatrix}0&0&3\\-3&0&9\\9&6&-15\end{bmatrix}$ （提示）$(\boldsymbol{A}-\boldsymbol{E})(\boldsymbol{B}-3\boldsymbol{E})=3\boldsymbol{E},\boldsymbol{A}-\boldsymbol{E},\boldsymbol{B}-3\boldsymbol{E}$皆可逆，$(\boldsymbol{B}-3\boldsymbol{E})(\boldsymbol{A}-\boldsymbol{E})=3\boldsymbol{E}\Rightarrow\boldsymbol{AB}=\boldsymbol{BA},\boldsymbol{B}=3(\boldsymbol{A}-\boldsymbol{E})^{-1}+3\boldsymbol{E}$.

**5.** $\boldsymbol{E}_{13}$ （提示）$\boldsymbol{B}=\boldsymbol{E}_{13}\boldsymbol{A},\boldsymbol{B}^{-1}=\boldsymbol{A}^{-1}\boldsymbol{E}_{13}^{-1}=\boldsymbol{A}^{-1}\boldsymbol{E}_{13}$.

**6.** (1) $\begin{bmatrix}1&-2&7\\0&1&-2\\0&0&1\end{bmatrix}$；(2) $\begin{bmatrix}-1&2&0\\2&-7/2&1/2\\-1&5/2&-1/2\end{bmatrix}$.

**7.** (1) $\begin{bmatrix}1&-2&7\\0&1&-2\\0&0&1\end{bmatrix}$；(2) $\begin{bmatrix}-1&2&0\\2&-7/2&1/2\\-1&5/2&-1/2\end{bmatrix}$；(3) $\dfrac{1}{9}\begin{bmatrix}-2&4&1\\6&-3&-3\\1&-2&-5\end{bmatrix}$；

(4) $\dfrac{1}{15}\begin{bmatrix}-2&1&5\\16&7&-10\\-5&-5&5\end{bmatrix}$.

**8.** (1) $\begin{bmatrix}2&-1&0&0\\-3&2&0&0\\0&0&-3&-4\\0&0&1/2&1/2\end{bmatrix}$；(2) $\begin{bmatrix}0&0&3&-1\\0&0&-5&2\\-5&2&0&0\\3&-1&0&0\end{bmatrix}$.

**9.** (1) $\begin{bmatrix}1\\-1\\-3\end{bmatrix}$；(2) $\begin{bmatrix}-1\\-3\\-3\end{bmatrix}$.

**10.** (1) $\begin{bmatrix}1\\-1\\-1\\1\end{bmatrix}$；(2) $\begin{bmatrix}6&9&6\\-1&-1&-1\\2&4&3\end{bmatrix}$.

**11.** （提示）$\boldsymbol{A}^2=\boldsymbol{E}-2\boldsymbol{\alpha\alpha}^{\mathrm{T}}+\boldsymbol{\alpha}(\boldsymbol{\alpha}^{\mathrm{T}}\boldsymbol{\alpha})\boldsymbol{\alpha}=\boldsymbol{E}-\boldsymbol{\alpha\alpha}^{\mathrm{T}}=\boldsymbol{A}$，若$\boldsymbol{A}$可逆，则$\boldsymbol{A}=\boldsymbol{E}\Rightarrow\boldsymbol{\alpha\alpha}^{\mathrm{T}}=\boldsymbol{O}\Rightarrow\boldsymbol{\alpha}=\boldsymbol{0}$.

**12.** $\begin{bmatrix}1&1&0\\0&-1&2\\1/2&1/2&1\end{bmatrix}$ （提示）令$\boldsymbol{Q}=(\boldsymbol{\alpha}_1+\boldsymbol{\alpha}_2,\boldsymbol{\alpha}_2,2\boldsymbol{\alpha}_3)=(\boldsymbol{\alpha}_1,\boldsymbol{\alpha}_2,\boldsymbol{\alpha}_3)(c_{ij})_{n\times n},\boldsymbol{C}=\begin{bmatrix}1&0&0\\1&1&0\\0&0&2\end{bmatrix}$，

则$\boldsymbol{Q}=\boldsymbol{PC},\boldsymbol{Q}^{-1}\boldsymbol{AQ}=(\boldsymbol{PC})^{-1}\boldsymbol{APC}=\boldsymbol{C}^{-1}(\boldsymbol{P}^{-1}\boldsymbol{AP})\boldsymbol{C}=\begin{bmatrix}1&0&0\\1&1&0\\0&0&2\end{bmatrix}^{-1}\begin{bmatrix}0&1&0\\1&0&1\\0&1&1\end{bmatrix}\begin{bmatrix}1&0&0\\1&1&0\\0&0&2\end{bmatrix}$.

## 复习题 2

1. $B=\begin{bmatrix}a&0&0\\b&a&0\\c&b&a\end{bmatrix}(a,b,c\in F)$ （提示）令 $B=\begin{bmatrix}b_{11}&b_{12}&b_{13}\\b_{21}&b_{22}&b_{23}\\b_{31}&b_{32}&b_{33}\end{bmatrix}$，代入 $AB=BA$，由两边(1,1)元相等得 $b_{12}=0$，由两边(1,2)元相等得 $b_{13}=0,\cdots$，最后得 $b_{11}=b_{22}=b_{33}=a,b_{21}=b_{32}=b,b_{31}=c$.

2. $\begin{bmatrix}1&0&0\\50&1&0\\50&0&1\end{bmatrix}$ （提示）由 $A^2=\begin{bmatrix}1&0&0\\1&1&0\\1&0&1\end{bmatrix},A^3=\begin{bmatrix}1&0&0\\2&0&1\\1&1&0\end{bmatrix}$，得 $A^3=A+A^2-E$，故 $n=3$ 时原式成立. 假设 $A^n=A^{n-2}+A^2-E$，则 $A^{n+1}=AA^n=A(A^{n-2}+A^2-E)=A^{n-1}+A^3-A=A^{n-1}+(A+A^2-E)-A=A^{n-1}+A^2-E$，于是原式对 $n+1$ 成立. $A^{100}=A^{98}+A^2-E=\cdots=A^2+49(A^2-E)=50A^2-49E$.

3. 6 （提示）因为 $A^{-1}(A+B^{-1})B=B+A^{-1}$，得 $|A^{-1}+B|=|A^{-1}||A+B^{-1}||B|$.

4. $-1$ （提示）$a_{ij}$ 不全为0，譬如 $a_{12}\neq 0$，则 $|A|=a_{11}A_{11}+a_{12}A_{12}+a_{13}A_{13}=-(a_{11}^2+a_{12}^2+a_{13}^2)<0$. 又 $A^*=(A_{ij})^T=-A^T,AA^*=-AA^T=|A|E$，故 $-|A|^2=|A|^3$，所以 $|A|=-1$.

5. $\begin{bmatrix}6&0&0&0\\0&6&0&0\\6&0&6&0\\0&3&0&-1\end{bmatrix}$ （提示）$|A|=2,(A-E)B=3A,(2E-A^*)B=6E,B=6(2E-A^*)^{-1}$.

6. （提示）由于 $A^*=|A|A^{-1},B^*=|B|B^{-1}=-|A|(E_{13}A)^{-1}=-|A|A^{-1}E_{13}^{-1}=-|A|A^{-1}E_{13}=-A^*E_{13}$，所以将矩阵 $A^*$ 的第一列与第三列交换后所有列都 $-1$ 倍可得 $B^*$.

7. （提示）$\begin{bmatrix}O&A\\B&O\end{bmatrix}^*=\begin{vmatrix}O&A\\B&O\end{vmatrix}\begin{bmatrix}O&A\\B&O\end{bmatrix}^{-1}=-\begin{vmatrix}A&O\\O&B\end{vmatrix}\begin{bmatrix}O&B^{-1}\\A^{-1}&O\end{bmatrix}$

$$=-6\begin{bmatrix}O&B^{-1}\\A^{-1}&O\end{bmatrix}=-\begin{bmatrix}O&3B^*\\2A^*&O\end{bmatrix}.$$

8. $\dfrac{1}{31}\begin{bmatrix}-50&-21&15&109\\15&28&11&-135\end{bmatrix}^T$.

## 习题 3.1

1. （提示）$\forall\boldsymbol{\alpha},\boldsymbol{\beta}\in V,k\in F$，显然有 $\boldsymbol{\alpha}+\boldsymbol{\beta}\in V,k\boldsymbol{\alpha}\in V$，它的元素是4维行向量，8条运算性质自然成立，所以 $V$ 是线性空间.
2. 不是 （提示）对加法运算与乘法运算都不封闭.
3. （提示）$\forall\boldsymbol{\alpha},\boldsymbol{\beta}\in R[x]_n,k\in F$，显然有 $\boldsymbol{\alpha}+\boldsymbol{\beta}\in R[x]_n,k\boldsymbol{\alpha}\in R[x]_n$，它的元素是多项式，8条运算性质显然成立，所以 $R[x]_n$ 是线性空间.
4. 是 （提示）$\forall A,B\in V,k\in F$，有 $(A+B)^T=A^T+B^T=A+B,(kA)^T=kA^T=kA$.

## 习题 3.2

1. （提示）应用向量组线性相关的定义.

**2.** (1) 线性无关（提示）$\begin{vmatrix} 3 & 2 & 4 \\ 1 & 5 & -3 \\ 4 & -1 & 7 \end{vmatrix} = -26 \neq 0$；

(2) 线性无关（提示）$\begin{vmatrix} 2 & 0 & 1 \\ 0 & 1 & -1 \\ 1 & -2 & 1 \end{vmatrix} = -3 \neq 0$.

**3.** 线性相关（提示）因

$$(\boldsymbol{\alpha}_1 - \boldsymbol{\alpha}_2, \boldsymbol{\alpha}_2 - \boldsymbol{\alpha}_3, \boldsymbol{\alpha}_3 - \boldsymbol{\alpha}_1) = (\boldsymbol{\alpha}_1, \boldsymbol{\alpha}_2, \boldsymbol{\alpha}_3)\begin{bmatrix} 1 & 0 & -1 \\ -1 & 1 & 0 \\ 0 & -1 & 1 \end{bmatrix}, \quad \begin{vmatrix} 1 & 0 & -1 \\ -1 & 1 & 0 \\ 0 & -1 & 1 \end{vmatrix} = 0$$

**4.** 线性相关（提示）因

$$(\boldsymbol{\alpha}_1 + \boldsymbol{\alpha}_2, \cdots, \boldsymbol{\alpha}_4 + \boldsymbol{\alpha}_1) = (\boldsymbol{\alpha}_1, \boldsymbol{\alpha}_2, \boldsymbol{\alpha}_3, \boldsymbol{\alpha}_4)\begin{bmatrix} 1 & 0 & 0 & 1 \\ 1 & 1 & 0 & 0 \\ 0 & 1 & 1 & 0 \\ 0 & 0 & 1 & 1 \end{bmatrix}, \quad \begin{vmatrix} 1 & 0 & 0 & 1 \\ 1 & 1 & 0 & 0 \\ 0 & 1 & 1 & 0 \\ 0 & 0 & 1 & 1 \end{vmatrix} = 0$$

**5.** （提示）因

$$(\boldsymbol{\beta} - \boldsymbol{\alpha}_1, \cdots, \boldsymbol{\beta} - \boldsymbol{\alpha}_m) = (\boldsymbol{\alpha}_1, \boldsymbol{\alpha}_2, \cdots, \boldsymbol{\alpha}_m)(c_{ij})_{m\times m}$$

$$|(c_{ij})_{m\times m}| = \begin{vmatrix} 0 & 1 & \cdots & 1 \\ 1 & 0 & \cdots & 1 \\ \vdots & \vdots & & \vdots \\ 1 & 1 & \cdots & 0 \end{vmatrix} = (-1)^{m-1}(m-1) \neq 0$$

$$(\boldsymbol{\alpha}_1, \cdots, \boldsymbol{\alpha}_m) = (\boldsymbol{\beta} - \boldsymbol{\alpha}_1, \cdots, \boldsymbol{\beta} - \boldsymbol{\alpha}_m)(c_{ij})_{m\times m}^{-1}, \quad |(c_{ij})_{m\times m}| \neq 0$$

**6.** （提示）因

$$(\boldsymbol{\alpha}_1 + \boldsymbol{\alpha}_2, \cdots, \boldsymbol{\alpha}_n + \boldsymbol{\alpha}_1) = (\boldsymbol{\alpha}_1, \boldsymbol{\alpha}_2, \cdots, \boldsymbol{\alpha}_n)(c_{ij})_{n\times n}$$

$$|(c_{ij})_{n\times n}| = \begin{vmatrix} 1 & 0 & 0 & \cdots & 0 & 1 \\ 1 & 1 & 0 & \cdots & 0 & 0 \\ 0 & 1 & 1 & \cdots & 0 & 0 \\ \vdots & \vdots & \vdots & & \vdots & \vdots \\ 0 & 0 & 0 & \cdots & 1 & 0 \\ 0 & 0 & 0 & \cdots & 1 & 1 \end{vmatrix} = \begin{cases} 0, & n\text{为偶数}, \\ 2, & n\text{为奇数} \end{cases}$$

**7.** (1),(4)（提示）因 $\boldsymbol{B} \neq \boldsymbol{O}$,所以 $\boldsymbol{B}$ 中存在一列 $(b_{ij})_{n\times 1} \neq \boldsymbol{0}$,设 $\boldsymbol{A}$ 的列向量组为 $\boldsymbol{\alpha}_1, \boldsymbol{\alpha}_2, \cdots, \boldsymbol{\alpha}_n$,则 $\boldsymbol{A}(b_{ij})_{n\times 1} = b_{1j}\boldsymbol{\alpha}_1 + b_{2j}\boldsymbol{\alpha}_2 + \cdots + b_{nj}\boldsymbol{\alpha}_n = \boldsymbol{0}$,故 $\boldsymbol{A}$ 的列向量组线性相关;因 $\boldsymbol{A} \neq \boldsymbol{O}$,所以 $\boldsymbol{A}$ 中存在一行 $(a_{ij})_{1\times n} \neq \boldsymbol{0}$,设 $\boldsymbol{B}$ 的行向量组为 $\boldsymbol{\beta}_1, \boldsymbol{\beta}_2, \cdots, \boldsymbol{\beta}_n$,则 $(a_{ij})_{1\times n}\boldsymbol{B} = a_{i1}\boldsymbol{\beta}_1 + a_{i2}\boldsymbol{\beta}_2 + \cdots + a_{in}\boldsymbol{\beta}_n = \boldsymbol{0}$,故 $\boldsymbol{B}$ 的行向量组线性相关.

**8.** 线性无关（提示）令 $k_1\boldsymbol{\alpha}_1 + k_2\boldsymbol{\alpha}_2 + \cdots + k_m\boldsymbol{\alpha}_m + k_{m+1}\boldsymbol{\beta} = \boldsymbol{0}$,因 $\boldsymbol{\alpha}_1^{\mathrm{T}}\boldsymbol{\beta} = 0, \boldsymbol{\alpha}_2^{\mathrm{T}}\boldsymbol{\beta} = 0, \cdots, \boldsymbol{\alpha}_m^{\mathrm{T}}\boldsymbol{\beta} = 0$,

$\boldsymbol{\beta}^{\mathrm{T}}\boldsymbol{\beta}>0$,所以$(k_1\boldsymbol{\alpha}_1+k_2\boldsymbol{\alpha}_2+\cdots+k_m\boldsymbol{\alpha}_m+k_{m+1}\boldsymbol{\beta})^{\mathrm{T}}\boldsymbol{\beta}=k_1\boldsymbol{\alpha}_1^{\mathrm{T}}\boldsymbol{\beta}+k_2\boldsymbol{\alpha}_2^{\mathrm{T}}\boldsymbol{\beta}+\cdots+k_m\boldsymbol{\alpha}_m^{\mathrm{T}}\boldsymbol{\beta}+k_{m+1}\boldsymbol{\beta}^{\mathrm{T}}\boldsymbol{\beta}$ $=k_{m+1}\boldsymbol{\beta}^{\mathrm{T}}\boldsymbol{\beta}=0\Rightarrow k_{m+1}=0\Rightarrow k_1\boldsymbol{\alpha}_1+k_2\boldsymbol{\alpha}_2+\cdots+k_m\boldsymbol{\alpha}_m=\boldsymbol{0}\Rightarrow k_1=k_2=\cdots=k_m=0$.

## 习题 3.3

**1.** (**提示**) 只要证明向量 $\boldsymbol{\alpha}_n$ 可由 $\boldsymbol{\alpha}_1,\boldsymbol{\alpha}_2,\cdots,\boldsymbol{\alpha}_{n-1},\boldsymbol{\beta}$ 线性表示.

**2.** (**提示**) 应用 $\boldsymbol{\alpha}_1,\boldsymbol{\alpha}_2,\cdots,\boldsymbol{\alpha}_n,\boldsymbol{\beta},\boldsymbol{\gamma}$ 线性相关的定义,令 $k_1\boldsymbol{\alpha}_1+k_2\boldsymbol{\alpha}_2+\cdots+k_r\boldsymbol{\alpha}_r+k_{r+1}\boldsymbol{\beta}+k_{r+2}\boldsymbol{\gamma}=\boldsymbol{0}$,首先证明 $\boldsymbol{\beta}$ 与 $\boldsymbol{\gamma}$ 的系数 $k_{r+1},k_{r+2}$ 至少有一个不等于 0,然后分 3 种情况讨论.

**3.** (1) 极大无关组为 $\boldsymbol{\alpha}_1,\boldsymbol{\alpha}_2,\boldsymbol{\alpha}_3$,秩为 3,$\boldsymbol{\alpha}_4=-3\boldsymbol{\alpha}_1+5\boldsymbol{\alpha}_2-\boldsymbol{\alpha}_3$;

(2) 极大无关组为 $\boldsymbol{\alpha}_1,\boldsymbol{\alpha}_2,\boldsymbol{\alpha}_4$,秩为 3,$\boldsymbol{\alpha}_3=\boldsymbol{\alpha}_1-5\boldsymbol{\alpha}_2$.

**4.** (1) $r=2$,极大无关组为$(1,2,4)^{\mathrm{T}},(3,1,7)^{\mathrm{T}}$;

(2) $r=3$,极大无关组为矩阵左边的 3 个列向量;

(3) $r=4$,极大无关组为矩阵的 4 个列向量.

**5.** $a=5$,$\boldsymbol{\beta}_1=2\boldsymbol{\alpha}_1+4\boldsymbol{\alpha}_2-\boldsymbol{\alpha}_3$,$\boldsymbol{\beta}_2=\boldsymbol{\alpha}_1+2\boldsymbol{\alpha}_2$,$\boldsymbol{\beta}_3=5\boldsymbol{\alpha}_1+10\boldsymbol{\alpha}_2-2\boldsymbol{\alpha}_3$ (**提示**) 向量组 $\boldsymbol{\beta}_1,\boldsymbol{\beta}_2,\boldsymbol{\beta}_3$ 显然线性相关,故

$$|(\boldsymbol{\beta}_1,\boldsymbol{\beta}_2,\boldsymbol{\beta}_3)|=\begin{vmatrix}1&1&3\\1&2&4\\1&3&a\end{vmatrix}=a-5=0$$

$$\left[\begin{array}{ccc:ccc}1&0&1&1&1&3\\0&1&3&1&2&4\\1&1&5&1&3&5\end{array}\right]\rightarrow\left[\begin{array}{ccc:ccc}1&0&0&2&1&5\\0&1&0&4&2&10\\0&0&1&-1&0&-2\end{array}\right]$$

**6.** (B) (**提示**) 因为

$$\boldsymbol{AB}=(\boldsymbol{\alpha}_1,\boldsymbol{\alpha}_2,\cdots,\boldsymbol{\alpha}_n)(b_{ij})_{n\times n}=\boldsymbol{C}=(\boldsymbol{\gamma}_1,\boldsymbol{\gamma}_2,\cdots,\boldsymbol{\gamma}_n)$$

所以 $\boldsymbol{C}$ 的列向量都可由 $\boldsymbol{A}$ 的列向量组线性表示. 因为矩阵 $\boldsymbol{B}$ 可逆,所以 $\boldsymbol{CB}^{-1}=\boldsymbol{A}$,同理可得 $\boldsymbol{A}$ 的列向量都可由 $\boldsymbol{C}$ 的列向量组线性表示.

## 习题 3.4

**1.** (1) 2;(2) 2;(3) 3.

**2.** (1) 2;(2) 2;(3) 3.

**3.** (**提示**) 应用初等变换化矩阵为标准形,此标准形可写成 $r$ 个秩为 1 的矩阵的和.

**4.** (1) 列秩 = 行秩 = 矩阵的秩 = 2;(2) 列 秩 = 行秩 = 矩阵的秩 = 3.

**5.** (1) $\mathrm{r}(\boldsymbol{A})=1,\mathrm{r}(\boldsymbol{B})=1,\mathrm{r}(\boldsymbol{A}+\boldsymbol{B})=1$;(2) $\mathrm{r}(\boldsymbol{A})=2,\mathrm{r}(\boldsymbol{B})=1,\mathrm{r}(\boldsymbol{A}+\boldsymbol{B})=2$.

**6.** (1) $\mathrm{r}(\boldsymbol{A})=1,\mathrm{r}(\boldsymbol{B})=1,\mathrm{r}(\boldsymbol{AB})=1$;(2) $\mathrm{r}(\boldsymbol{A})=1,\mathrm{r}(\boldsymbol{B})=1,\mathrm{r}(\boldsymbol{AB})=1$;

(3) $\mathrm{r}(\boldsymbol{A})=2,\mathrm{r}(\boldsymbol{B})=1,\mathrm{r}(\boldsymbol{AB})=1$;(4) $\mathrm{r}(\boldsymbol{A})=3,\mathrm{r}(\boldsymbol{B})=2,\mathrm{r}(\boldsymbol{AB})=2$.

**7.** (**提示**) 应用积秩定理:(1) $\boldsymbol{AB}$ 是 $m$ 阶矩阵,$\mathrm{r}(\boldsymbol{AB})\leqslant\mathrm{r}(\boldsymbol{A})\leqslant n<m$;(2) $\mathrm{r}(\boldsymbol{A})+\mathrm{r}(\boldsymbol{B})-n\leqslant 0$.

**8.** 相交 (**提示**) 记点 $A(a_1,b_1,c_1)$,$B(a_2,b_2,c_2)$,$C(a_3,b_3,c_3)$,因 $\boldsymbol{A}$ 满秩,三向量$\overrightarrow{OA},\overrightarrow{OB},\overrightarrow{OC}$ 不共面,三点 $A,B,C$ 组成一个三角形,直线 $L_1$ 过点 $A$ 平行于直线 $BC$,直线 $L_2$ 过点 $B$ 平行于直线 $CA$.

**9.** (**提示**) 对 $\boldsymbol{A}(\boldsymbol{A}-\boldsymbol{E})=\boldsymbol{O},\boldsymbol{A}+(\boldsymbol{E}-\boldsymbol{A})=\boldsymbol{E}$ 分别应用积秩定理与和秩定理.

## 习题 3.5

**1.** (**提示**) 令 $\boldsymbol{A}=(\boldsymbol{\alpha}_1,\boldsymbol{\alpha}_2,\cdots,\boldsymbol{\alpha}_m)$,则 $|\boldsymbol{A}|=1$,所以 $\boldsymbol{\alpha}_1,\boldsymbol{\alpha}_2,\cdots,\boldsymbol{\alpha}_m$ 线性无关. 任取 $\boldsymbol{\alpha}\in\mathbf{R}^m$,令 $\boldsymbol{\alpha}=(\boldsymbol{\alpha}_1,\boldsymbol{\alpha}_2,\cdots,\boldsymbol{\alpha}_m)\boldsymbol{x}=\boldsymbol{A}\boldsymbol{x}$,应用克莱姆法则有唯一解 $\boldsymbol{x}=\boldsymbol{A}^{-1}\boldsymbol{\alpha}$,此表明 $\boldsymbol{\alpha}$ 可由 $\boldsymbol{\alpha}_1,\boldsymbol{\alpha}_2,\cdots,\boldsymbol{\alpha}_m$ 线性表示.

**2.** (1) 基 $\boldsymbol{\alpha}_1=(1,2,1)^{\mathrm{T}},\dim V=1$;

(2) 基 $\boldsymbol{\alpha}_1=(-1,1,0,0)^{\mathrm{T}},\boldsymbol{\alpha}_2=(-1,0,1,0),\boldsymbol{\alpha}_3=(-1,0,0,1),\dim V=3$.

**3.** 基为 $\boldsymbol{\alpha}_1,\boldsymbol{\alpha}_2,\boldsymbol{e}_1,\boldsymbol{e}_3$,其中 $\boldsymbol{e}_1=(1,0,0,0)^{\mathrm{T}},\boldsymbol{e}_3=(0,0,1,0)^{\mathrm{T}}$(**提示**) 对 $4\times6$ 矩阵 $(\boldsymbol{\alpha}_1,\boldsymbol{\alpha}_2,\boldsymbol{e}_1,\boldsymbol{e}_2,\boldsymbol{e}_3,\boldsymbol{e}_4)$ 用初等行变换化为阶梯形得

$$(\boldsymbol{\alpha}_1,\boldsymbol{\alpha}_2,\boldsymbol{e}_1,\boldsymbol{e}_2,\boldsymbol{e}_3,\boldsymbol{e}_4)=\begin{bmatrix}1&1&1&0&0&0\\0&-1&0&1&0&0\\1&2&0&0&1&0\\-1&-2&0&0&0&1\end{bmatrix}\xrightarrow{\text{过程从略}}\begin{bmatrix}1&1&1&0&0&0\\0&-1&0&1&0&0\\0&0&-1&1&1&0\\0&0&0&0&1&1\end{bmatrix}$$

由于首非零元在 1,2,3,5 列,所以 $\boldsymbol{\alpha}_1,\boldsymbol{\alpha}_2,\boldsymbol{e}_1,\boldsymbol{e}_3$ 是向量空间 $\mathbf{R}^4$ 的一个基.

**4.** (1) (**提示**) 因 $(\boldsymbol{\beta}_1,\boldsymbol{\beta}_2,\cdots,\boldsymbol{\beta}_n)=(\boldsymbol{\alpha}_1,\boldsymbol{\alpha}_2,\cdots,\boldsymbol{\alpha}_n)(c_{ij})_{n\times n}$,其中

$$|(c_{ij})_{n\times n}|=\begin{vmatrix}1&0&\cdots&0&0\\1&1&\cdots&0&0\\\vdots&\vdots&&\vdots&\vdots\\1&1&\cdots&1&0\\1&1&\cdots&1&1\end{vmatrix}=1$$

所以 $\boldsymbol{\beta}_1,\boldsymbol{\beta}_2,\cdots,\boldsymbol{\beta}_n$ 线性无关,且向量的个数 $n$ 等于向量空间 $\mathbf{R}^n$ 的维数.

(2) 过渡矩阵为 $\boldsymbol{C}=(c_{ij})_{n\times n}$.

(3) $\boldsymbol{y}=\begin{bmatrix}x_1\\x_2-x_1\\\vdots\\x_{n-1}-x_{n-2}\\x_n-x_{n-1}\end{bmatrix}$ (**提示**) 记 $\boldsymbol{x}=\begin{bmatrix}x_1\\x_2\\\vdots\\x_{n-1}\\x_n\end{bmatrix}$,由 $\boldsymbol{y}=\boldsymbol{C}^{-1}\boldsymbol{x}$,用初等行变换 $(\boldsymbol{C}\,\vdots\,\boldsymbol{x})\to(\boldsymbol{E}\,\vdots\,\boldsymbol{y})$.

**5.** (1) $\boldsymbol{C}=\begin{bmatrix}1&0&0&1\\1&1&0&1\\0&0&1&0\\0&1&1&1\end{bmatrix}$;(2) $\boldsymbol{x}=\begin{bmatrix}-2\\0\\-4\\1\end{bmatrix}$;(3) $\boldsymbol{y}=\begin{bmatrix}-5\\2\\-4\\3\end{bmatrix}$. (**提示**) 设 $\boldsymbol{A}=(\boldsymbol{\alpha}_1,\boldsymbol{\alpha}_2,\boldsymbol{\alpha}_3,\boldsymbol{\alpha}_4),\boldsymbol{B}=(\boldsymbol{\beta}_1,\boldsymbol{\beta}_2,\boldsymbol{\beta}_3,\boldsymbol{\beta}_4),\boldsymbol{\alpha}=\boldsymbol{A}\boldsymbol{x}=\boldsymbol{B}\boldsymbol{y}$,则 $\boldsymbol{C}=\boldsymbol{A}^{-1}\boldsymbol{B},\boldsymbol{x}=\boldsymbol{A}^{-1}\boldsymbol{\alpha},\boldsymbol{y}=\boldsymbol{C}^{-1}\boldsymbol{x}$,用初等行变换 $(\boldsymbol{A}\,\vdots\,\boldsymbol{B}\,\vdots\,\boldsymbol{\alpha})\to(\boldsymbol{E}\,\vdots\,\boldsymbol{C}\,\vdots\,\boldsymbol{x})$ 求 $\boldsymbol{C},\boldsymbol{x}$,用初等行变换 $(\boldsymbol{C}\,\vdots\,\boldsymbol{x})\to(\boldsymbol{E}\,\vdots\,\boldsymbol{y})$ 求 $\boldsymbol{y}$.

## 复习题 3

**1.** (**提示**)$\boldsymbol{A}$ 可逆时可得 $\boldsymbol{A}=\boldsymbol{E}$,$\boldsymbol{A}$ 不可逆时 $|\boldsymbol{A}|=0$.

**2.** (D)(**提示**)记 $\boldsymbol{A}=(\boldsymbol{\alpha}_1,\boldsymbol{\alpha}_2,\cdots,\boldsymbol{\alpha}_p)$,因向量 $\boldsymbol{\alpha}_1,\boldsymbol{\alpha}_2,\cdots,\boldsymbol{\alpha}_p$ 线性无关,所以矩阵 $\boldsymbol{A}$ 的标准形为 $\begin{bmatrix}\boldsymbol{E}_p\\\boldsymbol{O}\end{bmatrix}$. 记 $\boldsymbol{B}=(\boldsymbol{\beta}_1,\boldsymbol{\beta}_2,\cdots,\boldsymbol{\beta}_p)$,若向量 $\boldsymbol{\beta}_1,\boldsymbol{\beta}_2,\cdots,\boldsymbol{\beta}_p$ 线性无关,则矩阵 $\boldsymbol{B}$ 的标准形也为 $\begin{bmatrix}\boldsymbol{E}_p\\\boldsymbol{O}\end{bmatrix}$,所以 $\boldsymbol{A}$ 与 $\boldsymbol{B}$ 等价;反之,若矩阵 $(\boldsymbol{\beta}_1,\boldsymbol{\beta}_2,\cdots,\boldsymbol{\beta}_p)$ 与矩阵 $(\boldsymbol{\alpha}_1,\boldsymbol{\alpha}_2,\cdots,\boldsymbol{\alpha}_p)$ 等价,则它们的标准形都是 $\begin{bmatrix}\boldsymbol{E}_p\\\boldsymbol{O}\end{bmatrix}$,由此可得向量 $\boldsymbol{\beta}_1,\boldsymbol{\beta}_2,\cdots,\boldsymbol{\beta}_p$ 线性无关. 反例:设 $\boldsymbol{\alpha}_1=(1,0,0)^{\mathrm{T}},\boldsymbol{\alpha}_2=(0,1,0),\boldsymbol{\beta}_1=(0,1,0)^{\mathrm{T}},\boldsymbol{\beta}_2=(0,0,1)^{\mathrm{T}}$,向量 $\boldsymbol{\alpha}_1,\boldsymbol{\alpha}_2$ 与向量 $\boldsymbol{\beta}_1,\boldsymbol{\beta}_2$ 皆线性无关,(A),(B),(C) 都不对.

**3.** (1) $\boldsymbol{C}=\begin{bmatrix}2&0&-2\\0&2&1\\k&1&1-k\end{bmatrix}$ (**提示**) $(\boldsymbol{\beta}_1,\boldsymbol{\beta}_2,\boldsymbol{\beta}_3)=(\boldsymbol{\alpha}_1,\boldsymbol{\alpha}_2,\boldsymbol{\alpha}_3)\begin{bmatrix}2&0&-2\\0&2&1\\k&1&1-k\end{bmatrix}$, $\begin{vmatrix}2&0&-2\\0&2&1\\k&1&1-k\end{vmatrix}=2\neq0$;

(2) $k=1,\boldsymbol{\alpha}=c(2\boldsymbol{\alpha}_1-\boldsymbol{\alpha}_2+\boldsymbol{\alpha}_3)(c\neq0)$ (**提示**) $\boldsymbol{\alpha}=(\boldsymbol{\alpha}_1,\boldsymbol{\alpha}_2,\boldsymbol{\alpha}_3)\begin{bmatrix}x_1\\x_2\\x_3\end{bmatrix}=(\boldsymbol{\beta}_1,\boldsymbol{\beta}_2,\boldsymbol{\beta}_3)\begin{bmatrix}x_1\\x_2\\x_3\end{bmatrix}$,

$\boldsymbol{\alpha}\neq\boldsymbol{0}\Leftrightarrow\begin{bmatrix}x_1\\x_2\\x_3\end{bmatrix}\neq\begin{bmatrix}0\\0\\0\end{bmatrix}$,则由 $\begin{bmatrix}1&0&-2\\0&1&1\\k&1&-k\end{bmatrix}\begin{bmatrix}x_1\\x_2\\x_3\end{bmatrix}=\begin{bmatrix}0\\0\\0\end{bmatrix}\Rightarrow\begin{vmatrix}1&0&-2\\0&1&1\\k&1&-k\end{vmatrix}=k-1=0$,所以

$k=1$,即 $\begin{bmatrix}1&0&-2\\0&1&1\\1&1&-1\end{bmatrix}\begin{bmatrix}x_1\\x_2\\x_3\end{bmatrix}=\begin{bmatrix}0\\0\\0\end{bmatrix}\Rightarrow\begin{bmatrix}x_1\\x_2\\x_3\end{bmatrix}=\begin{bmatrix}2c\\-c\\c\end{bmatrix}$ $(c\in\mathbf{R},c\neq0)$.

## 习题 4.1

**1.** (1) 有非零解;(2) 有无穷多解.

**2.** (1) $\lambda\neq-2$ 且 $\lambda\neq1$ 时仅有零解,$\lambda=-2$ 或 $\lambda=1$ 时有非零解;

(2) $\lambda\neq-2$ 且 $\lambda\neq1$ 时有唯一解,$\lambda=-2$ 时无解,$\lambda=1$ 时有无穷多解.

**3.** (**提示**) 线性齐次方程组 $\boldsymbol{Ax}=\boldsymbol{0}$ 有非零解 $\Leftrightarrow$ 存在非零矩阵 $\boldsymbol{B}$ 使得 $\boldsymbol{AB}=\boldsymbol{O}\Leftrightarrow|\boldsymbol{A}|=0$.

**4.** (**提示**) 线性齐次方程组 $\boldsymbol{Ax}=\boldsymbol{0}$ 有非零解 $\Leftrightarrow$ 存在非零矩阵 $\boldsymbol{B}$ 使得 $\boldsymbol{AB}=\boldsymbol{O}\Leftrightarrow\mathrm{r}(\boldsymbol{A})<n$.

**5.** (**提示**) $\boldsymbol{A}(k_1\boldsymbol{\alpha}_1+k_2\boldsymbol{\alpha}_2+\cdots+k_s\boldsymbol{\alpha}_s)=k_1\boldsymbol{b}+k_2\boldsymbol{b}+\cdots+k_s\boldsymbol{b}=(k_1+k_2+\cdots+k_s)\boldsymbol{b}=\boldsymbol{b}$.

**6.** (**提示**) 将增广矩阵化为阶梯形,最后一个非零行为 $\left(0,0,\cdots,0,\sum\limits_{k=1}^{n}b_k\right)$.

**7.** $a=2,\mathrm{r}(\boldsymbol{A})=2,\mathrm{r}(\boldsymbol{B})=1$ (**提示**) 由 $|\boldsymbol{A}|=0$ 求 $a$,应用初等行变换化 $\boldsymbol{A}$ 为阶梯形后求 $\mathrm{r}(\boldsymbol{A})$,应用 $\boldsymbol{B}\neq\boldsymbol{O}$ 与西尔维斯特秩定理可求 $\mathrm{r}(\boldsymbol{B})$.

## 习题 4.2

**1.** (1) 基础解系 $\boldsymbol{\beta}_1=(1,2,0,0)^{\mathrm{T}},\boldsymbol{\beta}_2=(-1,0,2,0)^{\mathrm{T}}$,通解 $\boldsymbol{x}=C_1\boldsymbol{\beta}_1+C_2\boldsymbol{\beta}_2$;

(2) 基础解系 $\boldsymbol{\beta}_1=(3,3,2,0)^{\mathrm{T}},\boldsymbol{\beta}_2=(-3,7,0,4)^{\mathrm{T}}$,通解 $\boldsymbol{x}=C_1\boldsymbol{\beta}_1+C_2\boldsymbol{\beta}_2$.

**2.** 当 $k\neq9$ 时,原方程组的通解为 $\boldsymbol{x}=C_1(1,2,3)^{\mathrm{T}}+C_2(3,6,k)^{\mathrm{T}}$. 当 $k=9$ 时,若 $\mathrm{r}(\boldsymbol{A})=2$,原方程组的通解为 $\boldsymbol{x}=C(1,2,3)^{\mathrm{T}}$;若 $\mathrm{r}(\boldsymbol{A})=1$,不妨设 $a\neq0$,原方程组的通解为

$$x = C_1(-b,a,0)^{\mathrm{T}} + C_2(-c,0,a)^{\mathrm{T}}$$

**3.** (1) $a=6$；(2) $\mathrm{r}(\boldsymbol{A})=2$，通解为$(x_1,x_2,x_3)^{\mathrm{T}}=C(-2,1,0)^{\mathrm{T}}$；(3) $\mathrm{r}(\boldsymbol{P})=1$.（**提示**）因 $\boldsymbol{P}\neq\boldsymbol{O}$ 使得 $\boldsymbol{AP}=\boldsymbol{O}$，所以 $\mathrm{r}(\boldsymbol{A})\leqslant 2$. 又 $\boldsymbol{A}=\begin{bmatrix}1&2&1\\1&2&a\\3&a&8\\1&8-a&a-6\end{bmatrix}\to\begin{bmatrix}1&2&1\\0&a-6&5\\0&0&a-2\\0&0&a-1\end{bmatrix}$，则当 $a\neq 6$ 时，$\mathrm{r}(\boldsymbol{A})=3$ 不合要求，因此 $a=6$，$\boldsymbol{A}=\begin{bmatrix}1&2&1\\1&2&6\\3&6&8\\1&2&0\end{bmatrix}\to\begin{bmatrix}1&2&0\\0&0&1\\0&0&0\\0&0&0\end{bmatrix}$，得 $\mathrm{r}(\boldsymbol{A})=2$.

**4.**（**提示**）由 $\mathrm{r}(\boldsymbol{A})=n-1$ 得 $|\boldsymbol{A}|=0$，所以 $\boldsymbol{AA}^*=|\boldsymbol{A}|\boldsymbol{E}=\boldsymbol{O}$，故 $\boldsymbol{A}^*$ 的列向量皆是方程组 $\boldsymbol{Ax}=\boldsymbol{0}$ 的解，且 $\boldsymbol{A}^*$ 的第 $k$ 列$(A_{k1},A_{k2},\cdots,A_{kn})^{\mathrm{T}}$ 是其一个非零解. 因解空间的维数是 $n-\mathrm{r}(\boldsymbol{A})=1$，所以$(A_{k1},A_{k2},\cdots,A_{kn})^{\mathrm{T}}$ 是一个基础解系.

**5.** (1) 特解 $\bar{\boldsymbol{x}}=(1,1,0,0)^{\mathrm{T}}$，导出组的基础解系 $\boldsymbol{\beta}_1=(1,-2,1,0)^{\mathrm{T}}$，$\boldsymbol{\beta}_2=(-3,1,0,1)^{\mathrm{T}}$，通解 $\boldsymbol{x}=C_1\boldsymbol{\beta}_1+C_2\boldsymbol{\beta}_2+\bar{\boldsymbol{x}}$；

(2) 特解 $\bar{\boldsymbol{x}}=(1,1,0,0)^{\mathrm{T}}$，导出组的基础解系 $\boldsymbol{\beta}_1=(-4,-3,1,0)^{\mathrm{T}}$，$\boldsymbol{\beta}_2=(1,-4,0,1)^{\mathrm{T}}$，通解 $\boldsymbol{x}=C_1\boldsymbol{\beta}_1+C_2\boldsymbol{\beta}_2+\bar{\boldsymbol{x}}$.

**6.** (1) $\lambda=-2$ 时无解；$\lambda\neq-2$ 且 $\lambda\neq 1$ 时有唯一解 $\boldsymbol{x}=\left(-\dfrac{\lambda+1}{\lambda+2},\dfrac{1}{\lambda+2},\dfrac{(\lambda+1)^2}{\lambda+2}\right)^{\mathrm{T}}$；$\lambda=1$ 时有无穷多解，又特解 $\bar{\boldsymbol{x}}=(1,0,0)^{\mathrm{T}}$，导出组的基础解系 $\boldsymbol{\beta}_1=(-1,1,0)^{\mathrm{T}}$，$\boldsymbol{\beta}_2=(-1,0,1)^{\mathrm{T}}$，得通解 $\boldsymbol{x}=C_1\boldsymbol{\beta}_1+C_2\boldsymbol{\beta}_2+\bar{\boldsymbol{x}}$.

(2) $a=0$ 时无解；$a\neq b$ 且 $a\neq 0$ 时有唯一解 $\boldsymbol{x}=\left(1-\dfrac{1}{a},\dfrac{1}{a},0\right)^{\mathrm{T}}$；$a=b\neq 0$ 时有无穷多解，又特解 $\bar{\boldsymbol{x}}=\left(1-\dfrac{1}{a},\dfrac{1}{a},0\right)^{\mathrm{T}}$，导出组的基础解系 $\boldsymbol{\beta}=(0,1,1)^{\mathrm{T}}$，得通解 $\boldsymbol{x}=C\boldsymbol{\beta}+\bar{\boldsymbol{x}}$.

**7.**（**提示**）(1) 令 $k_1\boldsymbol{\beta}_1+k_2\boldsymbol{\beta}_2+\cdots+k_{n-r}\boldsymbol{\beta}_{n-r}+k_{n-r+1}\bar{\boldsymbol{x}}=\boldsymbol{0}$，两边左乘矩阵 $\boldsymbol{A}$，可推得 $k_{n-r+1}=0$，于是 $k_1\boldsymbol{\beta}_1+k_2\boldsymbol{\beta}_2+\cdots+k_{n-r}\boldsymbol{\beta}_{n-r}=\boldsymbol{0}$. 又 $\boldsymbol{\beta}_1,\boldsymbol{\beta}_2,\cdots,\boldsymbol{\beta}_{n-r}$ 线性无关，推得 $k_1=k_2=\cdots=k_{n-r}=0$.

(2) 因为向量 $\boldsymbol{\beta}_1,\boldsymbol{\beta}_2,\cdots,\boldsymbol{\beta}_{n-r},\bar{\boldsymbol{x}}$ 线性无关，$\{\boldsymbol{\beta}_1,\boldsymbol{\beta}_2,\cdots,\boldsymbol{\beta}_{n-r},\bar{\boldsymbol{x}}\}$ 与 $\{\boldsymbol{\beta}_1+\bar{\boldsymbol{x}},\boldsymbol{\beta}_2+\bar{\boldsymbol{x}},\cdots,\boldsymbol{\beta}_{n-r}+\bar{\boldsymbol{x}},\bar{\boldsymbol{x}}\}$ 等价，它们的秩都等于 $n-r+1$，所以 $\boldsymbol{\beta}_1+\bar{\boldsymbol{x}},\boldsymbol{\beta}_2+\bar{\boldsymbol{x}},\cdots,\boldsymbol{\beta}_{n-r}+\bar{\boldsymbol{x}},\bar{\boldsymbol{x}}$ 线性无关，并且它们显然是方程 $\boldsymbol{Ax}=\boldsymbol{b}$ 解的集合. 又因为 $C_1\boldsymbol{\beta}_1+C_2\boldsymbol{\beta}_2+\cdots+C_{n-r}\boldsymbol{\beta}_{n-r}+\bar{\boldsymbol{x}}=C_1(\boldsymbol{\beta}_1+\bar{\boldsymbol{x}})+C_2(\boldsymbol{\beta}_2+\bar{\boldsymbol{x}})+\cdots+C_{n-r}(\boldsymbol{\beta}_{n-r}+\bar{\boldsymbol{x}})+(1-C_1-C_2-\cdots-C_{n-r})\bar{\boldsymbol{x}}$，所以 $\boldsymbol{Ax}=\boldsymbol{b}$ 的任意解可由 $\boldsymbol{\beta}_1+\bar{\boldsymbol{x}}$，$\boldsymbol{\beta}_2+\bar{\boldsymbol{x}},\cdots,\boldsymbol{\beta}_{n-r}+\bar{\boldsymbol{x}},\bar{\boldsymbol{x}}$ 线性表示.

**8.**（**提示**）矩阵方程 $\boldsymbol{AX}=\boldsymbol{B}$ 有解 $\Leftrightarrow\boldsymbol{Ax}=\boldsymbol{\beta}_1,\boldsymbol{Ax}=\boldsymbol{\beta}_2,\cdots,\boldsymbol{Ax}=\boldsymbol{\beta}_n$ 有解 $\Leftrightarrow n$ 个增广矩阵 $\boldsymbol{A}_1,\boldsymbol{A}_2,\cdots,\boldsymbol{A}_n$ 的秩都与系数矩阵 $\boldsymbol{A}$ 的秩相等.

**9.** $\boldsymbol{X}=\begin{bmatrix}2-k_1&6-k_2&-1-k_3\\-1+2k_1&-3+2k_2&1+2k_3\\-1+3k_1&-4+3k_2&1+3k_3\\k_1&k_2&k_3\end{bmatrix}$，其中 $k_1,k_2,k_3$ 是任意常数（**提示**）对矩阵$(\boldsymbol{A}\,\vdots\,\boldsymbol{E})$ 施行初等行变换化为最简阶梯形得

$$\begin{bmatrix}1 & -2 & 3 & -4 & \vdots & 1 & 0 & 0\\0 & 1 & -1 & 1 & \vdots & 0 & 1 & 0\\1 & 2 & 0 & -3 & \vdots & 0 & 0 & 1\end{bmatrix} \to \begin{bmatrix}1 & 0 & 0 & 1 & \vdots & 2 & 6 & -1\\0 & 1 & 0 & -2 & \vdots & -1 & -3 & 1\\0 & 0 & 1 & -3 & \vdots & -1 & -4 & 1\end{bmatrix}$$

因此 $\boldsymbol{Ax}=\boldsymbol{0}$ 的基础解系为 $\boldsymbol{\alpha}=\begin{bmatrix}-1\\2\\3\\1\end{bmatrix}$，$\boldsymbol{AX}=\boldsymbol{O}$ 的特解为 $\widetilde{\boldsymbol{X}}=\begin{bmatrix}2 & 6 & -1\\-1 & -3 & 1\\-1 & -4 & 1\\0 & 0 & 0\end{bmatrix}$.

**10.** (**提示**) 令矩阵 $\boldsymbol{A}=(\boldsymbol{\alpha}_1,\boldsymbol{\alpha}_2,\cdots,\boldsymbol{\alpha}_s)$，可得方程组 $\boldsymbol{A}^{\mathrm{T}}\boldsymbol{x}=\boldsymbol{0}$ 的一个基础解系 $\boldsymbol{\beta}_1,\boldsymbol{\beta}_2,\cdots,\boldsymbol{\beta}_{n-s}$，则 $\boldsymbol{B}^{\mathrm{T}}\boldsymbol{x}=\boldsymbol{0}$ 即为所求的方程组，其中 $\boldsymbol{B}=(\boldsymbol{\beta}_1,\boldsymbol{\beta}_2,\cdots,\boldsymbol{\beta}_{n-s})$.

**11.** (**提示**) $\boldsymbol{Ax}=\boldsymbol{0}$ 的解显然是 $\boldsymbol{A}^{\mathrm{T}}\boldsymbol{Ax}=\boldsymbol{0}$ 的解，反之，设 $\boldsymbol{A}^{\mathrm{T}}\boldsymbol{Ax}=\boldsymbol{0}$，则 $\boldsymbol{x}^{\mathrm{T}}\boldsymbol{A}^{\mathrm{T}}\boldsymbol{Ax}=(\boldsymbol{Ax})^{\mathrm{T}}(\boldsymbol{Ax})=0\Rightarrow\boldsymbol{Ax}=\boldsymbol{0}$，于是线性方程组 $\boldsymbol{A}^{\mathrm{T}}\boldsymbol{Ax}=\boldsymbol{0}$ 与 $\boldsymbol{Ax}=\boldsymbol{0}$ 同解. 由题意有 $\boldsymbol{A}^{\mathrm{T}}\boldsymbol{A}(\boldsymbol{B}-\boldsymbol{C})=\boldsymbol{O}$，此式表示矩阵 $\boldsymbol{B}-\boldsymbol{C}$ 的列向量是方程 $\boldsymbol{A}^{\mathrm{T}}\boldsymbol{Ax}=\boldsymbol{0}$ 的解，于是它也是方程 $\boldsymbol{Ax}=\boldsymbol{0}$ 的解，因此 $\boldsymbol{A}(\boldsymbol{B}-\boldsymbol{C})=\boldsymbol{O}$，故 $\boldsymbol{AB}=\boldsymbol{AC}$.

## 复习题 4

**1.** (**提示**) 记原方程组的系数矩阵为 $\boldsymbol{A}$，$\boldsymbol{B}=\begin{bmatrix}\boldsymbol{A}\\\boldsymbol{\beta}\end{bmatrix}$，则 $\boldsymbol{Ax}=\boldsymbol{0}$ 的解全是方程 $b_1x_1+b_2x_2+\cdots+b_nx_n=0$ 的解 $\Leftrightarrow\boldsymbol{Ax}=\boldsymbol{0}$ 与 $\boldsymbol{Bx}=\boldsymbol{0}$ 是同解方程组 $\Leftrightarrow\mathrm{r}(\boldsymbol{A})=\mathrm{r}\begin{bmatrix}\boldsymbol{A}\\\boldsymbol{\beta}\end{bmatrix}\Leftrightarrow\boldsymbol{A}$ 的行秩 $=\begin{bmatrix}\boldsymbol{A}\\\boldsymbol{\beta}\end{bmatrix}$ 的行秩 $\Leftrightarrow\boldsymbol{\beta}$ 可由 $\boldsymbol{A}$ 的行向量组 $\boldsymbol{\alpha}_1,\boldsymbol{\alpha}_2,\cdots,\boldsymbol{\alpha}_m$ 线性表示.

**2.** $\boldsymbol{\alpha}_2,\boldsymbol{\alpha}_3,\boldsymbol{\alpha}_4$ (**提示**) 易得 $\mathrm{r}(\boldsymbol{A})=3$，$|\boldsymbol{A}|=0$，所以 $\boldsymbol{A}^*\boldsymbol{A}=|\boldsymbol{A}|\boldsymbol{E}=\boldsymbol{O}$. 又由 $\boldsymbol{\alpha}_1+\boldsymbol{\alpha}_3=\boldsymbol{0}\Rightarrow\boldsymbol{\alpha}_1=-\boldsymbol{\alpha}_3$，所以 $\boldsymbol{\alpha}_2,\boldsymbol{\alpha}_3,\boldsymbol{\alpha}_4$ 线性无关，且是 $\boldsymbol{A}^*\boldsymbol{x}=\boldsymbol{0}$ 的解. 因 $\mathrm{r}(\boldsymbol{A}^*)=1$，所以 $\boldsymbol{A}^*\boldsymbol{x}=\boldsymbol{0}$ 的基础解系含 3 个向量 $\boldsymbol{\alpha}_2,\boldsymbol{\alpha}_3,\boldsymbol{\alpha}_4$.

**3.** $\boldsymbol{\alpha}_k=(a_{k1},a_{k2},\cdots,a_{kn})^{\mathrm{T}}(k=1,2,\cdots,m)$ (**提示**) 由于 $\boldsymbol{AB}^{\mathrm{T}}=\boldsymbol{O}$，得 $\boldsymbol{BA}^{\mathrm{T}}=\boldsymbol{O}$，所以矩阵 $\boldsymbol{A}^{\mathrm{T}}$ 的列向量组(即 $\boldsymbol{A}$ 的行向量组的转置)是方程组 $\boldsymbol{Bx}=\boldsymbol{0}$ 的解. 由于 $\mathrm{r}(\boldsymbol{A})=m$，所以矩阵 $\boldsymbol{A}$ 的行向量组线性无关，于是 $\boldsymbol{A}^{\mathrm{T}}$ 的列向量组线性无关. 由于 $\mathrm{r}(\boldsymbol{B})=n-m$，所以方程组 $\boldsymbol{Bx}=\boldsymbol{0}$ 的解空间的维数是 $n-(n-m)=m$，所以 $\boldsymbol{A}^{\mathrm{T}}$ 的列向量组 $\boldsymbol{\alpha}_k(k=1,2,\cdots,m)$ 是所求的一个基础解系.

**4.** (1) $\lambda=-1$，$\alpha=-2$ (**提示**) $|\boldsymbol{A}|=0\Rightarrow\lambda=\pm1$. $\lambda=1$ 时方程组无解，不合题意；$\lambda=-1$ 时，对 $(\boldsymbol{A}\,\vdots\,\boldsymbol{b})$ 施行初等行变换化为阶梯形得

$$(\boldsymbol{A}\,\vdots\,\boldsymbol{b})=\begin{bmatrix}-1 & 1 & 1 & \vdots & \alpha\\0 & -2 & 0 & \vdots & 1\\1 & 1 & -1 & \vdots & 1\end{bmatrix}\to\begin{bmatrix}1 & 1 & -1 & \vdots & 1\\0 & -2 & 0 & \vdots & 1\\0 & 0 & 0 & \vdots & 2+\alpha\end{bmatrix}\Rightarrow\alpha=-2$$

(2) $\boldsymbol{x}=k(1,0,1)^{\mathrm{T}}+(3/2,-1/2,0)^{\mathrm{T}}$，其中 $k$ 为任意常数 (**提示**) 对 $(\boldsymbol{A}\,\vdots\,\boldsymbol{b})$ 继续施行初等行变换化为最简阶梯形得

$$(\boldsymbol{A}\,\vdots\,\boldsymbol{b})\to\begin{bmatrix}1 & 1 & -1 & \vdots & 1\\0 & 1 & 0 & \vdots & -1/2\\0 & 0 & 0 & \vdots & 0\end{bmatrix}\to\begin{bmatrix}1 & 0 & -1 & \vdots & 3/2\\0 & 1 & 0 & \vdots & -1/2\\0 & 0 & 0 & \vdots & 0\end{bmatrix}$$

**5.** (1) $\mathrm{r}(\boldsymbol{A})=2$（**提示**）因 $\boldsymbol{Ax}=\boldsymbol{0}$ 至少有2个不同的解，故 $\mathrm{r}(\boldsymbol{A})\leqslant 2$. 对增广矩阵施行初等行变换化为阶梯形得

$$(\boldsymbol{A}\mid\boldsymbol{b})=\left[\begin{array}{cccc|c}1&1&1&1&-1\\4&3&5&-1&-1\\a&1&3&b&1\end{array}\right]\rightarrow\left[\begin{array}{cccc|c}1&1&1&1&-1\\0&-1&1&-5&3\\0&0&4-2a&b+4a-5&4-2a\end{array}\right]$$

$$\Rightarrow \mathrm{r}(\boldsymbol{A})=2$$

(2) $a=2,b=-3$，所求通解为 $\boldsymbol{x}=k_1(-2,1,1,0)^{\mathrm{T}}+k_2(4,-5,0,1)^{\mathrm{T}}+(2,-3,0,0)^{\mathrm{T}}$，其中 $k_1,k_2$ 为任意常数（**提示**）因 $\mathrm{r}(\boldsymbol{A})=2$，所以 $a=2,b=-3$. 对增广矩阵继续施行初等行变换化为最简阶梯形得

$$(\boldsymbol{A}\mid\boldsymbol{b})\rightarrow\left[\begin{array}{cccc|c}1&1&1&1&-1\\0&1&-1&5&-3\\0&0&0&0&0\end{array}\right]\rightarrow\left[\begin{array}{cccc|c}1&0&2&-4&2\\0&1&-1&5&-3\\0&0&0&0&0\end{array}\right]$$

**6.** (1) $a=-2$ 时无解（**提示**）当 $a=-2$ 时，有

$$(\boldsymbol{A}\mid\boldsymbol{B})=\left[\begin{array}{ccc|cc}1&-1&-1&1&2\\2&a&1&-1&a\\-1&1&a&-a&-2\end{array}\right]\rightarrow\left[\begin{array}{ccc|cc}1&-1&-1&1&2\\0&0&1&-1&0\\0&0&0&0&1\end{array}\right]$$

(2) $a\neq-2$ 且 $a\neq 1$ 时有唯一解（**提示**）$(\boldsymbol{A}\mid\boldsymbol{B})\rightarrow\left[\begin{array}{ccc|cc}1&-1&-1&1&2\\0&a+2&3&-3&a-4\\0&0&1&-1&0\end{array}\right]$.

(3) $a=1$ 时有无穷多解，$\boldsymbol{X}=\begin{bmatrix}0&1\\k_1-1&k_2-1\\-k_1&-k_2\end{bmatrix}$，其中 $k_1,k_2$ 为任意常数（**提示**）$(\boldsymbol{A}\mid\boldsymbol{B})\rightarrow$

$\left[\begin{array}{ccc|cc}1&0&0&0&1\\0&1&1&-1&-1\\0&0&0&0&0\end{array}\right]$，得基础解系 $\boldsymbol{\alpha}=\begin{bmatrix}0\\-1\\1\end{bmatrix}$，特解 $\bar{\boldsymbol{x}}_1=\begin{bmatrix}0\\-1\\0\end{bmatrix}$，$\bar{\boldsymbol{x}}_2=\begin{bmatrix}1\\-1\\0\end{bmatrix}$.

## 习题 5.1

**1.** (1) $\lambda=5,5,1$，$\lambda=5$ 时，$C_1(1,0,0)^{\mathrm{T}}+C_2(0,1,-1)^{\mathrm{T}}$，$\lambda=1$ 时，$C_3(0,1,1)^{\mathrm{T}}$；

(2) $\lambda=-1,-1,-1$，$\lambda=-1$ 时，$C(1,1,-1)^{\mathrm{T}}$；

(3) $\lambda=2,2,-4$，$\lambda=2$ 时，$C_1(-2,1,0)^{\mathrm{T}}+C_2(1,0,1)^{\mathrm{T}}$，$\lambda=-4$ 时，$C_3(1,-2,3)^{\mathrm{T}}$；

(4) $\lambda=1,1,-1,-1$，$\lambda=1$ 时，$C_1(0,1,1,0)^{\mathrm{T}}+C_2(1,0,0,1)^{\mathrm{T}}$，$\lambda=-1$ 时，$C_3(0,-1,1,0)^{\mathrm{T}}+C_4(-1,0,0,1)^{\mathrm{T}}$.

**2.**（**提示**）应用 $\boldsymbol{A\alpha}=k\boldsymbol{\alpha}$，$\boldsymbol{\alpha}=(1,1,\cdots,1)^{\mathrm{T}}$.

**3.**（**提示**）(1) 应用 $\boldsymbol{A\alpha}=\lambda\boldsymbol{\alpha}\Rightarrow\boldsymbol{A}^2\boldsymbol{\alpha}=\lambda^2\boldsymbol{\alpha}\Rightarrow\boldsymbol{\alpha}=\lambda^2\boldsymbol{\alpha}\Rightarrow\lambda^2=1$；

(2) 应用 $\boldsymbol{A\alpha}=\lambda\boldsymbol{\alpha}\Rightarrow\boldsymbol{A}^2\boldsymbol{\alpha}=\lambda^2\boldsymbol{\alpha}\Rightarrow\lambda\boldsymbol{\alpha}=\lambda^2\boldsymbol{\alpha}\Rightarrow\lambda^2=\lambda$；

(3) 应用 $\boldsymbol{A\alpha}=\lambda\boldsymbol{\alpha}\Rightarrow\boldsymbol{A}^2\boldsymbol{\alpha}=\lambda^2\boldsymbol{\alpha}\Rightarrow\boldsymbol{A}^m\boldsymbol{\alpha}=\lambda^m\boldsymbol{\alpha}\Rightarrow\boldsymbol{0}=\lambda^m\boldsymbol{\alpha}\Rightarrow\lambda^m=0$.

4. $a=1,\lambda=3$（提示）应用 $\boldsymbol{A\alpha}=(2+a,3,3)^{\mathrm{T}}=\lambda(1,1,1)^{\mathrm{T}}$.

5.（提示）用反证法，由 $\boldsymbol{A\alpha}=\lambda_1\boldsymbol{\alpha},\boldsymbol{A\alpha}=\lambda_2\boldsymbol{\alpha}(\lambda_1\neq\lambda_2)\Rightarrow\boldsymbol{\alpha}=\boldsymbol{0}$.

6.（提示）用反证法，设 $\boldsymbol{A}(\boldsymbol{\alpha}_1+\boldsymbol{\alpha}_2)=\lambda(\boldsymbol{\alpha}_1+\boldsymbol{\alpha}_2)$，由 $\boldsymbol{A\alpha}_1=\lambda_1\boldsymbol{\alpha}_1,\boldsymbol{A\alpha}_2=\lambda_2\boldsymbol{\alpha}_2(\lambda_1\neq\lambda_2)\Rightarrow(\lambda_1-\lambda)\boldsymbol{\alpha}_1+(\lambda_2-\lambda)\boldsymbol{\alpha}_2=\boldsymbol{0}\Rightarrow\lambda=\lambda_1=\lambda_2$.

7.（提示）设 $\boldsymbol{B}$ 的特征值为 $\lambda_i(i=1,2,\cdots,n)$，则 $f(\boldsymbol{B})$ 可逆的充要条件是 $f(\lambda_i)\neq0(i=1,2,\cdots,n)$，即 $\boldsymbol{B}$ 的特征值都不是 $\boldsymbol{A}$ 的特征值.

8. $k=2$ 或 $-4$；特征值 $\lambda=5$ 对应的特征向量为 $\boldsymbol{\alpha}=C(1,1,1)^{\mathrm{T}}$；特征值 $\lambda=2$ 对应的特征向量为 $\boldsymbol{\alpha}=C_1(-1,1,1)^{\mathrm{T}}+C_2(-1,0,1)^{\mathrm{T}}$（提示）令 $\boldsymbol{A\alpha}=\lambda\boldsymbol{\alpha}$，得

$$\begin{bmatrix}3&1&1\\1&3&1\\1&1&3\end{bmatrix}\begin{bmatrix}2\\k\\2\end{bmatrix}=\lambda\begin{bmatrix}2\\k\\2\end{bmatrix}\Leftrightarrow\begin{cases}8+k=2\lambda,\\4+3k=k\lambda\end{cases}\Rightarrow\begin{bmatrix}k\\\lambda\end{bmatrix}=\begin{bmatrix}2\\5\end{bmatrix},\begin{bmatrix}-4\\2\end{bmatrix}$$

$$5\boldsymbol{E}-\boldsymbol{A}=\begin{bmatrix}2&-1&-1\\-1&2&-1\\-1&-1&2\end{bmatrix}\to\begin{bmatrix}1&0&-1\\0&1&-1\\0&0&0\end{bmatrix},\quad 2\boldsymbol{E}-\boldsymbol{A}=\begin{bmatrix}-1&-1&-1\\-1&-1&-1\\-1&-1&-1\end{bmatrix}\to\begin{bmatrix}1&1&1\\0&0&0\\0&0&0\end{bmatrix}$$

9. (1) $-4,-6,-12$；(2) $|\boldsymbol{B}|=-288$，$|\boldsymbol{A}-5\boldsymbol{E}|=-72$.

10. $\lambda_0=1,a=2,b=-3$（提示）$\boldsymbol{A}^*\boldsymbol{\alpha}=-\boldsymbol{A}^{-1}\boldsymbol{\alpha}=\lambda_0\boldsymbol{\alpha},\lambda_0\boldsymbol{A\alpha}=-\boldsymbol{\alpha}\Leftrightarrow\lambda_0\begin{bmatrix}3-a\\-2-b\\-1\end{bmatrix}=\begin{bmatrix}1\\1\\-1\end{bmatrix}$.

11.（提示）(1) $|\boldsymbol{A}|=24,\boldsymbol{A\alpha}_i=\lambda_i\boldsymbol{\alpha}_i\Rightarrow\boldsymbol{A}^*\boldsymbol{\alpha}_i=24\boldsymbol{A}^{-1}\boldsymbol{\alpha}_i=\dfrac{24}{\lambda_i}\boldsymbol{\alpha}_i$，所以 $\boldsymbol{A}^*$ 有特征值为 $\dfrac{24}{\lambda_1}=12$，$\dfrac{24}{\lambda_2}=8,\dfrac{24}{\lambda_3}=6$，对应的特征向量为 $\boldsymbol{\alpha}_1=(1,1,1)^{\mathrm{T}},\boldsymbol{\alpha}_2=(1,1,0)^{\mathrm{T}},\boldsymbol{\alpha}_3=(0,1,1)^{\mathrm{T}}$；

(2) 因为 $\boldsymbol{A}^*\boldsymbol{\alpha}_i=\dfrac{|\boldsymbol{A}|}{\lambda_i}\boldsymbol{\alpha}_i,\boldsymbol{PA}^*\boldsymbol{P}^{-1}\boldsymbol{P\alpha}_i=\dfrac{|\boldsymbol{A}|}{\lambda_i}\boldsymbol{P\alpha}_i\Rightarrow\boldsymbol{BP\alpha}_i=\dfrac{|\boldsymbol{A}|}{\lambda_i}\boldsymbol{P\alpha}_i$，所以 $\boldsymbol{B}$ 有特征值为 $\dfrac{|\boldsymbol{A}|}{\lambda_1}=12,\dfrac{|\boldsymbol{A}|}{\lambda_2}=8,\dfrac{|\boldsymbol{A}|}{\lambda_3}=6$，对应的特征向量为 $\boldsymbol{P\alpha}_1=(2,0,1)^{\mathrm{T}},\boldsymbol{P\alpha}_2=(1,0,0)^{\mathrm{T}}$，$\boldsymbol{P\alpha}_3=(1,-1,1)^{\mathrm{T}}$.

12.（提示）因 $\boldsymbol{A}$ 是实矩阵，$|\boldsymbol{A}|<0$，所以 $\boldsymbol{A}$ 有特征值 $\lambda_0<0$，$\boldsymbol{A}$ 属于 $\lambda_0$ 有实特征向量 $\boldsymbol{\alpha}\in\mathbf{R}^n$，使得 $\boldsymbol{A\alpha}=\lambda_0\boldsymbol{\alpha}$. 因为 $\boldsymbol{\alpha}\neq\boldsymbol{0},\boldsymbol{\alpha}^{\mathrm{T}}\boldsymbol{\alpha}>0$，所以 $\boldsymbol{\alpha}^{\mathrm{T}}\boldsymbol{A\alpha}=\lambda_0\boldsymbol{\alpha}^{\mathrm{T}}\boldsymbol{\alpha}<0$.

13.（提示）(1) 令 $k_1\boldsymbol{\alpha}_1+k_2\boldsymbol{\alpha}_2+k_3\boldsymbol{\alpha}_3=\boldsymbol{0}$，用 $\boldsymbol{A}$ 左乘得 $-k_1\boldsymbol{\alpha}_1+(k_2+k_3)\boldsymbol{\alpha}_2+k_3\boldsymbol{\alpha}_3=\boldsymbol{0}$，再由此二式得 $2k_1\boldsymbol{\alpha}_1-k_3\boldsymbol{\alpha}_2=\boldsymbol{0}\Rightarrow k_1=k_3=0,k_2=0$；

(2) $\boldsymbol{AP}=\boldsymbol{A}(\boldsymbol{\alpha}_1,\boldsymbol{\alpha}_2,\boldsymbol{\alpha}_3)=(\boldsymbol{\alpha}_1,\boldsymbol{\alpha}_2,\boldsymbol{\alpha}_3)\begin{bmatrix}-1&0&0\\0&1&1\\0&0&1\end{bmatrix}$，所以 $\boldsymbol{P}^{-1}\boldsymbol{AP}=\begin{bmatrix}-1&0&0\\0&1&1\\0&0&1\end{bmatrix}$.

14.（提示）因为 $\boldsymbol{A}^2=\boldsymbol{\alpha}(\boldsymbol{\beta}^{\mathrm{T}}\boldsymbol{\alpha})\boldsymbol{\beta}^{\mathrm{T}}=(\boldsymbol{\beta}^{\mathrm{T}}\boldsymbol{\alpha})\boldsymbol{\alpha\beta}^{\mathrm{T}}=\boldsymbol{0A}=\boldsymbol{O}$，故 $\boldsymbol{A}$ 的特征值全部是 0. 不妨设 $b_1\neq0$，则全部特征向量为 $C_1\boldsymbol{\beta}_1+C_2\boldsymbol{\beta}_2+\cdots+C_{n-1}\boldsymbol{\beta}_{n-1}$，其中 $C_1,C_2,\cdots,C_{n-1}$ 不全为 0，且

$$\boldsymbol{\beta}_1=\left(-\frac{b_2}{b_1},1,0,\cdots,0\right)^{\mathrm{T}},\quad\boldsymbol{\beta}_2=\left(-\frac{b_3}{b_1},0,1,0,\cdots,0\right)^{\mathrm{T}},\quad\boldsymbol{\beta}_{n-1}=\left(-\frac{b_n}{b_1},0,\cdots,0,1\right)$$

## 习题 5.2

**1.** (提示)$A^{-1}(AB)A = BA$.

**2.** (提示)$P^{-1}AP = B, P^{-1}(aA^k)P = aP^{-1}A^kP = a(P^{-1}AP)(P^{-1}AP)\cdots(P^{-1}AP) = aB^k$.

**3.** (提示)设$A$的$n$个特征值为$\lambda$,且存在可逆矩阵$P$,使得$P^{-1}AP = \lambda E$,得$A = P(\lambda E)P^{-1} = \lambda E$.

**4.** (提示)因$|A| < 0$,所以$A$的特征值一个是负数,一个是正数.

**5.** (提示)用反证法,可推出$A = E$.

**6.** (提示)$A$的特征值为$a_1, a_2, \cdots, a_{n-1}, a_n$,$A$的属于这些特征值的特征向量分别是$e_1, e_2, \cdots, e_n$(自然基),取$P = (e_n, e_{n-1}, \cdots, e_2, e_1)$.

**7.** (1) $\lambda = 5, 5, 1$,$A$的属于特征值5的线性无关的特征向量只有一个$\alpha = (1,0,0)^T$,所以矩阵$A$不可相似对角化;

(2) $P = \begin{bmatrix} 1 & 0 & 0 \\ 0 & -1 & 1 \\ 0 & 1 & 1 \end{bmatrix}, P^{-1}AP = \mathrm{diag}(5,5,1)$;

(3) $P = \begin{bmatrix} -2 & 1 & 1 \\ 1 & 0 & -2 \\ 0 & 1 & 3 \end{bmatrix}, P^{-1}AP = \mathrm{diag}(2,2,-4)$.

**8.** $a + b = 0$ (提示)$A$的特征值中,$\lambda = 2$是二重根,$\lambda = -2$是单根,故要求$\mathrm{r}(2E - A) = 1$.

**9.** (提示)$|\lambda E - A| = (\lambda - 2)(\lambda^2 - 8\lambda + 18 + 3a)$. $\lambda = 2$是二重根时$a = -2$,因$\mathrm{r}(2E - A) = 1$,所以$\lambda = 2$对应于两个线性无关的特征向量,因此$a = -2$时矩阵$A$可对角化;$\lambda = 4$是二重根时$a = -2/3$,由于$\mathrm{r}(4E - A) = 2$,所以$\lambda = 4$只对应于一个线性无关的特征向量,因此$a = -2/3$时矩阵$A$不可对角化.

**10.** (1) $a = 0, b = -2$; (2) $P = \begin{bmatrix} 0 & 0 & -1 \\ -2 & 1 & 0 \\ 1 & 1 & 1 \end{bmatrix}$.

**11.** $\begin{bmatrix} 0 & 0 & 1 \\ 1 & 0 & 1 \\ 0 & 1 & -1 \end{bmatrix}$, 16 (提示)$AP = A(x, Ax, A^2x) = (Ax, A^2x, A^3x) = (Ax, A^2x, x + Ax - A^2x)$

$= (x, Ax, A^2x)\begin{bmatrix} 0 & 0 & 1 \\ 1 & 0 & 1 \\ 0 & 1 & -1 \end{bmatrix}, B = P^{-1}AP$; $|\lambda E - B| = \begin{vmatrix} \lambda & 0 & -1 \\ -1 & \lambda & -1 \\ 0 & -1 & \lambda+1 \end{vmatrix} = (\lambda - 1)(\lambda + 1)^2$

$= 0$,故$B$的特征值为$1, -1, -1$,因矩阵$A \sim B$,所以$A$的特征值为$1, -1, -1$,$A + 3E$的特征值为4,2,2,于是$|A + 3E| = 16$.

**12.** (1) $\beta = 4\alpha_1 - 5\alpha_2 + 2\alpha_3$;

(2) $\begin{bmatrix} 4 - 5 \cdot 2^n + 2 \cdot 3^n \\ 4 - 5 \cdot 2^{n+1} + 2 \cdot 3^{n+1} \\ 4 - 5 \cdot 2^{n+2} + 2 \cdot 3^{n+2} \end{bmatrix}$ (提示)$A^n\beta = (\alpha_1, \alpha_2, \alpha_3)\begin{bmatrix} 1 & 0 & 0 \\ 0 & 2^n & 0 \\ 0 & 0 & 3^n \end{bmatrix}\begin{bmatrix} 4 \\ -5 \\ 2 \end{bmatrix}$.

**13.** (提示)由$P^{-1}AP = D = \mathrm{diag}(\lambda_1, \lambda_2, \cdots, \lambda_n)$,$P^{-1}A^kP = D^k = \mathrm{diag}(\lambda_1^k, \lambda_2^k, \cdots, \lambda_n^k)$, $k = 1, 2, \cdots$,

$n$,可得 $\boldsymbol{P}^{-1}f(\boldsymbol{A})\boldsymbol{P}=\boldsymbol{P}^{-1}(a_0\boldsymbol{A}^m+a_1\boldsymbol{A}^{m-1}+\cdots+a_{m-1}\boldsymbol{A}+a_m\boldsymbol{E})\boldsymbol{P}=a_0\boldsymbol{P}^{-1}\boldsymbol{A}^m\boldsymbol{P}+a_1\boldsymbol{P}^{-1}\boldsymbol{A}^{m-1}\boldsymbol{P}+\cdots+a_{m-1}\boldsymbol{P}^{-1}\boldsymbol{A}\boldsymbol{P}+a_m\boldsymbol{P}^{-1}\boldsymbol{E}\boldsymbol{P}=a_0\boldsymbol{D}^m+a_1\boldsymbol{D}^{m-1}+\cdots+a_{m-1}\boldsymbol{D}+a_m\boldsymbol{E}=\mathrm{diag}(f(\lambda_1),f(\lambda_2),\cdots,f(\lambda_n))$.

## 复习题 5

1. $3a,0,0$ (提示) 由 $\boldsymbol{BC}=\boldsymbol{CB}$ 得 $a^2+b^2+c^2=ab+bc+ca\Rightarrow a=b=c$,得矩阵 $\boldsymbol{A}$ 的特征方程为 $\lambda^2(\lambda-3a)=0$.
2. (提示) 设 $\boldsymbol{AB}$ 有特征值 $\lambda$,$\boldsymbol{AB}$ 的属于 $\lambda$ 的特征向量为 $\boldsymbol{\alpha}$,则 $\boldsymbol{AB\alpha}=\lambda\boldsymbol{\alpha}\Rightarrow\boldsymbol{BA}(\boldsymbol{B\alpha})=\lambda(\boldsymbol{B\alpha})$. 当 $\boldsymbol{B\alpha}\neq\boldsymbol{0}$ 时,由上式可得 $\boldsymbol{BA}$ 也有特征值 $\lambda$;当 $\boldsymbol{B\alpha}=\boldsymbol{0}$ 时,由 $\boldsymbol{AB\alpha}=\lambda\boldsymbol{\alpha}=\boldsymbol{0}$ 得 $\lambda=0$. 又由 $\boldsymbol{B\alpha}=\boldsymbol{0}(\boldsymbol{\alpha}\neq\boldsymbol{0})$ 得 $|\boldsymbol{B}|=0$,$|\boldsymbol{BA}|=0$,故 $\boldsymbol{BA}$ 也有特征值 $\lambda=0$. 所以 $\boldsymbol{AB}$ 的特征值都是 $\boldsymbol{BA}$ 的特征值. 同样可证 $\boldsymbol{BA}$ 的特征值都是 $\boldsymbol{AB}$ 的特征值.
3. (提示) 先设 $m>n$. 作 $m$ 阶矩阵 $\boldsymbol{A}_1$ 和 $\boldsymbol{B}_1$,使得 $\boldsymbol{A}_1=(\boldsymbol{A},\boldsymbol{O})$,$\boldsymbol{B}_1=\begin{bmatrix}\boldsymbol{B}\\\boldsymbol{O}\end{bmatrix}$. 由上一题得 $|\lambda\boldsymbol{E}_m-\boldsymbol{A}_1\boldsymbol{B}_1|=|\lambda\boldsymbol{E}_m-\boldsymbol{B}_1\boldsymbol{A}_1|$,由于

$$\boldsymbol{A}_1\boldsymbol{B}_1=\boldsymbol{AB},\quad \boldsymbol{B}_1\boldsymbol{A}_1=\begin{bmatrix}\boldsymbol{BA}&\boldsymbol{O}\\\boldsymbol{O}&\boldsymbol{O}\end{bmatrix}$$

所以

$$|\lambda\boldsymbol{E}_m-\boldsymbol{A}_1\boldsymbol{B}_1|=|\lambda\boldsymbol{E}_m-\boldsymbol{AB}|=|\lambda\boldsymbol{E}_m-\boldsymbol{B}_1\boldsymbol{A}_1|=\begin{vmatrix}\lambda\boldsymbol{E}_n-\boldsymbol{BA}&\boldsymbol{O}\\\boldsymbol{O}&\lambda\boldsymbol{E}_{m-n}\end{vmatrix}=\lambda^{m-n}|\lambda\boldsymbol{E}_n-\boldsymbol{BA}|$$

当 $n>m$ 时,同样可得

$$\lambda^m|\lambda\boldsymbol{E}_n-\boldsymbol{BA}|=\lambda^n|\lambda\boldsymbol{E}_m-\boldsymbol{AB}|$$

4. (提示) 设矩阵 $\boldsymbol{A}$ 的特征值为 $\lambda_1,\lambda_2,\cdots,\lambda_n$,$c\neq0$,则 $\boldsymbol{A}+c\boldsymbol{E}$ 的特征值为 $\lambda_1+c,\lambda_2+c,\cdots,\lambda_n+c$,因此 $\boldsymbol{A}$ 与 $\boldsymbol{A}+c\boldsymbol{E}$ 的特征值不可能完全相同. 接着用反证法,设存在 $\boldsymbol{A},\boldsymbol{B}$ 使得 $\boldsymbol{AB}-\boldsymbol{BA}=c\boldsymbol{E}\Rightarrow\boldsymbol{BA}+c\boldsymbol{E}=\boldsymbol{AB}$,于是 $\boldsymbol{BA}+c\boldsymbol{E}$ 与 $\boldsymbol{AB}$ 有相同的特征值,而由第 2 题,$\boldsymbol{AB}$ 与 $\boldsymbol{BA}$ 有相同的特征值,所以 $\boldsymbol{BA}+c\boldsymbol{E}$ 与 $\boldsymbol{BA}$ 有相同的特征值,这与前一问矛盾.
5. $a=4,b=5$,$\boldsymbol{P}=\begin{bmatrix}2&3&-3\\1&1/4&0\\0&-1/2&1\end{bmatrix}$ (提示) 由方程组 $\begin{cases}|\boldsymbol{A}|=|\boldsymbol{B}|,\\\mathrm{tr}(\boldsymbol{A})=\mathrm{tr}(\boldsymbol{B})\end{cases}\Rightarrow\begin{cases}2a-3=b,\\a+3=b+2,\end{cases}$ 解出 $a,b$. 矩阵 $\boldsymbol{A}$ 与 $\boldsymbol{B}$ 有相同的特征值 $1,1,5$,矩阵 $\boldsymbol{A}$ 对应的特征向量为 $\boldsymbol{\alpha}_1=(2,1,0)^{\mathrm{T}}$,$\boldsymbol{\alpha}_2=(-3,0,1)^{\mathrm{T}}$,$\boldsymbol{\alpha}_3=(-1,-1,1)^{\mathrm{T}}$,矩阵 $\boldsymbol{B}$ 对应的特征向量为 $\boldsymbol{\beta}_1=(1,0,0)^{\mathrm{T}}$,$\boldsymbol{\beta}_2=(0,0,1)^{\mathrm{T}}$,$\boldsymbol{\beta}_3=(-2,4,3)^{\mathrm{T}}$. 记 $\boldsymbol{P}_1=(\boldsymbol{\alpha}_1,\boldsymbol{\alpha}_2,\boldsymbol{\alpha}_3)$,$\boldsymbol{P}_2=(\boldsymbol{\beta}_1,\boldsymbol{\beta}_2,\boldsymbol{\beta}_3)$,则 $\boldsymbol{P}_1^{-1}\boldsymbol{AP}_1=\boldsymbol{P}_2^{-1}\boldsymbol{BP}_2=\mathrm{diag}(1,1,5)$,于是 $\boldsymbol{P}=\boldsymbol{P}_1\boldsymbol{P}_2^{-1}$ 使得 $\boldsymbol{P}^{-1}\boldsymbol{AP}=\boldsymbol{B}$.
6. (提示) 设特征值为 $\lambda_1,\lambda_2,\cdots,\lambda_n$,$\boldsymbol{D}=\mathrm{diag}(\lambda_1,\lambda_2,\cdots,\lambda_n)$. 因 $\lambda_i$ 互异,故存在可逆矩阵 $\boldsymbol{P},\boldsymbol{Q}$,使得 $\boldsymbol{P}^{-1}\boldsymbol{AP}=\boldsymbol{D}$,$\boldsymbol{Q}^{-1}\boldsymbol{BQ}=\boldsymbol{D}$. 令 $\boldsymbol{M}=\boldsymbol{PQ}^{-1}$($\boldsymbol{M}$ 可逆),$\boldsymbol{G}=\boldsymbol{QDP}^{-1}$,则 $\boldsymbol{A}=\boldsymbol{MG}$,$\boldsymbol{B}=\boldsymbol{GM}$.

## 习题 6.1

1. $|\boldsymbol{\alpha}|=\sqrt{14}$,$|\boldsymbol{\beta}|=\sqrt{7}$,$(\boldsymbol{\alpha},\boldsymbol{\beta})=7$,$\langle\boldsymbol{\alpha},\boldsymbol{\beta}\rangle=\dfrac{\pi}{4}$.

**2.** $|\boldsymbol{\alpha}|=\sqrt{13}$，$|\boldsymbol{\beta}|=5$，$(\boldsymbol{\alpha},\boldsymbol{\beta})=-8$.（**提示**）

$$|\boldsymbol{\alpha}|^2=(1,2,-1)\begin{bmatrix}3&0&2\\0&2&-1\\2&-1&2\end{bmatrix}\begin{bmatrix}1\\2\\-1\end{bmatrix},\quad |\boldsymbol{\beta}|^2=(1,-1,2)\begin{bmatrix}3&0&2\\0&2&-1\\2&-1&2\end{bmatrix}\begin{bmatrix}1\\-1\\2\end{bmatrix}$$

$$(\boldsymbol{\alpha},\boldsymbol{\beta})=(1,2,-1)\begin{bmatrix}3&0&2\\0&2&-1\\2&-1&2\end{bmatrix}\begin{bmatrix}1\\-1\\2\end{bmatrix}$$

**3.** (1)（**提示**）$\begin{vmatrix}1&1&1\\0&1&-1\\-1&1&1\end{vmatrix}=4\neq 0$;

(2) $\boldsymbol{D}=\begin{bmatrix}2&0&0\\0&3&1\\0&1&3\end{bmatrix}$（**提示**）$\boldsymbol{D}=(\boldsymbol{\alpha}_1,\boldsymbol{\alpha}_2,\boldsymbol{\alpha}_3)^{\mathrm{T}}(\boldsymbol{\alpha}_1,\boldsymbol{\alpha}_2,\boldsymbol{\alpha}_3)$；

(3) $|\boldsymbol{\alpha}|=\sqrt{19}$，$|\boldsymbol{\beta}|=\sqrt{13}$，$(\boldsymbol{\alpha},\boldsymbol{\beta})=-3$（**提示**）

$$|\boldsymbol{\alpha}|^2=(2,2,-1)\begin{bmatrix}2&0&0\\0&3&1\\0&1&3\end{bmatrix}\begin{bmatrix}2\\2\\-1\end{bmatrix},\quad |\boldsymbol{\beta}|^2=(1,-1,2)\begin{bmatrix}2&0&0\\0&3&1\\0&1&3\end{bmatrix}\begin{bmatrix}1\\-1\\2\end{bmatrix}$$

$$(\boldsymbol{\alpha},\boldsymbol{\beta})=(2,2,-1)\begin{bmatrix}2&0&0\\0&3&1\\0&1&3\end{bmatrix}\begin{bmatrix}1\\-1\\2\end{bmatrix}$$

## 习题 6.2

**1.**（**提示**）(1) $\boldsymbol{A}^{\mathrm{T}}=\boldsymbol{A},\boldsymbol{A}^2=\boldsymbol{E}\Rightarrow\boldsymbol{A}\boldsymbol{A}=\boldsymbol{A}^{\mathrm{T}}\boldsymbol{A}=\boldsymbol{E}$;

(2) $\boldsymbol{A}^{\mathrm{T}}=\boldsymbol{A},\boldsymbol{A}^{\mathrm{T}}\boldsymbol{A}=\boldsymbol{E}\Rightarrow\boldsymbol{A}^{\mathrm{T}}\boldsymbol{A}=\boldsymbol{A}^2=\boldsymbol{E}$;

(3) $\boldsymbol{A}^2=\boldsymbol{E},\boldsymbol{A}^{\mathrm{T}}\boldsymbol{A}=\boldsymbol{E}\Rightarrow\boldsymbol{A}^{\mathrm{T}}=\boldsymbol{A}^{-1}=\boldsymbol{A}$.

**2.**（**提示**）$\boldsymbol{A}^*=|\boldsymbol{A}|\boldsymbol{A}^{-1}=|\boldsymbol{A}|\boldsymbol{A}^{\mathrm{T}},(\boldsymbol{A}^*)^{\mathrm{T}}\boldsymbol{A}^*=(|\boldsymbol{A}|\boldsymbol{A}^{\mathrm{T}})^{\mathrm{T}}(|\boldsymbol{A}|\boldsymbol{A}^{\mathrm{T}})=|\boldsymbol{A}|^2\boldsymbol{A}\boldsymbol{A}^{\mathrm{T}}=\boldsymbol{E}$.

**3.**（**提示**）$\boldsymbol{A}$ 是 $n$ 阶矩阵，由 $\boldsymbol{\alpha}^{\mathrm{T}}\boldsymbol{\alpha}=1,\boldsymbol{A}^{\mathrm{T}}\boldsymbol{A}=\boldsymbol{E}$ 证明.

**4.** (1) $\boldsymbol{\gamma}_1=\left(\frac{1}{\sqrt{2}},\frac{1}{\sqrt{2}},0\right)^{\mathrm{T}},\boldsymbol{\gamma}_2=\left(\frac{1}{\sqrt{3}},\frac{-1}{\sqrt{3}},\frac{1}{\sqrt{3}}\right)^{\mathrm{T}},\boldsymbol{\gamma}_3=\left(\frac{-1}{\sqrt{6}},\frac{1}{\sqrt{6}},\frac{2}{\sqrt{6}}\right)^{\mathrm{T}}$;

(2) $\boldsymbol{\gamma}_1=\left(\frac{1}{\sqrt{3}},\frac{1}{\sqrt{3}},\frac{1}{\sqrt{3}}\right)^{\mathrm{T}},\boldsymbol{\gamma}_2=\left(-\frac{1}{\sqrt{2}},0,\frac{1}{\sqrt{2}}\right)^{\mathrm{T}},\boldsymbol{\gamma}_3=\left(\frac{1}{\sqrt{6}},\frac{-2}{\sqrt{6}},\frac{1}{\sqrt{6}}\right)^{\mathrm{T}}$;

(3) $\boldsymbol{\gamma}_1=\left(\frac{1}{\sqrt{2}},0,\frac{1}{\sqrt{2}},0\right)^{\mathrm{T}},\boldsymbol{\gamma}_2=\left(0,\frac{1}{\sqrt{2}},0,\frac{1}{\sqrt{2}}\right)^{\mathrm{T}},\boldsymbol{\gamma}_3=\left(\frac{1}{2},-\frac{1}{2},-\frac{1}{2},\frac{1}{2}\right)^{\mathrm{T}}$,

$\boldsymbol{\gamma}_4=\left(-\frac{1}{2},-\frac{1}{2},\frac{1}{2},\frac{1}{2}\right)^{\mathrm{T}}$.

**5.** $\boldsymbol{\alpha}_3=\left(\frac{2}{3},-\frac{2}{3},-\frac{1}{3}\right)^{\mathrm{T}}$ 或 $\left(-\frac{2}{3},\frac{2}{3},\frac{1}{3}\right)^{\mathrm{T}}$.

**6.**（**提示**）(1) 施行初等行变换将 $(\boldsymbol{A}\mid\boldsymbol{E})\rightarrow(\boldsymbol{E}\mid\boldsymbol{A}^{-1})$ 时，因为 $\boldsymbol{A}$ 是上三角矩阵，且主对角元大

于0,所以只要将主对角元化为1,再通过主对角元1将它上方的元素全化为0.与此同时,单位矩阵也只有主对角元与主对角元上方的元素有变化,主对角元仍然是正数,主对角元下方的元素仍然是0.

(2) 对矩阵的阶数$n$用数学归纳法. $n=2$时,结论显然成立.假设结论对$n-1$成立,考虑$n$阶上三角矩阵$\boldsymbol{A}_n$乘$n$阶上三角矩阵$\boldsymbol{B}_n$.将$\boldsymbol{A}_n$与$\boldsymbol{B}_n$分块为$\boldsymbol{A}_n=\begin{bmatrix} a & * \\ \boldsymbol{0} & \boldsymbol{A}' \end{bmatrix}$,$\boldsymbol{B}_n=\begin{bmatrix} b & * \\ \boldsymbol{0} & \boldsymbol{B}' \end{bmatrix}$,其中$\boldsymbol{A}'$,$\boldsymbol{B}'$是主对角元是正数的$n-1$阶上三角矩阵,且$a>0$,$b>0$,则

$$\boldsymbol{A}_n\boldsymbol{B}_n=\begin{bmatrix} a & * \\ \boldsymbol{0} & \boldsymbol{A}' \end{bmatrix}\begin{bmatrix} b & * \\ \boldsymbol{0} & \boldsymbol{B}' \end{bmatrix}=\begin{bmatrix} ab & * \\ \boldsymbol{0} & \boldsymbol{A}'\boldsymbol{B}' \end{bmatrix}$$

应用归纳假设可得$\boldsymbol{A}_n\boldsymbol{B}_n$是主对角元是正数的$n$阶上三角矩阵.

(3) 应用正交矩阵的列向量组是标准正交组,且主对角元为正数,可确定$a_{11}=1$,$a_{12}=0$,…,$a_{1n}=0$,同理确定$a_{22}=1$,$a_{23}=0$,…,$a_{2n}=0$,再确定$a_{33}=1$,$a_{34}=0$,…,最后得$a_{nn}=1$.

**7.** $(1,1,1,1)^{\mathrm{T}}$,$(2,3,4,1)^{\mathrm{T}}$ **(提示)** 系数矩阵记为$\boldsymbol{A}$,设$\mathrm{r}(\boldsymbol{A})=k$,$\boldsymbol{A}\boldsymbol{x}=\boldsymbol{0}$的解空间的基记为$\boldsymbol{\beta}_1,\cdots,\boldsymbol{\beta}_{n-k}$,记$\boldsymbol{B}=(\boldsymbol{\beta}_1,\cdots,\boldsymbol{\beta}_{n-k})$,则$\boldsymbol{A}\boldsymbol{B}=\boldsymbol{O}\Rightarrow\boldsymbol{B}^{\mathrm{T}}\boldsymbol{A}^{\mathrm{T}}=\boldsymbol{O}$,所以$\boldsymbol{A}^{\mathrm{T}}$的列向量组是方程组$\boldsymbol{B}^{\mathrm{T}}\boldsymbol{y}=\boldsymbol{0}$的解.因为$n-\mathrm{r}(\boldsymbol{B}^{\mathrm{T}})=k=\mathrm{r}(\boldsymbol{A}^{\mathrm{T}})$,所以$\boldsymbol{A}^{\mathrm{T}}$的列向量组的极大无关组就是$U$的一个基.

**8.** **(提示)** 由$\boldsymbol{P}^{\mathrm{T}}\boldsymbol{P}=\boldsymbol{E}_n$,得$\boldsymbol{A}^{\mathrm{T}}\boldsymbol{A}=\dfrac{1}{2}\begin{bmatrix} 2\boldsymbol{E}_n & \boldsymbol{O} \\ \boldsymbol{O} & 2\boldsymbol{E}_n \end{bmatrix}=\boldsymbol{E}_{2n}$,$\boldsymbol{B}^{\mathrm{T}}\boldsymbol{B}=\dfrac{1}{2}\begin{bmatrix} 2\boldsymbol{E}_n & \boldsymbol{O} \\ \boldsymbol{O} & 2\boldsymbol{E}_n \end{bmatrix}=\boldsymbol{E}_{2n}$.

## 习题 6.3

**1.** **(提示)** 先证$\boldsymbol{A}$的特征值只能取1或$-1$,再应用实对称矩阵可正交相似对角化.

**2.** **(提示)** 存在正交矩阵$\boldsymbol{Z}$使得$\boldsymbol{Z}^{-1}\boldsymbol{A}\boldsymbol{Z}=\boldsymbol{D}$,$\boldsymbol{D}=\mathrm{diag}(1,\cdots,1-1,\cdots,-1)$,$\boldsymbol{D}^{\mathrm{T}}\boldsymbol{D}=\boldsymbol{E}$,$\boldsymbol{A}=\boldsymbol{Z}\boldsymbol{D}\boldsymbol{Z}^{-1}$,$\boldsymbol{A}^{\mathrm{T}}\boldsymbol{A}=\boldsymbol{E}$.

**3.** **(提示)** 存在正交矩阵$\boldsymbol{Z}$使得$\boldsymbol{Z}^{-1}\boldsymbol{A}\boldsymbol{Z}=\boldsymbol{D}^3$,$\boldsymbol{D}=\mathrm{diag}(\sqrt[3]{\lambda_1},\sqrt[3]{\lambda_2},\cdots,\sqrt[3]{\lambda_n})$,$\boldsymbol{A}=(\boldsymbol{Z}^{-1}\boldsymbol{D}\boldsymbol{Z})^3$.

**4.** **(提示)** 设矩阵$\boldsymbol{A}$有$r$个特征值$\lambda_1,\lambda_2,\cdots,\lambda_r$不为0,其他特征值全为0,则存在正交矩阵$\boldsymbol{Z}$,使得$\boldsymbol{Z}^{-1}\boldsymbol{A}\boldsymbol{Z}=\begin{bmatrix} \boldsymbol{D} & \boldsymbol{O} \\ \boldsymbol{O} & \boldsymbol{O} \end{bmatrix}$,其中$\boldsymbol{D}=\mathrm{diag}(\lambda_1,\cdots,\lambda_r)$,于是$\boldsymbol{A}=\boldsymbol{Z}\begin{bmatrix} \boldsymbol{D} & \boldsymbol{O} \\ \boldsymbol{O} & \boldsymbol{O} \end{bmatrix}\boldsymbol{Z}^{-1}=\sum\limits_{i=1}^{r}\boldsymbol{Z}\boldsymbol{D}_{ii}\boldsymbol{Z}^{-1}$,其中$\boldsymbol{D}_{ii}$是$(i,i)$元为$\lambda_i$,其余元皆为0的矩阵.

**5.** (1) $\boldsymbol{Z}=\begin{bmatrix} 1/2 & 1/2 & -\sqrt{2}/2 \\ \sqrt{2}/2 & -\sqrt{2}/2 & 0 \\ 1/2 & 1/2 & \sqrt{2}/2 \end{bmatrix}$,$\boldsymbol{D}=\mathrm{diag}(\sqrt{2},-\sqrt{2},0)$;

(2) $\boldsymbol{Z}=\begin{bmatrix} 0 & \sqrt{2}/2 & \sqrt{2}/2 \\ 1 & 0 & 0 \\ 0 & \sqrt{2}/2 & -\sqrt{2}/2 \end{bmatrix}$,$\boldsymbol{D}=\mathrm{diag}(6,6,-2)$;

(3) $\boldsymbol{Z}=\begin{bmatrix} -\sqrt{2}/2 & -\sqrt{6}/6 & \sqrt{3}/3 \\ \sqrt{2}/2 & -\sqrt{6}/6 & \sqrt{3}/3 \\ 0 & \sqrt{6}/3 & \sqrt{3}/3 \end{bmatrix}$,$\boldsymbol{D}=\mathrm{diag}(2,2,8)$.

**6.** $A=\begin{bmatrix}0&0&-1\\0&1&0\\-1&0&0\end{bmatrix}$ **(提示)** 由 $x_1+x_3=0$ 得 $\boldsymbol{\alpha}_1=\begin{bmatrix}0\\1\\0\end{bmatrix}$, $\boldsymbol{\alpha}_2=\begin{bmatrix}-1\\0\\1\end{bmatrix}$, $\boldsymbol{P}=(\boldsymbol{\alpha}_1,\boldsymbol{\alpha}_2,\boldsymbol{\alpha}_3)$,

$\boldsymbol{P}^{-1}=\dfrac{1}{2}\begin{bmatrix}0&2&0\\-1&0&1\\1&0&1\end{bmatrix}$, $\boldsymbol{D}=\mathrm{diag}(1,1,-1)$, $\boldsymbol{A}=\boldsymbol{PDP}^{-1}$.

**7.** $\lambda=-2,1,1$, $\boldsymbol{B}=\begin{bmatrix}0&1&-1\\1&0&1\\-1&1&0\end{bmatrix}$ **(提示)** 设 $f(x)=x^5-4x^3+1$，则多项式矩阵 $\boldsymbol{B}$ 的特征值为 $f(\lambda_i)$ $(i=1,2,3)$. $\boldsymbol{B}$ 的属于 $-2$ 的特征向量为 $k_1\boldsymbol{\alpha}_1(k_1\neq 0)$；令 $x_1-x_2+x_3=0$，解得 $\boldsymbol{\alpha}_2=(1,1,0)^{\mathrm{T}}$, $\boldsymbol{\alpha}_3=(-1,0,1)^{\mathrm{T}}$，即 $\boldsymbol{B}$ 的属于 1 的特征向量为 $k_2\boldsymbol{\alpha}_2+k_3\boldsymbol{\alpha}_3$（$k_2,k_3$ 不全为 0）. 令 $\boldsymbol{P}=(\boldsymbol{\alpha}_1,\boldsymbol{\alpha}_2,\boldsymbol{\alpha}_3)$, $\boldsymbol{D}=\mathrm{diag}(-2,1,1)$，则 $\boldsymbol{B}=\boldsymbol{PDP}^{-1}$.

**8.** (1) 特征值 $\lambda_1=1$，对应的全部特征向量为 $C_1\boldsymbol{\alpha}_1(C_1\neq 0)$，其中 $\boldsymbol{\alpha}_1=(1,1,1)^{\mathrm{T}}$；特征值 $\lambda_2=\lambda_3=0$，对应的全部特征向量为 $C_2\boldsymbol{\alpha}+C_3\boldsymbol{\beta}$（$C_2,C_3$ 不全为 0），其中 $\boldsymbol{\alpha}=(1,-2,1)^{\mathrm{T}}$, $\boldsymbol{\beta}=(1,-1,0)^{\mathrm{T}}$.

(2) $\boldsymbol{Z}=\begin{bmatrix}\sqrt{3}/3&\sqrt{6}/6&\sqrt{2}/2\\\sqrt{3}/3&-\sqrt{6}/3&0\\\sqrt{3}/3&\sqrt{6}/6&-\sqrt{2}/2\end{bmatrix}$, $\boldsymbol{D}=\mathrm{diag}(1,0,0)$ **(提示)** 将上面(1)中的向量 $\boldsymbol{\alpha}_1,\boldsymbol{\alpha},\boldsymbol{\beta}$ 应用施密特正交规范化方法化为标准正交组 $\boldsymbol{\gamma}_1,\boldsymbol{\gamma}_2,\boldsymbol{\gamma}_3$，则 $\boldsymbol{Z}=(\boldsymbol{\gamma}_1,\boldsymbol{\gamma}_2,\boldsymbol{\gamma}_3)$, $\boldsymbol{D}=\mathrm{diag}(\lambda_1,\lambda_2,\lambda_3)$.

(3) $\boldsymbol{A}=\begin{bmatrix}1/3&1/3&1/3\\1/3&1/3&1/3\\1/3&1/3&1/3\end{bmatrix}$ **(提示)** 由上面(2) 得 $\boldsymbol{A}=\boldsymbol{ZDZ}^{-1}=\boldsymbol{ZDZ}^{\mathrm{T}}$.

**9.** **(提示)** 因 $\boldsymbol{A}^{\mathrm{T}}=-\boldsymbol{A}$, $(\overline{\boldsymbol{Ax}})^{\mathrm{T}}\boldsymbol{x}=(\bar{\boldsymbol{x}})^{\mathrm{T}}\boldsymbol{A}^{\mathrm{T}}\boldsymbol{x}=-(\bar{\boldsymbol{x}})^{\mathrm{T}}\boldsymbol{Ax}$，将 $\boldsymbol{Ax}=\lambda\boldsymbol{x}$ 代入两端得 $\bar{\lambda}((\bar{\boldsymbol{x}})^{\mathrm{T}}\boldsymbol{x})=-\lambda((\bar{\boldsymbol{x}})^{\mathrm{T}}\boldsymbol{x})$，由于 $(\bar{\boldsymbol{x}})^{\mathrm{T}}\boldsymbol{x}>0$，所以 $-\lambda=\bar{\lambda}$，即 $\lambda$ 为纯虚数.

**10.** **(提示)** 因为 $(\boldsymbol{A}+\boldsymbol{B})^{\mathrm{T}}=\boldsymbol{A}^{\mathrm{T}}+\boldsymbol{B}^{\mathrm{T}}=\boldsymbol{A}-\boldsymbol{B}\Rightarrow(\boldsymbol{A}+\boldsymbol{B})^{\mathrm{T}}$ 可逆 $\Rightarrow\boldsymbol{A}+\boldsymbol{B}$ 可逆，令 $\boldsymbol{C}=(\boldsymbol{A}+\boldsymbol{B})(\boldsymbol{A}-\boldsymbol{B})^{-1}$，则 $\boldsymbol{C}^{\mathrm{T}}=((\boldsymbol{A}-\boldsymbol{B})^{-1})^{\mathrm{T}}(\boldsymbol{A}+\boldsymbol{B})^{\mathrm{T}}=(\boldsymbol{A}+\boldsymbol{B})^{-1}(\boldsymbol{A}-\boldsymbol{B})$，得

$$\begin{aligned}\boldsymbol{C}^{\mathrm{T}}\boldsymbol{C}&=(\boldsymbol{A}+\boldsymbol{B})^{-1}(\boldsymbol{A}-\boldsymbol{B})(\boldsymbol{A}+\boldsymbol{B})(\boldsymbol{A}-\boldsymbol{B})^{-1}\\&=(\boldsymbol{A}+\boldsymbol{B})^{-1}(\boldsymbol{A}+\boldsymbol{B})(\boldsymbol{A}-\boldsymbol{B})(\boldsymbol{A}-\boldsymbol{B})^{-1}=\boldsymbol{EE}=\boldsymbol{E}\end{aligned}$$

11. **(提示)** $\boldsymbol{A}$ 为正交矩阵，则 $\boldsymbol{A}^{\mathrm{T}}\boldsymbol{A}=\boldsymbol{E}$. 设 $\boldsymbol{A}$ 有特征值 $\lambda$，$\boldsymbol{A}$ 的属于 $\lambda$ 的特征向量为 $\boldsymbol{\alpha}$，则 $\boldsymbol{A\alpha}=\lambda\boldsymbol{\alpha}$，两边取共轭得 $\boldsymbol{A}\bar{\boldsymbol{\alpha}}=\bar{\lambda}\bar{\boldsymbol{\alpha}}$，再两边取转置得 $(\bar{\boldsymbol{\alpha}})^{\mathrm{T}}\boldsymbol{A}^{\mathrm{T}}=\bar{\lambda}(\bar{\boldsymbol{\alpha}})^{\mathrm{T}}$，此式与 $\boldsymbol{A\alpha}=\lambda\boldsymbol{\alpha}$ 两边分别相乘得 $(\bar{\boldsymbol{\alpha}})^{\mathrm{T}}\boldsymbol{A}^{\mathrm{T}}\boldsymbol{A\alpha}=\bar{\lambda}\lambda(\bar{\boldsymbol{\alpha}})^{\mathrm{T}}\boldsymbol{\alpha}$，因为 $(\bar{\boldsymbol{\alpha}})^{\mathrm{T}}\boldsymbol{A}^{\mathrm{T}}\boldsymbol{A\alpha}=(\bar{\boldsymbol{\alpha}})^{\mathrm{T}}\boldsymbol{\alpha}$，所以 $(\bar{\boldsymbol{\alpha}})^{\mathrm{T}}\boldsymbol{\alpha}=\bar{\lambda}\lambda(\bar{\boldsymbol{\alpha}})^{\mathrm{T}}\boldsymbol{\alpha}$. 又 $(\bar{\boldsymbol{\alpha}})^{\mathrm{T}}\boldsymbol{\alpha}>0$，所以 $\bar{\lambda}\lambda=1$，即 $|\lambda|=1$.

12. **(提示)** 正交矩阵 $\boldsymbol{A}$ 的复特征值 $\lambda_1$ 与它的共轭数 $\bar{\lambda}_1$ 总是成对出现，且 $\lambda_1\bar{\lambda}_1=1$；又 $\boldsymbol{A}$ 的实特征值 $\lambda_2$ 的模等于 1，故 $\lambda_2=\pm 1$. 由于 $|\boldsymbol{A}|=-1$，可得 $\boldsymbol{A}$ 的所有特征值的乘积为 $-1$，因此 $\boldsymbol{A}$ 的特征值中至少有一个是 $-1$.

## 复习题 6

**1.** (提示)因为 $\boldsymbol{A},\boldsymbol{B}$ 是正交矩阵,则 $\boldsymbol{B}^{-1}$ 与 $\boldsymbol{AB}^{-1}$ 也是正交矩阵,且 $|\boldsymbol{AB}^{-1}|=|\boldsymbol{A}||\boldsymbol{B}|^{-1}=-1$,由习题 6.3 第 12 题的结论得 $\boldsymbol{AB}^{-1}$ 有特征值 $-1$,则 $|-\boldsymbol{E}-\boldsymbol{AB}^{-1}|=(-1)^n|\boldsymbol{E}+\boldsymbol{AB}^{-1}|=0\Rightarrow$ $|\boldsymbol{E}+\boldsymbol{AB}^{-1}|=|\boldsymbol{BB}^{-1}+\boldsymbol{AB}^{-1}|=|(\boldsymbol{A}+\boldsymbol{B})\boldsymbol{B}^{-1}|=|\boldsymbol{A}+\boldsymbol{B}||\boldsymbol{B}^{-1}|=0$,故 $|\boldsymbol{A}+\boldsymbol{B}|=0$.

**2.** (提示)应用施密特正交规范化公式得

$$\boldsymbol{\alpha}_1=\boldsymbol{\beta}_1,\boldsymbol{\alpha}_2=\boldsymbol{\beta}_2+\frac{(\boldsymbol{\alpha}_2,\boldsymbol{\beta}_1)}{(\boldsymbol{\beta}_1,\boldsymbol{\beta}_1)}\boldsymbol{\beta}_1,\cdots,\boldsymbol{\alpha}_n=\boldsymbol{\beta}_n+\frac{(\boldsymbol{\alpha}_n,\boldsymbol{\beta}_1)}{(\boldsymbol{\beta}_1,\boldsymbol{\beta}_1)}\boldsymbol{\beta}_1+\frac{(\boldsymbol{\alpha}_n,\boldsymbol{\beta}_2)}{(\boldsymbol{\beta}_2,\boldsymbol{\beta}_2)}\boldsymbol{\beta}_2+\cdots+\frac{(\boldsymbol{\alpha}_n,\boldsymbol{\beta}_{n-1})}{(\boldsymbol{\beta}_{n-1},\boldsymbol{\beta}_{n-1})}\boldsymbol{\beta}_{n-1}$$

所以

$$(\boldsymbol{\alpha}_1,\boldsymbol{\alpha}_2,\cdots,\boldsymbol{\alpha}_n)=(\boldsymbol{\beta}_1,\boldsymbol{\beta}_2,\cdots,\boldsymbol{\beta}_n)(c_{ij})_{n\times n}$$

其中 $(c_{ij})_{n\times n}$ 是上三角矩阵,且主对角元皆等于 1. 记 $\boldsymbol{C}=(c_{ij})_{n\times n}$,则 $|\boldsymbol{A}|=|\boldsymbol{B}||\boldsymbol{C}|=|\boldsymbol{B}|$.

因

$$\begin{bmatrix}\boldsymbol{\beta}_1^{\mathrm{T}}\\ \vdots\\ \boldsymbol{\beta}_n^{\mathrm{T}}\end{bmatrix}(\boldsymbol{\beta}_1,\cdots,\boldsymbol{\beta}_n)=\begin{bmatrix}\boldsymbol{\beta}_1^{\mathrm{T}}\boldsymbol{\beta}_1 & \cdots & \boldsymbol{\beta}_1^{\mathrm{T}}\boldsymbol{\beta}_n\\ \vdots & & \vdots\\ \boldsymbol{\beta}_n^{\mathrm{T}}\boldsymbol{\beta}_1 & \cdots & \boldsymbol{\beta}_n^{\mathrm{T}}\boldsymbol{\beta}_n\end{bmatrix}=\begin{bmatrix}|\boldsymbol{\beta}_1|^2 & & O\\ & \ddots & \\ O & & |\boldsymbol{\beta}_n|^2\end{bmatrix}$$

取行列式得 $|\boldsymbol{B}|^2=\prod\limits_{i=1}^{n}|\boldsymbol{\beta}_i|^2$. 显然有 $|\boldsymbol{\beta}_i|\leqslant|\boldsymbol{\alpha}_i|$(直角三角形中直角边长小于斜边长).

**3.** (提示)由 $|\lambda\boldsymbol{E}-\boldsymbol{A}|=(\lambda-n)\lambda^{n-1}=0\Rightarrow\lambda=n,0,\cdots,0$,因 $\boldsymbol{A}$ 是实对称矩阵,所以 $\boldsymbol{A}\sim\mathrm{diag}(n,0,\cdots,0)$. $\boldsymbol{B}$ 的特征值显然为 $\mu=n,0,\cdots,0$,对于 $\mu=0$,因为 $\mathrm{r}(0\boldsymbol{E}-\boldsymbol{B})=1$,故 $\boldsymbol{B}$ 属于 $\mu=0$ 有 $n-1$ 个线性无关的特征向量,于是 $\boldsymbol{B}\sim\mathrm{diag}(n,0,\cdots,0)$.

**4.** (1) $\lambda_1=1,\boldsymbol{\alpha}_1=c_1\begin{bmatrix}1\\1\\0\end{bmatrix}(c_1\neq0)$;$\lambda_2=-1,\boldsymbol{\alpha}_2=c_2\begin{bmatrix}1\\-1\\0\end{bmatrix}(c_2\neq0)$;$\lambda_3=0,\boldsymbol{\alpha}_3=c_3\begin{bmatrix}0\\0\\1\end{bmatrix}(c_3\neq0)$

(提示)由 $\mathrm{r}(\boldsymbol{A})=2$ 知 $\boldsymbol{A}$ 有特征值 0,利用 $\boldsymbol{A}$ 的不同特征向量正交得其特征向量为 $(0,0,1)^{\mathrm{T}}$.

(2) $\boldsymbol{A}=\begin{bmatrix}0&1&0\\1&0&0\\0&0&0\end{bmatrix}$ (提示)令 $\boldsymbol{P}=\dfrac{1}{\sqrt{2}}\begin{bmatrix}1&1&0\\1&-1&0\\0&0&\sqrt{2}\end{bmatrix}$,则 $\boldsymbol{P}^{-1}\boldsymbol{AP}=\boldsymbol{D}=\mathrm{diag}(1,-1,0)$,所以 $\boldsymbol{A}=\boldsymbol{PDP}^{\mathrm{T}}$.

## 习题 7.1

**1.** (1) $f(x_1,x_2,x_3)=(x_1,x_2,x_3)\begin{bmatrix}1&-2&1\\-2&4&0\\1&0&2\end{bmatrix}\begin{bmatrix}x_1\\x_2\\x_3\end{bmatrix}$,$\mathrm{r}(\boldsymbol{A})=3$;

(2) $f(x_1,x_2,x_3)=(x_1,x_2,x_3)\begin{bmatrix}0&1&1\\1&0&0\\1&0&0\end{bmatrix}\begin{bmatrix}x_1\\x_2\\x_3\end{bmatrix}$,$\mathrm{r}(\boldsymbol{A})=2$;

(3) $f(x_1,x_2,x_3)=(x_1,x_2,x_3)\begin{bmatrix}1&2&0\\2&2&-2\\0&-2&3\end{bmatrix}\begin{bmatrix}x_1\\x_2\\x_3\end{bmatrix}$, $r(\boldsymbol{A})=3$;

(4) $f(x_1,x_2,x_3,x_4)=(x_1,x_2,x_3,x_4)\begin{bmatrix}1&2&1&2\\2&0&1&1\\1&1&1&1\\2&1&1&2\end{bmatrix}\begin{bmatrix}x_1\\x_2\\x_3\\x_4\end{bmatrix}$, $r(\boldsymbol{A})=3$.

**2.** $f(x_1,x_2,x_3)=(x_1,x_2,x_3)\begin{bmatrix}a_1^2&a_1a_2&a_1a_3\\a_1a_2&a_2^2&a_2a_3\\a_1a_3&a_2a_3&a_3^2\end{bmatrix}\begin{bmatrix}x_1\\x_2\\x_3\end{bmatrix}$.

**3.** (1) $f(x_1,x_2,x_3)=2x_1^2+4x_2^2-x_3^2$;

(2) $f(x_1,x_2,x_3)=-x_2^2+4x_3^2+2x_1x_2+4x_1x_3+6x_2x_3$;

(3) $f(x_1,x_2,x_3)=2x_1^2+3x_2^2+4x_3^2+4x_1x_2-8x_1x_3+12x_2x_3$.

**4.** $f(x_1,x_2,x_3,x_4)=3x_2^2+12x_3^2+6x_1x_4-12x_2x_3-8x_3x_4$.

**5.** **(提示)**存在可逆矩阵$\boldsymbol{P}$使得$\boldsymbol{P}^{\mathrm{T}}\boldsymbol{A}\boldsymbol{P}=\boldsymbol{B}$,等价于对$\boldsymbol{A}$施行有限次初等行变换,再施行有限次初等列变换,初等变换不改变矩阵的秩.

**6.** **(提示)**设矩阵$\boldsymbol{A}$属于特征值$\lambda_0$的特征向量为$\boldsymbol{x}_0=(a_1,a_2,\cdots,a_n)^{\mathrm{T}}$,则$\boldsymbol{A}\boldsymbol{x}_0=\lambda_0\boldsymbol{x}_0$,两边再左乘$\boldsymbol{x}_0^{\mathrm{T}}$,得$\boldsymbol{x}_0^{\mathrm{T}}\boldsymbol{A}\boldsymbol{x}_0=\lambda_0\boldsymbol{x}_0^{\mathrm{T}}\boldsymbol{x}_0=\lambda_0(a_1^2+a_2^2+\cdots+a_n^2)$.

## 习题 7.2

**1.** **(提示)**$\boldsymbol{A}^{\mathrm{T}}\boldsymbol{A}^{-1}\boldsymbol{A}=\boldsymbol{A}^{\mathrm{T}}=\boldsymbol{A}$.

**2.** **(提示)** 取 $\boldsymbol{P}=\begin{bmatrix}O&&&1\\&&1&\\&\iddots&&\\1&&&O\end{bmatrix}$,则 $\boldsymbol{P}^{\mathrm{T}}\boldsymbol{A}\boldsymbol{P}=\boldsymbol{B}$.

**3.** (1) $\boldsymbol{P}=\begin{bmatrix}0&1&-5\\1&1&-2\\0&0&1\end{bmatrix}$, $\boldsymbol{D}=\mathrm{diag}(-1,1,-12)$;

(2) $\boldsymbol{P}=\begin{bmatrix}1&0&1\\0&1&-3\\0&0&1\end{bmatrix}$, $\boldsymbol{D}=\mathrm{diag}(1,2,-20)$.

**4.** (1) $\boldsymbol{Z}=\frac{1}{3}\begin{bmatrix}2&2&1\\1&-2&2\\-2&1&2\end{bmatrix}$, $\boldsymbol{D}=\mathrm{diag}(2,5,-1)$;

(2) $\boldsymbol{Z}=\frac{1}{15}\begin{bmatrix}10&3\sqrt{5}&4\sqrt{5}\\5&-6\sqrt{5}&2\sqrt{5}\\10&0&-5\sqrt{5}\end{bmatrix}$, $\boldsymbol{D}=\mathrm{diag}(6,-3,-3)$.

## 习题 7.3

1. (1) $\begin{cases} x_1 = y_1 - y_2 + 4y_3, \\ x_2 = y_3, \\ x_3 = y_2 - 2y_3, \end{cases}$ $f(x_1,x_2,x_3) = g(\boldsymbol{y}) = y_1^2 + y_2^2 - 4y_3^2$;

(2) $\begin{cases} x_1 = y_1 - y_2, \\ x_2 = y_1 + y_2 - y_3, \\ x_3 = y_3, \end{cases}$ $f(x_1,x_2,x_3) = g(\boldsymbol{y}) = 2y_1^2 - 2y_2^2$;

(3) $\begin{cases} x_1 = y_1 - 2y_2 + 2y_3, \\ x_2 = y_2 - y_3, \\ x_3 = y_3, \end{cases}$ $f(x_1,x_2,x_3) = g(\boldsymbol{y}) = y_1^2 - 2y_2^2 + 5y_3^2$.

2. (1) $\boldsymbol{x} = \boldsymbol{Zy}, \boldsymbol{Z} = \frac{1}{6}\begin{bmatrix} 2\sqrt{3} & -3\sqrt{2} & \sqrt{6} \\ 2\sqrt{3} & 3\sqrt{2} & \sqrt{6} \\ 2\sqrt{3} & 0 & -2\sqrt{6} \end{bmatrix}, f(x_1,x_2,x_3) = g(\boldsymbol{y}) = 5y_1^2 - y_2^2 - y_3^2$;

(2) $\boldsymbol{x} = \boldsymbol{Zy}, \boldsymbol{Z} = \frac{1}{15}\begin{bmatrix} 6\sqrt{5} & -2\sqrt{5} & 5 \\ 0 & 5\sqrt{5} & 10 \\ 3\sqrt{5} & 4\sqrt{5} & -10 \end{bmatrix}, f(x_1,x_2,x_3) = g(\boldsymbol{y}) = y_1^2 + y_2^2 + 10y_3^2$;

(3) $\boldsymbol{x} = \boldsymbol{Zy}, \boldsymbol{Z} = \frac{1}{6}\begin{bmatrix} -3\sqrt{2} & -\sqrt{6} & 2\sqrt{3} \\ 3\sqrt{2} & -\sqrt{6} & 2\sqrt{3} \\ 0 & 2\sqrt{6} & 2\sqrt{3} \end{bmatrix}, f(x_1,x_2,x_3) = g(\boldsymbol{y}) = 3y_1^2 + 3y_2^2$.

3. $\boldsymbol{A} = \frac{1}{2}\begin{bmatrix} 0 & 1 & \cdots & 1 & 1 \\ 1 & 0 & \cdots & 1 & 1 \\ \vdots & \vdots & & \vdots & \vdots \\ 1 & 1 & \cdots & 0 & 1 \\ 1 & 1 & \cdots & 1 & 0 \end{bmatrix}, \lambda = \frac{n-1}{2}, -\frac{1}{2}, -\frac{1}{2}, \cdots, -\frac{1}{2}, f = y_1^2 - y_2^2 - \cdots - y_n^2$.

4. $f = y_1^2 - y_2^2 - y_3^2$.

5. (**提示**)(1)(**必要性**)由相似矩阵的性质可得.(**充分性**)设$\boldsymbol{A},\boldsymbol{B}$是两个实对称矩阵,它们有相同的特征值$\lambda_1,\lambda_2,\cdots,\lambda_n$,根据实对称矩阵可正交相似对角化的性质,得

$$\boldsymbol{A} \sim \mathrm{diag}(\lambda_1,\lambda_2,\cdots,\lambda_n), \quad \boldsymbol{B} \sim \mathrm{diag}(\lambda_1,\lambda_2,\cdots,\lambda_n)$$

应用相似矩阵的传递性得 $\boldsymbol{A} \sim \boldsymbol{B}$.

(2) 设$\boldsymbol{A},\boldsymbol{B}$是实对称矩阵,则$\boldsymbol{A} \simeq \boldsymbol{B} \Leftrightarrow \boldsymbol{x}^{\mathrm{T}}\boldsymbol{Ax}$ 与 $\boldsymbol{x}^{\mathrm{T}}\boldsymbol{Bx}$ 有相同的规范形 $\Leftrightarrow$(应用惯性定理)$\boldsymbol{A}$ 与 $\boldsymbol{B}$ 有相同的正惯性指数与负惯性指数,即 $\boldsymbol{A}$ 与 $\boldsymbol{B}$ 的特征值中正特征值的个数与负特征值的个数皆相同 $\Leftrightarrow \boldsymbol{A}$ 与 $\boldsymbol{B}$ 的特征值有相同的符号.

6. $\boldsymbol{A} \simeq \boldsymbol{B} \simeq \boldsymbol{C}, \boldsymbol{A} \sim \boldsymbol{C}$.

7. (1) $a = 0$;(2) $\boldsymbol{x} = \boldsymbol{Zy}, \boldsymbol{Z} = \frac{1}{2}\begin{bmatrix} 2 & 0 & 0 \\ 0 & \sqrt{2} & -\sqrt{2} \\ 0 & \sqrt{2} & \sqrt{2} \end{bmatrix}, f(x_1,x_2,x_3) = g(\boldsymbol{y}) = y_1^2 + 2y_2^2$.

**8.** $a=b=0,\boldsymbol{Z}=\frac{1}{2}\begin{bmatrix}0&\sqrt{2}&-\sqrt{2}\\2&0&0\\0&\sqrt{2}&\sqrt{2}\end{bmatrix}$.

**9.** (1) $(x_1,x_2,x_3)^{\mathrm{T}}=C(1,1,0)^{\mathrm{T}}$($C$为任意常数)(**提示**)由

$$f(x_1,x_2,x_3)=0\Leftrightarrow\begin{cases}x_1-x_2+x_3=0,\\2x_1-2x_2+3x_3=0,\end{cases}\quad\begin{bmatrix}1&-1&1\\2&-2&3\end{bmatrix}\to\begin{bmatrix}1&-1&0\\0&0&1\end{bmatrix}$$

(2) $f(x_1,x_2,x_3)=y_1^2+y_2^2$, $\begin{bmatrix}x_1\\x_2\\x_3\end{bmatrix}=\begin{bmatrix}3&-1&1\\0&0&1\\-2&1&0\end{bmatrix}\begin{bmatrix}y_1\\y_2\\y_3\end{bmatrix}$(**提示**)取可逆矩阵

$$\boldsymbol{P}^{-1}=\begin{bmatrix}1&-1&1\\2&-2&3\\0&1&0\end{bmatrix}\Rightarrow\boldsymbol{P}=\begin{bmatrix}3&-1&1\\0&0&1\\-2&1&0\end{bmatrix}$$

**10.** (1) $3x_1^2+2y_1^2+6z_1^2=1$,椭球面;(2) $5x_1^2-5y_1^2=1$,双曲柱面.

**11.** 10类;$\begin{bmatrix}0&0&0\\0&0&0\\0&0&0\end{bmatrix}$,$\begin{bmatrix}1&0&0\\0&0&0\\0&0&0\end{bmatrix}$,$\begin{bmatrix}-1&0&0\\0&0&0\\0&0&0\end{bmatrix}$,$\begin{bmatrix}1&0&0\\0&1&0\\0&0&0\end{bmatrix}$,$\begin{bmatrix}1&0&0\\0&-1&0\\0&0&0\end{bmatrix}$,$\begin{bmatrix}-1&0&0\\0&-1&0\\0&0&0\end{bmatrix}$,

$\begin{bmatrix}1&0&0\\0&1&0\\0&0&1\end{bmatrix}$,$\begin{bmatrix}1&0&0\\0&1&0\\0&0&-1\end{bmatrix}$,$\begin{bmatrix}1&0&0\\0&-1&0\\0&0&-1\end{bmatrix}$,$\begin{bmatrix}-1&0&0\\0&-1&0\\0&0&-1\end{bmatrix}$.

**12.** 当$n=1$时$a\in[-2,2]$,当$n=2$时$a\in(-\infty,-2)\cup(2,+\infty)$(**提示**)经配方,得二次型$f(x_1,x_2,x_3)=y_1^2-y_2^2+(4-a^2)y_3^2$,$n=1$时$4-a^2\geqslant0$,$n=2$时$4-a^2<0$.

**13.** (1) $\boldsymbol{x}=\boldsymbol{P}\boldsymbol{y},\boldsymbol{P}=\frac{1}{3}\begin{bmatrix}3&-6&-2\\0&3&-2\\0&0&3\end{bmatrix}$,$f(\boldsymbol{x})=g(\boldsymbol{y})=y_1^2-3y_2^2-\frac{5}{3}y_3^2$;

(2) $\boldsymbol{x}=\boldsymbol{P}\boldsymbol{y},\boldsymbol{P}=\begin{bmatrix}1&2&-7\\0&1&-2\\0&0&1\end{bmatrix}$,$f(\boldsymbol{x})=g(\boldsymbol{y})=y_1^2+y_2^2-12y_3^2$.

## 习题 7.4

**1.** (**提示**)$\forall\,\boldsymbol{x}\neq\boldsymbol{0},\boldsymbol{x}^{\mathrm{T}}(k\boldsymbol{A}+l\boldsymbol{B})\boldsymbol{x}=k\boldsymbol{x}^{\mathrm{T}}\boldsymbol{A}\boldsymbol{x}+l\boldsymbol{x}^{\mathrm{T}}\boldsymbol{B}\boldsymbol{x}>0$.

**2.** (**提示**)$\boldsymbol{A}$为正定矩阵,则$\boldsymbol{A}$为实对称矩阵,$\boldsymbol{A}$的特征值$\lambda_i>0(i=1,2,\cdots,n)$,$|\boldsymbol{A}|>0$.

(1) $(\boldsymbol{A}^{-1})^{\mathrm{T}}=(\boldsymbol{A}^{\mathrm{T}})^{-1}=\boldsymbol{A}^{-1}$,故$\boldsymbol{A}^{-1}$实对称,且$\boldsymbol{A}^{-1}$的特征值为$\frac{1}{\lambda_i}>0(i=1,2,\cdots,n)$;

(2) $\boldsymbol{A}^*=|\boldsymbol{A}|\boldsymbol{A}^{-1},(\boldsymbol{A}^*)^{\mathrm{T}}=|\boldsymbol{A}|(\boldsymbol{A}^{-1})^{\mathrm{T}}=|\boldsymbol{A}|(\boldsymbol{A}^{\mathrm{T}})^{-1}=|\boldsymbol{A}|\boldsymbol{A}^{-1}=\boldsymbol{A}^*$,故$\boldsymbol{A}^*$实对称,且$\boldsymbol{A}^*$的特征值为$\frac{|\boldsymbol{A}|}{\lambda_i}>0(i=1,2,\cdots,n)$;

(3) $\boldsymbol{A}+\boldsymbol{E}$的特征值为$\lambda_i+1>1(i=1,2,\cdots,n)$,所以$|\boldsymbol{A}+\boldsymbol{E}|=\prod_{i=1}^{n}(\lambda_i+1)>1$.

3. (1) 非正定,顺序主子式 $|A_3|=0$,特征值为 3,3,0;

(2) 正定,顺序主子式皆大于零,特征值为 $\lambda=2,4,4,6$.

4. (提示) 因为 $|A|<0$,所以 $A$ 的特征值中至少有一个小于零,不妨设 $\lambda_2<0$,有 $A\alpha=\lambda_2\alpha$. 取 $x=\alpha$,则 $f(x)=x^TAx=\lambda_2x^Tx<0$.

5. (提示) 令 $B=A^TA, B^T=A^T(A^T)^T=B$,故 $B$ 是实对称矩阵. 因 $r(A)=n\Rightarrow\forall x\neq 0, Ax\neq 0$,于是 $x^TBx=x^TA^TAx=(Ax)^T(Ax)=|Ax|^2>0$,所以 $B$ 即 $A^TA$ 是正定矩阵.

6. (提示) 因 $x_1+a_1x_2, x_2+a_2x_3, \cdots, x_{n-1}+a_{n-1}x_n, x_n+a_nx_1$ 不全为 $0\Leftrightarrow f(x_1,x_2,\cdots,x_n)>0$,又线性齐次方程组 $x_1+a_1x_2=0, x_2+a_2x_3=0, \cdots, x_{n-1}+a_{n-1}x_n=0, x_n+a_nx_1=0$ 的系数行列式为 $1-(-1)^na_1a_2\cdots a_n$,所以 $a_1a_2\cdots a_n\neq(-1)^n$ 时 $f(x_1,x_2,\cdots,x_n)$ 是正定的.

7. (提示) $A$ 的特征值为 $\lambda=2,2,0$,且 $\lambda=0$ 对应的特征向量为 $\alpha_3=\left(\frac{\sqrt{2}}{2},0,-\frac{\sqrt{2}}{2}\right)^T$. 设 $\lambda=2$ 对应的特征向量为 $(x_1,x_2,x_3)^T$,则 $x_1-x_3=0$,解得 $\alpha_1=(0,1,0)^T$, $\alpha_2=\left(\frac{\sqrt{2}}{2},0,\frac{\sqrt{2}}{2}\right)^T$,则

$$Z=\begin{bmatrix}0 & \sqrt{2}/2 & \sqrt{2}/2\\ 1 & 0 & 0\\ 0 & \sqrt{2}/2 & -\sqrt{2}/2\end{bmatrix}, D=\begin{bmatrix}2 & 0 & 0\\ 0 & 2 & 0\\ 0 & 0 & 0\end{bmatrix},\text{得 } A=ZDZ^T=\begin{bmatrix}1 & 0 & 1\\ 0 & 2 & 0\\ 1 & 0 & 1\end{bmatrix}.$$

又 $A+E$ 为实对称矩阵,特征值为 $\lambda=3,3,1$,所以 $A+E$ 为正定矩阵.

8. (提示) 由条件得二次型 $f(x)=x^TAx$ 的正惯性指数 $p$ 满足 $1\leqslant p<r(A)$,则二次型 $f(x)$ 的规范形 $g(y)$ 中存在系数为 $+1$ 的项,譬如 $+y_i^2$ 项,且存在系数为 $-1$ 的项,譬如 $-y_j^2$ 项. 取向量 $y_0=(y_1,y_2,\cdots,y_n)\neq 0$,其中 $y_i=y_j=1$,其他分量皆等于 0,则 $g(y_0)=0$.

9. (提示) 设 $A$ 的特征值为 $\lambda_i(i=1,2,\cdots,n)$,因 $A$ 实对称,所以存在正交矩阵 $Z$,使得 $x=Zy$, $f(x)=y^TDy=\lambda_1y_1^2+\lambda_2y_2^2+\cdots+\lambda_ny_n^2\leqslant\max\limits_{1\leqslant i\leqslant n}\{\lambda_i\}(y_1^2+y_2^2+\cdots+y_n^2)$. 因 $y_1^2+y_2^2+\cdots+y_n^2=y^Ty=(Z^{-1}x)^T(Z^{-1}x)=\sum\limits_{i=1}^{n}x_i^2=1$,所以 $f(x)\leqslant\max\limits_{1\leqslant i\leqslant n}\{\lambda_i\}=\lambda_k$. 取向量 $y_0=(0,\cdots,0,1,0,\cdots,0)^T$,其中第 $k$ 个分量为 1,其他分量皆等于 0,则 $y_0^TDy_0=\lambda_k$.

## 复习题 7

1. (提示)(1) 易证方程组 $(A^TA)x=0$ 与 $Ax=0$ 是同解方程组,所以 $r(A^TA)=r(A)=2$. 由

$$A=\begin{bmatrix}1 & 0 & 1\\ 0 & 1 & 1\\ -1 & 0 & a\\ 0 & a & -1\end{bmatrix}\to\begin{bmatrix}1 & 0 & 1\\ 0 & 1 & 1\\ 0 & 0 & 1+a\\ 0 & 0 & -1-a\end{bmatrix}\to\begin{bmatrix}1 & 0 & 1\\ 0 & 1 & 1\\ 0 & 0 & 1+a\\ 0 & 0 & 0\end{bmatrix}\Rightarrow a=-1$$

(2) $B=A^TA=\begin{bmatrix}2 & 0 & 2\\ 0 & 2 & 2\\ 2 & 2 & 4\end{bmatrix}$, $B$ 的特征值及对应特征向量为 $\lambda_1=2, \alpha_1=\left(-\frac{\sqrt{2}}{2},\frac{\sqrt{2}}{2},0\right)^T$,

$\lambda_2=6, \alpha_2=\left(\frac{\sqrt{6}}{6},\frac{\sqrt{6}}{6},\frac{\sqrt{6}}{3}\right)^T, \lambda_3=0, \alpha_3=\left(-\frac{\sqrt{3}}{3},-\frac{\sqrt{3}}{3},\frac{\sqrt{3}}{3}\right)^T$,所以

$$Z = (\boldsymbol{\alpha}_1, \boldsymbol{\alpha}_2, \boldsymbol{\alpha}_3), \quad \boldsymbol{x} = Z\boldsymbol{y}, \quad f = 2y_1^2 + 6y_2^2$$

**2.** **(提示)** 设 $f = \boldsymbol{x}^{\mathrm{T}}\boldsymbol{A}\boldsymbol{x}, g = \boldsymbol{x}^{\mathrm{T}}\boldsymbol{B}\boldsymbol{x}$. 因为 $g$ 是正定二次型,所以存在可逆线性变换 $\boldsymbol{x} = \boldsymbol{P}\boldsymbol{z}$,使得 $\boldsymbol{P}^{\mathrm{T}}\boldsymbol{B}\boldsymbol{P} = \boldsymbol{E}$. 记 $\boldsymbol{P}^{\mathrm{T}}\boldsymbol{A}\boldsymbol{P} = \boldsymbol{C}$,$\boldsymbol{C}$ 为实对称矩阵,设 $\boldsymbol{C}$ 的特征值为 $\lambda_1, \lambda_2, \cdots, \lambda_n$,则存在正交矩阵 $\boldsymbol{Z}$,使得 $\boldsymbol{z} = \boldsymbol{Z}\boldsymbol{y}$,且 $\boldsymbol{Z}^{\mathrm{T}}\boldsymbol{C}\boldsymbol{Z} = \boldsymbol{D} = \mathrm{diag}(\lambda_1, \lambda_2, \cdots, \lambda_n)$. 在可逆线性变换 $\boldsymbol{x} = \boldsymbol{Q}\boldsymbol{y}(\boldsymbol{Q} = \boldsymbol{P}\boldsymbol{Z})$ 下,有

$$\boldsymbol{Q}^{\mathrm{T}}\boldsymbol{A}\boldsymbol{Q} = \boldsymbol{Z}^{\mathrm{T}}(\boldsymbol{P}^{\mathrm{T}}\boldsymbol{A}\boldsymbol{P})\boldsymbol{Z} = \boldsymbol{Z}^{\mathrm{T}}\boldsymbol{C}\boldsymbol{Z} = \boldsymbol{D}, \quad \boldsymbol{Q}^{\mathrm{T}}\boldsymbol{B}\boldsymbol{Q} = \boldsymbol{Z}^{\mathrm{T}}(\boldsymbol{P}^{\mathrm{T}}\boldsymbol{B}\boldsymbol{P})\boldsymbol{Z} = \boldsymbol{Z}^{\mathrm{T}}\boldsymbol{E}\boldsymbol{Z} = \boldsymbol{Z}^{-1}\boldsymbol{Z} = \boldsymbol{E}$$

与此对应的有

$$f(\boldsymbol{x}) = \boldsymbol{y}^{\mathrm{T}}\boldsymbol{D}\boldsymbol{y} = \lambda_1 y_1^2 + \lambda_2 y_2^2 + \cdots + \lambda_n y_n^2, \quad g(\boldsymbol{x}) = \boldsymbol{y}^{\mathrm{T}}\boldsymbol{E}\boldsymbol{y} = y_1^2 + y_2^2 + \cdots + y_n^2$$

**3.** **(提示)(必要性)** 设 $\boldsymbol{A}$ 是正定矩阵,则 $\boldsymbol{A}$ 是实对称矩阵,且所有特征值 $\lambda_i > 0(i = 1, 2, \cdots, n)$,所以存在正交矩阵 $\boldsymbol{Z}$,使得 $\boldsymbol{Z}^{-1}\boldsymbol{A}\boldsymbol{Z} = \boldsymbol{D}^2$, $\boldsymbol{D} = \mathrm{diag}(\sqrt{\lambda_1}, \sqrt{\lambda_2}, \cdots, \sqrt{\lambda_n})$,于是 $\boldsymbol{A} = \boldsymbol{Z}\boldsymbol{D}^2\boldsymbol{Z}^{-1} = (\boldsymbol{Z}\boldsymbol{D}\boldsymbol{Z}^{-1})^2 = \boldsymbol{M}^2$,且 $\boldsymbol{M} = \boldsymbol{Z}\boldsymbol{D}\boldsymbol{Z}^{-1}$ 显然是实对称的可逆矩阵.**(充分性)** 因矩阵 $\boldsymbol{M}$ 实对称可逆存在,使得 $\boldsymbol{A} = \boldsymbol{M}^2$,则 $\boldsymbol{A} = \boldsymbol{M}^{\mathrm{T}}\boldsymbol{M}$,据定理 7.4.2 得 $\boldsymbol{A}$ 为正定矩阵.

**4.** **(提示)** 令 $\boldsymbol{B} = \boldsymbol{A}\boldsymbol{A}^{\mathrm{T}}$,则 $\boldsymbol{B} = (\boldsymbol{A}^{\mathrm{T}})^{\mathrm{T}}\boldsymbol{A}^{\mathrm{T}}$,因 $\boldsymbol{A}^{\mathrm{T}}$ 是可逆矩阵,应用定理 7.4.2 得 $\boldsymbol{B}$ 是正定矩阵,所有特征值 $\lambda_i > 0(i = 1, 2, \cdots, n)$. 于是存在正交矩阵 $\boldsymbol{Z}_1$,使得 $\boldsymbol{Z}_1^{-1}\boldsymbol{B}\boldsymbol{Z}_1 = \boldsymbol{D}^2$,其中 $\boldsymbol{D} = \mathrm{diag}(\sqrt{\lambda_1}, \cdots, \sqrt{\lambda_n})$,因此 $\boldsymbol{B} = \boldsymbol{Z}_1\boldsymbol{D}^2\boldsymbol{Z}_1^{-1} = (\boldsymbol{Z}_1\boldsymbol{D}\boldsymbol{Z}_1^{-1})^2 = \boldsymbol{M}^2$, $\boldsymbol{M} = \boldsymbol{Z}_1\boldsymbol{D}\boldsymbol{Z}_1^{-1}$,这里 $\boldsymbol{M}$ 显然是实对称且所有特征值 $\sqrt{\lambda_i} > 0(i = 1, 2, \cdots, n)$,故 $\boldsymbol{M}$ 为正定矩阵. 由于 $\boldsymbol{A} = \boldsymbol{M}\boldsymbol{M}(\boldsymbol{A}^{\mathrm{T}})^{-1}$,令 $\boldsymbol{Z} = \boldsymbol{M}(\boldsymbol{A}^{\mathrm{T}})^{-1}$,则 $\boldsymbol{Z}^{\mathrm{T}}\boldsymbol{Z} = \boldsymbol{A}^{-1}\boldsymbol{M}^2(\boldsymbol{A}^{\mathrm{T}})^{-1} = \boldsymbol{A}^{-1}\boldsymbol{A}\boldsymbol{A}^{\mathrm{T}}(\boldsymbol{A}^{\mathrm{T}})^{-1} = \boldsymbol{E}$,所以 $\boldsymbol{Z}$ 是正交矩阵使得 $\boldsymbol{A} = \boldsymbol{M}\boldsymbol{Z}$.

**5.** **(提示)(必要性)** 设 $\boldsymbol{A}\boldsymbol{B}$ 是正定矩阵,则

$$(\boldsymbol{A}\boldsymbol{B})^{\mathrm{T}} = \boldsymbol{A}\boldsymbol{B} \Rightarrow \boldsymbol{B}^{\mathrm{T}}\boldsymbol{A}^{\mathrm{T}} = \boldsymbol{B}\boldsymbol{A} = \boldsymbol{A}\boldsymbol{B}$$

**(充分性)** 因 $\boldsymbol{A}, \boldsymbol{B}$ 都是正定矩阵,故 $\boldsymbol{A}^{\mathrm{T}} = \boldsymbol{A}, \boldsymbol{B}^{\mathrm{T}} = \boldsymbol{B}$,又 $\boldsymbol{A}\boldsymbol{B} = \boldsymbol{B}\boldsymbol{A}$,所以 $(\boldsymbol{A}\boldsymbol{B})^{\mathrm{T}} = \boldsymbol{B}^{\mathrm{T}}\boldsymbol{A}^{\mathrm{T}} = \boldsymbol{B}\boldsymbol{A} = \boldsymbol{A}\boldsymbol{B}$. 应用定理 7.4.2,必存在可逆矩阵 $\boldsymbol{P}, \boldsymbol{Q}$,使得

$$\boldsymbol{A} = \boldsymbol{P}^{\mathrm{T}}\boldsymbol{P}, \boldsymbol{B} = \boldsymbol{Q}^{\mathrm{T}}\boldsymbol{Q} \Rightarrow \boldsymbol{A}\boldsymbol{B} = \boldsymbol{P}^{\mathrm{T}}\boldsymbol{P}\boldsymbol{Q}^{\mathrm{T}}\boldsymbol{Q}$$

则

$$\boldsymbol{Q}(\boldsymbol{A}\boldsymbol{B})\boldsymbol{Q}^{-1} = \boldsymbol{Q}\boldsymbol{P}^{\mathrm{T}}\boldsymbol{P}\boldsymbol{Q}^{\mathrm{T}} = (\boldsymbol{P}\boldsymbol{Q}^{\mathrm{T}})^{\mathrm{T}}(\boldsymbol{P}\boldsymbol{Q}^{\mathrm{T}})$$

再应用定理 7.4.2 得此式右端是正定矩阵,其特征值皆为正数,又 $\boldsymbol{A}\boldsymbol{B}$ 与 $(\boldsymbol{P}\boldsymbol{Q}^{\mathrm{T}})^{\mathrm{T}}(\boldsymbol{P}\boldsymbol{Q}^{\mathrm{T}})$ 为相似矩阵,它们有相同的特征值,因此矩阵 $\boldsymbol{A}\boldsymbol{B}$ 的特征值皆为正数,故 $\boldsymbol{A}\boldsymbol{B}$ 是正定矩阵.

## 习题 8.1

**1.** 设 $\boldsymbol{A}_{ij}$ 表示 $(i, j)$ 元是 1,其余元皆为 0 的 $n$ 阶矩阵.

(1) 基:$\{\boldsymbol{A}_{ij} \mid i \leqslant j\}$,维数是 $\dfrac{n(n+1)}{2}$;

(2) 基:$\{\boldsymbol{A}_{ij} + \boldsymbol{A}_{ji} \mid i \leqslant j\}$,维数是 $\dfrac{n(n+1)}{2}$;

(3) 基:$\{\boldsymbol{A}_{ij} - \boldsymbol{A}_{ji} \mid i < j\}$,维数是 $\dfrac{n(n-1)}{2}$;

(4) 基:$\{\boldsymbol{A}_{ij} \mid i \neq j\} \cup \{\boldsymbol{A}_{11} - \boldsymbol{A}_{22}, \boldsymbol{A}_{11} - \boldsymbol{A}_{33}, \cdots, \boldsymbol{A}_{11} - \boldsymbol{A}_{nn}\}$,维数是 $n^2 - 1$.

**2.** (1) $\boldsymbol{C}=\begin{bmatrix}1&1&1&1\\0&1&2&3\\0&0&1&3\\0&0&0&1\end{bmatrix}$ **(提示)** $(1,1+x,(1+x)^2,(1+x)^3)=(1,x,x^2,x^3)(c_{ij})_{n\times n}$;

(2) $(a_0-a_1+a_2-a_3,a_1-2a_2+3a_3,a_2-3a_3,a_3)^{\mathrm{T}}$ **(提示)** 先求 $\boldsymbol{C}^{-1}=\begin{bmatrix}1&-1&1&-1\\0&1&-2&3\\0&0&1&-3\\0&0&0&1\end{bmatrix}$,

$f(x)$ 在基(Ⅰ)下的坐标为 $\boldsymbol{x}=(a_0,a_1,a_2,a_3)^{\mathrm{T}}$, $f(x)$ 在基(Ⅱ)下坐标为 $\boldsymbol{y}=\boldsymbol{C}^{-1}\boldsymbol{x}$.

**3.** $\boldsymbol{C}=\begin{bmatrix}2&0&3&-1\\-2&2&-1&3\\2&-2&4&0\\-1&1&-2&2\end{bmatrix}$, $\boldsymbol{x}=\begin{bmatrix}1\\0\\1\\0\end{bmatrix}$, $\boldsymbol{y}=\begin{bmatrix}1/2\\1/6\\1/12\\1/4\end{bmatrix}$ **(提示)** 定义 $\sigma\left(\begin{bmatrix}a&b\\c&d\end{bmatrix}\right)=(a,b,c,d)^{\mathrm{T}}$, 则 $\mathbf{R}^{2\times 2}\cong\mathbf{R}^4$, $\boldsymbol{A}=(\sigma(\boldsymbol{\alpha}_1),\sigma(\boldsymbol{\alpha}_2),\sigma(\boldsymbol{\alpha}_3),\sigma(\boldsymbol{\alpha}_4))$, $\boldsymbol{B}=(\sigma(\boldsymbol{\beta}_1),\sigma(\boldsymbol{\beta}_2),\sigma(\boldsymbol{\beta}_3),\sigma(\boldsymbol{\beta}_4))$, 再用初等行变换 $(\boldsymbol{A}\mid\boldsymbol{B}\mid\sigma(\boldsymbol{\alpha}))\to(\boldsymbol{E}\mid\boldsymbol{C}\mid\boldsymbol{x})$ 求 $\boldsymbol{C},\boldsymbol{x}$, 用初等行变换 $(\boldsymbol{B}\mid\sigma(\boldsymbol{\alpha}))\to(\boldsymbol{E}\mid\boldsymbol{y})$ 求 $\boldsymbol{y}$.

## 习题 8.2

**1.** (1) 是; (2) 不是; (3) $\boldsymbol{\alpha}_0=\boldsymbol{0}$ 时是, $\boldsymbol{\alpha}_0\neq\boldsymbol{0}$ 时不是; (4) 是; (5) 是.

**2.** 核的一个基为 $\boldsymbol{\alpha}=(0,1,2,1)^{\mathrm{T}}$; 像的一个基为 $\boldsymbol{\beta}_1=(1,0,1,1)^{\mathrm{T}}$, $\boldsymbol{\beta}_2=(-2,1,3,-4)^{\mathrm{T}}$, $\boldsymbol{\beta}_3=(3,-1,0,3)^{\mathrm{T}}$; $\mathrm{N}(\sigma)=1$, $\mathrm{r}(\sigma)=3$.

**3.** $\begin{bmatrix}0&0&0&1\\0&-1&0&0\\0&0&-1&0\\1&0&0&0\end{bmatrix}$ **(提示)** 根据定义, 有

$$\sigma(\boldsymbol{A}+\boldsymbol{B})=\sigma\left(\begin{bmatrix}a&b\\c&d\end{bmatrix}+\begin{bmatrix}e&f\\g&h\end{bmatrix}\right)=\sigma\left(\begin{bmatrix}a+e&b+f\\c+g&d+h\end{bmatrix}\right)$$

$$=\begin{bmatrix}d+h&-(b+f)\\-(c+g)&a+e\end{bmatrix}=\begin{bmatrix}d&-b\\-c&a\end{bmatrix}+\begin{bmatrix}h&-f\\-g&e\end{bmatrix}$$

$$=\boldsymbol{A}^*+\boldsymbol{B}^*$$

$$\sigma(k\boldsymbol{A})=\sigma\left(k\begin{bmatrix}a&b\\c&d\end{bmatrix}\right)=\begin{bmatrix}kd&-kb\\-kc&ka\end{bmatrix}=k\begin{bmatrix}d&-b\\-c&a\end{bmatrix}=k\boldsymbol{A}^*$$

**4.** (1) $\boldsymbol{A}=\begin{bmatrix}1&1&0\\1&-1&1\\0&0&2\end{bmatrix}$; (2) $\boldsymbol{C}=\begin{bmatrix}1&1&1\\0&1&1\\0&0&1\end{bmatrix}$; (3) $\boldsymbol{B}=\begin{bmatrix}0&2&1\\1&0&-1\\0&0&2\end{bmatrix}$; (4) $\begin{bmatrix}-1\\-1\\3\end{bmatrix}$;

(5) $\begin{bmatrix}3\\2\\6\end{bmatrix}$, $\begin{bmatrix}1\\-4\\6\end{bmatrix}$.

**5.** (1) $\begin{bmatrix} a_{33} & a_{32} & a_{31} \\ a_{23} & a_{22} & a_{21} \\ a_{13} & a_{12} & a_{11} \end{bmatrix}$ (提示)$(\boldsymbol{\alpha}_3,\boldsymbol{\alpha}_2,\boldsymbol{\alpha}_1)=(\boldsymbol{\alpha}_1,\boldsymbol{\alpha}_2,\boldsymbol{\alpha}_3)\boldsymbol{C}_1$, $\boldsymbol{C}_1=\begin{bmatrix} 0 & 0 & 1 \\ 0 & 1 & 0 \\ 1 & 0 & 0 \end{bmatrix}$, $\boldsymbol{B}_1=\boldsymbol{C}_1^{-1}\boldsymbol{A}\boldsymbol{C}_1$;

(2) $\begin{bmatrix} a_{11} & ka_{12} & a_{13} \\ a_{21}/k & a_{22} & a_{23}/k \\ a_{31} & ka_{32} & a_{33} \end{bmatrix}$ (提示)$(\boldsymbol{\alpha}_1,k\boldsymbol{\alpha}_2,\boldsymbol{\alpha}_3)=(\boldsymbol{\alpha}_1,\boldsymbol{\alpha}_2,\boldsymbol{\alpha}_3)\boldsymbol{C}_2$, $\boldsymbol{C}_2=\begin{bmatrix} 1 & 0 & 0 \\ 0 & k & 0 \\ 0 & 0 & 1 \end{bmatrix}$,

$\boldsymbol{B}_2=\boldsymbol{C}_2^{-1}\boldsymbol{A}\boldsymbol{C}_2$;

(3) $\begin{bmatrix} a_{11}-a_{21} & a_{11}+a_{12}-a_{21}-a_{22} & a_{13}-a_{23} \\ a_{21} & a_{21}+a_{22} & a_{23} \\ a_{31} & a_{31}+a_{32} & a_{33} \end{bmatrix}$ (提示)$(\boldsymbol{\alpha}_1,\boldsymbol{\alpha}_1+\boldsymbol{\alpha}_2,\boldsymbol{\alpha}_3)=(\boldsymbol{\alpha}_1,\boldsymbol{\alpha}_2,\boldsymbol{\alpha}_3)\boldsymbol{C}_3$,

$\boldsymbol{C}_3=\begin{bmatrix} 1 & 1 & 0 \\ 0 & 1 & 0 \\ 0 & 0 & 1 \end{bmatrix}$,又 $\boldsymbol{C}_3^{-1}=\begin{bmatrix} 1 & -1 & 0 \\ 0 & 1 & 0 \\ 0 & 0 & 1 \end{bmatrix}$, $\boldsymbol{B}_3=\boldsymbol{C}_3^{-1}\boldsymbol{A}\boldsymbol{C}_3$.

**6.** $\boldsymbol{P}=\begin{bmatrix} a & a+c & 2a \\ b & b & b \\ c & a-c & 2c \end{bmatrix}$ $(a,b,c\in\mathbf{R},b\neq 0,a^2-c^2-2ac\neq 0)$ (提示)在 $\mathbf{R}^3$ 中取基 $\boldsymbol{\alpha}_1,\boldsymbol{\alpha}_2,\boldsymbol{\alpha}_3$,定义线性变换 $\sigma$:$\sigma(\boldsymbol{\alpha}_1,\boldsymbol{\alpha}_2,\boldsymbol{\alpha}_3)=(\boldsymbol{\alpha}_1,\boldsymbol{\alpha}_2,\boldsymbol{\alpha}_3)(a_{ij})_{3\times3}$,欲求基 $\boldsymbol{\beta}_1,\boldsymbol{\beta}_2,\boldsymbol{\beta}_3$,使得 $\sigma(\boldsymbol{\beta}_1,\boldsymbol{\beta}_2,\boldsymbol{\beta}_3)=(\boldsymbol{\beta}_1,\boldsymbol{\beta}_2,\boldsymbol{\beta}_3)(b_{ij})_{3\times3}$,其中

$$(a_{ij})_{3\times3}=\begin{bmatrix} 1 & 0 & 1 \\ 0 & 1 & 0 \\ 1 & 0 & -1 \end{bmatrix},\quad (b_{ij})_{3\times3}=\begin{bmatrix} 0 & 0 & -2 \\ 1 & 0 & 2 \\ 0 & 1 & 1 \end{bmatrix}$$

令 $\boldsymbol{\beta}_1=a\boldsymbol{\alpha}_1+b\boldsymbol{\alpha}_2+c\boldsymbol{\alpha}_3$,则 $\boldsymbol{\beta}_2=\sigma(\boldsymbol{\beta}_1)=(a+c)\boldsymbol{\alpha}_1+b\boldsymbol{\alpha}_2+(a-c)\boldsymbol{\alpha}_3$, $\boldsymbol{\beta}_3=\sigma(\boldsymbol{\beta}_2)=2a\boldsymbol{\alpha}_1+b\boldsymbol{\alpha}_2+2c\boldsymbol{\alpha}_3$,代入 $\sigma(\boldsymbol{\beta}_3)=-2\boldsymbol{\beta}_1+2\boldsymbol{\beta}_2+\boldsymbol{\beta}_3$ 得 $2(a+c)\boldsymbol{\alpha}_1+b\boldsymbol{\alpha}_2+2(a-c)\boldsymbol{\alpha}_3\equiv 2(a+c)\boldsymbol{\alpha}_1+b\boldsymbol{\alpha}_2+2(a-c)\boldsymbol{\alpha}_3$,于是$(\boldsymbol{\beta}_1,\boldsymbol{\beta}_2,\boldsymbol{\beta}_3)=(\boldsymbol{\alpha}_1,\boldsymbol{\alpha}_2,\boldsymbol{\alpha}_3)(p_{ij})_{3\times3}$, $\boldsymbol{P}=(p_{ij})_{3\times3}$ 即为所求矩阵($|\boldsymbol{P}|=b(a^2-c^2-2ac)\neq 0$),使得 $\boldsymbol{P}^{-1}\boldsymbol{A}\boldsymbol{P}=\boldsymbol{B}$,所以 $\boldsymbol{A}\sim\boldsymbol{B}$.

**7.** (提示)在线性空间 $\mathbf{R}^3$ 中取一个基 $\boldsymbol{\alpha}_1,\boldsymbol{\alpha}_2,\boldsymbol{\alpha}_3$,定义线性变换

$$\sigma(\boldsymbol{\alpha}_1,\boldsymbol{\alpha}_2,\boldsymbol{\alpha}_3)=(\boldsymbol{\alpha}_1,\boldsymbol{\alpha}_2,\boldsymbol{\alpha}_3)(a_{ij})_{3\times3},\quad \boldsymbol{A}=(a_{ij})_{3\times3}=\begin{bmatrix} a & b & c \\ b & c & a \\ c & a & b \end{bmatrix}$$

由于

$$\sigma(\boldsymbol{\alpha}_3,\boldsymbol{\alpha}_1,\boldsymbol{\alpha}_2)=(\boldsymbol{\alpha}_3,\boldsymbol{\alpha}_1,\boldsymbol{\alpha}_2)(b_{ij})_{3\times3},\quad \boldsymbol{B}=(b_{ij})_{3\times3}=\begin{bmatrix} b & c & a \\ c & a & b \\ a & b & c \end{bmatrix}$$

$$\sigma(\boldsymbol{\alpha}_2,\boldsymbol{\alpha}_3,\boldsymbol{\alpha}_1)=(\boldsymbol{\alpha}_2,\boldsymbol{\alpha}_3,\boldsymbol{\alpha}_1)(c_{ij})_{3\times3},\quad \boldsymbol{C}=(c_{ij})_{3\times3}=\begin{bmatrix} c & a & b \\ a & b & c \\ b & c & a \end{bmatrix}$$

所以 $\boldsymbol{A}\sim\boldsymbol{B}\sim\boldsymbol{C}$.

# 附录 《线性代数》教学课时安排建议

一学期按 16 周、每周 4 学时安排教学，共计 64 学时(其他学时可安排进行期中考试、期末总复习及期末考试).

| 章节内容 | 学 时 |
|---|---|
| **1 行列式** | **8** |
| 1.1 行列式基本概念 | 4 |
| 1.2 行列式的计算 | 4 |
| **2 矩阵** | **14** |
| 2.1 矩阵基本概念 | 4 |
| 2.2 初等变换与初等矩阵 | 5 |
| 2.3 逆矩阵 | 5 |
| **3 向量空间** | **9** |
| 3.1 向量空间基本概念 | 3 |
| 3.2 向量组的线性相关性 | |
| 3.3 向量组的秩 | 2 |
| 3.4 矩阵的秩 | 2 |
| 3.5 向量空间的基·基变换·坐标变换 | 2 |
| **4 线性方程组** | **8** |
| 4.1 线性方程组解的属性 | 4 |
| 4.2 线性方程组的通解 | 4 |
| **5 特征值问题** | **10** |
| 5.1 特征值与特征向量 | 5 |
| 5.2 矩阵的相似对角化 | 5 |
| **6 欧氏空间** | **5** |
| 6.1 欧氏空间基本概念 | 1 |
| 6.2 正交矩阵 | 2 |
| 6.3 矩阵的正交相似对角化 | 2 |
| **7 二次型** | **10** |
| 7.1 二次型基本概念 | 1 |
| 7.2 矩阵的合同对角化 | 2 |
| 7.3 二次型的标准形 | 4 |
| 7.4 正定二次型与正定矩阵 | 3 |
| **8 线性空间与线性变换简介** | **—** |
| 8.1 线性空间的基本概念 | — |
| 8.2 线性变换的基本概念 | — |